Differential Equation

실용 미분방정식

강부현 지음

KYOWOO

머리말

우리가 생활하고 있는 자연환경이나 실생활에서 일어나는 자연스러운 현상들은 대체로 운동, 반응, 상호작용, 성장 및 감쇠 등의 활동성을 갖는다. 이러한 활동들을 수학적으로 모형화하여 보면 대체로 미분방정식으로 나타나며 이러한 미분방정식의 해를 구하여 적절히 적용하면 이러한 현상들에 대한 과거와 현재의 상태 및 미래의 변화상을 적절히 추측할 수 있는 경우가 많다. 따라서 미분방정식은 이공계분야는 물론이고 사회학, 인문학 분야에 까지 활용될 수 있는 교과목이다.

본서는 좀 더 유익하고, 이해하기 쉽고, 각 응용분야에 쉽게 접근 할 수 있도록 하기 위하여 가능한 한 자세히 기술하려고 노력하였다.

본서를 공부하기 위해서는 미분적분학에 대한 사전의 지식이 필요한데, 특히, 적분에 대한 지식이 많이 사용된다. 미분과 적분에 대한 사전지식이 부족한 분을 위하여 제0장에 미분적분학에 관한 기본적인 사항과 그에 관련된 사항들을 열거하였는데, 이러한 분야에 대하여 사전 지식이 있는 분은 0장을 뛰어넘어도 무방하다.

본서는 다양한 응용문제들의 해법을 소개하고 있으며, 또한 여러 가지의 미분방정식의 해를 구하는 방법을 소개하는데 역점을 두었고, 학습을 하는데 편리하도록 각 절의 끝부분에 연습문제를 수록하고 각 연습문제에 대하여 가능한 한 자세한 풀이과정을 수록하였다.

수학분야는 물론 다양한 분야의 응용문제를 해결하는데 있어서 수학, 특히, 미분방정식 부분에서 어려움을 겪는 분들에게 많은 도움이 될 수 있기를 바라는 마음이다.

끝으로 이 책이 완성되기까지 많은 도움을 주신 교우사 오판근 사장님, 그리고 편집부원 여러분께 깊은 감사의 마음을 전하며 무궁한 발전이 있기를 기원하는 바이다.

저자 씀

차 례

제4장 라플라스 변환

제5장 멱급수와 멱급수해법

제6장 푸리에급수

제7장 편미분방정식

제0장 미분과 적분개념

0.1 도함수와 미분공식

<I> 도함수

정의 0.1 도함수

구간 (a, b)에서 정의된 함수 $y = f(x)$에 대하여 미분계수

$$f'(x) = \lim_{\Delta x \to 0} \frac{f(x + \Delta x) - f(x)}{\Delta x}$$

가 존재하는 모든 x의 집합을 D라고 할 때, D의 모든 원소 $x \in D$에 $f'(x)$를 대응시키는 함수 $f' : D \to R$을 $y = f(x)$의 **도함수**라고 부르고, $y = f'(x)$ 또는 $\frac{dy}{dx}$, $\frac{df}{dx}$ 등으로 나타낸다.

<II> 미분법

공식 1 상수함수의 도함수는 0함수이다. 즉, $\frac{dc}{dx} = 0$.

공식 2 $\frac{d}{dx}[cf(x)] = c\frac{d}{dx}f(x)$.

공식 3 $\frac{d}{dx}[f(x) + g(x)] = \frac{d}{dx}f(x) + \frac{d}{dx}g(x)$.

공식 4 $\frac{d}{dx}[f(x)g(x)] = g(x)\frac{d}{dx}f(x) + f(x)\frac{d}{dx}g(x).$

공식 5 $\frac{d}{dx}\frac{f(x)}{g(x)} = \frac{g(x)\frac{df}{dx}(x) - f(x)\frac{dg}{dx}(x)}{(g(x))^2}$ (단, $g(x) \neq 0$).

공식 6(합성함수미분법) $y = g(x)$와 $z = f(y)$가 미분가능하면

$$\frac{dz}{dx} = \frac{dz}{dy}\frac{dy}{dx} \text{ 또는 } \frac{d}{dx}(f \circ g)(x) = \frac{df}{dy}(y)\frac{dg}{dx}(x).$$

공식 7 $x = f(t), y = g(t)$이고 f와 g가 미분가능하며, $f'(t) \neq 0$이면 $\frac{dy}{dx} = \frac{dy/dt}{dx/dt}$.

<III> 기본함수의 도함수

다항함수	$(x^n)' = nx^{n-1}$(n은 모든 실수)		
삼각함수	$(\sin x)' = \cos x$	$(\cos x)' = -\sin x$	$(\tan x)' = \sec^2 x$
	$(\csc x)' = -\csc x \cot x$	$(\sec x)' = \sec x \tan x$	$(\cot x)' = -\csc^2 x$
지수함수	$(a^x)' = a^x \ln a$ (단, $a > 0$, $a \neq 1$)		$(e^x)' = e^x$
로그함수	$(\log_a x)' = \frac{1}{x \ln a}$ (단, $a > 0$, $a \neq 1$)		$(\ln x)' = \frac{1}{x}$
역삼각함수	$(\tan^{-1} x)' = \frac{1}{x^2 + 1}$		

0.2 적분과 적분공식

<I> 부정적분과 정적분

정의 0.2 부정적분

함수 $F(x)$에 대하여 구간 (a,b)에서 $\frac{d}{dx}F(x)=f(x)$를 만족하면 $F(x)+C$를 $f(x)$의 한 부정적분이라고 정의하고 $\int f(x)dx=F(x)+C$로 나타낸다.

함수 $f(x)$의 부정적분 전체는 $\{F(x)+C$: C는 임의의 상수$\}$로 나타내는 것이 타당하지만 간단히 $\int f(x)dx=F(x)+C$와 같이 나타내고 위의 집합을 의미하는 것으로 간주한다.

정리 0.3 적분학의 기본정리

함수 $f(x)$의 한 부정적분이 $F(x)$이고, $F(x)$가 구간 $[a,b]$에서 연속이면
$\int_a^b f(x)dx=[F(x)]_a^b=F(b)-F(a)$.

$F(x)$가 열린구간 (a,b)에서 연속이면 다음과 같이 계산한다.

$$\int_a^b f(x)dx=[F(x)]_a^b=F(b-)-F(a+)=\lim_{x\to b-}F(x)-\lim_{x\to a+}F(x).$$

<II> 적분법

공식 1. (치환적분) $\int f'(g(x))g'(x)dx=f(g(x))+C.$

공식 2. (부분적분) $\int f'(x)g(x)dx=f(x)g(x)-\int f(x)g'(x)dx.$

<III> 기본함수의 적분법

다항함수	$\int x^n dx = \frac{1}{n+1}x^{n+1} + C\,(n \neq -1)$	
삼각함수	$\int \sin x\, dx = -\cos x + C$	$\int \cos x\, dx = \sin x + C$
	$\int \tan x\, dx = -\ln\lvert\cos x\rvert + C$	$\int \cot x\, dx = \ln\lvert\sin x\rvert + C$
	$\int \csc^2 x\, dx = -\cot x + C$	$\int \sec^2 x\, dx = \tan x + C$
	$\int \sec x.\tan x\, dx = \sec x + C$	$\int \csc x.\cot x\, dx = -\csc x + C$
지수함수	$\int e^x dx = e^x + C$	$\int a^x dx = \frac{a^x}{\ln a} + C$(단, $a > 0,\ a \neq 1$)
로그함수	$\int \frac{1}{x} dx = \ln\lvert x\rvert + C$	
역삼각함수	$\int \frac{1}{x^2 + a^2} dx = \frac{1}{a} tan^{-1}\frac{x}{a} + C$	

<IV> 삼각함수 적분법

삼각함수의 적분이나 삼각함수를 이용한 적분을 할 때에는 다음 표에 있는 것과 같은 삼각함수에 대한 항등식이 유용하다.

삼각함수의 가법정리		
$\cos^2\theta + \sin^2\theta = 1$	$1 + \tan^2\theta = \sec^2\theta$	$1 + \cot^2\theta = \csc^2\theta$
$\cos(-\theta) = \cos\theta$	$\sin(-\theta) = -\sin\theta$	$\tan(-\theta) = -\tan\theta$
$\cos(\frac{\pi}{2} - \theta) = \sin\theta$	$\sin(\frac{\pi}{2} - \theta) = \cos\theta$	$\cot(\frac{\pi}{2} - \theta) = \tan\theta$
$\cos(\pi \pm \theta) = -\cos\theta$	$\sin(\pi \mp \theta) = \pm\sin\theta$	$\tan(\pi \pm \theta) = \pm\tan\theta$

$\cos(A \pm B) = \cos A \cos B \mp \sin A \sin B$	$\cos(2A) = \cos^2 A - \sin^2 B$
$\sin(A \pm B) = \sin A \cos B \pm \cos A \sin B$	$\sin(2A) = 2\sin A \cos B$
$\tan(A \pm B) = \dfrac{\tan A \pm \tan B}{1 \mp \tan A \tan B}$	$\tan(2A) = \dfrac{2\tan A}{1 - \tan^2 A}$
$\sin^2 \dfrac{A}{2} = \dfrac{1 - \cos A}{2}$	$\cos^2 \dfrac{A}{2} = \dfrac{1 + \cos A}{2}$
$\sin A + \sin B = 2\sin\dfrac{A+B}{2}\cos\dfrac{A-B}{2}$	$\sin A - \sin B = 2\cos\dfrac{A+B}{2}\sin\dfrac{A-B}{2}$
$\cos A + \cos B = 2\cos\left(\dfrac{A+B}{2}\right)\cos\left(\dfrac{A-B}{2}\right)$	$\cos A - \cos B = -2\sin\left(\dfrac{A+B}{2}\right)\sin\left(\dfrac{A-B}{2}\right)$
$\sin A \cos B = \dfrac{1}{2}\{\sin(A+B) + \sin(A-B)\}$	$\cos A \cos B = \dfrac{1}{2}\{\cos(A+B) + \cos(A-B)\}$
$\sin A \sin B = -\dfrac{1}{2}\{\cos(A+B) - \cos(A-B)\}$	

이러한 항등식을 이용하여 여러 가지 형태의 삼각함수를 적분하는 방법을 알아보기로 한다.

〈IV-1〉 $\int \sin^n x\, dx$, $\int \cos^n x\, dx$의 형태의 적분

(가) n이 홀수인 경우에는 $\sin x$ 또는 $\cos x$ 인수 한 개를 빼내고 나서 항등식 $\sin^2 x + \cos^2 x = 1$을 이용한다.

(나) n이 짝수인 경우에는 반각 항등식을 이용하면 차수를 낮출 수 있다.

$$\sin^2 x = \frac{1 - \cos 2x}{2}, \quad \cos^2 x = \frac{1 + \cos 2x}{2}$$

〈IV-2〉 $\int \sin^m x \cos^n x\, dx$의 형태의 적분

(가) 만일 m 또는 n이 홀수이면 $\sin x$ 또는 $\cos x$ 인수 한 개를 빼고 나서 항등식 $\sin^2 x + \cos^2 x = 1$을 이용한다.

예제

$$\int \sin^3 x \cos^{-4} x dx = \int (\sin^2 x)(\cos^{-4} x)(\sin x dx)$$

$$= \int (1-\cos^2 x)(\cos^{-4} x)(-d \cos x)$$

$$= \int (1-u^2)(u^{-4})(-du) \ (u=\cos x \text{로 치환})$$

$$= \int (-u^{-4}-u^{-2})du = \frac{1}{3}u^{-3}+u^{-1}+C$$

$$= \frac{1}{3}\cos^{-3} x + \cos^{-1} x + C.$$

(나) m과 n이 둘 다 짝수이면 반각 공식을 이용하여 적분할 함수의 차수를 절반으로 줄인다.

〈IV–3〉 $\int \sin mx \cos nx \, dx$, $\int \sin mx \sin nx \, dx$, $\int \cos mx \cos nx \, dx$

이러한 적분은 다음의 곱셈공식을 이용하는 것이 편리하다.

$$\sin mx \cos nx = \frac{1}{2}[\sin(m+n)x + \sin(m-n)x]$$

$$\sin mx \sin nx = -\frac{1}{2}[\cos(m+n)x - \cos(m-n)x]$$

$$\cos mx \cos nx = \frac{1}{2}[\cos(m+n)x + \cos(m-n)x]$$

〈IV–4〉 삼각치환

피적분함수가 a^2-x^2, a^2+x^2, x^2-a^2의 멱으로 되어있을 때, 특히 $\sqrt{a^2-x^2}$, $\sqrt{a^2+x^2}$, $\sqrt{x^2-a^2}$이 포함되어 있는 경우에는 다음과 같이 삼각함수로 치환하고 삼각함수의 항등식을 이용한다.

피적분함수 형태	치환	dx
$\sqrt{a^2-x^2}$ (또는 a^2-x^2)	$x=a\sin\theta$	$dx=a\cos\theta \, d\theta$
$\sqrt{a^2+x^2}$ (또는 a^2+x^2)	$x=a\tan\theta$	$dx=a\sec^2\theta \, d\theta$
$\sqrt{x^2-a^2}$ (또는 x^2-a^2)	$x=a\sec\theta$	$dx=a\sec\theta\tan\theta \, d\theta$

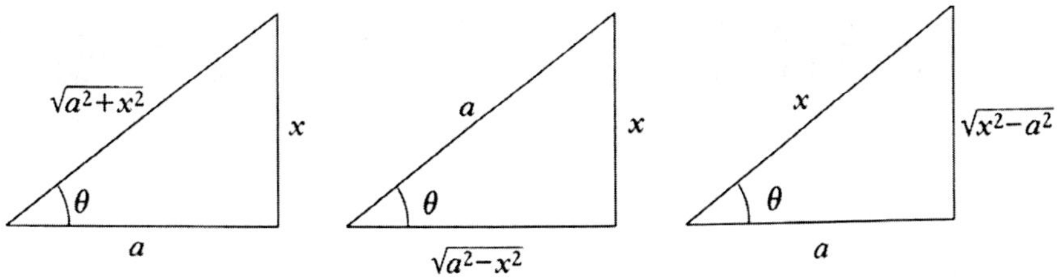

$x = a\tan\theta$　　$x = a\sin\theta$　　$x = a\sec\theta$

$\sqrt{a^2+x^2} = a|\sec\theta|$　　$\sqrt{a^2-x^2} = a|\cos\theta|$　　$\sqrt{x^2-a^2} = a|\tan\theta|$

<V> 유리함수의 적분

다항식을 다항식으로 나누어 놓은 함수를 유리함수라고 한다. 유리함수는 대체로 부분분수로 분해하여 적분할 수 있다. 유리함수 $R(x) = \dfrac{P(x)}{Q(x)}$를 부분분수로 분해할 때 다음과 같이 한다.

(V–1) $P(x)$의 차수가 $Q(x)$의 차수보다 높거나 같으면 $P(x)$를 $Q(x)$로 미리 나누어서 $\dfrac{P(x)}{Q(x)} =$ 다항식 $+ \dfrac{N(x)}{D(x)}$로 나타낸 다음에 $\dfrac{N(x)}{D(x)}$에 대하여 다음과 같은 규칙을 적용한다. 다음 규칙에서는 $Q(x)$의 차수가 $P(x)$의 차수보다 더 크다고 가정한다.

(V–2) $Q(x) = R(x)(ax+b)$ (단, $R(-\frac{b}{a}) \neq 0$)(1차1제곱인수) $\dfrac{P(x)}{Q(x)} = \dfrac{A}{ax+b} + \dfrac{E(x)}{R(x)}$

(V–3) $Q(x) = R(x)(ax+b)^n$ (단, $R(-\frac{b}{a}) \neq 0$)(1차n제곱인수)

$$\frac{P(x)}{Q(x)} = \frac{A_1}{(ax+b)} + \frac{A_2}{(ax+b)^2} + \cdots + \frac{A_n}{(ax+b)^n} + \frac{E(x)}{R(x)}$$

(V–4) $Q(x) = R(x)(ax^2+bx+c)$ (단, ax^2+bx+c 가 $R(x)$를 못나눔.)(2차1제곱인수)

$$\frac{P(x)}{Q(x)} = \frac{Ax+B}{ax^2+bx+c} + \frac{E(x)}{R(x)}$$

(V–5) $Q(x) = R(x)(ax^2+bx+c)^n$ (단, ax^2+bx+c 가 $R(x)$를 못나눔.) (2차n제곱인수)

$$\frac{P(x)}{Q(x)} = \frac{A_1x+B_1}{ax^2+bx+c} + \frac{A_2x+B_2}{(ax^2+bx+c)^2} + \cdots + \frac{A_nx+B_n}{(ax^2+bx+c)^n} + \frac{E(x)}{R(x)}.$$

0.3 복소수함수

<I> 복소수계

정의 $C=\{a+bi : a, b\in R\}$(단, $i=\sqrt{-1}$), $a+bi=a+ib$.

실수부와 허수부 $Re(a+ib)=a$, $Im(a+bi)=b$

같음 $a+bi=c+di \Leftrightarrow a=c, b=d$

덧셈 $(a+bi)+(c+di)=(a+c)+(b+d)i$

곱셈 $(a+bi)(c+di)=(ac-bd)+(ad+bc)i$

역원 $\dfrac{1}{a+bi}=\dfrac{a}{a^2+b^2}-\dfrac{b}{a^2+b^2}i$(단, $a+bi\neq 0$)

켤레복소수 $z=x+iy$일 때 $\bar{z}=x-iy$(또는 공액복소수)

절댓값 $|z|=|x+iy|=\sqrt{x^2+y^2}$

극형식 $z=re^{i\theta}$, $r=\sqrt{x^2+y^2}$, $\tan\theta=\dfrac{y}{x}$

편각$=\arg z=\theta=\tan^{-1}\dfrac{y}{x}\in R$(편각:argument).

<II> 복소수수열과 함수

복소수수열 $z_n=x_n+iy_n$, $w=w_1+iw_2$일 때

$$\lim_{n\to\infty} z_n=w \overset{\text{정의}}{\longleftrightarrow} \lim_{n\to\infty}|z_n-w|=0 \overset{\text{정리}}{\longleftrightarrow} \lim_{n\to\infty} x_n=w_1,\ \lim_{n\to\infty} y_n=w_2.$$

복소수함수 $w=f(z)=g(z)+h(z)i$, $A=A_1+iA_2$일 때

$$\lim_{z\to z_0} f(z)=A \overset{\text{정의}}{\longleftrightarrow} \lim_{z\to z_0}|f(z)-A|=0 \overset{\text{정리}}{\longleftrightarrow} \lim_{z\to z_0} g(z)=A_1,\ \lim_{z\to z_0} h(z)=A_2.$$

자연지수함수 $z=x+iy$일 때, $\exp(z)=e^z=e^x(\cos y+i\sin y)$

삼각함수 $z=x+iy$, $\bar{z}=x-iy$일 때, $\cos z=\dfrac{e^{iz}+e^{-iz}}{2}$, $\sin z=\dfrac{e^{iz}-e^{-iz}}{2i}$

로그함수 $z = x + iy$일 때, $\ln z = \ln|z| + i\arg(z)$.

일반지수함수 $z = x + iy, w = u + iv$일 때, $w^z = e^{z\ln w} = e^{z(\ln|w| + i\arg(w))}$

예를 들어, $i^i = e^{i\ln i} = e^{i(\ln|i| + i\arg(i))} = e^{i \cdot i(\frac{\pi}{2} + 2n\pi)} = e^{-(\frac{\pi}{2} + 2n\pi)}$.

제 1 장 1계 상미분방정식

1.1 미분방정식과 해의 정의

<I> 함수방정식

두 개 이상의 수학적인 양의 관계를 표현하는 식에는 등식과 부등식이 있다. 그리고 등식은 항등식과 방정식으로 나누어진다.

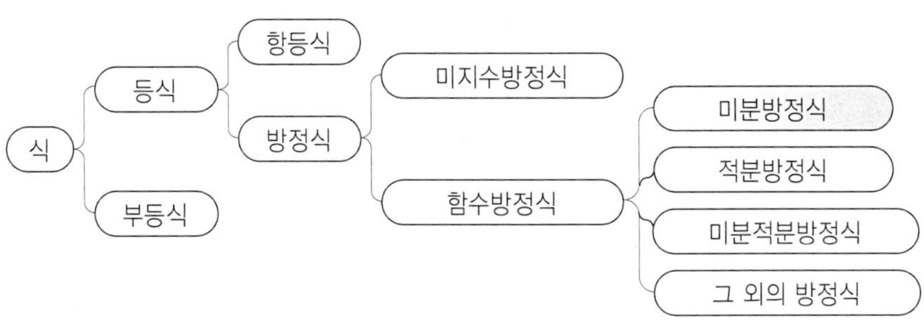

우리가 보통 1차방정식, 2차방정식 등과 같이 말하는 방정식은

$$ax+b=0,\ ax^2+bx+c=0$$

등과 같이 하나의 미지수x를 가지고 있고, 이 방정식을 만족하는 모든 수 x를 찾는 것이 목표가 된다. 또한, 두 개의 미지수 x, y를 갖는 방정식은 그 방정식을 만족하는 모든 순서쌍 (x, y)를 찾는 것이 목표가 된다.

그런데 미지수가 2개인 방정식, 예를 들어,

$$2x-y=3$$

을 생각하여보면, 이것은 미지수가 두 개인 1차방정식으로 볼 수도 있지만, 주어진 x의 값에 대하여 $y=2x-3$을 만족하는 하나의 미지수 y의 값이 위의 방정식의 해라고 할 수 있다.

방정식 $2x-y=3$의 경우에 주어진 임의의 실수 x에 대하여 $y=2x-3$을 만족하는 y가 해가 되고 이러한 y는 유일하게 존재하므로 $y=2x-3$은 독립변수가 x이고 종속변수가 y이며 정의역과 공역이 실수전체의 집합 R인 함수로 볼 수 있다. 즉, $2x-y=3$은 함수형태의 해 $y=2x-3$을 갖는다.

이와 마찬가지로 미지수의 개수가 3개인 방정식 $3x^2-2y+z=4$는 x, y를 독립변수, z를 종속변수로 보면 2변수 함수 $z=4-3x^2+2y$가 해가 된다.

이와 같이 미지수가 2개 이상인 방정식에서 한 개의 변수는 종속변수, 나머지의 변수들은 독립변수로 보고 주어진 방정식을 만족하는 함수형태의 해를 찾는 문제를 **함수방정식**이라고 부른다. 그리고 모든 함수가 그 방정식을 만족하면 **함수항등식**이라고 부른다.

<II> 미분방정식

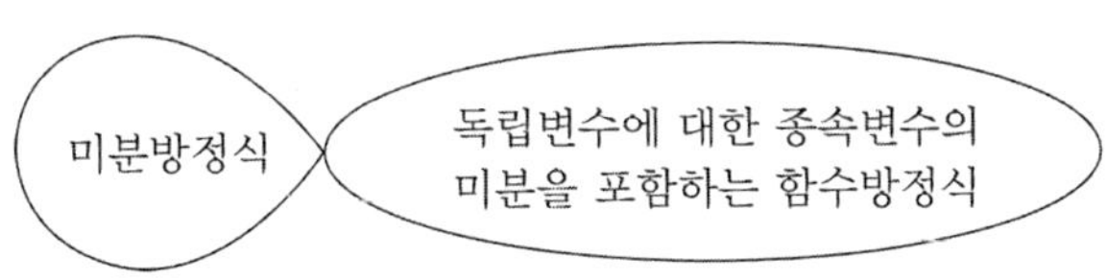

주어진 함수방정식이 독립변수에 관한 종속변수의 1계 이상의 도함수 또는 편도함수를 포함하고 있으면 이러한 함수방정식을 **미분방정식**(Differential Equation)이라고 부른다. 예를 들어, $y'=x+1$은 미분방정식이며 $y=\frac{1}{2}x^2+x$가 이 방정식의 하나의 해가 된다. 미분방정식은 크게 (상)미분방정식(Ordinary Differential Equation)과 편미분방정식(Partial Differential Equation)의 두 가지로 구분된다.

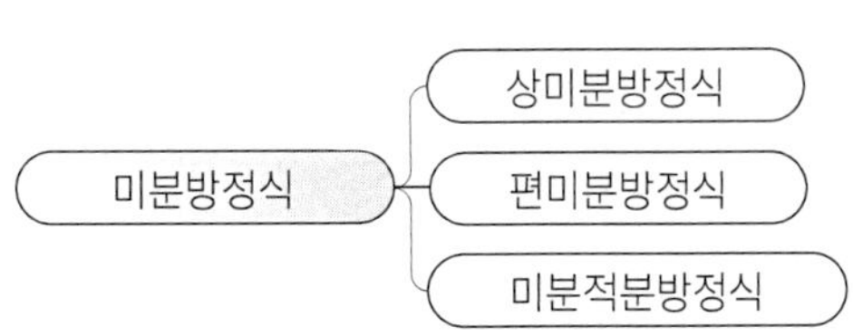

(상)미분방정식은 독립변수가 1개인 미분방정식이고, **편미분방정식**은 독립변수가 2개 이상인 미분방정식이다. 미분과 적분을 동시에 포함하는 방정식은 미분방정식이기도 하지만 적분방정식이기도 하므로 **미분적분방정식**이라고 부른다.

예를 들어,

$$xy' = y^2,\ y'' - 2y' - 3y = 0$$

등은 (상)미분방정식이고,

$$\frac{\partial z}{\partial x} - x + 2y + 1 = 0, \quad \frac{\partial^2 z}{\partial x \partial y} - x + 2y = -1$$

등은 편미분방정식이다.

이 책에서는 주로 상미분방정식에 관하여 다루기로 한다.

상미분 방정식에서 종속변수를 미분한 횟수 중에서 가장 큰 자연수를 주어진 미분방정식의 **계수**(Order)라고 부르며, 1계 이상의 미분을 포함하는 종속변수의 제곱수가 모두 자연수가 되도록 주어진 방정식을 정리한 다음에 1계 이상의 미분을 포함하는 종속변수의 제곱수 중에서 가장 큰 자연수를 주어진 미분방정식의 **차수**(Degree)라고 정의한다. 이와 같이 정리되지 않는 미분방정식의 차수는 정의하지 않는다. 예를 들어,

(1) $x^2 y' = 3y + 1$은 1계 1차 상미분방정식이고,

(2) $y'' + y' + y = x\sin x$는 2계 1차 상미분방정식이며,

(3) $\sqrt{x^4 (y'')^2 + 5(y')^3} = e^x$는 2계 3차 상미분방정식이다.

미분방정식에 포함된 종속변수와 도함수의 차수가 모두 1차 이하인 것을 **선형미분방정식**, 그렇지 않은 것을 **비선형미분방정식**이라고 부른다. 이 때, $y'y = 1$은 2차인 것으로 간주하여 비선형방정식으로 한다.

위의 예에서 (1), (2)는 선형이고, (3)은 비선형이다.

<III> 미분방정식의 해

어떤 함수 $y = f(x)$와 그의 도함수들을 주어진 미분방정식에 대입하였을 때 적당한 구간에서 함수항등식이 되면 함수 $y = f(x)$를 주어진 미분방정식의 **해**(Solution)라고 부른다. 예를 들어, $y = \frac{1}{2}x^2 + C$(C는 상수)의 도함수는 $y' = x$이므로 미분방

정식 $y'=x$의 y'대신에 x를 대입하면 $x=x$는 모든 실수집합 R 위에서 함수항등식이 되므로 R에서 해가 된다.

미분방정식의 해에는 다음의 세 가지가 있다.

(1) **일반해**(General Solution): GS는 계수만큼의 독립적인 임의의 상수를 가진 해

(2) **특수해**(Particular Solution): PS는 일반해의 임의상수에 특정한 값을 대입한 해

(3) **특이해**(Singular Solution): SS는 특수해가 아닌 해

예제 1

(1) $y=1+cx^3$은 미분방정식 $xy'=3y-3$의 해 임을 보여라.

(2) $x^2-3y^2=1$은 미분방정식 $3yy'=x$의 해 임을 보여라.

풀이 (1) $y'=3cx^2$이므로 주어진 미분방정식에 대입하면 $x(3cx^2)=3(1+cx^3)-3$이 되고, 이것은 함수항등식이므로 해가 된다.

(2) $x^2-3y^2=1$을 음함수 미분법으로 미분하면 $2x-6yy'=0$이므로 $3yy'=x$이다. 따라서 주어진 미분방정식에 대입하면 항등식 $x=x$를 얻으므로 해가 된다.

예제 2

$y=a\sin x+b\cos x$ (a, b는 상수)는 미분방정식 $y''+y=0$의 해 임을 보여라.

풀이 $y'=a\cos x-b\sin x$, $y''=-a\sin x-b\cos x$를 주어진 방정식에 대입하면

$$y''+y=-a\sin x-b\cos x+a\sin x+b\cos x=0$$

은 항등식이므로 해가 된다.

예제 3 특이해

임의의 상수 c에 대하여 $y=cx-c^2$은 $y'^2-xy'+y=0$의 일반해임을 보여라. 또한 $y=\frac{1}{4}x^2$은 이 방정식 특이해임을 보여라.

풀이 $y=cx-c^2$의 도함수 $y'=c$를 주어진 미분방정식에 대입하면 $c^2-xc+cx-c^2=0$은 함수항등식이 되므로 해이다. 그리고 주어진 미분방정식은 1계이고 $y=cx-c^2$에서 독립적인 임의의 상수c도 한 개이므로 $y=cx-c^2$는 $y'^2-xy'+y=0$의 일반해

이다. 한편, $y=\frac{1}{4}x^2$의 도함수 $y'=\frac{1}{2}x$를 주어진 방정식에 대입하면

$$\left(\frac{1}{2}x\right)^2 - x\left(\frac{1}{2}x\right) + \frac{1}{4}x^2 = \frac{1}{4}x^2 - \frac{1}{2}x^2 + \frac{1}{4}x^2 = 0$$

의 함수항등식을 얻으므로 해가 된다. 그런데 이 해는 일반해의 임의의 상수에 어떠한 값을 대입하여도 만들어지지 않으므로 특이해이다.

<IV> 곡선군의 미분방정식

곡선군 2변수 방정식 $f(x, y)=0$을 만족하는 모든 순서쌍 (x, y)를 좌표평면에 나타내면 대체로 곡선이 된다. 그러므로 임의의 상수 c에 대하여 $f(x, y)=c$를 만족하는 모든 (x, y)를 좌표평면에 나타내면 각각의 c에 대하여 곡선이 되므로 임의의 상수 c의 모든 가능한 값을 고려하면 곡선들의 모임이 된다는 것을 알 수 있다. 이러한 곡선들의 모임을 **곡선군**이라고 부르는데, 곡선군은 하나 이상의 임의의 상수를 포함한다.

이제 곡선군을 미분방정식을 이용하여 나타내는 방법을 살펴보자.

예를 들어, 직선군 $x+y=c$(c는 임의의 상수)를 나타내는 미분방정식을 구하여 보자. 음함수미분법을 이용하여 양변을 미분하면 $1+y'=0$이므로 $y'=-1$을 얻는다. 이 미분방정식이 직선군 $x+y=c$를 표현하는 미분방정식이다. 그리고 이것은 주어진 방정식에 있는 임의의 상수c를 미분을 이용하여 적절히 소거함으로써 얻어진다는 것을 알 수 있으며, 직선군 $x+y=c$로 표현되는 모든 미분가능한 함수 $y=c-x$는 이 미분방정식의 해가 된다는 것도 알 수 있다.

곡선군의 미분방정식 주어진 곡선군의 방정식에서 임의의 상수를 소거하여 미분방정식을 얻을 때, 주어진 곡선군에 있는 각각의 함수가 이 미분방정식의 해가 되면 이러한 미분방정식을 주어진 **곡선군의 미분방정식**이라고 부른다.

예제 4

원군 $x^2+y^2=c^2$의 미분방정식을 구하여라.

풀이 주어진 방정식의 양변을 음함수미분법을 이용하여 x로 미분하면

$$2x+2yy'=0, \text{ 즉, } x+yy'=0$$

을 얻는다. 이 식 $x+yy'=0$ 또는 $y'=-\dfrac{x}{y}$ (단, $y\neq 0$)가 구하는 미분방정식이다.

예제 5

원군 $(x-c)^2+y^2=c^2$의 미분방정식을 구하여라.

풀이 주어진 방정식의 양변을 음함수미분법을 이용하여 x로 미분하면

$$2(x-c)+2yy'=0,\ \text{즉},\ x-c=-yy'$$

을 얻는다. 이 식과 $c=x+yy'$을 주어진 식에 대입하면

$$(yy')^2+y^2=(x+yy')^2,\ \text{즉},\ y^2\{(y')^2+1\}=(x+yy')^2$$

을 얻는다.

예제 6

다음 원군의 방정식에서 상수 a, b, c를 소거하여 이 원군의 미분방정식을 구하여라.

$$x^2+y^2+2ax+2by+c=0$$

풀이 x에 관하여 미분하면

$$2x+2yy'+2a+2by'=0,\ \text{즉},\ x+yy'+a+by'=0$$

을 얻는다. 한 번 더 미분하면

$$1+(y')^2+yy''+by''=0$$

을 얻는다. 다시 한 번 더 미분하면

$$2y'y''+y'y''+yy'''+by'''=0,\ \text{즉},\ 3y'y''+yy'''+by'''=0$$

을 얻으므로, 이 식에서 $b=-(3y'y''+yy''')/y'''$을 구하여 두 번 미분한 식에 대입하면

$$1+y'^2+yy''-[(3y'y''+yy''')/y''']y''=0,\ \text{즉},\ (1+y'^2)y'''-3y'(y'')^2=0$$

을 얻는다. 이것이 구하는 원군의 미분방정식이다.

<V> 방향장

함수의 접선의 기울기 $y=g(x)$의 $(x, g(x))$에서의 접선의 기울기는 $y'=g'(x)$이다.

미분방정식에서의 접선의 기울기 미분방정식이 $y'=f(x,y)$로 주어졌다면, 이것은 이 방정식의 해가 되는 곡선위의 점 (x,y)에서의 접선의 기울기 y'이 $f(x,y)$가 된다는 것을 뜻한다.

선소와 등경선 미분방정식 $y'=f(x,y)$를 만족하는 곡선이 점 (x,y)를 통과할 때의 방향은 기울기가 $f(x,y)$가 되는 방향이라는 것을 알 수 있다. 그러므로 $f(x,y)=c$를 만족하는 모든 점 (x,y)에서 곡선이 통과하는 방향은 기울기 $f(x,y)=c$를 가지는 방향이고, 이것을 기울기 c의 작은 선분으로 나타낼 수 있다. 이러한 선분들을 **선소**라고 부른다. 그리고 곡선 $f(x,y)=c$위에서는 같은 기울기를 가지므로 $f(x,y)=c$를 **등경선**이라고 부른다.

방향장 미분방정식 $y'=f(x,y)$에 대하여 여러 가지의 임의의 상수 c를 선택하여 등경선 $f(x,y)=c$ 를 그리고 그 위에 기울기 c를 갖는 선소들을 표현한 것을 **방향장**이라고 부른다.

방향장은 다음의 예제와 같이 미분방정식의 개략적인 해를 구하는데 사용될 수 있다.

예제 7

미분방정식 $y'=xy$의 등경선을 그리고 점 (1,2)를 지나는 개략적인 해 곡선을 구하여라.

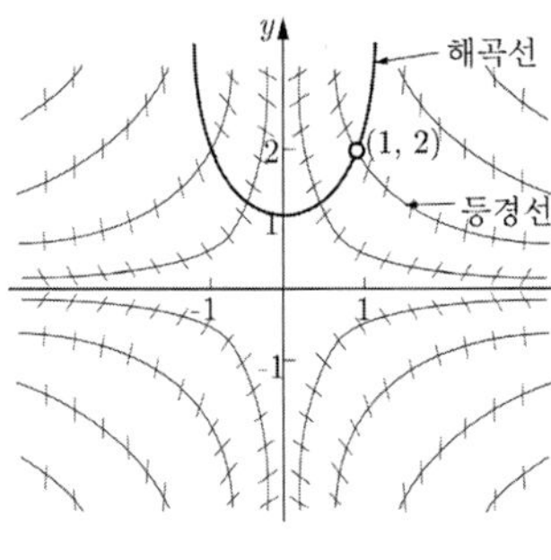

풀이 근사해 곡선을 그리는 방법

(1) 그림과 같이 몇 개의 등경선 $f(x,y)=xy=k$ 에 대하여 각각의 곡선위에 있는 점을 선택하여 각 기울기에 해당되는 선소를 첨가하여 방향장을 그린다.

(2) 지나는 점(1,2)를 선택하고 구하는 곡선이 점(1,2)를 지날 때에는 기울기

$1 \cdot 2 = 2 = k$가 되도록 통과하므로 이 점에서 기울기가 2인 선소방향으로 작은 선을 그린다.

(3) (2)에서 그린 작은 선의 끝점이 위치한 곳에서의 선소를 유추하여 같은 방향이 되도록 하는 작은 선을 그려서 부드럽게 연결한다. 이와 같은 작업을 계속해 나가면 그림의 굵은 선과 같은 대략적인 해곡선을 구할 수 있다.

(4) 이 방정식의 실질적인 해는 $y = 2e^{(x^2-1)/2}$이다.

<VI> 해의 존재성과 유일성

미분방정식 $y' = f(x, y)$는 일반적으로 무수히 많은 해를 갖는다. 그러나 이 미분방정식에 적당한 조건을 가하면 꼭 하나의 해를 가지게 할 수 있다. 이러한 조건은 보통 $y(x_0) = y_0$로 주는데, 이 조건을 **초기조건**이라고 부르며, 초기조건을 가지고 있는 문제

$$y' = f(x, y),\ y(x_0) = y_0$$

를 **초깃값문제**(Initial Value Problem, IVP)라고 부른다.

초깃값문제의 해의 존재성과 유일성에 대해서는 다음의 정리가 성립한다. 자세한 증명은 생략하기로 한다.

정리 1 (존재성정리)

초깃값문제 $y' = f(x, y)$, $y(x_0) = y_0$에서 함수 $f(x, y)$가 어떤 사각형 영역

$$R : |x - x_0| < a,\ |y - y_0| < b$$

에서 연속이고, 유계, 즉, $|f(x, y)| \leq K$이면, 이 초깃값문제는 적어도 하나의 해 $y(x)$를 갖는다. 이 해는 적어도 구간 $|x - x_0| < \alpha$ (단, $\alpha = \min\{a, b/K\}$)에서 정의된다.

정리 2 (유일성정리)

초깃값문제 $y' = f(x, y)$, $y(x_0) = y_0$ 에서 함수 $f(x, y)$ 와 편도함수 $\frac{\partial f}{\partial y}$ 가 사각형 영역

$$R : |x - x_0| < a, \ |y - y_0| < b$$

에서 연속이고, 유계, 즉, $|f(x, y)| \leq K$, $|f_y(x, y)| \leq K$ 이면, 이 초깃값문제는 유일한 해 $y(x)$를 갖는다. 이 해는 적어도 구간 $|x - x_0| < \alpha$ (단, $\alpha = \min\{a, b/K\}$) 에서 정의되며, 해는 다음 식으로 주어지는 Picard의 반복법에 의하여 얻을 수 있다.

$$y_n(x) = y_0 + \int_{x_0}^{x} f(t, y_{n-1}(t))dt, \ n = 1, 2, \cdots, n, \cdots$$

예제 8

인구의 증가율은 현존하는 인구에 비례하고, 포화인구 A명과 각 시점에서의 인구와의 차에 비례한다. 인구의 변화의 상태를 나타내는 미분방정식을 구하고 해의 존재성과 유일성에 관하여 토론하여 보자.

풀이 (미분방정식) 시간 t에서의 인구를 $P(t)$라고 하면, 인구증가율은 $\frac{dP}{dt}$가 되므로 가정에 의하여 $\frac{dP}{dt} = kP(A - P)$를 만족하는 비례상수 k가 존재한다. 이 식이 구하는 미분방정식이다.

(결과) $f(t, P) = kP(A - P)$와 $\frac{\partial}{\partial P} f(t, P) = kA - 2kP$는 임의의 직사각형 영역에서 연속이고 유계이므로 초기조건 $P(t_0) = P_0$를 만족하는 해는 존재성과 유일성의 정리에 의하여 유일하게 존재한다는 것을 알 수 있다. 즉, 인구증가율이 위와 같은 경우에는 어떤 시각 t_0에서의 인구 P_0명이 결정되면, 그 이후의 시각 t에는 반드시 인구가 $P(t)$명으로 유일하게 정해진다는 것을 의미한다. ■

연습문제 (1.1)

1. 다음의 각각의 미분방정식에 대하여 계수와 차수를 정하여 보아라.

(1) $y^3y''' - x^5(y')^2 - y = x^3$

(2) $\sqrt{x^4y''} + 4x(y')^2 = e^x$

(3) $\sin(x+y') = x^3y^2 + \cos x$

(4) $\dfrac{\partial^2 z}{\partial x \partial y} = xyz^2 + xy^3$

2. 다음 미분방정식에서 임의상수 c, c_1, c_2를 소거하여 주어진 방정식을 나타내는 미분방정식을 구하여라.

(1) $y = cx + 1$

(2) $y = cx^2 - x + c$

(3) $x^2 + y^2 - 2cx = 1$

(4) $y = 1 + c_1x + c_2x^2$

3. 다음 조건을 만족하는 곡선군의 미분방정식을 구하여라.

(1) y축 위에 중심을 가지고, 반지름이 1인 원군

(2) 포물선 $2y = x^2$의 접선군

(3) 점 $(1, 1)$을 지나는 모든 직선군

(4) 포물선 $2y = x^2$의 법선군

(5) 직선 $y = x$와 직교하는 모든 직선군

1.2 변수분리형 방정식

<I> 변수분리형의 정의와 해법

$$g(y)y' = f(x) \text{ 또는 } y' = \frac{f(x)}{g(y)} \text{ 또는 } g(y)dy = f(x)dx \quad (1)$$

꼴의 미분방정식을 **변수분리형**이라 한다. 여기서 사용된 미분에 대한 기호 dx, dy에 대한 자세한 사항은 1.3절에 소개된다.

변수분리형의 해법 변수분리형은 변수를 분리한 후에 적분한다.

$$\int g(y)y'dx = \int f(x)dx \text{ 또는 } \int g(y)dy = \int f(x)dx \quad (2)$$

예를 들어, $2yy' + 3x^2 = 0$은 $2ydy = -3x^2dx$와 같이 변수분리형 미분방정식이 된다. 양변을 적분하면 다음의 일반해를 얻는다.

$$y^2 = -x^3 + C \text{ 또는 } x^3 + y^2 = C.$$

예제 1

$y' = ky$를 풀어라.(k는 상수)

풀이 $\frac{dy}{y} = kdx$로 변수분리되므로 적분하면 $\ln|y| = kx + c$, 즉, $|y| = e^{kx+c} = e^c e^{kx}$($c$는 임의의 실수)를 얻는다. 한편 영함수 $y = 0$도 주어진 미분방정식의 해가 됨을 알 수 있다. 그러므로 $|y| = C'e^{kx}$(단, $C' \geq 0$)를 얻는다. 그런데, 이 함수들의 집합은 $y = Ce^{kx}$(단 C는 임의의 실수) 로 표시되는 함수들의 집합과 다르지만 미분가능성을 고려하여 일반해는 보통 $y = Ce^{kx}$로 나타낸다.

예제 2

초깃값문제 $y' = -6xy$, $y(0) = 3$의 해를 구하여라.

풀이 $\frac{dy}{y} = -6xdx$로 변수분리되므로 적분하여 $\ln|y| = -3x^2 + c$, 즉, $|y| = c' e^{-3x^2}$ ($c' = e^c$)

를 얻으므로 일반해는 $y = Ce^{-3x^2}$이다. 초기조건을 대입하면 $3 = y(0) = Ce^{-0} = C$이므로 구하는 특수해는 $y = 3e^{-3x^2}$이다.

<II> 동차형

동차함수 2변수 함수 $f(x, y)$에 대하여 $f(\lambda x, \lambda y) = \lambda^n f(x, y)$를 만족하는 실수 n이 존재하면 $f(x, y)$는 n차의 **동차함수**라고 부른다.

동차방정식 미분방정식 $P(x, y)y' + Q(x, y) = 0$에서 $P(x, y)$와 $Q(x, y)$가 동시에 n차의 동차함수이면, 이 미분방정식은 **동차방정식**이라고 부른다.

미분방정식 $P(x, y)y' + Q(x, y) = 0$이 n차의 동차형일 때 $y = ux$로 치환하면

$$\begin{aligned} 0 &= P(x, ux)(u'x + u) + Q(x, ux) \\ &= x^n P(1, u)(u'x + u) + x^n Q(1, u) \end{aligned}$$

가 되므로 양변에 x^n을 나누고 정리하면

$$\frac{P(1, u)}{Q(1, u) + uP(1, u)} du = -\frac{1}{x} dx$$

와 같이 변수분리형이 된다.

동차방정식의 다른 형태 $y' = g(\frac{y}{x})$ 꼴은 동차방정식이다.

n차의 동차방정식 $P(x, y)y' + Q(x, y) = 0$은

$$y' = -\frac{Q(x, y)}{P(x, y)} = -\frac{x^n Q(1, \frac{y}{x})}{x^n P(1, \frac{y}{x})} = -\frac{Q(1, \frac{y}{x})}{P(1, \frac{y}{x})} = g(\frac{y}{x})$$

와 같이 표현된다. 여기서 $g(t) = -\frac{Q(1, t)}{P(1, t)}$는 1변수 함수이다. 역으로 이 식은

$$\frac{1}{g(\frac{y}{x})} y' - 1 = 0$$

으로 나타나고 $\dfrac{1}{g(\frac{y}{x})}$과 -1은 0차의 동차함수이므로 동차방정식이 될 필요충분조건은 $y' = g(\frac{y}{x})$의 형태로 나타나는 것임을 알 수 있다.

$y' = g(\frac{y}{x})$꼴의 동차방정식은 $\frac{y}{x} = u$로 치환하고 $y = ux$와 $y' = u'x + u$를 대입하면

$$u'x + u = g(u),\ \text{즉},\ \frac{du}{g(u) - u} = \frac{dx}{x}$$

와 같이 변수분리형이 된다.

예제 3

$x^2 + 2xyy' - y^2 = 0$을 풀어라.

풀이 $2xyy' = y^2 - x^2$과 같은 방정식이므로 2차의 동차형방정식이다. $y = ux$라고 하면 $y' = u'x + u$이므로 대입하여 $2x(ux)(u'x + u) = (ux)^2 - x^2$,
즉, $2u(u'x + u) = u^2 - 1$ 또는 $2uu'x = -u^2 - 1$. 변수를 분리하면

$$\frac{2udu}{u^2 + 1} = -\frac{dx}{x}$$

적분하면

$$\ln(1 + u^2) = -\ln|x| + c' = -\ln|x| + \ln|c|,\ \text{즉},\ 1 + u^2 = \frac{c}{x}$$

$u = \frac{y}{x}$를 대입하여 정리하면 $x^2 + y^2 = cx$ 또는 $(x - \frac{c}{2})^2 + y^2 = \frac{c^2}{4}$을 얻는다. 그러므로 일반해는 중심이 $(\frac{c}{2}, 0)$이고 반지름이 $\frac{|c|}{2}$인 원군이다.

<III> $y' = g(ax + by + c)$꼴

일변수 함수 $g(t)$에 대하여 $y' = g(ax + by + c)$ 의 일반해는 다음과 같이 구한다.

(1) $v = ax + by + c$라고 하면 $\frac{dv}{dx} = a + by' = a + bg(v)$이므로 변수분리형이 된다.

(2) $v = ax + by$라고 하면 $\frac{dv}{dx} = a + by' = a + bg(v + c)$이므로 변수분리형이 된다.

예제 4

$(2x-6y+3)y'+(x-3y+3)=0$의 일반해를 구하여라.

풀이 $v=x-3y$로 놓으면 $v'=1-3y',\ y'=-\dfrac{v+3}{2v+3}$이므로

$$v'=1-3y'=1-3\left(-\frac{v+3}{2v+3}\right)=1+\frac{3v+9}{2v+3}=\frac{5v+12}{2v+3}$$

변수분리하면

$$\frac{2v+3}{5v+12}dv=dx,\ \left(\frac{2}{5}-\frac{9/5}{5v+12}\right)dv=dx$$

이 된다. 적분하면

$$\frac{2}{5}v-\frac{9}{25}\ln|5v+12|=x+c$$

를 얻는다. $v=x-3y$를 대입하고 정리하면 구하는 해는

$$\frac{2}{5}(x-3y)-\frac{9}{25}\ln|5x-15y+12|=x+c.$$

<IV> 변수분리형의 응용문제

응용문제 해법절차

1단계 자연현상을 적절한 법칙과 가정을 도입하여 수학적모형을 만든다. (미분방정식 등)

2단계 작성된 미분방정식의 일반해를 구한다.

3단계 초기조건, 경계조건 등의 조건을 이용하여 특수해를 구한다.

4단계 여러 가지의 알려진 사실을 이용하여 해가 타당한지를 조사한다.

예제 5

방사성 탄소의 반감기는 1000년이라고 할 때, 100단위의 방사성탄소가 20단위로 감소되는 기간을 구하여라.

풀이 (1단계) 방사성 탄소의 방사능의 감소율은 현존하는 양에 비례한다. 그러므로 시간 t에서의 방사능의 양을 $y(t)$라고 $\dfrac{dy}{dt}=ky$을 만족하는 비례상수 k가 존재한다.

(2단계) $\frac{dy}{y} = kdt$와 같이 변수분리하여 적분하면 $\ln y = kt + c$, 즉, $y = Ce^{kt}$를 얻는다.

(3단계) $y(0) = 100$이고 $100 = y(0) = Ce^{k0} = C$이므로 $y = 100e^{kt}$. 반감기가 1000년이므로 $50 = y(1000) = 100e^{1000k}$, 즉, $k = \frac{\ln(1/2)}{1000} = -\frac{\ln 2}{1000}$을 얻는다. $y = 20$으로 되는 시간을 t_{20}이라고 하면 $20 = y(t_{20}) = 100e^{-\frac{\ln 2}{1000}t_{20}}$에서 $t_{20} = -\frac{\ln(1/5)}{\ln 2/1000} = 1000\frac{\ln 5}{\ln 2} \fallingdotseq 2321.9(\text{년})$

(4단계) 1000년 후 50단위로 감소하고, 다시 1000년 후에 25단위로 감소하며, 또 다시 좀 더 감소하여야 20단위가 되므로 대략 옳다고 볼 수 있다.

예제 6

물 50 l에 소금 2 kg이 용해된 탱크에 1 l당 0.2 kg의 소금이 용해된 소금물이 매분 5l씩 유입되고, 물탱크에서 잘 용해된 소금물이 매분 5l씩 유출된다. 10분 경과후의 탱크 속에 있는 소금의 양을 구하여라.

풀이 (1단계) t분이 경과한 후의 탱크속의 소금의 양을 $y(t)$라고 하면

$$\frac{dy}{dt} = \text{소금의 유입량} - \text{소금의 유출량}$$
$$= 0.2 \times 5 - \frac{y(t)}{50} \times 5 = 1 - 0.1y, \quad y(0) = 2$$

(2단계) 변수를 분리하면 $\frac{dy}{1 - 0.1y} = dt$이므로 적분하면 $-10\ln(1 - 0.1y) = t + c'$, 즉, $y = 10 - 10ce^{-\frac{t}{10}}$를 얻는다.

(3단계) $2 = y(0) = 10 - 10c$에서 $c = 0.8$. 그러므로 $y = 10 - 8e^{-\frac{1}{10}t}$. $t = 10$일 때, $y(10) = 10 - 8e^{-1} \approx 7.057(kg)$

(4단계) 소금은 매분 1kg씩 유입되고, 물 50리터에 2kg의 소금이 녹아있는 용액은 처음의 농도가 0.1이므로 매분 대략 $0.1 \times 5 = 0.5$(kg) 정도의 소금이 유출된다고 볼 수 있다. 따라서10분 후에는 대략 7kg 정도가 남아있다고 볼 수 있다.

예제 7 **Newton의 냉각법칙**

한 물질의 온도 T의 시간에 대한 변화율 dT/dt는 T와 T를 둘러싼 주변온도 T_0

의 차에 비례한다. 이것을 Newton의 냉각법칙이라 한다. $t=0$일 때, $T(0)=20^o C$이고, $t=2$일 때, $T(2)=22^o C$이다. $t=10$일 때의 온도 $T(10)$을 구하여라. 단, 주변온도는 $T_0=25^o C$이다.

풀이 (1단계) 변화율이 주변온도와의 차에 비례하므로

$$\frac{dT}{dt}=k(T-T_0)$$

를 만족하는 비례상수 k가 존재한다.

(2단계) 변수를 분리하여 적분하면 $\ln(T-T_0)=kt+c$, 즉, $T=T_0+Ce^{kt}$를 얻는다.

(3단계) 초기조건으로부터 $20=T(0)=25+Ce^{k0}$, 즉, $C=-5$를 얻는다. 따라서 $T=25-5e^{kt}$. 주어진 조건으로부터 $22=T(2)=25-5e^{2k}$, 즉, $e^{2k}=0.6$을 얻으므로 $k=\frac{1}{2}\ln 0.6$. 따라서 $T=25-5e^{\frac{\ln 0.6}{2}t}$. $t=10$일 때에는 $T(10)=25-5e^{5\ln 0.6} \fallingdotseq 24.61(^o C)$. 참고로, 참값은 $T(10)=25-5e^{k(10)}=25-5e^{2k\cdot 5}=25-5\cdot(0.6)^5=24.6112(^o C)$이다.

예제 8 지구이탈속도

Newton의 만유인력법칙에 의하면 인력은 $\frac{1}{r^2}$(r은 지구의 중심에서 발사체까지의 거리)에 비례 한다. 발사체를 초속도 얼마로 발사하면 지구를 벗어날 수 있는가? (단, 지구의 반지름과 중력가속도는 각각 $R=6372\,km$, $g=9.8\,m/\sec^2$이다.)

풀이 (1단계) 물체에 작용하는 지구의 인력은 지구표면에서는 mg이므로 비례상수를 k라고 하면 $mg=\frac{k}{R^2}$로부터 $k=mgR^2$이 된다. 물체가 움직이는 가속도를 a라고 하면 지구인력과 반대방향으로 움직이므로 뉴톤의 법칙에 의하여 $ma=-\frac{mgR^2}{r^2}$, 즉, $\frac{dv}{dt}=a=-\frac{gR^2}{r^2}$이 성립한다. 연쇄법칙에 의하여 $\frac{dv}{dt}=\frac{dv}{dr}\frac{dr}{dt}=v\frac{dv}{dr}$이 성립하므로 구하는 미분방정식은

$$v\frac{dv}{dr}=-\frac{gR^2}{r^2}$$

(2단계) 변수를 분리하여 적분하면 $\frac{1}{2}v^2=\frac{gR^2}{r}+c$를 얻는다.

(3단계) 지구표면에서 즉, $r=R$일 때 $v=v_0$(초기속도)라고 하면, $\frac{1}{2}v_0^2=\frac{gR^2}{R}+c=gR+c$에서 $c=\frac{1}{2}v_0^2-gR$을 얻는다. 그러므로

$$v^2=\frac{2gR^2}{r}+v_0^2-2gR$$

$v=0$이면 발사체는 멈추고 지구로 돌아온다. $v>0$이면 멈추지 않고 계속 진행할 것이다. 위의 식에서 모든 $r>R$에 대하여 $v\neq 0$이 성립하기 위한 조건은 $v_0^2-2gR>0$임을 알 수 있다. 그러므로 지구이탈에 필요한 속도는 $v_0=\sqrt{2gR}$이다. $R=6372\,km,\ g=9.8\,m/\sec^2$를 대입하면 $v_0\fallingdotseq 11.2\,km/\sec(\fallingdotseq 6.96\,mile/\sec)$가 된다.

예제 9

질량 m의 물체를 연직상방으로 던져 올릴 때, 중력 mg는 하방으로 작용한다. 또한 속도 v의 제곱에 비례하는 공기저항 $kv^2(k>0)$은 속도와 반대의 방향으로 받는다. 물체의 속도 v를 구하여라.

풀이 물체가 상승하는 방향을 x축으로 하고, 시간 t에서의 물체의 높이를 $x=x(t)$라고 하면, 속도 $v=v(t)$와 가속도 $a=a(t)$는 각각

$$v=\frac{dx}{dt},\ a=\frac{dv}{dt}=\frac{d^2x}{dt^2}$$

이고, 중력과 공기저항은 각각 $-mg$와 $-kv^2$으로 나타난다. 뉴톤의 운동법칙에 의하여 힘 = 질량 × 가속도 이므로 다음을 얻는다.

$$m\frac{dv}{dt}=-mg-kv^2$$

변수분리하면

$$\frac{mdv}{mg+kv^2}=-dt,\ \text{즉, }\ \frac{\frac{m}{k}dv}{\frac{mg}{k}+v^2}=-dt$$

이므로 적분하여 다음을 얻는다.

$$\frac{m}{k}\frac{1}{\sqrt{\frac{mg}{k}}}\tan^{-1}\frac{v}{\sqrt{\frac{mg}{k}}}=-t+c,\ \text{즉, }\ \sqrt{\frac{m}{gk}}\tan^{-1}\sqrt{\frac{k}{mg}}\,v=-t+c$$

$t=0$인 순간의 속도를 $v(0)=v_0$라고 하면 $\sqrt{\frac{m}{gk}}\tan^{-1}\sqrt{\frac{k}{mg}}\,v_0=c$이므로, 정리

하면

$$\tan^{-1}\sqrt{\frac{k}{mg}}\,v = -\sqrt{\frac{gk}{m}}\,t + \tan^{-1}\sqrt{\frac{k}{mg}}\,v_0$$

따라서

$$\sqrt{\frac{k}{mg}}\,v = -\tan\left(\sqrt{\frac{gk}{m}}\,t - \tan^{-1}\sqrt{\frac{k}{mg}}\,v_0\right) = -\frac{\tan\sqrt{\frac{gk}{m}}\,t - \sqrt{\frac{k}{mg}}\,v_0}{1+\sqrt{\frac{k}{mg}}\,v_0\tan\sqrt{\frac{gk}{m}}\,t}$$

그러므로

$$v = -\sqrt{\frac{mg}{k}}\,\frac{\tan\sqrt{\frac{gk}{m}}\,t - \sqrt{\frac{k}{mg}}\,v_0}{1+\sqrt{\frac{k}{mg}}\,v_0\tan\sqrt{\frac{gk}{m}}\,t},\ \text{즉},\ v = \frac{v_0 - \sqrt{\frac{mg}{k}}\,tan\sqrt{\frac{gk}{m}}\,t}{1+\sqrt{\frac{k}{mg}}\,v_0\tan\sqrt{\frac{gk}{m}}\,t}.$$

예제 10

질량 m의 물체가 공기 중을 낙하할 때, 그 속력의 제곱에 비례하는 저항력 $kv^2 (k>0)$을 속도와 반대방향으로 받는다. 최초의 속력을 0이라고 할 때, 그 속력 v를 낙하거리의 함수로 나타내어라.

풀이 물체의 최초의 위치를 원점 O로 하는 좌표축을 연직선으로 하고, 연직하방을 양의 방향으로 정하자. 낙하시작시각을 $t=0$으로 하고, 시각 t에서 물체의 속력을 v, 낙하거리를 $x=x(t)$ 라고 하면 $v=\frac{dx}{dt}$ 이고, 가속도 a는 $a=\frac{dv}{dt}$ 이다. 물체가 받는 힘은 중력 mg와 공기저항 $-kv^2$ 이므로, 뉴톤의 운동법칙 (질량)×(가속도) = (힘)에 의하여 $m\frac{dv}{dt} = mg - kv^2$ 이 된다.

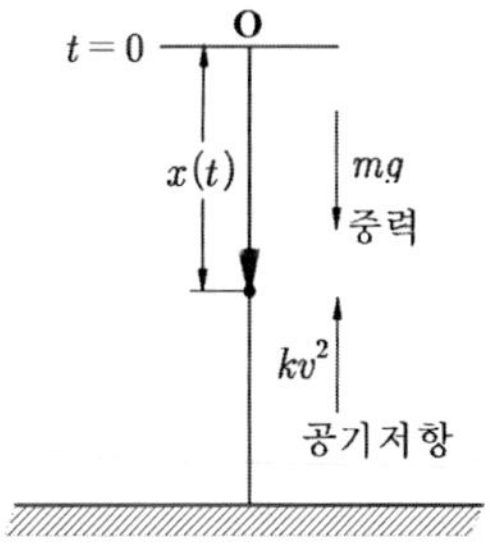

그런데 $\frac{dv}{dt} = \frac{dv}{dx}\frac{dx}{dt} = v\frac{dv}{dx}$ 이므로 이 식은

$$mv\frac{dv}{dx} = mg - kv^2$$

이 된다. 변수분리하면 $\frac{mv}{mg-kv^2}dv = dx$ 이므로 적분하면 $-\frac{m}{2k}\ln(mg-kv^2) = x + c$,

즉,

$$mg - kv^2 = c'\,e^{-\frac{2k}{m}x},\ v^2 = \frac{mg}{k} - Ce^{-\frac{2k}{m}x}$$

초기속도는 0이고 초기위치는 $x(0)=0$으로 선택하였으므로

$$0=\{v(0)\}^2=\frac{mg}{k}-Ce^{-\frac{2k}{m}x(0)}=\frac{mg}{k}-C,\ 즉,\ C=\frac{mg}{k}.$$

따라서 $v^2=\frac{mg}{k}\left(1-e^{-\frac{2k}{m}x}\right)$. 만약 낙하거리 $x(t)$가 충분히 크면 $v \fallingdotseq \sqrt{\frac{mg}{k}}$ 이다.

<V> 직교곡선군과 법선영

직교곡선군 곡선군의 미분방정식이 $y'=f(x,y)$로 나타내어져 있다면, 이 식을 만족하는 임의의 해곡선위의 점(x,y)에서의 접선의 기울기가 $f(x,y)$가 된다는 것을 뜻한다. 따라서 이러한 해곡선들에 동시에 수직으로 만나는 곡선군의 기울기는 점 (x,y)에서 $y'=-\dfrac{1}{f(x,y)}$가 된다는 것을 알 수 있다. 이 식을 풀면 주어진 곡선군과 모든 점에서 직교하는 새로운 곡선군을 얻을 수 있다. 이러한 곡선군을 **직교곡선군**이라고 부른다.

접선영과 법선영 직교좌표평면에서 곡선 $y=f(x)$위의 점 $P(x,f(x))$에서 접선과 법선이 아래의 그림과 같이 주어졌을 때, 선분 $\overline{TM}$을 **접선영**, 선분 $\overline{NM}$을 **법선영**이라고 부른다.

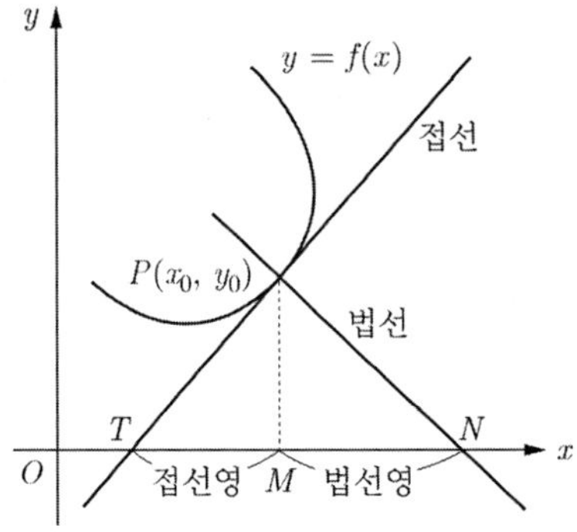

곡선위의 점 $P(x_0,y_0)$에서의 접선과 법선의 방정식은 다음과 같다.

(1) 접선의 방정식 : $y-y_0=f'(x_0)(x-x_0)$

(2) 법선의 방정식 : $y-y_0=-\dfrac{1}{f'(x_0)}(x-x_0)$.

접선의 방정식에 $y=0$을 대입하면 점 T의 x좌표는

$$-y_0 = f'(x_0)(x-x_0),\ x = x_0 - \frac{f(x_0)}{f'(x_0)}$$

이므로 접선영 TM은 다음과 같다.

$$\overline{TM} = \left|x_0 - \left(x_0 - \frac{f(x_0)}{f'(x_0)}\right)\right| = \left|\frac{f(x_0)}{f'(x_0)}\right|.$$

또한 법선의 방정식에 $y=0$을 대입하면 점 N의 x좌표는

$$-y_0 = -\frac{1}{f'(x_0)}(x-x_0),\ x = x_0 + f(x_0)f'(x_0)$$

이므로 법선영 NM은 다음과 같다.

$$\overline{NM} = |x_0 - (x_0 + f(x_0)f'(x_0))| = |f(x_0)f'(x_0)|.$$

예제 11

원군 $x^2+y^2=a^2$의 직교곡선군을 구하여라.

풀이 미분하면 $2x+2yy'=0$이므로 주어진 원군의 미분방정식은 $y'=-\frac{x}{y}$가 된다. 따라서 직교곡선군의 미분방정식은 $y'=\frac{y}{x}$이다. $\frac{dy}{y}=\frac{dx}{x}$와 같이 변수분리되므로 적분하면 $\ln|y|=\ln|x|+c$, 즉, $|y|=c'|x|$를 얻는다. 따라서 미분가능성을 고려하면 $y=Cx$가 구하는 직교곡선군이다. ■

예제 12

곡선군 $y=ax$의 직교곡선군을 구하여라.

풀이 곡선군 $y=ax$의 미분방정식은 $y'=a$이므로 대입하면 $y=y'x$이다. 따라서 $y'=\frac{y}{x}$. 그러므로 직교곡선군의 미분방정식은 $y'=-\frac{x}{y}$. 변수를 분리하면 $yy'=-x$ 이므로 적분하면 $\frac{1}{2}y^2=-\frac{1}{2}x^2+C'$이므로 직교곡선군은 $x^2+y^2=C$이다. (이것은 중심이 원점인 모든 원의 모임이다.) ■

예제 13

곡선군 $y=ax^2$의 직교곡선군을 구하여라.

풀이 곡선군 $y=ax^2$의 미분방정식은 $y'=2ax$이므로 $a=\frac{y'}{2x}$을 대입하면 $y=\frac{y'}{2x}x^2$ $=\frac{1}{2}xy'$이다. 따라서 $y'=\frac{2y}{x}$. 그러므로 직교곡선군의 미분방정식은 $y'=-\frac{x}{2y}$.

변수를 분리하면 $2yy'=-x$ 이므로 적분하면 $y^2=-\frac{1}{2}x^2+C'$이므로 직교곡선군은

$\frac{x^2}{2}+y^2=C$이다. (이것은 중심이 원점이고 장축이 $\sqrt{2C}$, 단축이 $\sqrt{C}$인 모든 타원의 모임이다.)

예제 14

법선영의 길이가 일정한 값 a가 되는 곡선군을 구하여라.

풀이 법선영은 $|yy'|$이므로 구하는 곡선군은

$$yy'=\pm a \text{에서 } ydy=\pm adx. \therefore \frac{1}{2}y^2=\pm ax+c$$

예제 15

법선이 항상 원점을 지나는 곡선군을 구하여라.

풀이 곡선 $y=f(x)$ 위의 점 $P(x_0, y_0)$에서의 법선의 방정식은 $y-y_0=-\frac{1}{y_0'}(x-x_0)$이다.

이 법선이 원점을 지나므로 $-y_0=-\frac{1}{y_0'}(0-x_0)$, 즉, $y_0y_0'=-x_0$ 이다. 따라서 임의의 점(x, y)에서 법선이 원점을 지나는 곡선은 $yy'+x=0$을 만족하는 곡선이다. 적분하면 구하는 곡선군은 $\frac{1}{2}y^2+\frac{1}{2}x^2=c$, 즉, $x^2+y^2=a^2$ $(a^2=2c)$ 로 나타나는 원점이 중심인 원군이다.

연습문제 (1.2)

1. 다음 미분방정식의 일반해를 구하여라.

(1) $xy' + y^2 = 0$

(2) $x^2y' + y^2 = 0$

(3) $y' + ay = 0$

(4) $(\cos y)y' + a\sin y = 0$

(5) $(1-x)y' = x^2y$

(6) $(1+x)y' + (1-y)x^2y = 0$

(7) $y' + x^2(1+y^2) = 0$

(8) $yy' + x(1+y^2) = 0$

2. 다음 곡선군의 직교곡선군을 구하여라.

(1) $y = ax^3$

(2) $x^2 - y^2 = C$

(3) $x^2 + 9y^2 = C$

(4) $y = Ce^x$

(5) $\cos y = Ce^x$

(6) $xy = C$

3. 다음 조건을 만족하는 곡선을 구하여라.

(1) 접선영의 길이가 일정한 곡선

(2) 법선영의 길이가 일정한 곡선

(3) 원점에서 곡선위의 임의의 점에서의 법선에 내린 수선의 길이가 그 점의 y좌표와 같은 곡선

1.3 완전미분형 방정식

<I> 증분, 미분, 전미분

도함수(미분계수), 미분과 전미분은 다음과 같이 정의되는 수이다.

❶ $y=f(x)$에 대하여 $f'(x)=\lim_{\Delta x \to 0} \frac{f(x+\Delta x)-f(x)}{\Delta x}$를 **미분계수**라고 부르고, 함수 $f'(x)$를 **도함수**라고 부른다. 한편 2변수함수 $z=f(x,y)$에 대하여

$$\frac{\partial f}{\partial x}(a,b)=\lim_{\Delta x \to 0} \frac{f(a+\Delta x,b)-f(a,b)}{\Delta x}=f_x(a,b)$$
$$\frac{\partial f}{\partial y}(a,b)=\lim_{\Delta y \to 0} \frac{f(a,b+\Delta y)-f(a,b)}{\Delta y}=f_y(a,b)$$

를 각각 x 및 y에 관한 **편미분계수**라고 부르며, 함수 $\frac{\partial f}{\partial x}(x,y)$, $\frac{\partial f}{\partial y}(x,y)$를 각각 x에 관한 **편도함수**, y에 관한 **편도함수**라고 부른다.

❷ $y=f(x)$에서

1. y의 **증분** : $\Delta y=f(x+\Delta x)-f(x)$
2. x의 **증분** : Δx
3. y의 **미분** : $dy=f'(x)dx$
4. x의 **미분** : $dx=\Delta x$

함수 $y=f(x)=x$에 적용하면 $dy=f'(x)\Delta x=\Delta x$이고 $dy=dx$이므로 $dx=\Delta x$가 성립한다. 그러므로 $dx=\Delta x$로 정의하는 것이 타당하다. 즉, $dy=f'(x)dx$가 된다. 이 때 dy와 dx는 숫자처럼 취급하여 나누거나 곱하는 연산을 도입한다. 양변에 dx를 나누면 $dy \div dx=f'(x)=\frac{df}{dx}=\frac{dy}{dx}$가 되므로 미분계수의 기호 $\frac{dy}{dx}$는 dy를 dx로 나눈 것으로 간주하여도 무방하다.

❸ $z=f(x,y)$에서

z의 증분 : $\Delta z=f(x+\Delta x, y+\Delta y)-f(x,y)$	x의 증분 : Δx y의 증분 : Δy

z의 **전미분** : $dz=\dfrac{\partial f}{\partial x}dx+\dfrac{\partial f}{\partial y}dy$,	x의 미분 : $dx=\Delta x$ y의 미분 : $dy=\Delta y$

함수 $z=f(x,y)=x$, $z=f(x,y)=y$에 각각 적용하면 x와 y의 미분은 $dx=\Delta x$, $dy=\Delta y$로 정의하는 것이 타당함을 알 수 있다.

<II> 완전미분형 방정식

$z=f(x,y)$, $y=g(x)$이면 연쇄법칙에 의하여 $\dfrac{dz}{dx}=f_x+f_y\dfrac{dy}{dx}$가 된다. 그러므로 $z=f(x,y)=c$는

$$\frac{dz}{dx}=f_x+f_y\frac{dy}{dx}=0,\ \text{또는}\ dz=f_x dx+f_y dy=0$$

꼴의 미분방정식의 일반해가 된다.

완전미분방정식 어떤 2변수 함수 $f(x,y)$에 대하여 $f_x dx+f_y dy=0$으로 표시되는 미분방정식을 **완전미분방정식(완전미방)**이라고 부른다.

예를 들어, $2dx+3dy=0$은 $z=f(x,y)=2x+3y$라고 하면

$$dz=f_x dx+f_y dy=2dx+3dy=0$$

으로 표현되므로 완전미분방정식이다.

정리 1

2변수함수 $u=f(x,y)$의 전미분이 평면위의 어떤 영역에서 $du=\dfrac{\partial f}{\partial x}dx+\dfrac{\partial f}{\partial y}dy=0$을 만족하면 $u(x,y)=C$ (C는 상수)이다.

증명 서로 독립적인 임의의 미분 dx, dy에 대하여 $du=\dfrac{\partial f}{\partial x}dx+\dfrac{\partial f}{\partial y}dy=0$이 성립하므로

$\dfrac{\partial f}{\partial x}=0$, $\dfrac{\partial f}{\partial y}=0$을 얻는다. 그러면 $f(x,y)$는 $\dfrac{\partial f}{\partial x}=0$이므로 x에 대하여 독립적이고, $\dfrac{\partial f}{\partial y}=0$이므로 y에 대하여 또한 독립적이다. 따라서 $u=f(x,y)$는 x,y에 의존하지 않는 함수이므로 상수함수이다.

정리 2

2변수 함수 $M(x,y)$와 $N(x,y)$의 1계 편도함수가 연속일 때, 미분방정식

$$M(x,y)\,dx+N(x,y)dy=0$$

이 완전미분방정식이 될 필요충분조건은 $\dfrac{\partial M}{\partial y}=\dfrac{\partial N}{\partial x}$가 성립하는 것이다.

증명 (필요성) $Mdx+Ndy=0$이 완전미분방정식이면

$$f_x dx+f_y dy=M(x,y)\,dx+N(x,y)dy=0$$

을 만족하는 적당한 2변수 함수 $z=f(x,y)$가 존재한다. dx, dy는 임의의 독립변수이므로 $\dfrac{\partial f}{\partial x}=M$, $\dfrac{\partial f}{\partial y}=N$이 성립한다. 따라서 2계 편도함수정리에 의하여

$$\frac{\partial M}{\partial y}=\frac{\partial}{\partial y}\left(\frac{\partial f}{\partial x}\right)=\frac{\partial^2 f}{\partial y\partial x}=\frac{\partial^2 f}{\partial x\partial y}=\frac{\partial}{\partial x}\left(\frac{\partial f}{\partial y}\right)=\frac{\partial N}{\partial x}.$$

(충분성) $\dfrac{\partial M}{\partial y}=\dfrac{\partial N}{\partial x}$가 성립한다고 하고, y를 상수로 보고 M을 x에 관하여 적분(편적분)하여 $\displaystyle\int_{y=\text{상수}} M(x,y)\,dx=F(x,y)$라고 놓자. 그러면 $\dfrac{\partial F}{\partial x}=M$이므로 $\dfrac{\partial^2 F}{\partial y\partial x}=\dfrac{\partial M}{\partial y}=\dfrac{\partial N}{\partial x}$.
그런데 $\dfrac{\partial^2 F}{\partial y\partial x}=\dfrac{\partial^2 F}{\partial x\partial y}$이므로 $\dfrac{\partial}{\partial x}\left(\dfrac{\partial F}{\partial y}-N\right)=0$. 따라서 $\dfrac{\partial F}{\partial y}-N$은 x에 독립인 함수이므로 $\dfrac{\partial F}{\partial y}-N=g(y)$로 놓을 수 있다. 그러면 $N=\dfrac{\partial F}{\partial y}-g(y)$이므로 $z=F(x,y)-\displaystyle\int g(y)dy$라고 하면

$$\begin{aligned}Mdx+Ndy&=\frac{\partial F}{\partial x}dx+\left(\frac{\partial F}{\partial y}-g(y)\right)dy=\left(\frac{\partial F}{\partial x}dx+\frac{\partial F}{\partial y}dy\right)-g(y)dy\\&=dF-d\left(\int g(y)dy\right)=d\left(F-\int g(y)dy\right)=dz\end{aligned}$$

가 되므로 완전미분방정식이다.

완전미방의 일반해 두 정리와 증명과정에 의하여 $z(x,y)=F(x,y)-\displaystyle\int g(y)dy=C$,

즉,

$$z(x,y)=\int_{y=\text{상수}} Mdx+\int\left(N-\frac{\partial}{\partial y}\int_{y=\text{상수}} Mdx\right)dy=C$$

는 완전미분방정식 $Mdx + Ndy = 0$의 일반해이다.

예제 1

$(x^3 + ye^{xy})dx + (y^3 + xe^{xy})dy = 0$의 일반해를 구하여라.

풀이 $M = x^3 + ye^{xy}$, $N = y^3 + xe^{xy}$라고 하면 $\dfrac{\partial M}{\partial y} = (1 + xy)e^{xy} = \dfrac{\partial N}{\partial x}$이므로 완전미분방정식이다. 전미분이 주어진 미분방정식의 좌변과 같은 함수를 $u(x, y)$라고 하면 $\dfrac{\partial u}{\partial x} = M = x^3 + ye^{xy}$이므로 y를 상수로 보고 양변을 x에 관하여 적분하면

$$u(x, y) = \frac{1}{4}x^4 + e^{xy} + k(y) \text{ (단, } k(y)\text{는 } y\text{만의 함수)}$$

의 형태이다. y에 관하여 편미분하면 $xe^{xy} + k'(y) = \dfrac{\partial u}{\partial y} = N = xe^{xy} + y^3$. 그러므로 $k'(y) = y^3$. $k(y) = \dfrac{1}{4}y^4 + c$. 그런데 $u(x, y)$는 하나의 함수만 구하면 충분하므로 $c = 0$으로 선택하면 $u(x, y) = \dfrac{1}{4}x^4 + e^{xy} + \dfrac{1}{4}y^4$이 된다. 그러므로 일반해는

$$u(x, y) = \frac{1}{4}x^4 + e^{xy} + \frac{1}{4}y^4 = C.$$

■

예제 2

$(2xy + y)dx + (x^2 + x)dy = 0$의 일반해를 구하여라.

풀이 $\dfrac{\partial M}{\partial y} = 2x + 1 = \dfrac{\partial N}{\partial x}$이므로 완전미분방정식이다. 그러므로 일반해는

$$\begin{aligned} z(x, y) = &\int_{y=\text{상수}} (2xy + y)dx \\ &+ \int \left(x^2 + x - \frac{\partial}{\partial y}\int_{y=\text{상수}} (2xy + y)dx\right)dy = C \end{aligned}$$

로 표현된다. 계산하면

$$\begin{aligned} z(x, y) &= x^2y + xy + \int (x^2 + x - x^2 - x)dy \\ &= x^2y + xy + \int_{y=\text{상수}} 0dy \\ &= x^2y + xy = C. \end{aligned}$$

■

<III> 적분인자

적분인자 미분방정식 $Mdx+Ndy=0$은 완전미분방정식이 아니지만 적당한 함수 $\lambda(x,y)$를 양변에 곱하여 얻은 미분방정식 $(\lambda M)dx+(\lambda N)dy=0$이 완전미분방정식이 되면 함수 $\lambda(x,y)$를 $Mdx+Ndy=0$의 **적분인자(Integrating factor)**라고 부른다.

예를 들어, 미분방정식 $ydx-xdy=0$은 $\frac{\partial M}{\partial y}=1\neq-1=\frac{\partial N}{\partial x}$이므로 완전미방이 아니다. 그런데 양변에 $\lambda=\frac{1}{y^2}$을 곱하면 $\frac{1}{y^2}ydx-\frac{1}{y^2}xdy=0$, 즉, $\frac{ydx-xdy}{y^2}=d(\frac{x}{y})=0$으로 표현되므로 완전미분방정식이 된다. 따라서 $\lambda=\frac{1}{y^2}$은 $ydx-xdy=0$의 적분인자이다.

적분인자를 찾을 때 다음의 형태가 가끔 유용하다.

기본적인 전미분형

① $d(\frac{y}{x})=\frac{xdy-ydx}{x^2}$

② $d(\frac{x}{y})=\frac{ydx-xdy}{y^2}$

③ $d(\ln\frac{x}{y})=\frac{(ydx-xdy)/y^2}{x/y}=\frac{ydx-xdy}{xy}$

④ $d(\tan^{-1}\frac{y}{x})=\frac{xdy-ydx}{x^2+y^2}$

다음의 예제는 기본적인 전미분형을 이용하여 푸는 문제이다.

예제 3

다음 미분방정식을 풀어라.

(1) $(x^3+x^2+1+y)dx-xdy=0$ (2) $(x^2+y^2-y)dx+xdy=0$

풀이 (1) 방정식의 양변을 x^2으로 나누면 $\left(x+1+\frac{1}{x^2}\right)dx-\frac{xdy-ydx}{x^2}=0$과 같이 표시할 수

있으므로 $d\left(\frac{1}{2}x^2+x-\frac{1}{x}\right)-d\left(\frac{y}{x}\right)=0$이 된다. 그러므로 일반해는
$\frac{1}{2}x^2+x-\frac{1}{x}-\frac{y}{x}=C$이다.
(2) 방정식의 양변을 x^2+y^2으로 나누면 $dx+\frac{xdy-ydx}{x^2+y^2}=0$과 같이 표시할 수 있으므로 $d(x)+d\left(\tan^{-1}\frac{y}{x}\right)=0$, 즉, $d\left(x+\tan^{-1}\frac{y}{x}\right)=0$이 된다. 그러므로 일반해는

$$x+\tan^{-1}\frac{y}{x}=C, \text{ 즉, } y=x\tan(C-x).$$

좀 더 일반적으로 미분방정식 $M(x,y)\,dx+N(x,y)dy=0$의 적분인자를 구하는 방법에 대하여 생각하여 보자.

어떤 함수 $\lambda(x,y)$가 적분인자가 된다고 가정하면

$$\lambda(x,y)\,M(x,y)\,dx+\lambda(x,y)N(x,y)dy=0$$

은 완전미분방정식이 된다. 그러므로

$$\frac{\partial}{\partial y}(\lambda M)=\frac{\partial}{\partial x}(\lambda N).$$

편미분하여 전개하면

$$\frac{\partial\lambda}{\partial y}M+\lambda\frac{\partial M}{\partial y}=\frac{\partial\lambda}{\partial x}N+\lambda\frac{\partial N}{\partial x}. \tag{1}$$

따라서 이 식을 만족하는 $\lambda(x,y)$가 적분인자임을 알 수 있다. 이 식은 편미분방정식이 되므로 일반적으로는 풀기가 어렵지만, 특별한 경우에는 이 식을 만족하는 적당한 $\lambda(x,y)$를 쉽게 구할 수 있다.

정리 3 (적분인자 : x만의 함수)

미분방정식 $M(x,y)\,dx+N(x,y)dy=0$에 대하여

$$\frac{1}{N}\left(\frac{\partial M}{\partial y}-\frac{\partial N}{\partial x}\right)=p(x)$$

가 x만의 함수가 되면 $\lambda=e^{\int p(x)dx}$가 적분인자이다.

증명 (1)에서 λ가 x만의 함수이면 $\frac{\partial\lambda}{\partial y}=0$이므로

$$\lambda\frac{\partial M}{\partial y}=\frac{d\lambda}{dx}N+\lambda\frac{\partial N}{\partial x}.$$

양변을 λN으로 나누면

$$\frac{\lambda'}{\lambda}=\frac{1}{N}\left(\frac{\partial M}{\partial y}-\frac{\partial N}{\partial x}\right)=p(x).$$

양변을 x에 관하여 적분하면 $\ln\lambda=\int p(x)\,dx$ 이므로 $\lambda=e^{\int p(x)dx}$ 이다.

예제 4

$(x^2+y^2)dx-2xydy=0$의 적분인자를 구하고, 이를 이용하여 일반해를 구하여라.

풀이 $\frac{\partial M}{\partial y}=2y\neq-2y=\frac{\partial N}{\partial x}$ 이므로 완전미방이 아니지만

$$\frac{1}{N}\left(\frac{\partial M}{\partial y}-\frac{\partial N}{\partial x}\right)=\frac{1}{-2xy}(2y-(-2y))=-\frac{2}{x}=p(x)$$

는 x만의 함수이므로 적분인자는

$$\lambda=e^{\int p(x)dx}=e^{\int\left(-\frac{2}{x}\right)dx}=e^{-2\ln x}=e^{\ln x^{-2}}=x^{-2}=\frac{1}{x^2}$$

이다. 주어진 방정식을 x^2으로 나누면 $\left(1+\frac{y^2}{x^2}\right)dx-2\frac{y}{x}dy=0$은 완전미방이다. 전미분이 좌변이 되는 함수를 $u(x,y)$라고 하면

$$\frac{\partial u}{\partial x}=M=1+\frac{y^2}{x^2},\quad \frac{\partial u}{\partial y}=N=-\frac{2y}{x}$$

이므로 $u(x,y)=x-\frac{y^2}{x}+k(y)$. 그리고 $u_y=-\frac{2y}{x}+k'(y)=N=-\frac{2y}{x}$ 에서

$k'(y)=0$. 하나만 찾으면 되므로 $k(y)=0$. 따라서 일반해는 $u(x,y)=x-\frac{y^2}{x}=C$.

정리 4 (적분인자 : y만의 함수)

미분방정식 $M(x,y)\,dx+N(x,y)dy=0$에 대하여

$$\frac{1}{M}\left(\frac{\partial N}{\partial x}-\frac{\partial M}{\partial y}\right)=q(y)$$

가 y만의 함수가 되면 $\lambda=e^{\int q(y)dy}$가 적분인자이다.

증명 (1)에서 λ가 y만의 함수이면 $\frac{\partial\lambda}{\partial x}=0$이므로

$$M\frac{d\lambda}{dy}+\lambda\frac{\partial M}{\partial y}=\lambda\frac{\partial N}{\partial x}.$$

양변을 λM으로 나누면

$$\frac{\lambda'}{\lambda}=\frac{1}{M}\left(\frac{\partial N}{\partial x}-\frac{\partial M}{\partial y}\right)=q(y).$$

양변을 y에 관하여 적분하면 $\ln\lambda=\int q(y)\,dy$이므로 $\lambda=e^{\int q(y)dy}$이다.

예제 5

$dx-(x-y^2)dy=0$을 풀어라.

풀이 주어진 방정식은 $\frac{\partial N}{\partial x}-\frac{\partial M}{\partial y}=-1-0=-1\neq 0$이므로 완전미방이 아니다.

$$\frac{1}{M}\left(\frac{\partial N}{\partial x}-\frac{\partial M}{\partial y}\right)=\frac{1}{1}(-1-0)=-1=q(y)$$

이므로 적분인자는 e^{-y}이다. 양변에 e^{-y}를 곱하면 $e^{-y}dx-(x-y^2)e^{-y}dy=0$은 완전미방이다. 전미분이 좌변이 되는 함수를 $u(x,y)$라고 하면 다음의 연립편미분방정식을 얻는다.

$$\frac{\partial u}{\partial x}=M=e^{-y},\quad \frac{\partial u}{\partial y}=N=-(x-y^2)e^{-y}$$

첫 번째 식에서 $u(x,y)=xe^{-y}+k(y)$를 얻고, y에 관하여 편미분하면 $u_y=-xe^{-y}+k'(y)$이므로 두 번째 방정식에서 $k'(y)=y^2e^{-y}$를 얻는다. 부분적분법을 이용하여 적분하면 $k(y)=-e^{-y}(y^2+2y+2)$이므로 구하는 일반해는 $xe^{-y}-e^{-y}(y^2+2y+2)=C$이다. ■

예제 6

미분방정식 $y'=f(x)g(y)$는 완전미방인가? 아니면 적분인자는?

풀이 미분형으로 나타내면 $f(x)g(y)dx-dy=0$이므로 $\frac{\partial M}{\partial y}=f(x)g'(y)$, $\frac{\partial N}{\partial x}=0$이다. 그러므로 $g'(y)=0$일 때에만 완전미방이고 그 이외의 경우에는 완전미방이 되지 않는다. 주어진 방정식을 $\frac{1}{g(y)}dy=f(x)dx$와 같이 변수분리하면 완전미방이 되는 것이 분명하므로 적분인자는 $\frac{1}{g(y)}$임을 알 수 있다. $y'=f(x)g(y)$의 양변에 이 적분인자를 곱하고 양변을 적분하면 일반해는 $\int\frac{dy}{g(y)}=\int f(x)dx+C$가 된다. ■

연습문제 (1.3)

1. 다음 미분방정식의 일반해를 구하여라.

(1) $xdx + ydy = 0$

(2) $(2x + y)dx + (2y + x)dy = 0$

(3) $(\sin x + y)dx + (\cos y + x)dy = 0$

(4) $y\sin(xy)dx + x\sin(xy)dy = 0$

(5) $(3x^2y^3 + e^{x+y})dx + (3x^3y^2 + e^{x+y})dy = 0$

(6) $ydx + xdy + \dfrac{1}{1+x^2}dx = 0$

2. 다음 미분방정식의 일반해를 구하여라.

(1) $(3x^2 - y)dx + xdy = 0$

(2) $(3x - 3y)dx - xdy = 0$

(3) $2xydx + (y^2 - 3x^2)dy = 0$

(4) $(x^3 + 4x^2y^3)dx + (4x^3y^2 + y^3)dy = 0$

(5) $(x^3 + 2\ln y)dx + \dfrac{2x}{y}dy = 0$

(6) $(x^4 + 2xy + y)dx + (y^4 + x^2 + x)dy = 0$

(7) $2xydx + (y^2 - x^2)dy = 0$

3. 다음 초깃값문제의 특수해를 구하여라. $(e^x + 2\ln y)dx + \left(e^y + \dfrac{2x}{y}\right)dy = 0,\ y(0) = 1.$

4. 다음 미분방정식의 일반해를 구하여라. $y' + xy = 1.$

1.4 일계 선형 상미분방정식

<I> 1계 선형미분방정식

1계선형방정식 미분방정식

$$y' + p(x)y = r(x) \tag{1}$$

를 **1계 선형미분방정식**이라고 한다. 특히 $r(x)$가 0함수인 경우에는 **제차(homogeneous)**라고 하고, $r(x)$가 0함수가 아닌 경우에는 **비제차**라고 한다.

1계 선형방정식의 일반해 (1)식을 미분형으로 나타내면

$$[p(x)y - r(x)]dx + dy = Mdx + Ndy = 0$$

이 되므로

$$\frac{1}{N}\left(\frac{\partial M}{\partial y} - \frac{\partial N}{\partial x}\right) = \frac{1}{1}(p(x) - 0) = p(x)$$

가 된다. 그러므로 적분인자는

$$\lambda(x) = e^{\int p(x)\,dx}$$

가 된다. 주어진 방정식의 양변에 적분인자를 곱하면

$$e^{\int p(x)dx}y' + e^{\int p(x)dx}p(x)y = e^{\int p(x)dx}r(x).$$

완전미분형태로 나타내면

$$\left(e^{\int p(x)dx}y\right)' = e^{\int p(x)dx}r(x)$$

적분하면

$$e^{\int p(x)dx}y = \int e^{\int p(x)dx}r(x)dx + C.$$

그러므로 일반해는

$$y = e^{-\int p(x)dx}\left[\int e^{\int p(x)dx}r(x)dx + C\right]$$

예제 1

1계 미분방정식 $y' - 3y = e^{7x}$를 풀어라.

풀이 1계 선형미방이므로 위의 공식에 대입하면

$$y = e^{-\int p(x)dx}\left(\int e^{\int p(x)dx} r(x)dx + C\right) = e^{-\int(-3)dx}\left(\int e^{\int(-3)dx} e^{7x}dx + C\right)$$

$$= e^{3x}\left(\int e^{-3x}e^{7x}dx + C\right) = e^{3x}\left(\int e^{4x}dx + C\right) = e^{3x}\left(\frac{1}{4}e^{4x} + C\right) = \frac{1}{4}e^{7x} + Ce^{3x}$$

예제 2

다음 미분방정식을 풀어라. $y' + 2y\tan x = \sin 2x$, $y(0) = 2$

풀이 1계선형방정식이므로

$$y = e^{-\int p(x)dx}\left(\int e^{\int p(x)dx} r(x)dx + C\right) = e^{-\int 2\tan x\,dx}\left(\int e^{\int 2\tan x\,dx}\sin 2x\,dx + C\right)$$

$$= e^{2\ln\cos x}\left(\int e^{-2\ln\cos x}(2\sin x\cos x)\,dx + C\right)$$

$$= \cos^2 x\left(\int \frac{1}{\cos^2 x}(2\sin x\cos x)\,dx + C\right)$$

$$= \cos^2 x\left(2\int \frac{\sin x}{\cos x}\,dx + C\right) = \cos^2 x(-2\ln\cos x + C)$$

초기조건 $y(0) = 2$을 대입하면 $2 = 1(-2\cdot 0 + C)$에서 $C = 2$이므로 구하는 해는

$$y = \cos^2 x[-2\ln\cos x + 2].$$

예제 3

$y' + 3x^2y = 3x^2$의 일반해를 구하여라.

풀이 $y = e^{-\int p(x)dx}\left(\int e^{\int p(x)dx} r(x)dx + C\right) = e^{-\int 3x^2dx}\left(\int e^{\int 3x^2dx}(3x^2)\,dx + C\right)$

$$= e^{-x^3}\left(\int e^{x^3}(3x^2)\,dx + C\right) = e^{-x^3}\left(e^{x^3} + C\right) = 1 + Ce^{-x^3}$$

예제 4

$y' + \dfrac{3y}{x} = x^3$의 일반해를 구하여라.

풀이 $y = e^{-\int p(x)dx}\left(\int e^{\int p(x)dx} r(x)dx + C\right) = e^{-\int \frac{3}{x}dx}\left(\int e^{\int \frac{3}{x}dx} x^3\, dx + C\right)$

$$= e^{-3\ln x}\left(\int e^{3\ln x} x^3\, dx + C\right) = \frac{1}{x^3}\left(\int x^6\, dx + C\right) = \frac{1}{x^3}\left(\frac{1}{7}x^7 + C\right).$$

예제 5

$xy' - y = x$의 일반해를 구하여라.

풀이 양변에 $\dfrac{1}{x}$을 곱하여 기본형으로 변형하면 $y' - \dfrac{y}{x} = 1$이 된다. 그러므로 일반해는

$$y = e^{-\int (-\frac{1}{x})dx}\left(\int e^{\int (-\frac{1}{x})dx} 1\, dx + C\right) = e^{\ln x}\left(\int e^{-\ln x}\, dx + C\right)$$

$$= x\left(\int \frac{1}{x}\, dx + C\right) = x(\ln x + C)$$

<II> 1계 선형으로 변환가능한 방정식

❶ $f'(y)\dfrac{dy}{dx} + f(y)P(x) = Q(x)$ 꼴

이 형태의 방정식은 $v = f(y)$로 치환하면 $\dfrac{dv}{dx} + P(x)v = Q(x)$인 1계 선형미방이 된다.

예제 6

$e^y \dfrac{dy}{dx} + e^y = 6\sin x$를 풀어라.

풀이 $v = e^y$로 치환하면 1계 선형미방 $\dfrac{dv}{dx} + v = 6\sin x$가 된다. 그러므로

$$e^y = v = e^{-\int dx}\left(\int e^{\int dx} 6\sin x\,dx + C\right) = e^{-x}\left(6\int e^x \sin x\,dx + C\right)$$

$$= e^{-x}\left(3e^x(\sin x - \cos x) + C\right).$$

예제 7

$\dfrac{\sin y}{\cos^2 y}\dfrac{dy}{dx} - \dfrac{1}{\cos y} = 2x$를 풀어라.

풀이 $v = \dfrac{1}{\cos y} = \sec y$로 치환하면 $\dfrac{dv}{dx} - v = 2x$가 되므로 일반해는 다음과 같다.

$$\sec y = v = e^{-\int(-1)dx}\left(\int e^{\int(-1)dx}(2x)\,dx + C\right)$$

$$= e^x\left(2\int e^{-x}x\,dx + C\right) = e^x\left(-2xe^{-x} + 2e^{-x} + C\right).$$

예제 8

$\sec y\dfrac{dy}{dx} + \sin y = x\cos y$를 풀어라.

풀이 양변을 $\cos y$로 나누면 $\sec^2 y\dfrac{dy}{dx} + \tan y = x$이다. $\tan y = v$로 치환하면 $\dfrac{dv}{dx} + v = x$ 가 되므로 일반해는 다음과 같다.

$$\sec y = v = e^{-\int dx}\left(\int e^{\int dx} x\,dx + C\right) = e^{-x}\left(\int e^x x\,dx + C\right) = e^{-x}\left(xe^x - e^x + C\right).$$

---

❷ 베르누이 방정식

미분방정식

$$y' + p(x)y = g(x)y^n \quad (n \neq 1) \tag{2}$$

을 **베르누이(Bernoulli)미분방정식**이라고 부른다.

이 방정식의 양변을 y^n으로 나누면

$$y^{-n}\frac{dy}{dx} + p(x)y^{1-n} = g(x)$$

가 된다. $y^{1-n}=u$로 치환하면 $\dfrac{du}{dx}=(1-n)y^{-n}\dfrac{dy}{dx}$이므로 위의 방정식에 대입하면

$$\frac{1}{1-n}\frac{du}{dx}+p(x)u=g(x),\ \text{즉},\ \frac{du}{dx}+(1-n)p(x)u=(1-n)g(x)$$

와 같이 1계 선형미방이 된다. 일반해는

$$\frac{1}{y^{n-1}}=u=e^{-\int(1-n)p(x)dx}\left(\int e^{\int(1-n)p(x)dx}(1-n)g(x)\,dx+C\right).$$

예제 9

$y'-y=-xy^2$을 풀어라.

풀이 주어진 미분방정식의 양변을 y^2으로 나누고, $u=y^{1-2}=y^{-1}$로 치환하면 $u'=-y^{-2}y'$이므로

$$-\frac{du}{dx}-u=-x,\ \text{즉},\ \frac{du}{dx}+u=x$$

가 된다. 1계 선형이므로 일반해는

$$\frac{1}{y}=u=e^{-\int 1dx}\left(\int e^{\int 1dx}x\,dx+C\right)=e^{-x}\left(\int e^{x}x\,dx+C\right)=e^{-x}(e^{x}x-e^{x}+C).$$

❸ 야코비 방정식

$P(x,y)$는 x,y의 m차 동차함수, $Q(x,y)$, $R(x,y)$는 모두 x,y의 n차의 동차함수일 때,

$$P(x,y)(xdy-ydx)+Q(x,y)dx+R(x,y)dy=0$$

꼴의 미분방정식을 **야코비(Jacobi)** 미분방정식이라 한다. 야코비 미분방정식은 베르누이의 미분방정식으로 변환할 수 있다.

$y=vx$라고 하면 $dy=vdx+xdv$이므로

$$xdy-ydx=x(vdx+xdv)-vxdx=x^2dv$$

가 되고, 또한

$$P(x,y)=P(x,vx)=x^mP(1,v)$$

$$Q(x,y)=Q(x,vx)=x^nQ(1,v)$$

$$R(x,y)=R(x,vx)=x^nR(1,v)$$

이므로 주어진 미분방정식은

$$x^m P(1,v)x^2dv + x^n Q(1,v)dx + x^n R(1,v)(vdx + xdv) = 0$$

$$[x^n Q(1,v) + x^n vR(1,v)]dx + [x^{m+2}P(1,v) + x^{n+1}R(1,\ v)]dv = 0$$

$$\frac{dx}{dv} + \frac{R(1,v)}{Q(1,v)+vR(1,v)}x = -\frac{P(1,v)}{Q(1,v)+vR(1,v)}x^{m-n+2}$$

가 되어 베르누이 미분방정식이 된다.

예제 10

$\frac{y}{x}(x\,dy - ydx) + (x-y)dx + (x+y)dy = 0$을 풀어라.

풀이 야코비 미분방정식이므로 $y = vx$라 놓으면 $dy = vdx + xdv, xdy - ydx = x^2dv$이므로

$$vx^2dv + x(1-v)dx + x(1+v)(vdx + xdv) = 0$$

이 된다. 양변을 x로 나눈 다음에 정리하면,

$$(1+v^2)dx + x(1+2v)dv = 0.$$

변수분리하면 $\frac{dx}{x} + \frac{1+2v}{1+v^2}dv = 0$, 즉, $\frac{dx}{x} + \left(\frac{1}{1+v^2} + \frac{2v}{1+v^2}\right)dv = 0$이 되므로 적분하면

$$\ln x + \tan^{-1}v + \ln(1+v^2) = c,\ 즉,\ \ln\frac{x^2+y^2}{x} + \tan^{-1}\frac{y}{x} = c.$$

❹ 리카티 방정식

$\frac{dy}{dx} + P(x) + Q(x)y + R(x)y^2 = 0$꼴의 미분방정식이 **리카티(Riccati)** 미분방정식이다. 이 방정식은 하나의 특수해를 알면 일반해를 구할 수 있다.

직관 등의 적절한 방법을 통하여 하나의 특수해 y_1을 얻었다고 하자. $y = y_1 + u$가 해가 된다고 가정하고 주어진 방정식에 대입하면

$$\frac{du}{dx} + [Q(x) + 2R(x)y_1]u = -R(x)u^2$$

과 같이 베르누이 방정식이 된다. $v = u^{1-2} = u^{-1}$로 치환하면

$$\frac{dv}{dx} - [Q(x) + 2R(x)y_1]v = R(x)$$

와 같이 1계선형방정식이 되므로 해는

$$\frac{1}{y - y_1} = v = e^{\int (Q + 2Ry_1)dx}\left(\int Re^{-\int (Q + 2Ry_1)dx} dx + C\right).$$

그리고 결과적으로 $y = y_1 + u = y_1 + \frac{1}{v}$로 치환한 것과 같다는 것을 알 수 있다.

예제 11

$y = 1$은 다음의 리카티 방정식의 한 해이다. 이 방정식의 일반해를 구하여라.

$$\frac{dy}{dx} + \frac{4x}{2x^2 - x} - \frac{1 + 4x}{2x^2 - x}y + \frac{1}{2x^2 - x}y^2 = 0.$$

풀이 $y = 1 + u$라고 놓으면

$$\frac{du}{dx} + \left(-\frac{1 + 4x}{2x^2 - x} + \frac{2}{2x^2 - x}\right)u + \frac{1}{2x^2 - x}u^2 = 0$$

$$\frac{du}{dx} + \frac{1 - 4x}{2x^2 - x}u + \frac{1}{2x^2 - x}u^2 = 0.$$

$v = u^{1-2} = \frac{1}{u} = \frac{1}{y - 1}$이라고 놓으면

$$\frac{dv}{dx} + \frac{4x - 1}{2x^2 - x}v = \frac{1}{2x^2 - x}.$$

1계선형방정식이므로 해는

$$\frac{1}{y - 1} = v = e^{-\int \frac{4x - 1}{2x^2 - x}dx}\left(\int \frac{1}{2x^2 - x}e^{\int \frac{4x - 1}{2x^2 - x}dx} dx + C\right)$$

$$= e^{-\ln(2x^2 - x)}\left(\int \frac{1}{2x^2 - x}e^{\ln(2x^2 - x)}dx + C\right)$$

$$= \frac{1}{2x^2 - x}\left(\int dx + C\right) = \frac{1}{2x^2 - x}(x + C).$$

예제 12

주어진 방정식은 리카티 방정식이고 한 해는 $y_1 = 1$임을 알 수 있다.

풀이 $y = 1 + \frac{1}{u}$로 치환하면 $y' = -\frac{1}{u^2}u'$이므로 주어진 미분방정식에 대입하면

$$-\frac{1}{u^2}u' - \frac{1}{x}\left(1+\frac{1}{u}\right)^2 - \frac{1}{x}\left(1+\frac{1}{u}\right) + \frac{2}{x} = 0.$$

정리하면

$$-\frac{1}{u^2}u' - \frac{1}{x} - \frac{2}{xu} - \frac{1}{xu^2} - \frac{1}{x} - \frac{1}{xu} + \frac{2}{x} = 0$$

$$-\frac{1}{u^2}u' - \frac{1}{xu^2} = \frac{3}{xu},\ u' + \frac{3}{x}u = -\frac{1}{x}$$

1계선형방정식이므로

$$\frac{1}{y-1} = u = e^{-\int \frac{3}{x}dx}\left(\int e^{\int \frac{3}{x}dx}\left(-\frac{1}{x}\right)dx + C\right)$$

$$= e^{-3\ln x}\left(\int e^{3\ln x}\left(-\frac{1}{x}\right)dx + C\right) = \frac{1}{x^3}\left(\int (-x^2)dx + C\right)$$

$$= \frac{1}{x^3}\left(-\frac{1}{3}x^3 + C\right) = -\frac{1}{3} + \frac{C}{x^3}.$$

예제 13

리카티 미분방정식 $\frac{dy}{dx} + P(x) + Q(x)y + R(x)y^2 = 0$의 일반해는

$$y = \frac{cA(x)+B(x)}{cC(x)+D(x)}$$

의 꼴로 나타내어짐을 밝혀라.

풀이 한 해를 y_1이라고 하면 $y = y_1 + u,\ v = \frac{1}{u}$의 치환에 의하여 일반해는

$$\frac{1}{y-y_1} = e^{\int (Q+2Ry_1)dx}\left(\int Re^{-\int (Q+2Ry_1)dx}dx + c\right)$$

꼴로 주어진다.

$$e^{\int (Q+2Ry_1)dx} = a(x),\quad e^{\int (Q+2Ry_1)dx}\int Re^{-\int (Q+2Ry_1)dx}dx = b(x)$$

라고 놓으면 $\frac{1}{y-y_1} = ca(x) + b(x)$이므로 y에 관하여 풀면

$$y = \frac{1}{ca(x)+b(x)} + y_1 = \frac{c(y_1a(x)) + y_1b(x) + 1}{ca(x)+b(x)}.$$

연습문제 (1.2)

1. 다음 미분방정식의 일반해를 구하여라.

(1) $y' + 2y = x$

(2) $y' + y = x^2$

(3) $xy' + y = x^3$

(4) $(1+x^2)y' - xy = 1$

(5) $xy' + y = x^4y^4$

(6) $y' + y\tan x = \cos x$

2. 다음 미분방정식의 일반해를 구하여라.

(1) $x^2y' - xy = y^2 \ln x$

(2) $y' + y = xy^3$

(3) $xy' - y = y^2 \ln x$

3. $f'(y)y' + f(y)P(x) = Q(x)$는 $v = f(y)$로 치환하면 $v' + P(x)v = Q(x)$가 되어 선형미분방정식이 된다. 이러한 방법을 사용하여 $y' = e^{-y}\cos(2x) - 1$의 일반해를 구하여라.

4. $y' + P(x) + Q(x)y + R(x)y^2 = 0$ 꼴의 리카티 미분방정식의 한 특수해 y_1을 알 수 있을 때, $y = u + y_1$으로 놓으면 베르누이 방정식

$$u' + (Q(x) + 2R(x)y_1)u + R(x)u^2 = 0$$

의 꼴이 되고, $v = \dfrac{1}{u}$로 치환하면 선형미분방정식

$$u' - (Q(x) + 2R(x)y_1)v = R(x)$$

가 되므로 해를 구할 수 있다. 이를 이용하여 방정식 $y' + \dfrac{2}{x} - \dfrac{3}{x}y + \dfrac{1}{x}y^2 = 0$의 일반해를 구하여라. 한 특수해는 $y_1 = 1$이다.

1.5 일계미분방정식의 응용문제

<I> 낙체문제

물체의 운동에 관한 Newton의 법칙은 다음과 같다.

> ① **관성의 법칙 :** 정지한 상태에 있는 물체는 정지해 있으려고 하고, 움직이는 물체는 외력이 작용하지 않는 한 일정한 속도로 직선운동을 하려고 한다.
> ② **가속도의 법칙 :** 시간에 관한 운동량의 변화율은 그 물체에 작용한 힘에 비례하고, 작용한 힘과 같은 방향을 갖는다.
> ③ **작용 · 반작용의 법칙 :** 모든 운동에는 작용과 반작용이 있다.

질량 m인 물체가 속도 v로 움직일 때

$$\text{운동량} = mv$$

$$\text{운동량의 변화율} = \frac{d}{dt}(mv)$$

가 된다. 물체에 작용한 힘을 F로 표시하면 뉴턴의 제2법칙에 의하여 운동량의 변화율은 작용하는 힘 F와 같으므로

$$F = \frac{d}{dt}(mv) = \frac{dm}{dt}v + m\frac{dv}{dt}$$

가 된다. 만약 질량 m이 시간 t에 관계없이 일정하다면 $\frac{dm}{dt} = 0$이므로

$$F = m\frac{dv}{dt} \quad \text{또는} \quad F = ma$$

이다. 단, $a = \frac{dv}{dt}$는 가속도이다.

예제 1

질량이 m인 물체가 중력에 의하여 공중에서 정지한 상태로부터 수직으로 낙하한다. 공기의 저항을 무시할 때, 이 물체의 t초 후의 속도와 낙하거리를 구하여라.

풀이 속도를 $v(t)$라고 하면 가속도법칙에 의하여

$$m\frac{dv}{dt} = mg \text{ 또는 } \frac{dv}{dt} = g$$

적분하면 $v = gt + c_1$. $t = 0$일 때, $v = 0$이므로 $c_1 = 0$, 즉, $v = gt$가 된다. 한편, 낙하거리를 x라고 하면 $v = \dfrac{dx}{dt}$에서

$$\frac{dx}{dt} = gt$$

이므로 적분하면 $x = \dfrac{1}{2}gt^2 + c_2$. $t = 0$일 때, $x = 0$이므로 $c_2 = 0$이 된다. 그러므로 $x = \dfrac{1}{2}gt^2$으로 주어진다.

물체가 자유낙하를 할 때, 공기저항을 무시할 수 없는 경우에, 물체가 낙하하는 방향을 양의 방향으로 정하면 물체에 작용하는 두 힘은 다음과 같다.

① **중력에 의한 힘** $F_1 = mg$
② **공기의 저항력** $-F_2$

만약 공기의 저항력이 물체의 속도에 비례한다면 $F_2 = -kv\,(k > 0)$이므로 물체에 작용하는 힘의 합은 $F = F_1 - F_2 = mg - kv$이다. 따라서 운동방정식은 다음과 같다.

$$m\frac{dv}{dt} = mg - kv, \text{ 즉, } \frac{dv}{dt} + \frac{k}{m}v = g$$

예제 2

$20kg$의 구형 물체를 높이 $200m$에서 초속도 0으로 떨어뜨렸다. 속도 v에 비례하는 저항 $40v$를 받는다.

(1) 이 구의 극한속도 $\lim\limits_{t\to\infty} v$를 구하여라.

(2) 임의 시간 t까지의 낙하거리를 구하여라. 단, 낙하거리는 $200m$ 이하이다.

풀이 질량 m인 물체가 속도에 비례하는 저항 kv를 받으면, 뉴톤의 운동법칙에 의하여

$$m\frac{dv}{dt} = F = mg - kv, \text{ 즉, } \frac{dv}{dt} + \frac{k}{m}v = g$$

$k = 40$, $m = 20$이므로

$$\frac{dv}{dt}+2v=9.8,\ \ v(0)=0$$

1계 선형미방이므로 일반해는

$$v=e^{-\int 2dt}\left(\int e^{\int 2dt}9.8dt+C\right)=e^{-2t}\left(\int e^{2t}9.8dt+C\right)$$

$$=e^{-2t}(4.9e^{2t}+C)=Ce^{-2t}+4.9.$$

초기조건으로부터 $0=v(0)=Ce^{-2\cdot 0}+4.9=C+4.9$, 즉, $C=-4.9$를 얻으므로 속도는

$$v=-4.9e^{-2t}+4.9.$$

(1) $t\to\infty$ 일 때, $v=4.9\,m/\sec$

(2) $\frac{dx}{dt}=v=-4.9e^{-2t}+4.9$의 양변을 적분하면 $x=2.45e^{-2t}+4.9t+c_1$. 초기조건에서 $0=x(0)=2.45+c_1$, 즉, $c_1=2.45$. 그러므로 $x=2.45e^{-2t}+4.9t-2.45$.

<II> 성장 및 감쇠문제

물질의 성장 또는 감쇠문제에서 $y(t)$를 시각 t에서 존재하는 양이라 할 때, $\frac{dy}{dt}$는 시각 t 에 존재하는 양 y의 시간 t에 대한 순간적인 변화율로 볼 수 있다. 자연현상 중에는 $y(t)$ 자체를 직접 구하기는 비교적 어렵지만, 실험들을 통하여 변화율 $\frac{dy}{dt}$와 $y(t)$와의 관계식을 구하는 것은 비교적 쉬운 현상들이 많다. 예를 들어,

(1) 방사능물질의 붕괴속도 $\frac{dy}{dt}$는 현재에 존재하는 양 $y(t)$에 비례한다. 즉,

$$\frac{dy}{dt}=ky\ \ (k\text{는 비례상수})$$

(2) 금리 $s(t)$의 시간에 대한 증가율 $\frac{ds}{dt}$는 그 시간에서의 금액 $s(t)$에 비례한다. 즉,

$$\frac{ds}{dt}=ks\ \ (k\text{는 비례상수})$$

(3) 이상적 조건하에서 세균 또는 인구 $N(t)$의 증가율 $\frac{dN}{dt}$는 현재의 세균의 양 또는 현재의 인구 $N(t)$에 비례한다. 즉,

$$\frac{dN}{dt} = kN \ (k\text{는 비례상수})$$

(4) 어떤 물체의 온도 $T(t)$의 시간에 대한 변화율 $\frac{dT}{dt}$는 그 물체의 온도 T(t)와 주위의 온도 T_0와의 차에 비례한다. 즉,

$$\frac{dT}{dt} = k(T - T_0) \ (k\text{는 비례상수}) \quad (\text{뉴톤의 냉각법칙})$$

이와 같은 미분방정식을 이용하면 시각 t에 존재하는 물질의 양 y를 구할 수 있다.

예제 3

한 나라의 인구가 50년 동안에 2배로 증가한다면 인구증가율이 인구수에 비례할 경우에 3배로 증가하려면 몇 년이 걸리겠는가?

풀이 y를 t 년째에서의 인구수, y_0를 $t=0$ 일 때의 인구수라고 하면

$$\frac{dy}{dt} = ky, \ y(0) = y_0, \text{즉, } \frac{dy}{y} = k\,dt, \ y(0) = y_0$$

적분하면

$$\ln y = kt + \ln c, \text{ 즉, } y = c\,e^{kt}$$

초기조건에서 $y_0 = y(0) = ce^0 = c$를 얻으므로

$$y = y_0\,e^{kt}.$$

$t = 50$ 일 때, $y = 2y_0$ 이므로

$$2y_0 = y(50) = y_0\,e^{50k}, \text{ 즉, } e^{50k} = 2. \text{ 그러므로 } y = y_0\,e^{kt} = y_0 e^{50k \times \frac{t}{50}} = y_0 2^{\frac{t}{50}}$$

$y = 3y_0$ 일 때의 시간을 t_3이라고 하면

$$3y_0 = y(t_3) = y_0 2^{\frac{t_3}{50}}, \text{ 즉, } 3 = 2^{\frac{t_3}{50}}$$

이므로 $3^{50} = 2^{t_3}$, $t_3 = \log_2 3^{50} = 50\log_2 3 \approx 79$(년)이 걸린다.

예제 4

실험에 의하면 어떤 시간 t에서의 라듐의 붕괴속도는 그 시각에 존재하는 양에

비례한다. 만일 12년 동안에 라듐 0.5%가 없어진다고 하면 라듐의 반이 없어지려면 몇 년이 걸리겠는가?

풀이 t년 후의 라듐의 양을 $y(t)$라고 하면

$$\frac{dy}{dt} = ky \ (k\text{는 비례상수}).$$

변수 분리하여 적분하면

$$\ln y = kt + \ln c,\ \text{즉},\ y = ce^{kt}.$$

$t=0$일 때 $y(0) = N$이라고 하면 $N = y(0) = ce^0 = c$, 즉, $c = N$이므로

$$y = Ne^{kt}.$$

$t = 12$ 일 때 $y = 0.995N$이므로

$$0.995N = y(12) = Ne^{12k},\ \text{즉},\ e^k = 0.995^{\frac{1}{12}}.$$

따라서

$$y = Ne^{kt} = N(e^k)^t = N\left(0.995^{1/12}\right)^t = N(0.995)^{t/12}.$$

반으로 줄어드는 시간을 t_H라고 하면

$$\frac{N}{2} = y(t_H) = N(0.995)^{t_H/12},\ \text{즉},\ \frac{1}{2} = 0.995^{t_H/12}.$$

양변에 로그를 취하면

$$-\log 2 = \frac{t_H}{12}\log 0.995,\ \text{즉},\ t_H = 12\left(-\frac{\log 2}{\log 0.995}\right) \fallingdotseq 1660(\text{년}).$$

예제 5

물을 100^oC까지 가열한 다음 온도 60^oC로 일정하게 유지되는 방안에 들여 놓았더니 3분 후에 90^oC가 되었다.

(1) 6분 후의 물의 온도는 몇 도가 되겠는가?

(2) 물의 온도가 75^oC가 되는 시간을 구하여라.

풀이 시간 t에서의 물의 온도를 $T(t)$라고 하면, 뉴톤의 냉각법칙에 의하여 온도의 변화율 $\frac{dT}{dt}$는 시각 t에서의 물의 온도와 주변의 온도와의 차 $T-60$에 비례하므로

$$\frac{dT}{dt} = k(T-60) \ (k\text{는 비례상수})$$

변수 분리하여 적분하면

$$\ln(T-60) = kt + \ln c_1, \text{즉}, T = 60 + c_1 e^{kt}.$$

$t=0$ 일 때 $T=100$ 이므로 $100 = T(0) = 60 + c_1 e^0$, 즉, $c_1 = 40$. 그러므로

$$T = 60 + 40e^{kt}.$$

$t=3$ 일 때 물의 온도가 $90^o C$ 이므로

$$90 = T(3) = 60 + 40e^{3k}, \text{즉}, e^{3k} = \frac{3}{4}.$$

$e^k = \left(\frac{3}{4}\right)^{1/3}$ 이므로 대입하면

$$T = 60 + 40\left(\frac{3}{4}\right)^{t/3}.$$

(1) $t=6$ 일 때에는 $T(6) = 60 + 40\left(\frac{3}{4}\right)^{6/3} = 60 + 40 \cdot \frac{9}{16} = 82.5.$

(2) $75^o C$ 일 때의 시간을 t 라고 하면 $75 = 60 + 40\left(\frac{3}{4}\right)^{t/3}$, 즉, $\left(\frac{3}{4}\right)^{t/3} = \frac{15}{40} = \frac{3}{8}.$

양변에 로그를 취하여 계산하면

$$t = 3 \times \frac{\log(3/8)}{\log(3/4)} = 3 \times \frac{-0.9808}{-0.2877} \approx 10.23(\text{分}).$$

<III> 연속복리문제

P 원을 복리로 매년 $r\%$ 의 이율로 예금을 하였다면 t 년 후의 원리합계는

$$P\left(1+\frac{r}{100}\right)\left(1+\frac{r}{100}\right)\cdots\left(1+\frac{r}{100}\right) = P\left(1+\frac{r}{100}\right)^t\}$$

가 된다. 만약 이자를 1년마다 계산하지 않고 6개월마다 계산한다면 이율은 $0.5r\%$ 이고 기간은 $2t$ 가 되므로 원리합계는

$$P\left(1+\frac{0.5r}{100}\right)\left(1+\frac{0.5r}{100}\right)\cdots\left(1+\frac{0.5r}{100}\right)P\left(1+\frac{0.5r}{100}\right)^{2t}$$

가 된다. 또한 이자를 매일 계산한다면 원리합계는 $P\left(1+\frac{r}{365 \cdot 100}\right)^{365t}$ 가 될 것이다. 이제 이자의 계산횟수를 1년에 n 회라고 하면 원리합계는 다음의 식으로 주어진다.

$$P\left(1+\frac{r}{100n}\right)^{nt}$$

이자의 계산횟수를 무한히 많이 한다면 매순간마다 이자를 계산하는 것과 같다. 이와 같이 매순간마다의 복리로 이자를 계산하는 것을 **연속복리**라고 부른다.

연속복리의 원리합계는 연이율 $r\%$가 일정한 경우에

$$\lim_{n\to\infty} P\left(1+\frac{r}{100n}\right)^{nt} = \lim_{n\to\infty} P\left[\left(1+\frac{r}{100n}\right)^{\frac{100n}{r}}\right]^{\frac{r}{100}t} = Pe^{\frac{r}{100}t}$$

가 된다.

이제 이 문제를 미분방정식을 이용하여 해결해 보도록 한다.

고정이율 시간 t인 순간의 원리합계를 $y(t)$라고 하면 미분계수 $y'(t)$는 시간 t인 순간의 이자를 나타내며, 이 두 금액의 비 $\frac{y'(t)}{y(t)}$는 단위시간당의 이율을 나타낸다. 만약 단위시간당의 이율이 $r\%$인 연속복리로 계산한다면 t단위시간후의 원리합계는 미분방정식 $\frac{y'(t)}{y(t)}=\frac{r}{100}$을 만족한다. $t=0$인 순간의 금액은 원금 P에 해당되므로 연속복리에 의한 원리합계는 다음의 초깃값문제의 해이다.

$$\frac{y'(t)}{y(t)}=\frac{r}{100},\ y(0)=P.$$

변수분리형이므로 양변을 적분하면 일반해는 다음과 같다.

$$\ln|y| = \frac{r}{100}t + C_1,\ 즉,\ y(t) = Ce^{\frac{r}{100}t}.$$

초기조건으로부터 $P=y(0)=C$를 얻으므로 구하는 원리합계는 다음과 같다.

$$y(t) = Pe^{\frac{r}{100}t}.$$

변동이율 한편 시간 t인 순간의 단위시간당 이율이 함수 $f(t)$로 주어진다면 원금이 P인 연속복리의 원리합계는 다음 초깃값문제의 해로 주어진다.

$$\frac{y'(t)}{y(t)}=f(t),\ y(0)=P$$

양변을 적분하고 초기조건을 대입하면 해는 다음과 같다.

$$y(t)=P\int_0^t f(T)dT$$

이 식이 매순간 이율이 변하는 경우의 연속복리에 대한 원리합계를 구하는 식이다.

예제 6

원금 1억 원을 연리 5%로 예금하고 연속복리로 이자를 계산할 경우에 한 달 후에는 이자가 얼마나 되는가? 그리고 매월마다 계산하는 복리의 경우와 비교하여라.

풀이 시간 t(년)인 순간의 원리합계를 $y(t)$라고 하면 이율이 $\frac{5}{100}$이므로 다음을 만족한다.

$$\frac{y'(t)}{y(t)}=\frac{5}{100},\ y(0)=10^8.$$

양변을 적분하면 $\ln|y|=\frac{5}{100}t+C_1$, 즉, $y(t)=Ce^{\frac{5}{100}t}$가 되므로 초기조건으로부터

$$y(t)=10^8e^{\frac{5}{100}t}.$$

그런데 한 달은 $\frac{1}{12}$년이므로 한 달 후의 원리합계는

$$y\left(\frac{1}{12}\right)=10^8e^{\frac{5}{100}\cdot\frac{1}{12}}\fallingdotseq 10^8\cdot 1.00417535929=100417535.929.$$

그러므로 한 달 후의 이자는 약 $100417535.929-100000000=417535.929$(원)이 된다. 한편 연이율이 5% 이므로 1 개월의 이율은 $\frac{5}{100}\cdot\frac{1}{12}$이다. 그러므로 한 달 후의 이자는

$$\frac{5}{100}\cdot\frac{1}{12}\cdot 10^8=416666.667(\text{원})$$

이므로 연속복리인 경우가 약 869.262원 정도 많다. ■

예제 7

원금 P원을 주기적인 연리 $f(t)=\begin{cases}8\% & (0\leq t\leq 1)\\ 5\% & (1<t\leq 2)\end{cases}$, $f(t+2)=f(t)$ 의 연속복리

로 이자를 계산하는 경우에 t 년 후의 원리합계를 구하여라.

풀이 시간 t인 순간의 단위시간당 이율이 주기함수 $f(t)$로 주어지므로 원리합계는 다음 초깃값문제의 해이다.

$$\frac{y'(t)}{y(t)} = f(t),\ y(0) = P.$$

양변을 적분하고 초기조건을 대입하면 원리합계는 다음과 같다.

$$\begin{aligned} y(t) &= P\int_0^t f(T)dT \\ &= \begin{cases} P\left(\frac{13n}{100} + \frac{8}{100}(t-2n)\right) & (2n \leqq t \leqq 2n+1) \\ P\left(\frac{8}{100} + \frac{13}{100}n + \frac{5}{100}(t-2n-1)\right) & (2n+1 < t \leqq 2n+2) \end{cases} \quad (n = 0, 1, 2, \cdots). \end{aligned}$$

<IV> 전기회로 문제

발전기나 전지와 같은 전기에너지원이 전류를 보내는 힘이 **전압**이며, 도선에 저항과 같은 전기흐름을 방해하는 물체가 있으면 그 저항체의 양끝의 **전위**(한 점에서의 전압)에는 차이가 생기는데, 이것을 **전위차** 또는 **전압강하**라고 한다. 전압강하를 유발하는 물체로는 **저항, 유도기** 및 **축전기**가 있다. 각각에 대한 전압강하법칙은 다음과 같다.

전압강하 유발체	전압강하 법칙	수식	단위
저항	저항 R을 통한 전압강하 E_R은 전류에 비례 (옴(Ohm)의 법칙)	$E_R = RI$	E_R : 볼트(Volt)) R:저항(Ω(ohm)) I : 전류(A(ampere))
유도기	유도기(inductor)를 통한 전압강하 E_L은 전류 I의 시간적 변화율에 비례	$E_L = L\,\frac{dI}{dt}$	L : 인덕턴스(H(henry))
축전기	축전기(capacitor)를 통한 전압강하 E_C는 축전기의 순간적인 전하량에 비례	$E_C = \frac{1}{C}Q$	C : 캐패시턴스(F(Farad)) Q : 전하(Coul (Coulomb))

한편 전하량의 시간적 변화율이 **전류**이다. 즉,

$$I(t) = \frac{dQ}{dt}.$$

그러므로 $Q(t) = \int_0^t I(\tau)d\tau$. 따라서 $E_C = \frac{1}{C}\int_0^t I(\tau)d\tau$이다.

회로의 전압과 전류에 대해서는 다음의 키르히호프의 법칙이 성립한다.

Kirchhoff의 전압법칙	임의의 폐회로의 순간적인 전압강하의 대수적인 합은 0이다.
Kirchhoff의 전류법칙	직렬회로의 전류는 모든 곳에서 같으며, 병렬회로의 전류의 합은 전체전류와 같다.

예제 8 RL − 회로

저항 R과 유도기(코일:인덕턴스) L이 아래의 그림과 같이 직렬로 연결되어 있을 때, 어느 순간에 스위치를 닫아서 $E(t)$(volt)의 기전력이 가해졌다. 이 회로에 흐르는 전류를 구하여라.

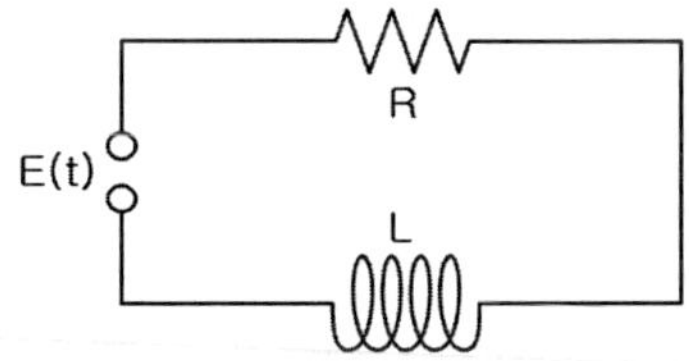

RL − 직렬회로

(저항 R과 코일 L의 직렬연결회로)

풀이 회로에 흐르는 전류를 $I(t)$라고 하면, 저항기에 의한 전압강하는 $E_R = RI$이고 유도기(코일:인덕턴스)에 의한 전압강하는 $E_L = L\frac{dI}{dt}$이다. 그러므로

$$E(t) = E_R + E_L = L\frac{dI}{dt} + RI.$$

즉,

$$\frac{dI}{dt} + \frac{R}{L}I = \frac{E(t)}{L}.$$

이것은 1계 선형 상미분방정식이므로 해를 구하면 다음과 같다.

$$I(t) = \exp\left(-\frac{R}{L}t\right)\left(\int \exp\left(\frac{R}{L}t\right)\frac{E(t)}{L}dt + C\right),\ \text{단, } \exp(x) = e^x\ .$$

경우 I. 일정한 기전력 $E=E_0$:

기전력이 $E=E_0$로 일정한 경우에는

$$I(t)=E_0/R+C\exp(-\alpha t)\ (\text{단},\ \alpha=R/L).$$

그러므로 $t\to\infty$ 이면 $I(t)\to E_0/R$가 된다.

■ **참고사항**

(1) 현실적으로는 얼마 정도의 시간이 지난 뒤에 전류는 E_0/R의 일정한 값을 유지한다.
(2) 유도기가 없다면 이 전류 E_0/R에 즉시 도달한다.($\because L(dI/dt)=0.$)
(3) 한곗값 E_0/R는 초기 전류 $I(0)$에 무관하다.
(4) $I(0)=0$이면 $I(t)=\dfrac{E_0}{R}\left\{1-\exp\left(-\dfrac{t}{\tau_L}\right)\right\}$, $\tau_L=\dfrac{L}{R}=\dfrac{1}{\alpha}$이고 τ_L을 **유도시정수(Inductive time constant)**라고 부른다.

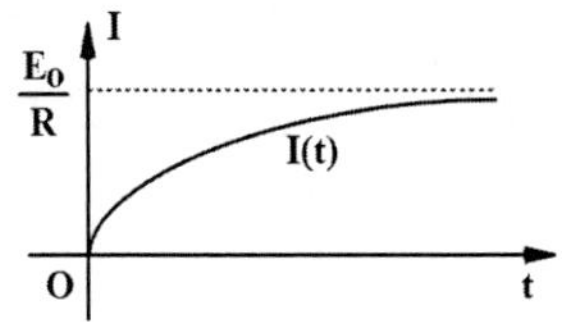

$RL-$회로의 전류

($RL-$회로에서 $I(0)=0$인 경우)

경우 II. 주기적인 기전력 $E(t)=E_0\sin\omega t$:

기전력이 $E(t)=E_0\sin\omega t$로 주기적이면 다음과 같다.

$$I(t)=\exp(-\alpha t)\left(\frac{E_0}{L}\int\exp(\alpha t)\sin\omega t\,dt+C\right),\quad \alpha=\frac{R}{L}.$$

부분적분법을 2회 적용하여 적분을 한 후에 삼각함수를 합성하면 다음과 같이 된다.

$$\begin{aligned}I(t)&=C\exp\left(-\frac{R}{L}t\right)+\frac{E_0}{R^2+\omega^2L^2}(R\sin\omega t-\omega L\cos\omega t)\\&=C\exp\left(-\frac{R}{L}t\right)+\frac{E_0}{\sqrt{R^2+\omega^2L^2}}\sin(\omega t-\delta),\end{aligned}$$

여기서 $\delta=Tan^{-1}\dfrac{\omega L}{R}$ 이다.

■ **참고사항**

(1) $t \to \infty$ 이면 $C\exp(-\frac{R}{L}t) \to 0$ 이므로 시간이 충분히 지나면 $I(t)$는 실제로 조화진동을 한다고 볼 수 있다.
(2) δ는 **위상각**이라고 하며 $\delta = 0$인 경우는 $I(t)$와 $E(t)$의 위상이 같다.

전기(또는 역학)계통은 그의 거동을 기술하는 변수가 시간이나 상수의 주기함수일 때, **정상상태**(Steady state)에 있다고 말하고, 정상상태에 있지 않은 경우에는 **과도상태**(Transient)에 있다고 말한다. 그리고 이에 대응하는 변수를 각각 **정상상태함수**(Steady state function)와 **과도함수**라고 한다.

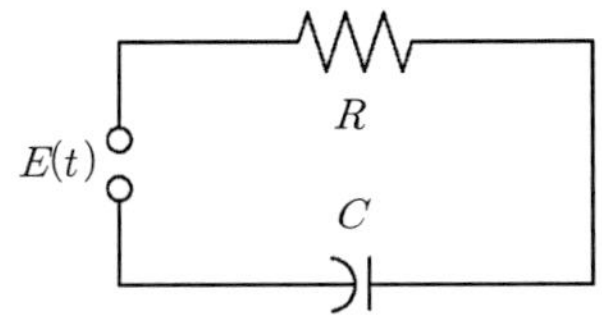

$RC-$ 직렬회로

(저항 R과 축전기 L의 직렬연결회로)

예제 9 RC−회로

그림과 같이 저항 R과 축전기(콘덴서:캐패시턴스) C가 직렬로 연결되어 있을 때, 어느 순간에 스위치를 닫아서 $E(t)$(volt)의 기전력이 가해졌다. 이 회로에 흐르는 전류를 구하여라.

풀이 회로에 흐르는 전류를 $I(t)$라고 하면,

$$E(t) = E_R + E_C = RI + \frac{1}{C}\int I(t)dt.$$

양변을 R로 나누고 t에 관하여 미분하면,

$$\frac{dI}{dt} + \frac{1}{RC}I = \frac{1}{R}\frac{dE(t)}{dt}.$$

1계 선형미방의 해법을 적용하여 일반해를 구하면,

$$I(t) = \exp\left(-\frac{1}{RC}t\right)\left(\frac{1}{R}\int \exp\left(\frac{1}{RC}t\right)\frac{dE(t)}{dt}dt + C\right).$$

경우 I. 일정한 기전력 $E = E_0$:

기전력이 $E = E_0$로 일정한 경우에는 다음과 같다.

$$I(t) = C\exp\left(-\frac{t}{RC}\right) = C\exp\left(-\frac{t}{\tau_C}\right).$$

여기서 $\tau_C = RC$이고, **용량시정수**(Capacitive time constant)라고 부른다.

경우 II. 주기적인 기전력 $E(t) = E_0\sin\omega t$:

기전력이 $E(t) = E_0\sin\omega t$로 주기적인 경우에는 다음과 같다.

$$\begin{aligned} I(t) &= C\exp\left(-\frac{t}{RC}\right) + \frac{\omega E_0 C}{1+(\omega RC)^2}(\cos\omega t + \omega RC\sin\omega t) \\ &= Cexp\left(-\frac{t}{RC}\right) + \frac{\omega E_0 C}{\sqrt{1+(\omega RC)^2}}\sin(\omega t + \delta). \end{aligned}$$

여기서 $\delta = Tan^{-1}\dfrac{1}{\omega RC}$이고 위상각이다.

연습문제 (1.5)

1. $5g$의 물체를 $40m$의 높이에서 초속도 0으로 떨어뜨렸다. 공기의 저항을 무시할 때

(1) 시간 t에서의 이 물체의 속도를 구하여라.

(2) 이 물체가 지면에 떨어질 때까지 걸리는 시간을 구하여라.

2. $25g$의 철로 만든 구를 높이 $490m$에서 떨어뜨릴 때, 이 구가 지면에 닿을 때까지의 소요시간을 구하여라. (단, 공기의 저항은 무시한다.)

3. 고도 $100m$에 있는 무게 $196N$(뉴톤)의 공이 정지상태로부터 낙하하기 시작한다. 이 공이 속도에 비례하는 공기의 저항 $20v$를 받는다고 할 때 t초 후의 속도와 낙하거리를 구하여라.

4. 온도를 모르는 물체를 온도가 $20°C$인 방에 넣었더니, 10분 후에 이 물체의 온도가 $40°C$로 내려갔고, 20분 후에는 $30°C$로 내려갔다. 이 물체의 최초의 온도를 구하여라.

5. $10volt$의 기전력을 가진 발전기가 그림과 같이 $L = 0.1\,Henry$의 유도기와 $R = 5\,\Omega$ (ohm)의 저항이 직렬회로로 연결되어있다. $t = 0$일 때 스위치가 넣어졌다. 전류에 관한 미분방정식을 세우고, 시간 t에서의 전류 I를 구하여라.

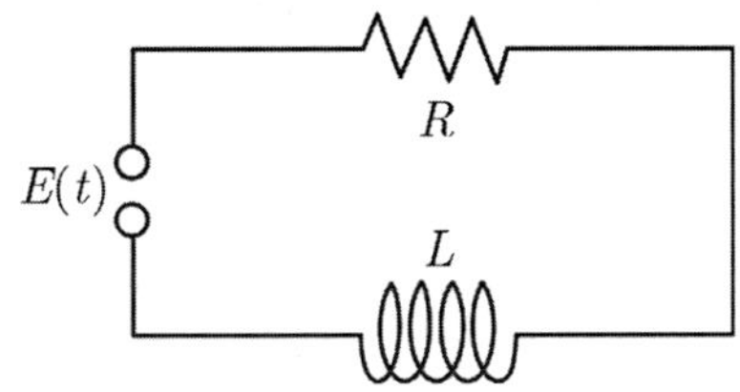

제2장 고계 상미분방정식

2계이상의 미분방정식을 **고계미분방정식**이라고 부른다.

2.1 2계 선형 상미분방정식

2계선형미분방정식 미분방정식

$$y'' + p(x)y' + q(x)y = r(x)$$

를 2계선형미분방정식이라고 부른다. $r(x) \equiv 0$인 경우를 **제차선형(상)미분방정식**이라 하고 그렇지 않은 경우를 **비제차**라고 부른다.

일차결합 n개의 함수 $y_1, \cdots, y_n$ 과 상수 $c_1, \cdots, c_n$ 에 대하여 $c_1y_1 + \cdots + c_ny_n$ 을 $y_1, \cdots, y_n$ 의 **일차결합**이라고 부른다.

<I> 2계제차 선형미분방정식의 일반해

제차 선형미분방정식에 대해서는 다음의 중첩원리가 성립한다.

정리 1 (중첩원리)

y_1, y_2가 2계 제차 미분방정식 $y'' + p(x)y' + q(x)y = 0$의 두 해이면 일차결합 $y = c_1y_1 + c_2y_2$도 해가 된다.

증명 $y'' + p(x)y' + q(x)y = (c_1y_1 + c_2y_2)'' + p(x)(c_1y_1 + c_2y_2)' + q(x)(c_1y_1 + c_2y_2)$

$= (c_1y_1'' + c_2y_2'') + p(x)(c_1y_1' + c_2y_2') + q(x)(c_1y_1 + c_2y_2)$

$= c_1[y_1'' + p(x)y_1' + q(x)y_1] + c_2[y_2'' + p(x)y_2' + q(x)y_2] = 0.$

일차종속과 일차독립 두 함수 y_1, y_2에 대하여 $c_1y_1 + c_2y_2 = 0\ (\forall x \in I)$을 만족하는 모두는 0이 아닌 상수 c_1, c_2가 존재하면 y_1, y_2는 구간 I에서 **일차종속**이라고 정의하며, 일차종속이 아니면 **일차독립**이라고 정의한다.

두 함수 y_1, y_2가 일차종속일 필요충분조건은 두 함수 y_1, y_2가 구간 I에서 비례하는 것이다.

일반해 2계미분방정식의 **일반해**는 독립적인 임의의 상수 두 개를 포함하는 해의 집합을 말한다. 두 개의 독립적인 임의의 상수라는 뜻은 임의의 상수의 개수를 집합을 변화시키지 않고 한 개 이하로 줄일 수 없다는 뜻이다. 이 사실은 함수의 독립성과 관련이 있다.

론스키행렬식과 일차독립 일차결합이 $c_1y_1 + c_2y_2 = 0\ (\forall x \in I)$을 만족하고, y_1, y_2가 미분가능하면 양변을 미분하여

$$\begin{cases} c_1y_1 + c_2y_2 = 0 \\ c_1y_1' + c_2y_2' = 0 \end{cases}$$

을 얻는다. 계수의 행렬식이

$$W(y_1, y_2) = \begin{vmatrix} y_1 & y_2 \\ y_1' & y_2' \end{vmatrix} \neq 0$$

을 만족하면 연립방정식의 해는 $c_1 = c_2 = 0$이므로 y_1, y_2는 I에서 일차독립이다. 이 행렬식 $W(y_1, y_2) = \begin{vmatrix} y_1 & y_2 \\ y_1' & y_2' \end{vmatrix}$을 y_1, y_2의 **론스키행렬식(Wronskian)** 또는 **론스키안**이라고 부른다.

해의 기저 2계 제차선형미분방정식의 일차독립인 두 해를 **해의 기저**라고 부른다.

해의 기저 y_1, y_2가 주어지면 $c_1y_1 + c_2y_2$꼴의 해집합은 독립적인 임의의 상수 두 개를 포함하므로 일반해가 된다. 예제5를 참고하여라.

예제 1

$y_1 = \cos(2x),\ y_2 = \sin(2x)$는 $y'' + 4y = 0$의 해의 기저임을 밝히고 일반해를 구하여라.

풀이 $y_1'' = -4\cos(2x),\ y_2'' = -4\sin(2x)$이므로 주어진 미분방정식의 해가 된다. 그리고

$$W(y_1,\ y_2)=\begin{vmatrix} y_1 & y_2 \\ y_1{}' & y_2{}' \end{vmatrix}=\begin{vmatrix} \cos(2x) & \sin(2x) \\ -2\sin(2x) & 2\cos(2x) \end{vmatrix}=2\neq 0$$

이므로 일차독립인 해이다. 따라서 일반해는 $y=c_1\cos(2x)+c_2\sin(2x)$이다.

한 해를 이용하여 다른 해 구하기

y_1이 2계 제차선형미분방정식 $y''+p(x)y'+q(x)y=0$의 한 해라고 하자. $y_2=u(x)y_1$이 해가 된다고 가정하면,

$$y_2{}'=u'y_1+uy_1{}',\quad y_2{}''=u''y_1+2u'y_1{}'+uy_1{}''$$

이므로 방정식에 대입하여

$$\begin{array}{r|l} +q(x) & y_2=u(x)y_1 \\ +p(x) & y_2{}'=u'y_1+uy_1{}' \\ +1 & y_2{}''=u''y_1+2u'y_1{}'+uy_1{}'' \end{array}$$

$$y_2{}''+p(x)y_2{}'+q(x)y_2=u''y_1+u'\{2y_1{}'+p(x)y_1\}+u\{y_1{}''+p(x)y_1{}'+q(x)y_1\}=0$$

그런데 $y_1{}''+p(x)y_1{}'+q(x)y_1=0$이므로

$$u''y_1+u'[2y_1{}'+p(x)y_1]=0,\ 즉,\ u''+\frac{2y_1{}'+p(x)y_1}{y_1}u'=0.$$

$u'=v$라고 하면 $u''=v'$이므로

$$v'+\frac{2y_1{}'+p(x)y_1}{y_1}v=0.$$

변수를 분리하여 적분하면

$$\ln v=-2\ln y_1-\int p(x)dx,\ 즉$$

$$\ln vy_1^2=-\int p(x)dx,\ \therefore v=\frac{1}{y_1^2}e^{-\int p(x)dx}\ (적분상수생략).$$

$u'=v$이므로 적분하면

$$u=\int\frac{1}{y_1^2}e^{-\int p(x)dx}dx,\quad y_2=uy_1.$$

그러므로 일반해는 다음과 같다.

$$y=c_1y_1+c_2y_1\left(\int\frac{1}{y_1^2}e^{-\int p(x)dx}dx\right).$$

<2> 2계비제차선형미분방정식의 일반해

2계비제차 선형미분방정식에 대해서는 다음이 성립한다.

정리 2

2계비제차 선형미분방정식 $y''+p(x)y'+q(x)y=r(x)$의 한 해를 $y_p(x)$, 그리고 제차 방정식 $y''+p(x)y'+q(x)y=0$의 일반해를 $y_h(x)$라고 하면 비제차 방정식의 일반해는 $y=y_h+y_p$이다.

증명 $y=y_h+y_p$를 주어진 방정식에 대입하면

$$\begin{aligned} y''+p(x)y'+q(x)y &= (y_h+y_p)''+p(x)(y_h+y_p)'+q(x)(y_h+y_p) \\ &= y_h''+y_p''+p(x)(y_h'+y_p')+q(x)(y_h+y_p) \\ &= [y_h''+p(x)y_h'+q(x)y_h]+[y_p''+p(x)y_p'+q(x)y_p] \\ &= 0+r(x)=r(x) \end{aligned}$$

를 만족하고 y_h는 독립적인 임의의 상수 두 개를 포함하고 있으므로 일반해이다.

예제 2

$y_1=e^{-x}$, $y_2=e^{x}$는 $y''-y=0$의 해임을 밝히고, 이것을 이용하여 $y''-y=e^{2x}$의 일반해를 구하여라.

풀이 $y_1''=e^{-x}=y_1$, $y_2''=e^{x}=y_2$이므로 제차방정식의 해가 된다. 특수해의 형태는 $y_p=Ae^{2x}$의 형태라는 것을 알 수 있으므로 $y_p''=4Ae^{2x}$를 대입하면 $4Ae^{2x}-Ae^{2x}=e^{2x}$, 즉, $3Ae^{2x}=e^{2x}$. 그러므로 $A=\dfrac{1}{3}$. 따라서 일반해는 $y=c_1e^{-x}+c_2e^{x}+\dfrac{1}{3}e^{2x}$.

정리 3

$y_1(x)$, $y_2(x)$가 각각 2계 선형미분방정식

$$y''+p(x)y'+q(x)y=r(x),\ y''+p(x)y'+q(x)y=s(x)$$

의 해이면, $y=y_1(x)+y_2(x)$는 다음 방정식의 해가된다.

$$y''+p(x)y'+q(x)y=r(x)+s(x).$$

증명 $y=y_1(x)+y_2(x)$를 $y''+p(x)y'+q(x)y$에 대입하면 미분의 성질에 의하여 $r(x)+s(x)$가 된다는 것을 알 수 있다.

예제 3

$y_1 = e^x$, $y_2 = e^{3x}$은 $y'' - 4y' + 3y = 0$의 해임을 밝히고, 이것을 이용하여 미분방정식 $y'' - 4y' + 3y = e^{2x}$의 일반해를 구하여라.

풀이 두 함수를 대입하여보면 제차 방정식의 일반해가 된다. 한편 $y_p = Ae^{2x}$ 형태의 함수가 특수해가 된다는 것을 알 수 있다. $y_p{}' = 2Ae^{2x}$, $y_p{}'' = 4Ae^{2x}$이므로 대입하면

$$y_p{}'' - 4y_p{}' + 3y_p = 4Ae^{2x} - 4(2Ae^{2x}) + 3(Ae^{2x}) = -Ae^{2x} = e^{2x}$$

이므로 $A = -1$. 그러므로 일반해는 $y = c_1 e^x + c_2 e^{3x} - e^{2x}$이다.

예제 4

$y_1 = e^{2x}$, $y_2 = e^{-3x}$는 $y'' + y' - 6y = 0$의 해임을 밝히고, 이것을 이용하여 미분방정식 $y'' + y' - 6y = 3x + 1$의 일반해를 구하여라.

풀이 두 함수를 대입하여보면 제차 방정식의 일반해가 된다. 한편 $y_p = Ax + B$ 형태의 함수가 특수해가 된다는 것을 알 수 있다. 왜냐하면 도함수가 다항함수가 되는 함수는 다항함수 밖에 없고, 2차이상의 다항함수를 사용할 필요는 없기 때문이다. $y_p{}' = A$, $y_p{}'' = 0$을 대입하면

$$y'' + y' - 6y = 0 + A - 6(Ax + B) = -6Ax + (A - 6B) = 3x + 1$$

이므로 $-6A = 3$, $A - 6B = 1$, 즉, $A = -\frac{1}{2}$, $B = -\frac{1}{4}$이 된다. 그러므로 일반해는 다음과 같다.

$$y = c_1 e^{2x} + c_2 e^{-3x} - \frac{1}{2}x - \frac{1}{4}.$$

예제 5

두 함수 y_1, y_2가 구간 I에서 일차독립이면, 모든 함수 $f(x)$에 대하여

$$\{c_1 y_1 + c_2 y_2 : c_1, c_2 \in R\} \neq \{cf(x) : c \in R\}$$

이 성립함을 증명하여라.

풀이 y_1, y_2는 일차독립이므로 y_1, y_2는 모두 영함수가 아니다. 이제

$$S = \{c_1 y_1 + c_2 y_2 : c_1, c_2 \in R\}, \ T = \{cf(x) : c \in R\}$$

라고 놓고, 어떤 함수 $f(x)$가 존재하여 $S = T$가 성립한다고 가정하자. $y_1 \in S$이므로 $y_1 \in T$. 그러므로 $y_1 = c_3 f(x)$인 상수 c_3이 존재한다. 또한 $y_2 \in S$이므로 $y_2 \in T$. 그러므로 $y_2 = c_4 f(x)$인 상수 c_4도 존재한다. 그러면 $c_4 y_1 + (-c_3) y_2 = c_4 c_3 f(x) - c_3 c_4 f(x) = 0$이 성립한다. 그런데 y_1, y_2가 일차독립이므로 $c_3 = c_4 = 0$. 그러면 $y_1 = c_3 f(x) = 0$, $y_2 = c_4 f(x) = 0$이므로 모순이다.

연습문제 (2.1)

1. 제차미분방정식 $y'' - 2y' + 2y = 0$에 대하여 다음에 답하여라.

(1) $e^x \cos x$와 $e^x \sin x$는 이 미분방정식의 일차독립인 해임을 밝혀라.

(2) 이 미분방정식의 일반해를 구하여라.

2. 다음 함수들이 구간 $[0, 1]$에서 일차독립인지 아닌지를 밝혀라.

(1) x^2, x^3

(2) $\cos x$, $\sin x$

(3) $1 - x$, $3 - 3x$

(4) e^x, $\cos(2x)$

(5) e^{ax}, e^{bx} (단, $a \neq b$는 상수)

(6) $\sin x$, $\sin(2x)$

3. $\{c_1 + c_2 x : c_1, c_2 \in R\} = \{cf(x) : c \in R\}$을 만족하는 함수 $f(x)$는 존재하지 않음을 증명하여라.

4. $x^2 y'' - xy' + y = 0$의 한 해는 $y = x$이다. 이 미분방정식의 일반해를 구하여라.

5. $x^2 y'' + xy' - y = 3x^2$의 일반해를 구하여라.

2.2 고계 제차 선형미분방정식

<I> 일반해

선형미분방정식 n계의 미분방정식

$$y^{(n)}+p_1(x)y^{(n-1)}+\cdots+p_{n-1}(x)y'+p_n(x)y=r(x)$$

와 같은 형태의 방정식을 **n계 선형미분방정식**이라 한다. 그리고 이와 같은 형태로 나타낼 수 없는 방정식은 **비선형**이라고 부른다.

선형미분방정식에서 $r(x)\equiv 0$인 방정식

$$y^{(n)}+p_1(x)y^{(n-1)}+\cdots+p_{n-1}(x)y'+p_n(x)y=0$$

을 **제차(homogeneous)**라고 하고, 그렇지 않은 경우를 **비제차**라고 한다.

일차결합 n개의 함수 y_1, $\cdots$, y_n과 상수 c_1, $\cdots$, c_n에 대하여 $c_1y_1+\cdots+c_ny_n$과 같은 형태를 y_1, $\cdots$, y_n의 **일차결합**이라고 부른다.

n계 제차선형미분방정식에서도 2계에서와 같이 다음과 같은 중첩원리가 성립한다.

정리 1 (중첩원리)

함수 $y_1, \cdots, y_n$ 이 n계 제차선형미분방정식의 해이면 일차결합 $y=c_1y_1+\cdots+c_ny_n$도 해가 된다.

증명 2계에서와 같이 미분의 성질을 이용하여 쉽게 증명된다.

일반해 n계미분방정식의 **일반해**는 독립적인 임의의 상수 n개를 포함하는 해의 집합을 말한다. n개의 독립적인 임의의 상수라는 뜻은 임의의 상수의 수를 해집합을 변화시키지 않고 $n-1$ 개 이하로 줄일 수 없다는 뜻이다. 이 사실은 함수의 일차독립성과 관련이 있다.

일차종속과 일차독립 n개의 함수 $y_1, \cdots, y_n$ 에 대하여 $c_1y_1 + \cdots + c_ny_n = 0$ $(\forall x \in I)$을 만족하고, 모두는 0이 아닌 상수 $c_1, \cdots, c_n$ 이 존재하면 $y_1, \cdots, y_n$ 은 구간 I에서 **일차종속**이라고 정의하며, 일차종속이 아니면 **일차독립**이라고 정의한다.

n개의 함수 $y_1, \cdots, y_n$ 이 일차종속일 필요충분조건은 이 함수들 중 어떤 하나의 함수를 다른 함수들의 일차결합으로 나타낼 수 있다는 것이라는 것을 쉽게 보일 수 있다.

한편 일차독립이라는 것을 보이기 위해서는 $c_1y_1 + \cdots + c_ny_n = 0$을 만족하는 상수가 $c_1 = c_2 = \cdots = c_n = 0$인 경우뿐이라는 것을 보이면 된다.

론스키행렬식 일차결합 $c_1y_1 + \cdots + c_ny_n = 0$ $(\forall x \in I)$이라고 가정하고, $y_1, \cdots, y_n$ 이 $n-1$번 미분가능하다고 가정하면 양변을 연속적으로 미분하여

$$\begin{cases} c_1y_1 + \cdots + c_ny_n = 0 \\ c_1y_1' + \cdots + c_ny_n' = 0 \\ \\ c_1y_1^{(n-1)} + \cdots + c_ny_n^{(n-1)} = 0 \end{cases}$$

을 얻는다. 계수의 행렬식이

$$W(y_1, \cdots, y_n) = \begin{vmatrix} y_1 & \cdots & y_n \\ y_1' & \cdots & y_n' \\ \cdots & \cdots & \cdots \\ y_1^{(n-1)} & & y_n^{(n-1)} \end{vmatrix} \neq 0 \quad (\text{영함수})$$

을 만족하면 연립방정식의 해는 $c_1 = \cdots = c_n = 0$이므로 $y_1, \cdots, y_n$ 은 I에서 일차독립이다. 이 행렬식을 $y_1, \cdots, y_n$ 의 **론스키행렬식**(또는 Wronskian)이라고 부르고 위와 같이 나타낸다.

$$W(y_1, \cdots, y_n) \neq 0 \ \underset{\not\Leftarrow}{\Rightarrow} \ y_1, \cdots, y_n \text{ 이 일차독립.}$$

론스키행렬식이 0함수가 되지 않는 구간에서는 항상 일차독립이 되지만, 일차독립이라고 해서 반드시 론스키행렬식이 0함수가 아닌 함수가 되는 것은 아니다.

예를 들어, x^3, $|x^3|, 1$은 일차독립이지만 $x \geq 0$에 대해서는

$$W(x^3, |x^3|, 1) = W(x^3, x^3, 1) = \begin{vmatrix} x^3 & x^3 & 1 \\ 3x^2 & 3x^2 & 0 \\ 6x & 6x & 0 \end{vmatrix} = 0$$

이고, $x < 0$에 대해서도

$$W(x^3,\ |x^3|, 1) = W(x^3, -x^3, 1) = \begin{vmatrix} x^3 & -x^3 & 1 \\ 3x^2 & -3x^2 & 0 \\ 6x & -6x & 0 \end{vmatrix} = 0$$

이 된다.

그러나 함수 $y_1, \cdots, y_n$ 이 연속인 계수를 갖는 어떤 선형미분방정식의 해가 되면 필요충분조건이 된다는 것을 다음 정리에서 알 수 있다. 증명은 생략하기로 한다.

정리 2 **(일차독립)**

> n계 제차 선형미분방정식
>
> $$y^{(n)} + p_1(x)y^{(n-1)} + \cdots + p_{n-1}(x)y' + p_n(x)y = 0$$
>
> 의 계수 $p_1(x), \cdots, p_n(x)$ 가 구간 I에서 연속이라고 하자. 그러면 n개의 해
>
> $$y_1(x), \cdots, y_n(x)$$
>
> 가 구간 I에서 일차독립일 필요충분조건은 $W(y_1, y_2, \cdots, y_n) \neq 0$ 이다.

해의 기저 n계 제차선형미분방정식의 일차독립인 n개의 해를 해의 **기저(basis)** 라고 부른다. 해의 기저 $y_1, \cdots, y_n$ 이 주어지면 $c_1y_1 + \cdots + c_ny_n$ 꼴의 해집합은 독립적인 임의의 상수 n개를 포함하므로 일반해가 된다.

한편 n계미분방정식에서의 **초기조건**은

$$y(x_0) = A_0,\ \ y'(x_0) = A_1,\ \cdots,\ y^{(n-1)}(x_0) = A_{n-1}$$

으로 주어진다.

n계 선형미분방정식의 해의 존재성과 유일성에 관한 정리는 다음과 같다. 자세한 증명은 생략하기로 한다.

정리 3 **(해의 존재성과 유일성)**

> n계 제차 선형미분방정식
>
> $$y^{(n)} + p_1(x)y^{(n-1)} + \cdots + p_{n-1}(x)y' + p_n(x)y = 0$$
>
> 의 계수 $p_1(x), \cdots, p_n(x)$ 가 구간 I에서 연속이라고 하자. 그러면 초깃값문제
>
> $$y^{(n)} + p_1(x)y^{(n-1)} + \cdots\ p_n(x)y = 0,\ y(x_0) = A_0,\ \cdots,\ y^{(n-1)}(x_0) = A_{n-1}$$
>
> 은 구간 I에서 유일한 해를 가진다.

예제 1

(1) $y_1 = x,\ y_2 = x^2,\ y_3 = x - x^2$은 임의의 구간에서 일차종속임을 밝혀라.

(2) $y_1 = x,\ y_2 = x^2,\ y_3 = x^3$은 임의의 구간에서 일차독립임을 밝혀라.

풀이 (1) $(-1)y_1 + (1)y_2 + y_3 = -x + x^2 + x - x^2 = 0$으로 0이 아닌 계수가 존재하므로 일차종속이다.

(2) $W(x, x^2, x^3) = \begin{vmatrix} x & x^2 & x^3 \\ 1 & 2x & 3x^2 \\ 0 & 2 & 6x \end{vmatrix} = \begin{vmatrix} 0 & -x^2 & -2x^3 \\ 1 & 2x & 3x^2 \\ 0 & 2 & 6x \end{vmatrix} = -\begin{vmatrix} -x^2 & -2x^3 \\ 2 & 6x \end{vmatrix} = 2x^3$은 0함수가 아니므로 일차독립이다.

<II> 상수계수 2계제차미분방정식

a, b가 실수 일 때, 상수계수의 2계 제차미분방정식

$$y'' + ay' + by = 0 \tag{1}$$

의 일반해를 구하여보자. 일차독립인 해를 두 개만 구하면 되므로 $y = e^{\lambda x}$이 해가 된다고 가정하자. 그러면 $y' = \lambda e^{\lambda x},\ y'' = \lambda^2 e^{\lambda x}$이므로 주어진 방정식에 대입하여

$$(\lambda^2 + a\lambda + b)e^{\lambda x} = 0$$

을 얻는다. 좌변이 0함수가 되기 위해서는 $\lambda^2 + a\lambda + b = 0$을 만족하여야한다. 역으로 이 식을 만족하는 λ에 대해서는 $y = e^{\lambda x}$이 해가 되므로 $y = e^{\lambda x}$이 해가 될 필요충분조건은 λ가 $\lambda^2 + a\lambda + b = 0$의 해가 되는 것이다.

특성방정식 다항식 $\lambda^2 + a\lambda + b = 0$을 방정식(1)의 **특성방정식** 또는 **특성다항식**이라고 부르며, 이 다항식의 근을 **특성근**이라고 부른다.

이 특성방정식은 2차방정식이므로 근은

$$\lambda_1 = \frac{-a + \sqrt{a^2 - 4b}}{2},\quad \lambda_2 = \frac{-a - \sqrt{a^2 - 4b}}{2}$$

가 된다. 특성근은 다음의 세 가지의 경우로 구분된다.

[경우 1] $a^2-4b>0$인 경우는 서로 다른 실근
[경우 2] $a^2-4b=0$인 경우는 실수의 중근
[경우 3] $a^2-4b<0$인 경우는 공액복소근

[1] 경우 1 (서로 다른 실근)

특성근이 서로 다른 실근 λ_1, λ_2가 되면

$$W(e^{\lambda_1 x}, e^{\lambda_2 x}) = \begin{vmatrix} e^{\lambda_1 x} & e^{\lambda_2 x} \\ \lambda_1 e^{\lambda_1 x} & \lambda_2 e^{\lambda_2 x} \end{vmatrix} = e^{(\lambda_1+\lambda_2)x}(\lambda_2-\lambda_1) \neq 0$$

을 만족하므로 $e^{\lambda_1 x}, e^{\lambda_2 x}$은 일차독립이고 해의 기저가 된다. 따라서 $y = C_1 e^{\lambda_1 x} + C_2 e^{\lambda_2 x}$은 일반해가 된다.

예제 2

$y''-y'-2y=0,\ y(0)=1,\ y'(0)=-4$를 풀어라.

풀이 특성방정식이 $\lambda^2-\lambda-2=(\lambda+1)(\lambda-2)=0$이므로 특성근은 서로 다른 실근 $-1, 2$이다. 그러므로 일반해는 $y=c_1e^{-x}+c_2e^{2x}$이다. 초기조건을 대입하면

$$c_1+c_2=1,\ -c_1+2c_2=-4$$

를 얻는다. 연립하여 풀면 $c_1=2, c_2=-1$이므로 구하는 해는 $y=2e^{-x}-e^{2x}$이다.

[2] 경우 2 (중근)

특성근이 중근 $\lambda=-\dfrac{a}{2}$가 되면 우선 하나의 해는 $y_1=e^{-\frac{a}{2}x}$이다. 다른 해를 구하기 위하여 $y_2=ue^{-\frac{a}{2}x}$가 해가 된다고 가정하면 방정식에 대입하여

$$\begin{array}{r|l} +b & y_2 = u(x)y_1 \\ +a & y_2{}' = u'y_1 + uy_1{}' \\ +1 & y_2{}'' = u''y_1 + 2u'y_1{}' + uy_1{}'' \\ \hline \end{array}$$

$$y_2{}''+ay_2{}'+by_2 = u''y_1+u'(2y_1{}'+ay_1)+u(y_1{}''+ay_1{}'+by_1)=0.$$

$y_1=e^{-\frac{a}{2}x}$은 해이므로 $u''y_1+u'(2y_1{}'+ay_1)=0$이다. 따라서

$$u''e^{-\frac{a}{2}x} + u'\left(2(-\frac{a}{2})e^{-\frac{a}{2}x} + ae^{-\frac{a}{2}x}\right) = 0, \text{ 즉, } u''e^{-\frac{a}{2}x} = 0$$

을 얻는다. $u''=0$이므로 $u = Ax + B$. u는 y_2가 y_1과 일차독립이 되도록 하는 함수 한 개이면 충분하므로 $A=1$, $B=0$으로 선택하면 $u = x$가 된다. 따라서 다음의 해의 기저를 얻는다.

$$y_1 = e^{-\frac{a}{2}x}, \quad y_2 = xe^{-\frac{a}{2}x}$$

그러므로 일반해는 다음과 같다.

$$y = c_1 e^{-\frac{a}{2}x} + c_2 xe^{-\frac{a}{2}x} = (c_1 + c_2 x)e^{-\frac{a}{2}x}.$$

예제 3

$y'' - 2y' + y = 0, y(0) = 1, y'(0) = 2$를 풀어라.

풀이 특성방정식은 $\lambda^2 - 2\lambda + 1 = (\lambda - 1)^2 = 0$이므로 특성근은 $\lambda = 1$(중근)이 된다. 그러므로 일반해는 $y = (c_1 + c_2 x)e^x$. 도함수는 $y' = c_2 e^x + (c_1 + c_2 x)e^x$이므로 초기조건을 대입하면

$$c_1 = y(0) = 1, c_2 + c_1 = 2.$$

연립방정식의 해는 $c_1 = 1, c_2 = 1$이므로 구하는 해는 $y = (1 + x)e^x$. ■

[3] 경우 3 (켤레복소수근)

특성근이 켤레복소수근 $\lambda_1 = \alpha - \beta i$, $\lambda_2 = \alpha + \beta i$가 되면 일차독립인 두 해는

$$y_1 = e^{(\alpha + \beta i)x}, \quad y_2 = e^{(\alpha - \beta i)x}.$$

따라서 일반해는 이 두 함수의 일차결합이다. 그런데 이 함수는 복소수의 값을 갖는 함수이므로 실수의 값을 갖는 함수의 해를 찾아보도록 한다.

우선 복소수의 지수함수는 $e^{(\alpha+\beta i)x} = e^{\alpha x}(\cos\beta x + i\sin\beta x)$로 정의하므로

$$\frac{d}{dx}e^{(\alpha+\beta i)x} = \alpha e^{\alpha x}(\cos\beta x + i\sin\beta x) + e^{\alpha x}(-\beta\sin\beta x + \beta i\cos\beta x) = (\alpha + \beta i)e^{(\alpha+\beta i)x}$$

가 성립한다. 따라서 중첩의 원리에 의하여 $c_1e^{(\alpha+\beta i)x}+c_2e^{(\alpha-\beta i)x}$의 형태의 함수도 해가 된다. 또한 복소수 함수의 이론에 의하여 c_1, c_2가 실수일 때뿐만 아니라 복소수일 때에도 주어진 미분방정식의 해가 된다는 것을 알 수 있다. 오일러의 공식을 이용하면 다음과 같이 표현된다.

$$c_1e^{(\alpha+\beta i)x}+c_2e^{(\alpha-\beta i)x}=c_1e^{\alpha x}(\cos\beta x+i\sin\beta x)+c_2e^{\alpha x}(\cos\beta x-i\sin\beta x).$$

그러므로 특히 $c_1=c_2=\dfrac{1}{2}$로 선택하면 $c_1e^{(\alpha+\beta i)x}+c_2e^{(\alpha-\beta i)x}=e^{\alpha x}\cos\beta x$가 되고, $c_1=\dfrac{1}{2i}$, $c_2=-\dfrac{1}{2i}$로 선택하면 $c_1e^{(\alpha+\beta i)x}+c_2e^{(\alpha-\beta i)x}=e^{\alpha x}\sin\beta x$가 된다. 이 두 해

$$e^{\alpha x}\cos\beta x,\ e^{\alpha x}\sin\beta x$$

는 서로 비례하지 않으므로 일차독립이다. 따라서 일반해는 다음과 같다.

$$y=e^{\alpha x}(A\cos\beta x+B\sin\beta x).$$

예제 4

$y''-4y'+8y=0, y(0)=1, y'(0)=6$을 풀어라.

풀이 특성방정식은 $\lambda^2-4\lambda+8=0$이므로 특성근은 $\lambda=2\pm 2i$. 따라서 일반해는

$$y=e^{2x}(A\cos 2x+B\sin 2x).$$

$y'=2e^{2x}(A\cos 2x+B\sin 2x)+e^{2x}(-2A\sin 2x+2B\cos 2x)$이므로
초기조건을 대입하면

$$1=y(0)=A,\ 6=y'(0)=2A+2B,\ 즉,\ A=1,\ B=2$$

이므로 구하는 해는 $y=e^{2x}(\cos 2x+2\sin 2x)$.

1계미분방정식에서는 초깃값 문제만을 다루었지만 2계 이상에서는

$$y(x_1)=k_1,\ y(x_2)=k_2$$

와 같이 두 점에서의 함숫값을 조건으로 줄 수도 있는데, 이러한 조건을 **경계조건**이라고 부르며, 경계조건이 주어진 문제를 **경곗값문제**라고 한다.

예제 5

경곗값문제 $y''+y=0,\ y(0)=1,\ y(\frac{\pi}{2})=-3$을 풀어라.

풀이 특성방정식이 $\lambda^2+1=0$이므로 특성근은 $\lambda=\pm i$. 그러므로 일반해는

$$y=A\cos x+B\sin x$$

경계조건을 대입하면

$$1=y(0)=A,\ -3=y(\frac{\pi}{2})=B$$

가 되므로 구하는 해는 $y=\cos x-3\sin x$.

<III> 상수계수의 고계선형미분방정식

실수계수의 n계 제차선형미분방정식

$$y^{(n)}+a_1y^{(n-1)}+\cdots+a_{n-1}y'+a_ny=0$$

에서도 $y=e^{\lambda x}$가 해가 될 필요충분조건은

$$\lambda^n+a_1\lambda^{n-1}+\cdots+a_{n-1}\lambda+a_n=0$$

인 것이다. 이 방정식을 **특성방정식**이라고 부르며, 근을 **특성근**이라고 부른다.

이러한 경우에도 근의 모양에 따라 다음과 같이 분류할 수 있다.

[1] 서로 다른 n개의 실근

특성방정식이 서로 다른 실근 $\lambda_1,\ \cdots,\ \lambda_n$을 가지면 일반해는 다음과 같다.

$$y=c_1e^{\lambda_1x}+\cdots+c_ne^{\lambda_nx}.$$

이 경우에 n개의 함수 $e^{\lambda_1x},\ \cdots,\ e^{\lambda_nx}$의 론스키행렬식은

$$e^{(\lambda_1+\cdots+\lambda_n)x}\Pi_{1\le i<j\le n}(\lambda_j-\lambda_i)\neq 0$$ 이므로 일차독립이다.

예제 6

$y'''-2y''-y'+2y=0$의 일반해를 구하여라.

풀이 특성방정식이 $\lambda^3-2\lambda^2-\lambda+2=(\lambda-2)(\lambda-1)(\lambda+1)=0$.

특성근은 $\lambda = -1, 1, 2$. 그러므로 일반해는 $y = c_1 e^{-x} + c_2 e^x + c_3 e^{2x}$.

예제 7

$y^{(4)} - 13y'' + 36y = 0$의 일반해를 구하여라.

풀이 특성방정식이

$$\lambda^4 - 13\lambda^2 + 36 = (\lambda^2 - 4)(\lambda^2 - 9) = (\lambda - 2)(\lambda + 2)(\lambda - 3)(\lambda + 3) = 0$$

이므로 특성근은 $\lambda = \pm 2,\ \pm 3$. 그러므로 일반해는

$$y = c_1 e^{-2x} + c_2 e^{2x} + c_3 e^{-3x} + c_4 e^{3x}.$$

[2] 켤레복소수근

각각의 켤레복소수 근 $\alpha \pm \beta i$에 해당되는 해는

$$c_1 e^{(\alpha + \beta i)x} + c_2 e^{(\alpha - \beta i)x} \text{ 또는 } e^{\alpha x}(A\cos\beta x + B\sin\beta x)$$

이다. 그러므로 서로 다른 공액복소수근들에 대해서는 [1]에서와 같이 일차결합들로 나타내어진다.

예제 8

$y''' - y'' + 81y' - 81y = 0$의 일반해를 구하여라.

풀이 특성방정식이

$$\lambda^3 - \lambda^2 + 81\lambda - 81 = \lambda^2(\lambda - 1) + 81(\lambda - 1) = (\lambda - 1)(\lambda^2 + 81) = 0$$

이므로 특성근은 $\lambda = 1,\ \pm 9i$.

$\lambda = 1$에 해당되는 해는 e^x, $\lambda = \pm 9i$에 해당되는 실숫값 해는 $A\cos 9x + B\sin 9x$.

그러므로 일반해는

$$y = c_1 e^x + c_2 \cos 9x + c_3 \sin 9x.$$

[3] 다중실근

특성방정식이 2중근 $\lambda = \lambda_1 = \lambda_2$를 가지면 해당되는 해는

$$(c_1 + c_2 x)e^{\lambda_1 x}$$

특성방정식이 3중근 $\lambda = \lambda_1 = \lambda_2 = \lambda_3$을 가지면 해당되는 해는

$$(c_1 + c_2 x + c_3 x^2)e^{\lambda_1 x}$$

일반적으로, 특성방정식이 m 중근 $\lambda = \lambda_1 = \cdots = \lambda_m$을 가지면 해당되는 해는

$$(c_1 + c_2 x + c_3 x^2 + \cdots + c_m x^{m-1})e^{\lambda x}.$$

예제 9

$y''' - 3y'' + 3y' - y = 0$의 일반해를 구하여라.

풀이 특성방정식 $\lambda^3 - 3\lambda^2 + 3\lambda - 1 = (\lambda - 1)^3 = 0$은 삼중근 $\lambda = 1$을 가지므로 일반해는

$$y = (c_1 + c_2 x + c_3 x^2)e^x.$$

예제 10

m개의 함수 $e^{\lambda x}, xe^{\lambda x}, x^2 e^{\lambda x}, \cdots, x^m e^{\lambda x}$가 임의의 구간에서 일차독립임을 보여라.

풀이 우선 $1, x, x^2, \cdots, x^m$이 일차독립임을 보이자. 실제로

$$W(1, x, \cdots, x^m) = \begin{vmatrix} 1 & x & x^2 & \cdots & x^m \\ 0 & 1 & 2x & \cdots & mx^{m-1} \\ 0 & 0 & 2 & \ddots & m(m-1)x^{m-2} \\ \vdots & \vdots & \vdots & \vdots & \vdots \\ 0 & 0 & 0 & 0 & m! \end{vmatrix} = 1 \cdot 1 \cdot 2! \cdot \cdots \cdot (m!) \neq 0$$

이므로 일차독립이다. 한편 주어진 m개의 함수의 론스키행렬식을 직접 계산하여 증명하는 것은 너무 복잡해진다는 것을 알 수 있다. 다른 방법으로 증명하기 위하여,

$$c_1 e^{\lambda x} + c_2 x e^{\lambda x} + \cdots + c_{m+1} x^m e^{\lambda x} \equiv 0$$

이라고 하자. 좌변이 0함수가 되기 위한 필요충분조건은 $c_1 + c_2 x + \cdots + c_{m+1} x^m \equiv 0$이다. 그런데 위의 증명에 의하여 $1, x, x^2, \cdots, x^m$은 일차독립이다. 따라서 $c_1 = c_2 = \cdots = c_m = 0$이 성립하여야 한다. 그러므로 $e^{\lambda x}, xe^{\lambda x}, x^2 e^{\lambda x}, \cdots, x^m e^{\lambda x}$는 일차독립이 된다.

[4] 다중복소수근

켤레복소수의 특성근 $\lambda = \alpha \pm \beta i$가 중근이면 해당되는 해는

$$e^{\alpha x}[(c_1 + c_2 x)\cos\beta x + (c_3 + c_4 x)\sin\beta x].$$

일반적으로 $\lambda = \alpha \pm \beta i$가 m중근이면 해당되는 해는

$$e^{\alpha x}[(c_1 + c_2 x + \cdots + c_m x^{m-1})\cos\beta x + (c_{m+1} + c_{m+2} x + \cdots + c_{2m} x^{m-1})\sin\beta x].$$

예제 11

$y^{(4)} + 8y'' + 16y = 0$의 일반해를 구하여라.

풀이 특성방정식이 $\lambda^4 + 8\lambda^2 + 16 = (\lambda^2 + 4)^2 = 0$이므로 특성근은 $\lambda = \pm 2i$ (중근). 그러므로 구하는 일반해는

$$y = (c_1 + c_2 x)\cos 2x + (c_3 + c_4 x)\sin 2x.$$

<IV> 오일러-코시방정식

$$x^n y^{(n)} + a_1 x^{n-1} y^{(n-1)} + \cdots + a_{n-1} x y' + a_n y = 0$$

의 형태의 미분방정식을 n계 **오일러-코시방정식**이라고 부른다. 이 방정식은 $y = x^m$ 형태의 해를 갖는다. $y = x^m$이 해가 된다고 가정하고 주어진 방정식에 대입하면

$$y^{(k)} = m(m-1)\cdots(m-k+1)x^{m-k}$$

이므로

$$x^n m(m-1)\cdots(m-n+1)x^{m-n} + a_1 x^{n-1} m(m-1)\cdots(m-n)x^{m-n+1} + \cdots + a_n x^m = 0$$

따라서

$$m(m-1)\cdots(m-n+1) + a_1 m(m-1)\cdots(m-n) + \cdots + a_n = 0$$

을 얻는다. 이 방정식을 **보조방정식(또는 특성방정식)**이라고 부른다.

(1) 만약 이 방정식이 서로 다른 n개의 실근 $\lambda_1, \cdots, \lambda_n$을 가지면 일반해는 다음

과 같다.

$$y=c_1x^{\lambda_1}+\cdots+c_nx^{\lambda_n}.$$

(2) 또 켤레복소수의 근 $m=\alpha\pm\beta i$를 가지면 해당되는 해는

$$c_1x^{\alpha-\beta i}+c_2x^{\alpha+\beta i}$$

가 되는데, 복소수 멱은

$$x^{\alpha+\beta i}=e^{(\alpha+\beta i)\ln x}=e^{\alpha\ln x}[\cos(\beta\ln x)+i\sin(\beta\ln x)]=x^{\alpha}[\cos(\beta\ln x)+i\sin(\beta\ln x)]$$

로 정의되므로 해당되는 실수함수 해는

$$x^{\alpha}[c_1\cos(\beta\ln x)+c_2\sin(\beta\ln x)]$$

이다.

(3) 한편 중근 $\lambda=\lambda_1=\lambda_2=d$를 가지면 우선 하나의 해는 $y=x^d$이고 다른 해는 매개변수변환법으로 찾을 수 있다. 즉, $y=ux^d$가 중근 d에 해당되는 오일러-코시방정식 $x^2y''+a_1xy'+a_2y=0$의 해가 된다고 가정하면

$$y'=u'x^d+udx^{d-1},\ y''=u''x^d+2u'dx^{d-1}+d(d-1)ux^{d-2}$$

이므로 위의 방정식에 대입하면

$$x^2(u''x^d+2u'dx^{d-1}+d(d-1)ux^{d-2})+a_1x(u'x^d+udx^{d-1})+a_2ux^d=0$$

을 얻는다. 정리하면

$$u''x^{d+2}+u'(2d+a_1)x^{d+1}+u(d(d-1)x^d+a_1dx^d+a_2x^d)=0$$

그런데 x^d이 해이므로 u를 포함하는 항은 0이 되어

$$u''x^{d+2}+u'(2d+a_1)x^{d+1}=0,\ 즉,\ u''x+u'(2d+a_1)=0$$

을 얻는다. 이 방정식은 $\dfrac{u''}{u'}+\dfrac{2d+a_1}{x}=0$으로 나타내면 변수분리형이므로 적분하여 해를 구하면 $\ln u'+(2d+a_1)\ln x=c_1$. 그런데 $m(m-1)+a_1m+a_2=(m-d)^2$이므로 m^1항의 계수를 비교하면 $-1+a_1=-2d$, 즉, $2d+a_1=1$이다. 따라서 $\ln u'+\ln x=c_1$, 즉, $u'=\dfrac{c}{x}$를 얻는다. 그러므로 $u=c\ln x$의 형태이다. 하나의 함수만 구하면 되므로 $u=\ln x$. 따라서 일차독립인 다른 해는 $x^d\ln x$이므로 일반해는

$$y = (c_1 + c_2 \ln x) x^d$$

가 된다.

예제 12

$x^2 y'' + xy' - 4y = 0$의 일반해를 구하여라.

풀이 $y = x^m$이 해라고 하면 $y' = mx^{m-1}$, $y'' = m(m-1)x^{m-2}$이므로 보조방정식은

$$x^m [m(m-1) + m - 4] = 0, \text{즉}, m^2 - 4 = 0.$$

그러므로 특성근은 $m = \pm 2$이다. 따라서 일반해는 $y = c_1 x^{-2} + c_2 x^2$.

<V> 2계미분방정식의 응용

[1] 단진동 문제

단진동 운동은 입자 또는 물체가 행하는 일차원적인 왕복 운동으로, 위치 변화를 시간의 사인 또는 코사인 함수로 나타낼 수 있는 움직임을 말한다.

따라서 이러한 운동은 주기적인 운동이 된다. 예를 들어, 용수철의 끝에 무게 W의 물체를 달고 정지상태의 위치(**평형위치**)에 있는 것을 당겼다 놓으면 평형위치를 중심으로 주기적인 진동운동을 한다.

늘어나거나 줄어든 용수철은 평형위치로 되돌아가려는 힘(**복원력**)을 갖는다. 이에 관하여 다음의 법칙이 성립한다.

■ **후크의 법칙** : 무게 W인 물체를 평형위치로 복원하려는 힘은 용수철의 변위에 비례한다.

용수철의 복원력을 F, 평형위치로부터 움직인 변위를 x, 비례상수(용수철상수)를 $k > 0$라고 하면 $|F| = k|x|$가 된다. 평형위치의 아래쪽에 있을 때 $x > 0$이라고 하면

- $x > 0$일 때, 힘은 위로 작용하므로 $F < 0$: $F = -kx \, (k > 0)$
- $x < 0$일 때, 힘은 아래로 작용하므로 $F > 0$: $F = k(-x) \, (k > 0)$.

따라서 변위 x에 관계없이 복원력은 $F = -kx \, (k > 0)$가 된다.

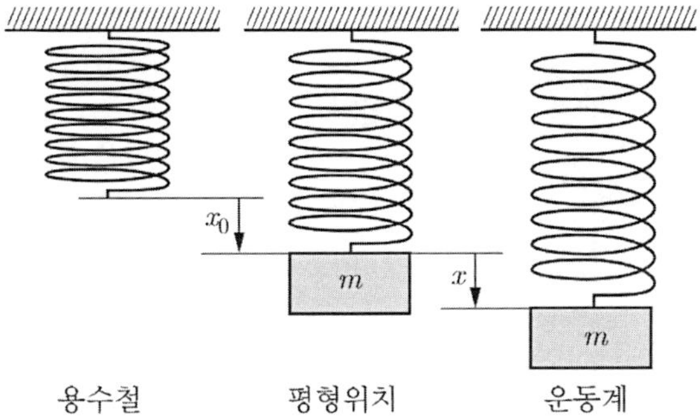

한편 뉴톤의 법칙에 의하여 '힘 = 질량 × 가속도'이므로

$$\frac{W}{g}\frac{d^2x}{dt^2} = -kx \quad (m = \frac{W}{g})$$

예제 13

어떤 용수철에 무게 140다인(g cm/sec^2)의 물체를 달았더니 5cm가 늘어났다. 이 물체를 평형위치에서 아래로 14cm 만큼 당겼다 놓을 때

(1) 이 운동을 나타내는 운동방정식을 구하여라.

(2) 이 운동의 주기 및 진동수를 구하여라.

풀이 (1) 무게는 $W = mg\,(g:$ 중력가속도$)$이고, 후크의 법칙에 의하여 $W = k \cdot x_0$. 그러므로 $140 = 5k$, 즉, $k = 28\,(gram/\mathrm{sec}^2)$이 된다. 뉴톤의 법칙에 의하여

$$\frac{W}{g}\frac{d^2x}{dt^2} = m\frac{d^2x}{dt^2} = -28x, \text{ 즉, } \frac{140}{980}\frac{d^2x}{dt^2} = -28x, \text{ 즉, } \frac{d^2x}{dt^2} + 196x = 0$$

초기조건은 $x(0) = 14,\ x'(0) = 0$이므로 다음의 초깃값문제를 얻는다.

$$\frac{d^2x}{dt^2} + 196x = 0,\ x(0) = 14,\ x'(0) = 0$$

특성방정식은 $\lambda^2 + 196 = 0$이므로 특성근은 $\lambda = \pm 14i$. 따라서 일반해는

$$x = A\cos 14t + B\sin 14t.$$

초기조건으로부터 $14 = x(0) = A,\ 0 = x'(0) = 14B$. 그러므로 $A = 14, B = 0$. 따라서 운동방정식은 $x = 14\cos 14t$가 된다.

(2) 운동의 주기는 $T = \frac{2\pi}{14} = \frac{\pi}{7}(\mathrm{sec}/cycle)$이며, '진동수 $= \frac{1}{\text{주기}}$'이므로 진동수는 $\frac{7}{\pi}(cycle/\mathrm{sec})$이다.

일반적으로, 공기의 저항을 무시할 때 단진동의 미분방정식은

$$m\frac{d^2x}{dt^2}=-kx\,(k>0)$$

이고, $k=m\omega^2$이라고 하면 $\frac{d^2x}{dt^2}+\omega^2x=0$이 되므로 일반해는

$$x=A\cos\omega t+B\sin\omega t$$

이 경우에 변위 x는 평형위치를 기준으로 한 것이며, 운동의 주기는 $\frac{2\pi}{\omega}$이고, 진동수는 $\frac{\omega}{2\pi}$이다.

예제 14

앞의 예제에서 물체가 속도 v에 비례하는 크기 $2v$의 저항을 받는다고 가정할 경우의 운동방정식을 구하고, 진동수와 진폭을 구하여라.

풀이 $v=\frac{dx}{dt}$이므로 진동의 미분방정식은

$$\frac{140}{980}\frac{d^2x}{dt^2}=-28x-2\frac{dx}{dt},\ \text{즉, } \frac{d^2x}{dt^2}+14\frac{dx}{dt}+196x=0$$

특성방정식은 $\lambda^2+14\lambda+196=0$, 특성근은 $\lambda=-7\pm\sqrt{49-196}=-7\pm7\sqrt{3}\,i$.
그러므로 일반해는

$$x=e^{-7t}(A\cos7\sqrt{3}\,t+B\sin7\sqrt{3}\,t)$$

초기조건 $x(0)=14$로부터 $14=x(0)=A$, 즉, $A=14$를 얻고, 도함수는

$$x'(t)=-7e^{-7t}(A\cos7\sqrt{3}\,t+B\sin7\sqrt{3}\,t)$$
$$+e^{-7t}(-7\sqrt{3}\,A\sin7\sqrt{3}\,t+7\sqrt{3}\,B\cos7\sqrt{3}\,t)$$

이므로 초기조건 $x'(0)=0$으로부터 $0=x'(0)=-7A+7\sqrt{3}\,B$를 얻는다. 그러므로

$$A=14,\ B=\frac{14\sqrt{3}}{3}.$$

따라서 구하는 해는

$$x=e^{-7t}\left(14\cos7\sqrt{3}\,t+\frac{14\sqrt{3}}{3}\sin7\sqrt{3}\right)$$

이다. 진동수는 $\frac{7\sqrt{3}}{2\pi}$(cycle/sec)이며 진폭 $\sqrt{14^2+\left(\frac{14\sqrt{3}}{3}\right)^2}\,e^{-7t}$은 t의 증가에 따라 0으로 감소하면서 수렴한다. ■

[2] 전기회로 문제

1.5절에서 살펴본 전기회로에 관한 기본적인 사항을 이용하여 좀 더 복잡한 전기회로의 문제를 생각하여보자.

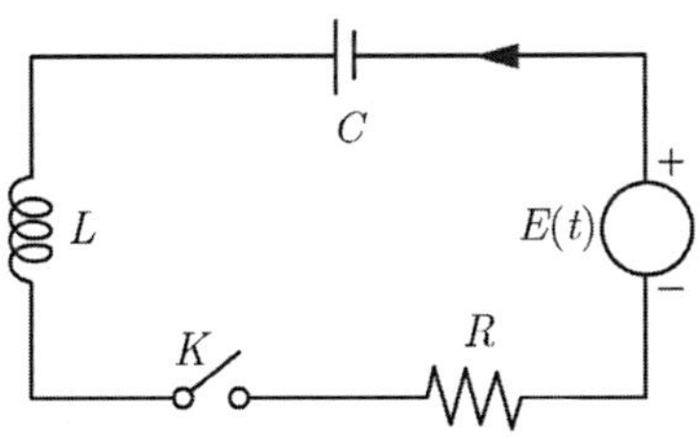

만약 RΩ의 저항과 L Henry의 코일 및 C Farad의 축전기가 직렬로 연결로 되어있고 E(t)의 기전력이 가해지면, 키르히호프의 전압법칙에 의하여 다음이 성립한다.

$$L\frac{di}{dt}+Ri+\frac{1}{C}q=E(t)\ \ (i\text{는 전류, } q\text{는 전하량})$$

그런데 $i=\dfrac{dq}{dt}$이므로 다음을 얻는다.

$$L\frac{d^2q}{dt}+R\frac{dq}{dt}+\frac{1}{C}q=E(t).$$

예제 15

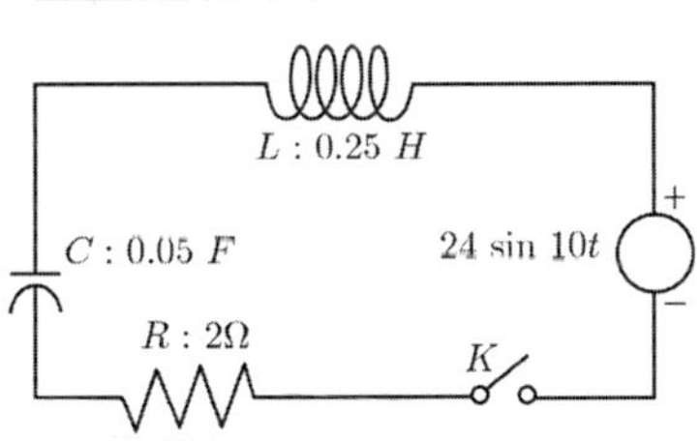

0.25 H의 인덕터, 2Ω의 저항, 0.05 Farad의 축전기가 교류전압 $24\sin 10t$에 직렬로 연결로 되어있다.

(1) 축전기의 순간전하에 대한 미분방정식을 구하여라.

(2) $t=0$인 순간에 스위치가 닫힐 때, 전하가 0이었다고 하고, 임의의 시간 t에서의 전하량과 전류를 구하여라.

풀이 (1) 키르히호프의 전압법칙에 의하여 다음을 얻는다.

$$0.25\frac{di}{dt}+2i+\frac{1}{0.05}q=24\sin 10t$$

그런데 $i=\dfrac{dq}{dt}$이므로

$$0.25\frac{d^2q}{dt}+2\frac{dq}{dt}+\frac{1}{0.05}q=24\sin 10t,\ \text{즉, } \frac{d^2q}{dt}+8\frac{dq}{dt}+80q=96\sin 10t$$

초기조건은 $q(0)=0,\ i(0)=q'(0)=0$이다.

(2) 특성근은 $\lambda^2+8\lambda+80=0$의 해 $\lambda=-4\pm 8i$이므로 제차방정식의 일반해(여함수)는

$$q_h=e^{-4t}(A\cos 8t+B\sin 8t)$$

특수해는 $q_p(t)=a\sin 10t+b\cos 10t$의 형태이다. 방정식에 대입하여 계수를 구하면 $a=-\dfrac{24}{85}$, $b=-\dfrac{96}{85}$를 얻는다. 그러므로 일반해는

$$q=e^{-4t}(A\cos 8t+B\sin 8t)-\frac{24}{85}\sin 10t-\frac{96}{85}\cos 10t$$

초기조건 $q(0)=0$에서 $A=\dfrac{96}{85}$를 얻고, $q'(0)=0$을 이용하여 $B=\dfrac{78}{85}$을 얻는다. 그러므로

$$q=\frac{1}{85}e^{-4t}(96\cos 8t+78\sin 8t)-\frac{24}{85}\sin 10t-\frac{96}{85}\cos 10t.$$

예제 16

자체유도계수 $0.1H$, 저항 $20\,\Omega$, 용량 $25\ \mu F$의 축전기로 이루어져 있는 직렬회로에 대하여

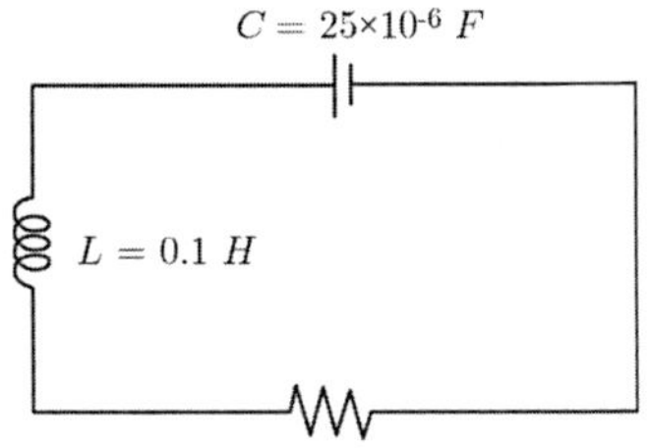

(1) $t=0$일 때, 초기조건 $q=0.05$ coulomb, $i=q'(0)=0$이 주어졌을 경우와

(2) $t=0$일 때, $q=0.05$ coulomb, $I=-0.2A$

일 경우의 각각에 대하여 전기량과 전류를 구하여라.

풀이 $L=0.1$, $R=20$, $C=25\times 10^{-6}$, $E(t)=0$이므로

$$0.1\frac{d^2q}{dt}+20\frac{dq}{dt}+\frac{1}{25\cdot 10^{-6}}q=0,\ \text{즉, }\frac{d^2q}{dt}+200\frac{dq}{dt}+400{,}000q=0.$$

특성근은 $\lambda=-100\pm 100\sqrt{39}\,i$이므로 일반해는

$$q(t)=e^{-100t}(A\cos 100\sqrt{39}\,t+B\sin 100\sqrt{39}\,t)$$

도함수는

$$i=q'(t)=100e^{-100t}[(\sqrt{39}B-A)\cos 100\sqrt{39}\,t-(\sqrt{39}A+B)\sin 100\sqrt{39}\,t]$$

(1) 초기조건 $q(0)=0.05$, $i(0)=0$에서 $A=0.05$, $B=\dfrac{0.05}{\sqrt{39}}$를 얻으므로

$$q(t)=e^{-100t}\left(0.05\cos 100\sqrt{39}\,t+\frac{0.05}{\sqrt{39}}\sin 100\sqrt{39}\,t\right)$$

$$i = q'(t) = -5e^{-100t}\left(\sqrt{39} + \frac{1}{\sqrt{39}}\right)\sin 100\sqrt{39}\,t$$

(2) 초기조건 $q(0) = 0.05,\ i(0) = -0.2$ 에서 $A = 0.05,\ B = \dfrac{0.048}{\sqrt{39}}$ 을 얻으므로

$$q(t) = e^{-100t}\left(0.05\cos 100\sqrt{39}\,t + \frac{0.048}{\sqrt{39}}\sin 100\sqrt{39}\,t\right)$$

$$i = q'(t) = e^{-100t}\left[-0.2\cos 100\sqrt{39}\,t - \left(5\sqrt{39} + \frac{4.8}{\sqrt{39}}\right)\sin 100\sqrt{39}\,t\right].$$

연습문제 (2.2)

1. 다음 미분방정식의 일반해를 구하여라.

(1) $y'' - 7y' + 12y = 0$ (2) $y'' - 2y' + 2y = 0$

(3) $y''' - 6y'' + 12y' - 8y = 0$ (4) $y^{(4)} - 2y''' - y'' + 2y' = 0$

(5) $y^{(4)} - 4y''' - 5y'' + 36y' - 36y = 0$ (6) $y^{(4)} + 4y''' + 8y'' + 8y' + 4y = 0$

2. 다음 미분방정식의 일반해를 구하여라.

(1) $x^3y''' - 3x^2y'' + 6xy' - 6y = 0$

(2) $x^3y''' + 2x^2y'' - 6xy' = 0$

3. 다음 미분방정식의 일반해를 구하여라.

(1) $y''' + 6y'' + 10y' = 0$

2) $y^{(4)} - y = 0$

4. x축을 따라서 움직이는 질량 m인 물체가 원점에서의 거리에 비례하는 힘으로 원점을 향하여 끌려지고 있다. $x = x_0$인 곳에 정지하고 있던 이 물체가 그 곳을 출발하였을 때의 운동방정식을 구하여라.

2.3 고계 비제차 상미분방정식

<I> 매개변수변화법

일반적인 n계 비제차 선형미분방정식의 일반해도 2계에서와 마찬가지로 다음의 정리를 이용하여 구할 수 있다.

정리 1 (비제차방정식의 일반해)

n계 비제차 선형미분방정식

$$y^{(n)}+p_1(x)y^{(n-1)}+\cdots+p_{n-1}(x)y'+p_n(x)y=r(x)$$

의 한 해를 $y_p(x)$, 그리고 이에 대응되는 제차방정식의 n개의 일차독립인 해를 $u_1(x),\cdots,u_n(x)$ 라고 하면 제차방정식의 일반해 $y_h(x)$(여함수)는

$$y_h(x)=c_1u_1(x)+c_2u_2(x)+\cdots+c_nu_n(x)$$

가 되고, 주어진 비제차 방정식의 일반해는 다음과 같다.

$$y=y_h(x)+y_p(x)=c_1u_1(x)+c_2u_2(x)+\cdots+c_nu_n(x)+y_p(x)\,.$$

증명 $y_h^{(k)}(x)=c_1u_1^{(k)}(x)+c_2u_2^{(k)}(x)+\cdots+c_nu_n^{(k)}(x)\,,\, y^{(k)}=y_h^{(k)}+y_p^{(k)}$, $k=1,2,\cdots,n$을 주어진 방정식의 왼쪽 식에 대입하면 미분공식에 의하여 $r(x)$를 얻으므로 증명된다.

위의 정리에 의하여 비제차미분방정식의 일반해는 여함수를 알고 있는 경우에 특수해를 구하는 문제로 귀착이 된다. 특수해를 구하는 **매개변수변화법**을 소개하기로 한다.

매개변수변화법 2계 비제차선형미분방정식 $y''+p(x)y'+q(x)y=r(x)$에 대하여 대응되는 제차미분방정식

$$y''+p(x)y'+q(x)y=0$$

의 두 개의 해를 y_1, y_2라고 하고 $W(y_1,y_2)\neq 0$이라고 하자. 그러면 중첩의 원리에 의하여 일차결합

$$y = c_1 y_1(x) + c_2 y_2(x)$$

도 제차 방정식의 해가 된다. 이제 상수 c_1, c_2자리를 함수로 바꾸어서

$$y_p = uy_1 + vy_2$$

가 주어진 비제차방정식의 해가 된다고 가정하자. 1계도함수는

$$y_p{}' = u'y_1 + uy_1{}' + v'y_2 + vy_2{}' = (u'y_1 + v'y_2) + uy_1{}' + vy_2{}'$$

이므로 식을 간단하게 하기 위하여 다음을 가정한다.

$$u'y_1 + v'y_2 = 0$$

그러면 $y_p{}' = uy_1{}' + vy_2{}'$이므로 2계도함수는

$$y_p{}'' = uy_1{}'' + vy_2{}'' + u'y_1{}' + v'y_2{}'$$

이 된다. 이상에서 구한 식을 비제차방정식에 대입하면 다음과 같다.

$$\begin{array}{r|l} +q(x) & y_p \;= uy_1 + vy_2 \\ +p(x) & y_p{}' = uy_1{}' + vy_2{}' \\ +1 \quad & y_p{}'' = uy_1{}'' + vy_2{}'' + u'y_1{}' + v'y_2{}' \\ \hline \end{array}$$

$$y_p{}'' + py_p{}' + qy_p = r(x) = u(y_1{}'' + py_1{}' + qy_1) + v(y_2{}'' + py_2{}' + qy_2) + u'y_1{}' + v'y_2{}'.$$

y_1, y_2는 제차방정식의 해이므로 위에서 가정한 식과 함께 다음의 연립방정식을 얻는다.

$$\begin{cases} u'y_1 + v'y_2 = 0 \\ u'y_1{}' + v'y_2{}' = r(x) \end{cases}$$

u', v'에 대한 2원1차연립방정식이므로 해는 다음과 같다.

$$u' = \frac{\begin{vmatrix} 0 & y_2 \\ r(x) & y_2{}' \end{vmatrix}}{\begin{vmatrix} y_1 & y_2 \\ y_1{}' & y_2{}' \end{vmatrix}} = \frac{-y_2 r(x)}{W(y_1, y_2)} \quad , \quad v' = \frac{\begin{vmatrix} y_1 & 0 \\ y_1{}' & r(x) \end{vmatrix}}{\begin{vmatrix} y_1 & y_2 \\ y_1{}' & y_2{}' \end{vmatrix}} = \frac{y_1 r(x)}{W(y_1, y_2)}$$

적분하여 u와 v를 구하면 특수해가 얻어진다. 여함수와 더하면 다음의 일반해를 얻는다.

$$y = c_1 y_1 + c_2 y_2 + y_1 \int \frac{-y_2 r}{W} dx + y_2 \int \frac{y_1 r}{W} dx$$

일반적으로, n계 선형미분방정식의 여함수를 $y_h = c_1y_1 + \cdots + c_ny_n$라고 하고, 이 함수들의 론스키행렬식이 $W(y_1, \cdots, y_n) \neq 0$ 을 만족한다고 하자. 이제 상수를 함수로 바꾸어서

$$y_p = u_1y_1 + u_2y_2 + \cdots + u_ny_n$$

이 주어진 비제차방정식의 해가 된다고 가정한다. 1계도함수는

$$y_p{}' = u_1{}'y_1 + u_1y_1{}' + \cdots + u_n{}'y_n + u_ny_n{}'$$

이므로 식을 간단하게 하기 위하여 u_i들의 미분을 포함하는 항에 대하여 다음을 가정한다.

$$u_1{}'y_1 + \cdots + u_n{}'y_n = 0$$

그러면 $y_p{}' = u_1y_1{}' + \cdots + u_ny_n{}'$ 이므로 2계도함수는

$$y_p{}'' = u_1{}'y_1{}' + u_1y_1{}'' + \cdots + u_n{}'y_n{}' + u_ny_n{}''$$

다시 u_i들의 미분을 포함하는 항에 대하여

$$u_1{}'y_1{}' + \cdots + u_n{}'y_n{}' = 0$$

이라고 가정한다. 이와 같은 과정을 되풀이하여 얻는 도함수들을 주어진 방정식에 대입하고 $y_1, \cdots, y_n$ 이 제차방정식의 해라는 사실을 이용하면 다음의 연립방정식을 얻는다.

$$\begin{cases} u_1{}'y_1 + \cdots + u_n{}'y_n = 0 \\ \cdots\cdots\cdots\cdots\cdots\cdots \\ u_1{}'y_1^{(n-2)} + \cdots + u_n{}'y_n^{(n-2)} = 0 \\ u_1{}'y_1^{(n-1)} + \cdots + u_n{}'y_n^{(n-1)} = r(x) \end{cases}$$

u_i의 도함수들에 대한 n원1차연립방정식이므로 해는 다음과 같다.

$$u_1{}' = \frac{W_1(y_1, \cdots, y_n)}{W(y_1, \cdots, y_n)}, \quad \cdots, \quad u_n{}' = \frac{W_n(y_1, \cdots, y_n)}{W(y_1, \cdots, y_n)}$$

여기서

$W_i(y_1, \cdots, y_n) = \begin{vmatrix} y_1 & \cdots & 0 & \cdots & y_n \\ \cdots & \cdots & \cdots & \cdots & \cdots \\ y_1^{(n-1)} & \cdots & r(x) & \cdots & y_n^{(n-1)} \end{vmatrix}$은 $W(y_1, \cdots, y_n) = \begin{vmatrix} y_1 & \cdots & y_n \\ \cdots & \cdots & \cdots \\ y_1^{(n-1)} & \cdots & y_n^{(n-1)} \end{vmatrix}$의 i열의 원소를 열벡터$(0\ 0 \cdots 0\ r(x))^T$로 바꾸어 놓은 것이다. 이 식들을 적분하면 u_i들

이 구해지므로 특수해가 얻어진다. 여함수와 더하면 다음의 일반해를 얻는다.

$$y = c_1 y_1 + \cdots + c_n y_n + y_1 \int \frac{W_1}{W} dx + \cdots + y_n \int \frac{W_n}{W} dx$$

예제 1

$y'' + y = 4\sec x$ 의 일반해를 구하여라.

풀이 특성근은 $\lambda = \pm i$ 이므로 여함수는 $y_h = c_1 \cos x + c_2 \sin x$. 매개변수변화법을 적용하기 위하여 특수해를 $y_p = u\cos x + v\sin x$ 라고 하면

$$y_p{}' = u'\cos x - u\sin x + v'\sin x + v\cos x$$

$u'\cos x + v'\sin x = 0$ 이라고 가정하면

$y_p{}'' = -u'\sin x - u\cos x + v'\cos x - v\sin x$ 이므로 주어진 방정식에 대입하면

$$\begin{array}{r|l|l} +1 & y_p = u\cos x + v\sin x & \\ +0 & y_p{}' = -u\sin x + v\cos x & \\ +1 & y_p{}'' = -u\cos x - v\sin x & -u'\sin x + v'\cos x \\ \hline \end{array}$$

$$4\sec x = 0 - u'\sin x + v'\cos x$$

그러므로 $u'\cos x + v'\sin x = 0$, $-u'\sin x + v'\cos x = \sec x$. Cramer공식에 의하여

$$u' = \frac{\begin{vmatrix} 0 & \sin x \\ 4\sec x & \cos x \end{vmatrix}}{\begin{vmatrix} \cos x & \sin x \\ -\sin x & \cos x \end{vmatrix}} = -4\frac{\sin x}{\cos x} \text{ , 즉, } u = 4\ln|\cos x|$$

$$v' = \frac{\begin{vmatrix} \cos x & 0 \\ -\sin x & 4\sec x \end{vmatrix}}{\begin{vmatrix} \cos x & \sin x \\ -\sin x & \cos x \end{vmatrix}} = 4 \text{ , 즉, } v = 4x$$

그러므로 일반해는 $y = c_1 \cos x + c_2 \sin x + 4\cos x \ln|\cos x| + 4x\sin x$.

예제 2

$y''' + y' = 2\sec x$ 의 일반해를 구하여라.

풀이 특성방정식은 $\lambda^3 + \lambda = \lambda(\lambda^2 + 1) = 0$, 특성근은 $\lambda = 0, \pm i$ 이므로 여함수는

$$y_h = c_1 + c_2 \cos x + c_3 \sin x.$$

매개변수변화법을 적용하기 위하여 특수해를 $y_p = u_1 + u_2 \cos x + u_3 \sin x$ 라고 하면

$$y_p{}' = u_1{}' + u_2{}'\cos x - u_2\sin x + u_3{}'\sin x + u_3\cos x.$$

$u_1{}' + u_2{}'\cos x + u_3{}'\sin x = 0$이라고 가정하면 $y_p{}' = -u_2\sin x + u_3\cos x$이므로

$$y_p{}'' = -u_2{}'\sin x - u_2\cos x + u_3{}'\cos x - u_3\sin x\,.$$

다시 $-u_2{}'\sin x + u_3{}'\cos x = 0$ 이라고 가정하면 $y_p{}'' = -u_2\cos x - u_3\sin x$이므로

$$y_p{}''' = -u_2{}'\cos x + u_2\sin x - u_3{}'\sin x - u_3\cos x\,.$$

그러므로 주어진 방정식에 대입하면

$$\begin{array}{r|l|l} +0 & y_p = u_1 + u_2\cos x + u_3\sin x & \\ +1 & y_p{}' = -u_2\sin x + u_3\cos x & \\ +0 & y_p{}'' = -u_2\cos x - u_3\sin x & \\ +1 & y_p{}''' = u_2\sin x - u_3\cos x & -u_2{}'\cos x - u_3{}'\sin x \\ \hline \end{array}$$
$$2\sec x = 0 - u_2{}'\cos x - u_3{}'\sin x\,.$$

그러므로 다음의 연립방정식을 얻는다.

$$\begin{cases} u_1{}' + u_2{}'\cos x + u_3{}'\sin x = 0 \\ \quad -u_2{}'\sin x + u_3{}'\cos x = 0 \\ \quad -u_2{}'\cos x - u_3{}'\sin x = 2\sec x \end{cases}.$$

Cramer공식에 의하여

$$u_1{}' = \frac{\begin{vmatrix} 0 & \cos x & \sin x \\ 0 & -\sin x & \cos x \\ 2\sec x & -\cos x & -\sin x \end{vmatrix}}{\begin{vmatrix} 1 & \cos x & \sin x \\ 0 & -\sin x & \cos x \\ 0 & -\cos x & -\sin x \end{vmatrix}} = 2\sec x \quad \text{, 즉, } u = 2\ln|\sec x + \tan x|$$

$$u_2{}' = \frac{\begin{vmatrix} 1 & 0 & \sin x \\ 0 & 0 & \cos x \\ 0 & 2\sec x & -\sin x \end{vmatrix}}{\begin{vmatrix} 1 & \cos x & \sin x \\ 0 & -\sin x & \cos x \\ 0 & -\cos x & -\sin x \end{vmatrix}} = -2 \quad \text{, 즉, } u_2 = -2x$$

$$u_3{}' = \frac{\begin{vmatrix} 1 & \cos x & 0 \\ 0 & -\sin x & 0 \\ 0 & -\cos x & 2\sec x \end{vmatrix}}{\begin{vmatrix} 1 & \cos x & \sin x \\ 0 & -\sin x & \cos x \\ 0 & -\cos x & -\sin x \end{vmatrix}} = -2\tan x \quad \text{, 즉, } u_3 = 2\ln|\cos x|.$$

그러므로 일반해는

$$y = c_1 + c_2\cos x + c_3\sin x + 2\ln|\sec x + \tan x| - 2x\cos x + 2\sin x\ln|\cos x|\,.$$

예제 3

$xy' - y = 5x$의 일반해를 구하여라.

풀이 (1) $xy' - y = 0$을 변수분리하면 $\frac{dy}{y} - \frac{dx}{x} = 0$이므로 적분하면 $\ln y - \ln x = \ln c$. 그러므로 $y_h = cx$. 매개변수변화법을 적용하기 위하여 $y_p = ux$가 해가된다고 하고 방정식에 대입하면

$$\begin{array}{r|l} -1 & y_p = ux \\ +x & y_p{}' = u'x + u \\ \hline \end{array}$$

$$xy_p{}' - y_p = u'x^2 + ux - ux = u'x^2 = 5x$$

즉, $u' = \frac{5}{x}$를 얻는다. 적분하면 $u = 5\ln x + c$. 임의의 상수를 0으로 선택하는 대신에 그대로 사용하면 일반해 $y = ux = (5\ln x + c)x = cx + 5x\ln x$를 얻는다.

매개변수변화법에서 다음의 예제와 같이 여함수의 일부만을 써서 해를 구할 수도 있다.

예제 4

$y'' - 2y' + y = e^x$의 일반해를 구하여라.

풀이 특성방정식은 $\lambda^2 - 2\lambda + 1 = 0$, 특성근은 $\lambda = 1$(중근)이므로 여함수는

$$y_h = (c_1 + c_2 x)e^x.$$

이 경우에 특수해를 $y_p = ue^x + vxe^x$로 선택하는 것보다 $y_p = ue^x$로 선택하는 것이 간편하다. 그러면

$$\begin{array}{r|l} +1 & y_p = ue^x \\ -2 & y_p{}' = u'e^x + ue^x \\ +1 & y_p{}'' = u''e^x + 2u'e^x + ue^x \\ \hline \end{array}$$

$$y_p{}'' - 2y_p{}' + y_p = u''e^x = e^x$$

이므로 $u'' = 1$, 즉, $u' = x + c_2$, 즉, $u = \frac{1}{2}x^2 + c_2 x + c_1$이 된다. 따라서 일반해는

$$y = ue^x = (\frac{1}{2}x^2 + c_2 x + c_1)e^x = (c_1 + c_2 x)e^x + \frac{1}{2}x^2 e^x.$$

<II> 미정계수법

기본형 상수계수의 비제차미분방정식

$$y^{(n)} + a_1 y^{(n-1)} + \cdots + a_{n-1} y' + a_n y = r(x)$$

는 비제차항 $r(x)$가 다음의 표와 같은 형태가 되면 특수해의 형태를 표의 오른쪽에 있는 일반적인 형태로 선택하여 계수를 구함으로써 특수해를 구할 수 있다. 이러한 방법을 **미정계수법**이라고 부른다.

특수해의 기본형(제차방정식의 해가 되지 않을 때)	
r(x)의 형태	y_p의 형태 (기본형)
$ke^{\alpha x}$	$Ae^{\alpha x}$
kx^n	$A_0 x^n + A_1 x^{n-1} + \cdots + A_{n-1} x + A_n$
$k\cos\alpha x$	$A\cos\alpha x + B\sin\alpha x$
$k\sin\alpha x$	$A\cos\alpha x + B\sin\alpha x$
$ke^{\alpha x}\cos\beta x$	$e^{\alpha x}(A\cos\beta x + B\sin\beta x)$
$ke^{\alpha x}\sin\beta x$	$e^{\alpha x}(A\cos\beta x + B\sin\beta x)$

특수해 y_p의 기본형은 비제차항 $r(x)$에 대하여 $r(x)$와 $r(x)$의 **모든 계의 도함수를 일차결합한 형태**이다. 따라서 위에 주어진 함수들이 곱해진 형태의 $r(x)$가 주어지면 해당되는 기본형을 곱하면 된다.

예를 들어, $r(x) = x^2 e^x \cos 2x$라고 하면 이 함수의 도함수들은

$$x^2 e^x \cos 2x,\ xe^x \cos 2x,\ e^x \cos 2x,\ x^2 e^x \sin 2x\ ,\ xe^x \sin 2x,\ e^x \sin 2x$$

의 일차결합의 형태가 된다. 따라서 특수해는 다음의 형태로 선택하면 된다.

$$y_p = e^x [(Ax^2 + Bx + C)\cos 2x + (Dx^2 + Ex + F)\sin 2x]$$

수정형 비제차항이 주어진 제차방정식의 해가 될 때에는 기본형으로 선택하여 방정식에 대입하면 0이 되므로 계수를 구할 수가 없다. 이 경우에는 다음의 표와 같은 방법으로 x^m을 곱하여 수정을 하여야 한다.

특수해의 수정형(제차방정식의 해가 될 때)		
$r(x)$의 형태	y_p의 형태(수정형)	
$ke^{\alpha x}$	α가 특성방정식의 m중근	$Ax^m e^{\alpha x}$
kx^n	0이 특성방정식의 m중근	$x^m(A_0x^n + A_1x^{n-1} + \cdots + A_{n-1}x + A_n)$
$k\cos\alpha x$	αi가 특성방정식의 m중근	$x^m(A\cos\alpha x + B\sin\alpha x)$
$k\sin\alpha x$	αi가 특성방정식의 m중근	$x^m(A\cos\alpha x + B\sin\alpha x)$
$ke^{\alpha x}\cos\beta x$	$\alpha+\beta i$가 특성방정식의 m중근	$x^m e^{\alpha x}(A\cos\beta x + B\sin\beta x)$
$ke^{\alpha x}\sin\beta x$	$\alpha+\beta i$가 특성방정식의 m중근	$x^m e^{\alpha x}(A\cos\beta x + B\sin\beta x)$

수정근거 위의 표에 있는 $r(x)$의 함수들은 kx^n을 제외하고는 모두 $r(x)=e^{(\alpha\pm\beta i)x}$의 지수함수의 일차결합으로 표현될 수 있는 함수들이다. 그리고 $r(x)=e^{(\alpha\pm\beta i)x}$가 제차방정식의 해가 될 필요충분조건은 $\alpha\pm\beta i$가 특성근이 되는 것이다. 따라서 이 경우에 특수해는 지수 $\alpha\pm\beta i$의 중복도에 따라 위의 표와 같이 수정하여야 한다는 것을 알 수 있다.

한편 $r(x)=1, x, x^2, \cdots, x^n$의 형태의 다항함수가 제차방정식의 해가 되기 위해서는 특성근이 $\alpha\pm\beta i=0$을 포함하여야 한다. 따라서 $r(x)=1, x, x^2, \cdots, x^n$에 대응되는 특성근(지수)은 0이다. 그런데 특성근 0이 m중근이 되면, 함수 $1, x, x^2, \cdots, x^{m-1}$은 모두 제차방정식의 해가 된다. 따라서 $r(x)=kx^n$인 경우에 특수해 y_p는 m차 이상의 다항함수를 포함하여야 한다. 그런데 0이 특성근이 아닌 경우에 기본형이 $A_0x^n + A_1x^{n-1} + \cdots + A_{n-1}x + A_n$이 되므로 0이 특성근이 되면 e^{0x}의 지수 0의 중복도에 따라 표와 같이 수정하면 된다.

만약 $r(x)$가 위의 형태의 함수들의 몇 개의 합으로 되어있으면 각 항에 대하여 위의 법칙을 적용하면 된다.

예제 6

다음 미분방정식의 특수해를 미정계수법으로 구하여라.

(1) $y'' + 6y = 12x^2 - 2$　　　(2) $y'' - 2y' + y = e^x$

풀이 (1) $r(x) = 12x^2 - 6$의 도함수들은 x^2, x와 상수들의 일차결합이므로 특수해는 $y_p = Ax^2 + Bx + C$로 선택한다. 방정식에 대입하면

$$\begin{array}{r|l} +6 & y_p = Ax^2 + Bx + C \\ +0 & y_p{}' = 2Ax + B \\ +1 & y_p{}'' = 2A \\ \hline \end{array}$$

$$y_p{}'' + 6y_p = 6Ax^2 + 6Bx + 6C + 2A = 12x^2 - 1.$$

양변의 계수를 비교하면 연립방정식 $6A = 12$, $6B = 0$, $6C + 2A = -2$를 얻는다. 해를 구하면 $A = 2$, $B = 0$, $C = -1$이 된다. 그러므로 $y_p = 2x^2 - 1$이다.

(2) 특성방정식 $\lambda^2 - 2\lambda + 1 = 0$의 특성근은 $\lambda = 1$(중근)이므로 비제차항의 지수 1이 특성방정식의 2중근과 같다. 그러므로 특수해의 형태는 $y_p = Ax^2e^x$이다. 방정식에 대입하면

$$\begin{array}{r|l} +1 & y_p = Ax^2e^x \\ -2 & y_p{}' = 2Axe^x + Ax^2e^x \\ +1 & y_p{}'' = 2Ae^x + 4Axe^x + Ax^2e^x \\ \hline \end{array}$$

$$y_p{}'' - 2y_p{}' + y_p = 2Ae^x = e^x$$

이므로 계수를 비교하여 $A = \dfrac{1}{2}$을 얻는다. 그러므로 특수해는 $y_p = \dfrac{1}{2}x^2e^x$이다.

예제 5

$y'' + y' = 6x^2 + 5e^{-x}$의 특수해를 구하여라.

풀이 (1) 특성방정식이 $\lambda^2 + \lambda = \lambda(\lambda + 1) = 0$이므로 특성근은 $\lambda = 0, -1$이다. $3x^2$에 해당되는 지수 0이 특성방정식의 단근이 되고, 또한 e^{-x}에 해당되는 지수-1이 특성방정식의 단근이 되므로 특수해는 $y_p = x(Ax^2 + Bx + C) + Dxe^{-x}$의 형태이다. 방정식에 대입하면

$$\begin{array}{r|l} +0 & y_p = Ax^3 + Bx^2 + Cx + Dxe^{-x} \\ +1 & y_p{}' = 3Ax^2 + 2Bx + C + De^{-x} - Dxe^{-x} \\ +1 & y_p{}'' = 6Ax + 2B - 2De^{-x} + Dxe^{-x} \\ \hline \end{array}$$

$$y_p{}'' + y_p{}' = 3Ax^2 + (2B + 6A)x + (C + 2B) - De^{-x} = 6x^2 + 5e^{-x}$$

양변의 계수를 비교하면 연립방정식 $3A=6,\ 2B+6A=0,\ C+2B=0,\ -D=5$를 얻으므로 해를 구하면 $A=2,\ B=-6,\ C=12,\ D=-5$가 된다. 그러므로 특수해는 다음과 같다.

$$y_p = 2x^3 - 6x^2 + 12x - 5xe^{-x}.$$

예제 7

$y'' - 6y' + 9y = 6e^{3x}$의 특수해를 구하여라.

풀이 (1) 특성방정식 $\lambda^2 - 6\lambda + 9 = (\lambda - 3)^2 = 0$의 특성근은 $\lambda = 3$(중근)이다. $6e^{3x}$에 해당되는 지수 3이 특성방정식의 2중근이 되므로 특수해는 $y_p = Ax^2e^{3x}$의 형태이다. 방정식에 대입하면

$$\begin{array}{r|l} +9 & y_p = Ax^2e^{3x} \\ -6 & y_p' = 2Axe^{3x} + 3Ax^2e^{3x} \\ +1 & y_p'' = 2Ae^{3x} + 12Axe^{3x} + 9Ax^2e^{3x} \\ \hline \end{array}$$

$$y_p'' - 6y_p' + 9y_p = 2Ae^{3x} = 6e^{3x}$$

양변의 계수를 비교하면 $2A = 6$, 즉, $A = 3$을 얻으므로 특수해는 $y_p = 3x^2e^{3x}$이다.

예제 8

$y'' + 4y = 8\sin 2x$의 특수해를 구하여라.

풀이 (1) 특성방정식 $\lambda^2 + 4 = 0$의 특성근은 $\lambda = \pm 2i$이다. 비제차항 $8\sin 2x$에 해당하는 지수 $2i$가 특성방정식의 단근이 되므로 특수해는 $y_p = x(A\cos 2x + B\sin 2x)$의 형태이다. 방정식에 대입하면

$$\begin{array}{r|l} +4 & y_p = x(A\cos 2x + B\sin 2x) \\ +0 & y_p' = A\cos 2x + B\sin 2x + x(-2A\sin 2x + 2B\cos 2x) \\ +1 & y_p'' = -2A\sin 2x + 2B\cos 2x + x(-4A\cos 2x - 4B\sin 2x) \\ \hline \end{array}$$

$$y_p'' + 4y_p = -2A\sin 2x + 2B\cos 2x = 8\sin 2x$$

양변의 계수를 비교하면 $-2A = 8,\ 2B = 0$, 즉, $A = -4,\ B = 0$을 얻으므로 특수해는 $y_p = -4x\cos 2x$ 이다.

연습문제 (2.3)

1. $xy' - 2y = 3x$의 일반해를 구하여라.

2. $x^2y'' - xy' + y = x^3$의 일반해를 구하여라.

3. $y'' - \frac{1}{x}y' + \frac{1}{x^2}y = x^2$의 일반해를 구하여라.

4. 다음 미분방정식의 일반해를 구하여라.

(1) $y'' - 5y' + 4y = x^2 + x + 1$

(2) $y'' - 3y' + 2y = 9e^{4x}$

5. 매개변수변화법으로 다음 미분방정식의 특수해를 구하여라.

(1) $y'' - 2y' + y = e^x$

(2) $y'' + 4y = \sin 2x$

6. 상수계수의 선형미분방정식의 비제차항 $r(x)$와 그에 대응되는 특성근의 중복도가 다음과 같이 주어졌을 때, 특수해 y_p의 형태를 구하여라.

(1) $3e^x$, 2중근

(2) $x + 1$, 3중근

(3) $\sin 3x$, 2중근

(4) $e^x \sin(3x)$, 2중근

(5) $x^2 + \cos 2x$, 3중근

(6) $3e^x - e^{2x}\sin(2x)$, 2중근

7. 미정계수법으로 다음 미분방정식의 특수해를 구하여라.

(1) $y'' - y' - 2y = 4x$

(2) $y'' - 3y' + 2y = e^x$

2.4 미분연산자

<I> 미분연산자

미분기호 $\frac{d}{dx}$를 간단히 D로 나타내면 함수 $y=f(x)$의 도함수는

$$\frac{dy}{dx}=\frac{d}{dx}y=Dy$$

이다. 이 때 D는 임의의 미분가능한 함수 y에 대하여 또 하나의 함수인 도함수 y'을 대응시키는 함수가 된다. 이러한 함수 D를 **미분연산자**라고 한다.

미분연산자 D는 함수이므로 합성함수를 $D\circ D=D^2$으로 나타내면 2계도함수는

$$\frac{d^2y}{dx^2}=\frac{d}{dx}\left(\frac{dy}{dx}\right)=D(Dy)=D^2y$$

와 같이 나타낼 수 있다. 일반적으로, n계도함수는

$$\frac{d^ny}{dx^n}=D^ny \quad (n=1,2,3,\cdots)$$

로 표시한다. 예를 들어, 미분방정식 $y''+a(x)y'+b(x)y=0$을 미분연산자 기호를 이용하여 나타내면

$$\begin{aligned} y''+ay'+by &= D^2y+aDy+by \\ &= (D^2+aD+b)y=0 \end{aligned}$$

이 된다.

만약 계수 a,b가 상수이면 미분연산자 $L=D^2+aD+b$는 다음과 같은 성질을 갖는다.

선형성 $L(y_1+y_2)=(D^2+aD+b)(y_1+y_2)$

$$\begin{aligned} &= D^2(y_1+y_2)+aD(y_1+y_2)+b(y_1+y_2) \\ &= (y_1+y_2)''+a(y_1+y_2)'+b(y_1+y_2) \end{aligned}$$

$$\begin{aligned}
&= y_1'' + y_2'' + ay_1' + ay_2' + by_1 + by_2 \\
&= (y_1'' + ay_1' + by_1) + (y_2'' + ay_2' + by_2) \\
&= (D^2 y_1 + aDy_1 + by_1) + (D^2 y_2 + aDy_2 + by_2) \\
&= (D^2 + aD + b)y_1 + (D^2 + aD + b)y_2 \\
&= L(y_1) + L(y_2).
\end{aligned}$$

$$\begin{aligned}
L(cy) &= (D^2 + aD + b)(cy) = D^2(cy) + aD(cy) + b(cy) \\
&= (cy)'' + a(cy)' + bcy = cy'' + acy' + bcy \\
&= c(y'' + ay' + by) = cL(y).
\end{aligned}$$

인수분해 미분연산자 $L = D^2 + aD + b$에 대하여 a, b가 상수이고 D를 미지수로 볼 때

$$D^2 + aD + b = (D - \alpha)(D - \beta)$$

와 같이 인수분해가 된다고 가정하자. 그러면 근과 계수와의 관계에 의하여 $a = -(\alpha + \beta)$, $b = \alpha\beta$이다. 이제 $(D - \alpha)(D - \beta)$를 두 연산자 $D - \alpha$와 $D - \beta$의 합성으로 간주하면 다음이 성립한다.

$$(D^2 + aD + b)y = [(D - \alpha)(D - \beta)]y, \ (y\text{는 임의의 두 번 미분 가능한 함수})$$

이 식은 다음과 같이 증명된다.

$$\begin{aligned}
[(D - \alpha)(D - \beta)]y &= (D - \alpha)[(D - \beta)y] = (D - \alpha)(y' - \beta y) \\
&= (y' - \beta y)' - \alpha(y' - \beta y) = y'' - \beta y' - \alpha y' + \alpha\beta y \\
&= y'' - (\alpha + \beta)y' + \alpha\beta y = [D^2 - (\alpha + \beta)D + \alpha\beta]y \\
&= [D^2 + aD + b]y
\end{aligned}$$

일반적으로 상수계수의 다항식 $f(t) = a_0 t^n + a_1 t^{n-1} + \cdots + a_{n-1}t + a_n$에 대하여 t를 D로 치환한

$$f(D) = a_0 D^n + a_1 D^{n-1} + \cdots + a_{n-1}D + a_n$$

을 **상수계수의 n계 미분연산자**라고 부른다. 이러한 일반적인 연산자 $f(D)$에 대해서도 선형성과 인수분해가능성은 성립하며, 다음의 성질을 만족한다. 자세한 증명은 생략하기로 한다.

상수계수의 미분연산자의 성질	
$D^n(u+v)=D^n u+D^n v$	(선형성)
$D^n(cu)=cD^n u$	(선형성)
$D^m(D^n u)=D^{m+n}u$	(지수)
$f(D)g(D)=g(D)f(D)$	(교환)

한편 미분연산자의 계수가 상수가 아닐 때에는 $xDy=xy'\neq y+xy'=Dxy$이므로 일반적으로 인수분해가능성이 성립하지 않는다.

예제 1

다음 식을 도함수를 써서 나타내어라.

(1) $(D+5)y$ (2) $(D^2-3D-4)y$

(3) $(D-1)(D-2)y$ (4) $(D^3\circ D^5)y$

풀이 (1) $(D+5)y=Dy+5y=y'+5y$

(2) $(D^2-3D-4)y=D^2y-3Dy-4y=y''-3y'-4y$

(3) $(D-1)(D-2)y=(D-1)(Dy-2y)=(D-1)(y'-2y)=D(y'-2y)-y'-2y$
$=(y'-2y)'-y'-2y=y''-2y'-y'-2y=y''-3y'+2y.$

(4) $(D^3\circ D^5)y=D^8y=y^{(8)}$

예제 2

$(D+1)(D+2)y=0$의 일반해를 구하여라.

풀이 $(D+1)(D+2)y=(D^2+3D+2)y=y''+3y'+2y=0$이므로 특성방정식은

$$\lambda^2+3\lambda+2=(\lambda+1)(\lambda+2)=0$$

이 된다. 그러므로 특성근은 $\lambda=-1,\ -2$. 따라서 일반해는 $y=c_1e^{-x}+c_2e^{-2x}$이다.

이 예제에서 알 수 있듯이 $(D+1)(D+2)y=0$의 특성방정식은 연산자 $(D+1)(D+2)$에서 D를 λ로 교환한 다음에 방정식으로 나타낸 것과 같다.

특성방정식 일반적으로 $f(D)y=0$의 특성방정식은 $f(\lambda)=0$이 된다. 그런데 λ는 미지수의 역할만 하므로 $f(D)=0$으로 나타내고 이것을 특성방정식으로 간주하여도 무방하다. 즉,

$$f(D)y=0\text{의 특성방정식 : } f(\lambda)=0 \text{ 또는 } f(D)=0$$

예제 3

$y''+2y'-3y=0$의 일반해를 구하여라.

풀이 $y''+2y'-3y=(D^2+2D-3)y=(D+3)(D-1)y=0$이므로 특성방정식은

$$(D+3)(D-1)=0.$$

특성근은 $D=-3, 1$이므로 일반해는 $y=c_1e^{-3x}+c_2e^{x}$.

<II> 역연산자

[1] 역연산자의 의미

(1) $Dy=r(x)$의 특수해 y_p를 $y_p=\frac{1}{D}r(x)$로 나타내고

(2) $(D-a)y=r(x)$의 특수해 y_p를 $y_p=\frac{1}{D-a}r(x)$로 나타낸다.

(1)에 있는 방정식은 변수분리형이므로 특수해는 $y_p=\frac{1}{D}r(x)=\int r(x)dx$.

(2)에 있는 방정식은 1계선형미방이므로 특수해는 $y_p=\frac{1}{D-a}r(x)=e^{ax}\int r(x)e^{-ax}dx$.

이 때 $\frac{1}{D}$, $\frac{1}{D-a}$과 같은 연산자를 **역미분연산자**라고 부른다.

일반적으로 $f(D)y=r(x)$의 특수해 y_p는

$$y_p=\frac{1}{f(D)}r(x)$$

로 나타내며, $\frac{1}{f(D)}$은 **역미분연산자**이다.

예제 4

$(D-3)(D+2)y=12e^x$의 일반해를 구하여라.

풀이 특성방정식이 $(D-3)(D+2)=0$이므로 특성근은 $D=3,-2$. 그러므로 여함수는 $y_h=c_1e^{3x}+c_2e^{-2x}$이다. 특수해를 구하기 위하여 역연산자를 이용하면

$$(D-3)(D+2)y_p=(D-3)[(D+2)y_p]=12e^x$$

$$(D+2)y_p=\frac{12}{D-3}e^x=12e^{3x}\int e^xe^{-3x}dx$$

$$=12e^{3x}\int e^{-2x}dx\ =12e^{3x}\left(-\frac{1}{2}e^{-2x}\right)=-6e^x$$

$$y_p=\frac{1}{D+2}(-6e^x)=e^{-2x}\int(-6e^x)e^{2x}dx$$

$$=-6e^{-2x}\int e^{3x}dx=-6e^{-2x}\left(\frac{1}{3}e^{3x}\right)=-2e^x.$$

그러므로 일반해는 $y=c_1e^{3x}+c_2e^{-2x}-2e^x$.

【유의사항】 $f(D)y=r(x)$이면 $y_p=\frac{1}{f(D)}r(x)$이고,

$f(D)\left[\frac{1}{f(D)}r(x)\right]=f(D)y_p=r(x)$ 이므로

$$f(D)\frac{1}{f(D)}=1$$

이 성립하지만, $\frac{1}{f(D)}f(D)s(x)$는 $f(D)y=f(D)s(x)$의 특수해이므로 일반적으로는

$$\frac{1}{f(D)}f(D)\neq 1$$

임에 유의해야한다.

[2] 역 연산자의 부분분수분해

상수계수 미분연산자 $f(D)=(D-a)(D-b)$에 대하여, $\frac{1}{f(D)}$을 분수식으로 보고

부분분수로 분해하여

$$\frac{1}{f(D)}=\frac{1}{(D-a)(D-b)}=\frac{1}{b-a}\left(\frac{1}{D-b}-\frac{1}{D-a}\right)$$

로 나타내면, $S(x)=\frac{1}{b-a}\left(\frac{1}{D-b}r(x)-\frac{1}{D-a}r(x)\right)$를 만족하는 함수 $S(x)$에 대하여

$$\begin{aligned}
f(D)S(x) &= (D-a)(D-b)\frac{1}{b-a}\left(\frac{1}{D-b}r(x)-\frac{1}{D-a}r(x)\right)\\
&= \frac{1}{b-a}\left\{(D-a)(D-b)\frac{1}{D-b}-(D-a)(D-b)\frac{1}{D-a}\right\}r(x)\\
&= \frac{1}{b-a}\left\{(D-a)1-(D-b)(D-a)\frac{1}{D-a}\right\}r(x)\\
&= \frac{1}{b-a}[(D-a)1-(D-b)1]r(x)\\
&= \frac{1}{b-a}(D1-a-D1+b)r(x)=1r(x)=r(x)
\end{aligned}$$

가 성립한다. 따라서 $S(x)=\frac{1}{f(D)}r(x)$가 성립하므로, 특수해 $y_p=\frac{1}{f(D)}r(x)$를 계산할 때 위와 같이 부분분수로 분해하여 해를 구할 수 있다.

예제 5

$(D-3)(D+2)y=12e^x$의 특수해를 역연산자의 부분분수분해를 이용하여 구하여라.

풀이 $\frac{1}{(D-3)(D+2)}=\frac{1}{5}\left(\frac{1}{D-3}-\frac{1}{D+2}\right)$로 분해되므로

$$\begin{aligned}
y_p &= \frac{1}{(D-3)(D+2)}(12e^x)=\frac{12}{5}\left[\frac{1}{D-3}e^x-\frac{1}{D+2}e^x\right]\\
&= \frac{12}{5}\left[e^{3x}\int e^x e^{-3x}dx-e^{-2x}\int e^x e^{2x}dx\right]\\
&= \frac{12}{5}\left[e^{3x}\int e^{-2x}dx-e^{-2x}\int e^{3x}dx\right]\\
&= \frac{12}{5}\left[e^{3x}\left(-\frac{1}{2}\right)e^{-2x}-e^{-2x}\frac{1}{3}e^{3x}\right]\\
&=-2e^x.
\end{aligned}$$

<III> 역연산자의 간편산

[1] $f(D)y=x^n$ 의 특수해

$$y_p=\frac{1}{f(D)}x^n$$

에서 $\frac{1}{f(D)}=a_0+a_1D+a_2D^2+\cdots+a_nD^n+\cdots$ 과 같이 전개된다면

$$\begin{aligned}\frac{1}{f(D)}x^n &= (a_0+a_1D+a_2D^2+\cdots+a_nD^n+\cdots)x^n\\ &=(a_0+a_1D+a_2D^2+\cdots+a_nD^n)x^n\\ &=a_0x^n+a_1nx^{n-1}+a_2n(n-1)x^{n-2}+\cdots+a_n n!\end{aligned}$$

예제 6

$(D-a)y=x^4$ (단, $a\neq 0$)의 특수해를 구하여라.

풀이 $y_p=\frac{1}{D-a}x^4=\frac{1}{-a\left(1-\frac{D}{a}\right)x^4}$

$$=-\frac{1}{a}\left[1+\frac{D}{a}+\left(\frac{D}{a}\right)^2+\cdots+\left(\frac{D}{a}\right)^n+\cdots\right]x^4$$

$$=-\frac{1}{a}\left(x^4+\frac{4}{a}x^3+\frac{12x^2}{a^2}+\frac{24x}{a^3}+\frac{24}{a^4}\right).$$

[2] $f(D)y=e^{ax}$ 의 특수해

지수함수 e^{ax} 의 도함수는 $De^{ax}=ae^{ax}$, $D^2e^{ax}=a^2e^{ax}$, $\cdots$, $D^ne^{ax}=a^ne^{ax}$, $\cdots$ 이므로

$$f(D)e^{ax}=f(a)e^{ax}.$$

만약 $f(a)\neq 0$이면 양변을 $f(a)$로 나누어 $f(D)\frac{1}{f(a)}e^{ax}=e^{ax}$를 얻는다. 그러므로

$$\frac{1}{f(D)}e^{ax}=\frac{1}{f(a)}e^{ax}$$

예제 7

$(D^2-2D+5)y=3e^{2x}$의 특수해를 구하여라.

풀이 $y_p=\dfrac{3}{D^2-2D+5}e^{2x}=\dfrac{3}{2^2-2\cdot 2+5}e^{2x}=\dfrac{3}{5}e^{2x}.$

[3] $f(D)y=e^{ax}V(x)$ 의 특수해

비제차항 $e^{ax}V(x)$의 도함수는

$$D(e^{ax}V)=e^{ax}DV+ae^{ax}V=e^{ax}(D+a)V$$

$$D^2(e^{ax}V)=D[e^{ax}\{(D+a)V\}]=e^{ax}[(D+a)\{(D+a)V\}]=e^{ax}(D+a)^2V$$

$$D^3(e^{ax}V)=e^{ax}(D+a)^3V,\ \cdots,\ D^n(e^{ax}V)=e^{ax}(D+a)^nV.$$

그러므로 $f(D)$가 연산자 다항식일 때

$$f(D)[e^{ax}V]=e^{ax}f(D+a)V$$

$f(D+a)V=Z$로 놓으면 $V=\dfrac{1}{f(D+a)}Z$이므로

$$f(D)e^{ax}\frac{1}{f(D+a)}Z=e^{ax}Z\ ,\ \text{즉},\ \frac{1}{f(D)}e^{ax}Z=e^{ax}\frac{1}{f(D+a)}Z$$

Z를 V로 바꾸면 다음의 공식을 얻는다.

$$\frac{1}{f(D)}e^{ax}V=e^{ax}\frac{1}{f(D+a)}V$$

이 공식은 $\dfrac{1}{f(D+a)}V$를 쉽게 구할 수 있을 경우에 유용하다.

예제 8

$(D^2-3D+2)y=8x^2e^{3x}$의 일반해를 구하여라.

풀이 특성방정식이 $D^2-3D+2=(D-1)(D-2)=0$이므로 특성근은 $D=1,2$. 따라서 여함수는 $y_h=c_1e^x+c_2e^{2x}$이다. 특수해는

$$
\begin{aligned}
y_p &= \frac{1}{D^2-3D+2}(8x^2e^{3x}) = 8e^{3x}\frac{1}{(D+3)^2-3(D+3)+2}x^2 \\
&= 8e^{3x}\frac{1}{D^2+3D+2}x^2 = 8e^{3x}\frac{1}{2\left(1+\frac{3}{2}D+\frac{1}{2}D^2\right)}x^2 \\
&= 4e^{3x}\left[1-\left(\frac{3}{2}D+\frac{1}{2}D^2\right)+\left(\frac{3}{2}D+\frac{1}{2}D^2\right)^2-\left(\frac{3}{2}D+\frac{1}{2}D^2\right)^3+\cdots\right]x^2 \\
&= 4e^{3x}\left[1-\left(\frac{3}{2}D+\frac{1}{2}D^2\right)+\left(\frac{3}{2}D+\frac{1}{2}D^2\right)^2\right]x^2 \\
&= 4e^{3x}\left(1-\frac{3}{2}D+\frac{7}{4}D^2\right)x^2 \\
&= 4e^{3x}\left(x^2-3x+\frac{7}{2}\right).
\end{aligned}
$$

그러므로 일반해는 $y = c_1e^x + c_2e^{2x} + 4\left(x^2-3x+\frac{7}{2}\right)e^{3x}$.

예제 9

$(D^2-4D+3)y = e^{3x}$의 특수해를 구하여라.

풀이 $(D-1)(D-3)y_p = e^{3x}$에서 $(D-3)y_p = \frac{1}{D-1}e^{3x} = \frac{1}{3-1}e^{3x} = \frac{1}{2}e^{3x}$.

그러므로

$$y_p = \frac{1/2}{D-3}e^{3x} = \frac{1}{2}e^{3x}\frac{1}{(D+3)-3}(1) = \frac{1}{2}e^{3x}\frac{1}{D}(1) = \frac{1}{2}x\,e^{2x}.$$

[4] $f(D)y_1 = e^{ax}\cos bx$, $f(D)y_2 = e^{ax}\sin bx$ 의 특수해

$$f(D)w = e^{(a+ib)x},\quad w = y_1 + y_2 i$$

의 특수해는

$$w = \frac{1}{f(D)}e^{(a+bi)x} = \frac{1}{f(a+bi)}e^{(a+bi)x}$$

이므로 오일러공식 $e^{(a+ib)x} = e^{ax}(\cos bx + i\sin bx)$에 의하여 다음을 얻는다.

$$y_1 = Re\left[\frac{1}{f(a+bi)}e^{(a+bi)x}\right],\quad y_2 = Im\left[\frac{1}{f(a+bi)}e^{(a+bi)x}\right].$$

예제 10

$(D^2+2D+2)y=8e^x\cos x$의 특수해를 구하여라.

풀이 $y_p=\dfrac{1}{D^2+2D+2}(8e^x\cos x)=Re\left[\dfrac{8}{D^2+2D+2}e^{(1+i)x}\right]$

$$=Re\left[e^{(1+i)x}\frac{8}{(D+1+i)^2+2(D+1+i)+2}(1)\right]$$

$$=Re\left[e^{(1+i)x}\frac{8}{D^2+2(2+i)D+4+4i}(1)\right]$$

$$=Re\left[e^{(1+i)x}\frac{8}{4+4i}\right]=Re\left[e^x(\cos x+i\sin x)(1-i)\right]$$

$$=e^x\cos x+e^x\sin x.$$

예제 11

$(D^2+9)y=\sin 3x$의 특수해를 구하여라.

풀이 $y_1=\dfrac{1}{D^2+9}\cos 3x,\ y_2=\dfrac{1}{D^2+9}\sin 3x$라고 하면

$$y_1+y_2 i=\frac{1}{D^2+9}(\cos 3x+i\sin 3x)=\frac{1}{D^2+9}e^{3ix}$$

$$=e^{3ix}\frac{1}{(D+3i)^2+9}(1)=e^{3ix}\frac{1}{D(D+6i)}(1)$$

$$=e^{3ix}\frac{1}{D}\frac{1}{6i\left(1+\dfrac{D}{6i}\right)}(1)$$

$$=\frac{1}{6i}e^{3ix}\frac{1}{D}\left[1-\frac{D}{6i}+\left(\frac{D}{6i}\right)^2-\left(\frac{D}{6i}\right)^3+\cdots\right](1)$$

$$=\frac{1}{6i}e^{3ix}\frac{1}{D}\left[1-\frac{D}{6i}\right](1)=\frac{1}{6i}e^{3ix}\frac{1}{D}(1)=\frac{1}{6i}e^{3ix}\,x$$

$$=\frac{1}{6i}(x\cos 3x+i\,x\sin 3x)$$

$$\therefore\ y_2=\frac{1}{D^2+9}\sin 3x=Im\left(\frac{1}{D^2+9}e^{3ix}\right)=-\frac{1}{6}x\cos 3x.$$

연습문제 (2.4)

1. 미분연산자로 표현된 다음 방정식을 미분연산자를 사용하지 않고 표현해 보아라.

(1) $(D^2 - D + 1)y = 0$ (2) $(D^2 - 1)^2 y = 0$

(3) $(D^2 + 1)^3 y = 0$ (4) $(D-2)^2(D^2+1)^3 y = x^3$

2. 다음 방정식의 일반해를 구하여라.

(1) $(D^2 - D - 2)y = 0$ (2) $(D^2 - 1)^2 y = 0$

(3) $(D^2 - 2D + 5)^3 y = 0$ (4) $(D-1)^3(D-2)^2(D^2+1)^3 y = 0$

3. $f(D)y = R(x)$의 특수해를 구하는 문제에서 $R(x)$는 x에 관한 n차의 다항함수이고, $f(t)$는 t에 관한 k차의 다항함수라고 하자. 만약

$$\frac{1}{f(t)} = a_0 + a_1 t + a_2 t^2 + \cdots + a_n t^n + \cdots$$

와 같이 전개되면 특수해 y_p를 구하는 공식은

$$y_p = \frac{1}{f(D)} R(x) = \left(a_0 + a_1 D + a_2 D^2 + \cdots + a_n D^n\right) R(x)$$

로 주어진다. 이 해법으로 다음 미분방정식의 일반해를 구하여라.

(1) $(D^2 - 2D + 1)y = x^2 + 1$

(2) $(D^3 - 6D^2 + 11D - 6)y = x + 2$

4. 미정계수법으로 문제3에서의 특수해 y_p를 구하여라.

5. 특수해 $\frac{1}{f(D)}R(x)$에서 $\frac{1}{f(D)}$을 부분분수로 분해하여 $R(x)$에 작용시키는 방법으로 다음 미분방정식의 일반해를 구하여라.

(1) $(D^2 - 7D + 6)y = e^{3x}$ (2) $(D-3)(D+4)y = x^2$

6. 다음 미분방정식의 특수해 y_p를 구하여라.

(1) $(D^2 + 1)y = \cos x$ (2) $(D^2 + 4)y = x \sin x$

(3) $(D^2 - 4D + 3)y = e^x \cos 2x$ (4) $(D^2 - 4)y = 2e^{3x} + \sin x$

제3장 연립미분방정식과 수치해법

3.1 연립미분방정식의 소거해법

연립미분방정식 두 개 이상의 미분방정식이 연립되어 있는 미분방정식을 **연립미분방정식**이라고 부른다.

고정된 n^2개의 함수 $a_{ij}(x), 1 \leqq i, j \leqq n$에 대하여 n개의 미지함수 $y_i, i=1,2,\cdots,n$과 n개의 미분방정식으로 이루어진 연립미분방정식

$$\begin{cases} y_1' = a_{11}y_1 + a_{12}y_2 + \cdots + a_{1n}y_n + r_1(x) \\ y_2' = a_{21}y_1 + a_{22}y_2 + \cdots + a_{2n}y_n + r_2(x) \\ \cdots\cdots\cdots\cdots\cdots\cdots\cdots\cdots\cdots\cdots\cdots\cdots \\ y_n' = a_{n1}y_1 + a_{n2}y_2 + \cdots + a_{nn}y_n + r_n(x) \end{cases}$$

를 **1계선형연립미분방정식**이라고 부른다.

$r_1(x) = \cdots = r_n(x) = 0$이면 **제차선형연립미분방정식**, 그렇지 않은 경우 **비제차선형연립방정식**이라고 한다. 그리고 a_{ij}가 상수함수이면 위의 연립미분방정식은 상수계수의 연립미분방정식이라고 부른다.

위의 연립방정식을 행렬로 표현하면 다음과 같다.

$$Y' = AY + R(x), \quad A = (a_{ij})_{n \times n}, \quad Y = (y_1, y_2, \cdots, y_n)^T, \; R(x) = (r_1, r_2, \cdots, r_n)^T$$

<I> 제차연립방정식의 소거해법

제차연립미분방정식에서 종속변수를 적절히 소거함으로써 상미분방정식으로 되는 경우가 있다. 예를 들어, 연립미분방정식

$$\begin{cases} \dfrac{dy_1}{dx} = 2y_1 \\ \dfrac{dy_2}{dx} = y_1 + y_2 \end{cases}$$

는 두 개의 종속변수를 포함하고 있기는 하지만, 첫 번째 방정식은 y_1만을 포함하고 $\dfrac{dy_1}{y_1} = 2dx$와 같이 변수분리되므로 적분하면 $\ln|y_1| = 2x + c_1'$, 즉, $y_1 = c_1 e^{2x}$이 된다. 이 함수를 두 번째 방정식에 대입하면 $\dfrac{dy_2}{dx} = c_1 e^{2x} + y_2$, 즉, $\dfrac{dy_2}{dx} - y_2 = c_1 e^{2x}$이 되어 y_2에 대한 1계선형미분방정식이 된다. 그러므로

$$y_2 = e^{-\int(-1)dx}\left[\int e^{\int(-1)dx} c_1 e^{2x} dx + c_2\right] = e^x\left[\int c_1 e^x dx + c_2\right] = e^x\left[c_1 e^x + c_2\right].$$

따라서 주어진 연립방정식의 일반해는 다음과 같다.

$$y_1 = c_1 e^{2x},\ y_2 = c_1 e^{2x} + c_2 e^x .$$

한편 연립미분방정식

$$\begin{cases} \dfrac{dy_1}{dt} = 3y_1 - 5y_2 \\ \dfrac{dy_2}{dt} = \ y_1 - 3y_2 \end{cases}$$

는 두 방정식 모두가 두 개의 미지함수를 포함하고 있지만, 두 번째 방정식에서 $y_1 = \dfrac{dy_2}{dt} + 3y_2$를 구하여 첫 번째 방정식에 대입하면

$$\frac{d^2y_2}{dt^2} + 3\frac{dy_2}{dt} = 3\frac{dy_2}{dt} + 9y_2 - 5y_2,\ \text{즉},\ y_2'' - 4y_2 = 0$$

이 된다. 특성방정식이 $\lambda^2 - 4 = 0$이므로 특성근은 $\lambda = \pm 2$이다. 따라서 y_2의 일반해는 $y_2 = c_1 e^{-2t} + c_2 e^{2t}$가 된다. 이 함수를 $y_1 = \dfrac{dy_2}{dt} + 3y_2$에 대입하면

$$\begin{aligned} y_1 &= \frac{dy_2}{dt} + 3y_2 \\ &= -2c_1 e^{-2t} + 2c_2 e^{2t} + 3c_1 e^{-2t} + 3c_2 e^{2t} \end{aligned}$$

$$= c_1 e^{-2t} + 5c_2 e^{2t}.$$

행렬을 이용하여 $Y = \begin{pmatrix} y_1 \\ y_2 \end{pmatrix}$라고 표현하면 다음과 같은 일반해를 얻는다.

$$Y = \begin{pmatrix} y_1 \\ y_2 \end{pmatrix} = \begin{pmatrix} c_1 e^{-2t} + 5c_2 e^{2t} \\ c_1 e^{-2t} + c_2 e^{2t} \end{pmatrix} = \begin{pmatrix} c_1 \\ c_1 \end{pmatrix} e^{-2t} + \begin{pmatrix} 5c_2 \\ c_2 \end{pmatrix} e^{2t}.$$

그런데 위의 예제에서 y_1을 구할 때, 첫 단계에서 구한 y_2의 일반해를 $y_1 = \dfrac{dy_2}{dt} + 3y_2$에 대입하여 풀지 않고, 주어진 미분방정식의 첫 번째 방정식에 대입하여 구할 수도 있다. 그러면

$$\frac{dy_1}{dt} = 3y_1 - 5c_1 e^{-2t} - 5c_2 e^{2t}, \text{ 즉, } \frac{dy_1}{dt} - 3y_1 = -5c_1 e^{-2t} - 5c_2 e^{2t}$$

의 일반해는

$$y_1 = e^{-\int(-3)dt}\left[\int e^{\int(-3)dt}(-5)(c_1 e^{-2t} + c_2 e^{2t})dt + c_3\right]$$

$$= e^{3t}\left[\int(-5)(c_1 e^{-5t} + c_2 e^{-t})dt + c_3\right]$$

$$= e^{3t}\left[c_1 e^{-5t} + 5c_2 e^{-t} + c_3\right]$$

$$= c_1 e^{-2t} + 5c_2 e^{2t} + c_3 e^{3t}.$$

이 결과는 임의의 상수의 수가 3개로 늘어난다. 그러나 이렇게 구한 해는 다시 주어진 연립방정식의 두 번째 방정식을 만족하여야 하므로 두 번째 방정식에 대입하면

$$-2c_1 e^{-2t} + 2c_2 e^{2t} = c_1 e^{-2t} + 5c_2 e^{2t} + c_3 e^{3t} - 3c_1 e^{-2t} - 3c_2 e^{2t}$$

를 얻는다. 따라서 $c_3 = 0$임을 알 수 있다.

연립미분방정식의 일반해 위의 예에서는 일반해에 포함된 임의 상수의 수는 두 개임을 알 수 있다. 이것은 두 개의 방정식이 연립되어 있고, 각각의 방정식이 1계 미분방정식이므로 타당해 보인다. 일반적으로 미지수의 수와 방정식의 수가 같은 연립방정식의 일반해에 포함되는 독립적인 임의의 상수의 수는 각각의 종속변수에 대한 계수의 합과 같다.

예제 1

다음 연립방정식의 일반해를 구하여라.

$$\begin{cases}(D-2)y_1 + \quad y_2 = 0 \cdots\cdots (1) \\ \qquad 3y_1 + Dy_2 = 0 \cdots\cdots (2)\end{cases}$$

풀이 $D\times(1)-(2)$에서 y_2를 소거한다.

$$[D(D-2)-3]y_1 = 0,\ 즉,\ (D+1)(D-3)y_1 = 0$$

이므로 특성방정식은 $(D+1)(D-3)=0$이고 특성근 $D=-1, 3$이므로 y_1에 대한 일반해는 $y_1 = c_1e^{-t} + c_2e^{3t}$이 된다. y_1을 첫 번째 미분방정식에 대입하면 y_2는 다음과 같다.

$$y_2 = -(D-2)y_1 = -Dy_1 + 2y_1 = -(-c_1e^{-t} + 3c_2e^{3t}) + (2c_1e^{-t} + 2c_2e^{3t}) = 3c_1e^{-t} - c_2e^{3t}$$

그러므로 이 경우의 일반해는 다음과 같다.

$$y_1 = c_1e^{-t} + c_2e^{3t},\ y_2 = 3c_1e^{-t} - c_2e^{3t}.$$

(다른 방법) 위의 연립방정식에서 y_2를 소거하여 y_1을 구한 후에, 만약 주어진 연립미분방정식에서 $3\times(1)-(D-2)\times(2)$를 이용하여 y_1을 소거하면

$$[3-(D-2)D]y_2 = 0,\ 즉,\ -(D+1)(D-3)y_2 = 0$$

이 된다. 이 식의 일반해는 $y_2 = c_3e^{-t} + c_4e^{3t}$이다. 따라서

$$y_1 = c_1e^{-t} + c_2e^{3t},\ y_2 = c_3e^{-t} + c_4e^{3t}$$

가 된다. 그러나 이것은 실제로 주어진 연립방정식을 만족하여야 하므로 두 번째 식(2)에 대입하면

$$\begin{aligned} 3y_1 + Dy_2 &= (3c_1e^{-t} + 3c_2e^{3t}) + (-c_3e^{-t} + 3c_4e^{3t}) \\ &= (3c_1 - c_3)e^{-t} + (3c_2 + 3c_4)e^{2t} = 0 \end{aligned}$$

을 만족하므로 $3c_1 - c_3 = 0, 3c_2 + 3c_4 = 0$, 즉, $c_3 = 3c_1,\ c_4 = -c_2$가 되어 위에서 구한 결과로 귀착된다.

예제 2

다음 연립방정식의 일반해를 구하여라.

$$\begin{cases} y_1' = 2y_1 - \quad y_2 \cdots\cdots (1) \\ y_2' = \quad y_1 + 4y_2 \ \cdots\cdots (2) \end{cases}$$

풀이 미분연산자를 이용하여 나타내면

$$\begin{cases} (D-2)y_1 + \quad y_2 = 0 \cdots\cdots (3) \\ \quad y_1 - (D-4)y_2 = 0 \cdots\cdots (4) \end{cases}$$

와 같이 되므로 $(D-4)\times(3)+(4)$에서 y_2를 소거하면

$$[(D-2)(D-4)+1]y_1 = 0, \text{ 즉, } (D-3)^2 y_1 = 0$$

이 된다. 특성방정식 $(D-3)^2 = 0$ 및 특성근 $D = 3$(중근)으로부터 일반해

$$y_1 = (c_1 + c_2 t)e^{3t}$$

를 얻는다. 이것을(1)에 대입하면

$$y_2 = -(D-2)y_1 = -[c_2 e^{3t} + 3(c_1 + c_2 t)e^{3t}] + 2(c_1 + c_2 t)e^{3t}$$

$$= -[(c_1 + c_2) + c_2 t]e^{3t}$$

그러므로 구하는 일반해는

$$y_1 = (c_1 + c_2 t)e^{3t}, \ y_2 = -[(c_1 + c_2) + c_2 t]e^{3t}.$$

예제 3

$Y' = \begin{pmatrix} 1 & 1 \\ -1 & 1 \end{pmatrix} Y$의 일반해를 구하여라.

풀이 미분연산자를 이용하여 표현하면

$$\begin{cases} (D-1)y_1 - y_2 = 0 \cdots\cdots (1) \\ y_1 + (D-1)y_2 = 0 \cdots\cdots (2) \end{cases}$$

이 되고, $(D-1)\times(1)+(2)$에서 $\{(D-1)(D-1)+1\}y_1 = 0$을 얻으므로 일반해는

$$y_1 = e^x (A\cos x + B\sin x).$$

(1)에 대입하면

$$y_2 = (D-1)y_1 = (D-1)e^x (A\cos x + B\sin x)$$

$$= e^x (A\cos x + B\sin x) + e^x(-A\sin x + B\cos x) - e^x(A\cos x + B\sin x)$$

$$= e^x (B\cos x - A\sin x).$$

<II> 비제차 연립미분방정식의 소거해법

비제차 연립미분방정식의 경우에도 소거에 의하여 해를 구할 수 있는 경우도 있다. 예를 들어, 다음의 비제차 연립미분방정식의 일반해를 소거법으로 구하여 보자.

$$\begin{cases} y_1{}' = 3y_1 + y_2 - 6e^{-2t} \\ y_2{}' = y_1 + 3y_2 + 2e^{-2t} \end{cases} \quad \text{또는} \quad \begin{cases} (D-3)y_1 - y_2 = -6e^{-2t} \cdots (1) \\ y_1 - (D-3)y_2 = -2e^{-2t} \cdots (2) \end{cases}$$

방법 1

(2)에서 $y_1 = (D-3)y_2 - 2e^{-2t}$를 얻으므로 (1)식에 대입하면

$$(D-3)^2 y_2 - (D-3)(2e^{-2t}) - y_2 = -6e^{-2t}$$

정리하면

$$(D^2 - 6D + 8)y_2 = -16e^{-2t}, \text{ 즉, } (D-2)(D-4)y_2 = -16e^{-2t}.$$

여함수는 $y_2^{(h)} = c_1 e^{2t} + c_2 e^{4t}$이고, 특수해는 역연산자를 이용하면

$$\begin{aligned} (D-4)y_2^{(p)} &= \frac{1}{D-2}(-16e^{-2t}) = 4e^{-2t} \\ y_2^{(p)} &= \frac{1}{D-4}(4e^{-2t}) = -\frac{2}{3}e^{-2t} \end{aligned}$$

이므로 $y_2 = c_1 e^{2t} + c_2 e^{4t} - \frac{2}{3}e^{-2t}$가 된다. 이것을 (2)식에 대입하면

$$\begin{aligned} y_1 &= (D-3)y_2 - 2e^{-2t} \\ &= (D-3)\left(c_1 e^{2t} + c_2 e^{4t} - \frac{2}{3}e^{-2t}\right) - 2e^{-2t} \\ &= \left(2c_1 e^{2t} + 4c_2 e^{4t} + \frac{4}{3}e^{-2t}\right) - 3\left(c_1 e^{2t} + c_2 e^{4t} - \frac{2}{3}e^{-2t}\right) - 2e^{-2t} \\ &= -c_1 e^{2t} + c_2 e^{4t} + \frac{4}{3}e^{-2t}. \end{aligned}$$

그러므로 일반해는

$$\begin{aligned} Y = \begin{pmatrix} y_1 \\ y_2 \end{pmatrix} &= \begin{pmatrix} -c_1 e^{2t} + c_2 e^{4t} + \frac{4}{3}e^{-2t} \\ c_1 e^{2t} + c_2 e^{4t} - \frac{2}{3}e^{-2t} \end{pmatrix} \\ &= c_1 \begin{pmatrix} -1 \\ 1 \end{pmatrix} e^{2t} + c_2 \begin{pmatrix} 1 \\ 1 \end{pmatrix} e^{4t} + \begin{pmatrix} 4/3 \\ -2/3 \end{pmatrix} e^{-2t}. \end{aligned}$$

방법 2

y_2를 먼저 소거한다. (1)에서

$$y_2 = (D-3)y_1 + 6e^{-2t}$$

이므로 (2)에 대입하면

$$y_1 = (D-3)[(D-3)y_1 + 6e^{-2t}] - 2e^{-2t}$$

정리하면

$$(D-2)(D-4)y_1 = 32e^{-2t}$$

그러므로

$$y_1 = c_1e^{2t} + c_2e^{4t} + \frac{1}{(D-2)(D-4)}(32e^{-2t})$$

$$y_1^{(p)} = \frac{1}{(D-2)(D-4)}(32e^{-2t}) = \frac{32}{(-2-2)(-2-4)}e^{-2t} = \frac{4}{3}e^{-2t}$$

$$\therefore\ y_1 = c_1e^{2t} + c_2e^{4t} + \frac{4}{3}e^{-2t}$$

이 식을 y_2에 관한 식에 대입하면

$$\begin{aligned}
y_2 &= (D-3)y_1 + 6e^{-2t} \\
&= (D-3)\left(c_1e^{2t} + c_2e^{4t} + \frac{4}{3}e^{-2t}\right) + 6e^{-2t} \\
&= 2c_1e^{2t} + 4c_2e^{4t} - \frac{8}{3}e^{-2t} - 3\left(c_1e^{2t} + c_2e^{4t} + \frac{4}{3}e^{-2t}\right) + 6e^{-2t} \\
&= (2c_1 - 3c_1)e^{2t} + (4c_2 - 3c_2)e^{4t} + \left(-\frac{8}{3} - 4 + 6\right)e^{-2t} \\
&= -c_1e^{2t} + c_2e^{4t} - \frac{2}{3}e^{-2t}.
\end{aligned}$$

그러므로 일반해는

$$y_1 = c_1e^{2t} + c_2e^{4t} + \frac{4}{3}e^{-2t}, \quad y_2 = -c_1e^{2t} + c_2e^{4t} - \frac{2}{3}e^{-2t}$$

방법 3

연산자로 나타낸 식에 행렬식을 이용하여 해를 구한다.

$$\begin{cases} (D-3)y_1 - y_2 = -6e^{-2t} \cdots (1) \\ y_1 - (D-3)y_2 = -2e^{-2t} \cdots (2) \end{cases}$$

연산자를 문자로 보고, Cramer 공식을 이용하면 다음을 얻는다.

$$y_1 = \frac{\begin{vmatrix} -6e^{-2t} & -1 \\ -2e^{-2t} & -(D-3) \end{vmatrix}}{\begin{vmatrix} D-3 & -1 \\ 1 & -(D-3) \end{vmatrix}}, \quad y_2 = \frac{\begin{vmatrix} D-3 & -6e^{-2t} \\ 1 & -2e^{-2t} \end{vmatrix}}{\begin{vmatrix} D-3 & -1 \\ 1 & -(D-3) \end{vmatrix}}$$

여기서 행렬식을 전개할 때, 연산자는 함수의 앞에 작용하는 것으로 간주한다. 그러므로

$$\begin{vmatrix} D-3 & -1 \\ 1 & -(D-3) \end{vmatrix} y_1 = \begin{vmatrix} -6e^{-2t} & -1 \\ -2e^{-2t} & -(D-3) \end{vmatrix}$$

실제로 이 관계식은 $-(D-3)\times(1)-(-1)\times(2)$로부터

$$[-(D-3)\times(D-3)-(-1)]y_1 = -(D-3)(-6e^{-2t})-(-1)(-2e^{-2t})$$

즉,

$$\begin{vmatrix} D-3 & -1 \\ 1 & -(D-3) \end{vmatrix} y_1 = \begin{vmatrix} -6e^{-2t} & -1 \\ -2e^{-2t} & -(D-3) \end{vmatrix}$$

를 얻으므로 타당하다는 것을 알 수 있다. 양변을 전개하면

$$[-(D-3)^2+1]y_1 = -(D-3)(-6e^{-2t})-2e^{-2t}, \text{ 즉, } (D-2)(D-4)y_1 = 32e^{-2t}$$

가 되므로 방법2에서와 같이 구하면 다음을 얻는다.

$$y_1 = c_1e^{2t}+c_2e^{4t}+\frac{4}{3}e^{-2t}$$

한편 y_2는

$$\begin{vmatrix} D-3 & -1 \\ 1 & -(D-3) \end{vmatrix} y_2 = \begin{vmatrix} D-3 & -6e^{-2t} \\ 1 & -2e^{-2t} \end{vmatrix}$$

와 같이 주어지므로 전개하면

$$[-(D-3)^2+1]y_2 = (D-3)(-2e^{-2t})+6e^{-2t}, \text{ 즉, } (D-2)(D-4)y_2 = -16e^{-2t}$$

역연산자를 이용하여 특수해를 구하고 여함수를 더하면 일반해는

$$y_2 = c_3e^{2t}+c_4e^{4t}-\frac{2}{3}e^{-2t}$$

임의 상수의 수가 많아졌지만 주어진 방정식을 만족하여야 하므로 (1)식에 대입하면

$$(D-3)(c_1e^{2t}+c_2e^{4t}+\frac{4}{3}e^{-2t}) - (c_3e^{2t}+c_4e^{4t}-\frac{2}{3}e^{-2t})$$

$$= 2c_1e^{2t}+4c_2e^{4t}-\frac{8}{3}e^{-2t}-3(c_1e^{2t}+c_2e^{4t}+\frac{4}{3}e^{-2t})-(c_3e^{2t}+c_4e^{4t}-\frac{2}{3}e^{-2t})$$

$$= -6e^{-2t}$$

정리하면

$(-c_1-c_3)e^{2t}+(c_2-c_4)e^{-4t}-6e^{-2t}=-6e^{-2t}$, 즉, $(c_1+c_3)e^{2t}-(c_2-c_4)e^{4t}=0$

그러므로 $c_1+c_3=0$, $c_2-c_4=0$, 즉, $c_3=-c_1$, $c_4=c_2$가 된다. 그러므로

$$y_2=c_3e^{2t}+c_4e^{4t}-\frac{2}{3}e^{-2t}$$
$$=-c_1e^{2t}+c_2e^{4t}-\frac{2}{3}e^{-2t}$$

따라서 구하는 일반해는

$$y_1=c_1e^{2t}+c_2e^{4t}+\frac{4}{3}e^{-2t},\quad y_2=-c_1e^{2t}+c_2e^{4t}-\frac{2}{3}e^{-2t}.$$

연산자행렬식 일반적으로 연산자에 의하여 주어지는 비제차방정식

$$\begin{cases} f_1(D)y_1+g_1(D)y_2=h_1(t)\cdots(3) \\ f_2(D)y_1+g_2(D)y_2=h_2(t)\cdots(4) \end{cases}$$

에 대하여, $g_2(D)\times(3)-g_1(D)\times(4)$로부터 다음을 얻는다.

$$[f_1(D)g_2(D)-f_2(D)g_1(D)]y_1=g_2(D)h_1(t)-g_1(D)h_2(t)$$

행렬식으로 나타내면

$$\begin{vmatrix} f_1(D) & g_1(D) \\ f_2(D) & g_2(D) \end{vmatrix} y_1=\begin{vmatrix} g_2(D) & h_2 \\ g_1(D) & h_1 \end{vmatrix} \overset{\text{정의}}{\longleftrightarrow} \begin{vmatrix} h_1 & g_1(D) \\ h_2 & g_2(D) \end{vmatrix} \overset{\text{정의}}{\longleftrightarrow} g_2(D)h_1-g_1(D)h_2.$$

마찬가지로 $f_2(D)\times(3)-f_1(D)\times(4)$로부터 다음을 얻는다.

$$\begin{vmatrix} f_1(D) & g_1(D) \\ f_2(D) & g_2(D) \end{vmatrix} y_2=\begin{vmatrix} f_1(D) & h_1 \\ f_2(D) & h_2 \end{vmatrix}$$

따라서 다음의 Cramer 공식이 성립함을 알 수 있다.

$$y_1=\frac{\begin{vmatrix} h_1 & g_1(D) \\ h_2 & g_2(D) \end{vmatrix}}{\begin{vmatrix} f_1(D) & g_1(D) \\ f_2(D) & g_2(D) \end{vmatrix}},\qquad y_2=\frac{\begin{vmatrix} f_1(D) & h_1 \\ f_2(D) & h_2 \end{vmatrix}}{\begin{vmatrix} f_1(D) & g_1(D) \\ f_2(D) & g_2(D) \end{vmatrix}}$$

단, $\begin{vmatrix} h_1 & g_1(D) \\ h_2 & g_2(D) \end{vmatrix}=g_2(D)h_1-g_1(D)h_2$, $\begin{vmatrix} f_1(D) & h_1 \\ f_2(D) & h_2 \end{vmatrix}=f_1(D)h_2-f_2(D)h_1$

연습문제 (1.2)

※ 다음 미분방정식의 일반해를 구하여라.

1. $\begin{cases} Dy+z=0 \cdots ① \\ y-Dz=0 \cdots ② \end{cases}$

2. $\begin{cases} (D+1)y-z=1 \cdots ③ \\ y+(D-1)z=2 \cdots ④ \end{cases}$

3. $\begin{cases} (D-3)y+z=0 \quad \cdots ⑤ \\ 4y-(D+1)z=0 \cdots ⑥ \end{cases}$

4. $\begin{cases} (D+1)y-Dz=x \cdots ⑦ \\ (D-1)y+ \quad z=x^2 \cdots ⑧ \end{cases}$

5. $\begin{cases} Dy-(3D-2)z=0 \quad \cdots ⑨ \\ (D+4)y-5Dz=-x \cdots ⑩ \end{cases}$

6. $\begin{cases} (D^2+4)y-3Dz=1 \cdots ⑪ \\ 3Dy+(D^2+4)z=0 \cdots ⑫ \end{cases}$

3.2 연립방정식의 대각화 해법

1계 선형연립미분방정식

$$Y'(t)=AY(t) \tag{1}$$

는 적당한 변수변환에 의하여

$$\frac{d}{dt}\begin{pmatrix} y_1 \\ \vdots \\ y_n \end{pmatrix}=\begin{pmatrix} \lambda_1 & & 0 \\ & \ddots & \\ 0 & & \lambda_n \end{pmatrix}\begin{pmatrix} y_1 \\ \vdots \\ y_n \end{pmatrix}, \quad \text{즉,} \quad \begin{cases} y_1{}'=\lambda_1 y_1 \\ y_2{}'=\lambda_2 y_2 \\ \cdots\cdots\cdots\cdots \\ y_n{}'=\lambda_n y_n \end{cases} \tag{2}$$

꼴로 변형되면 쉽게 풀 수 있다.

(1)식을 (2)식으로 변환하는 변수변환을 $Y=PZ$라고 하면

$$PZ'=Y'=AY=APZ$$

이므로 P가 정칙행렬이면

$$Z'=P^{-1}APZ.$$

따라서 $P^{-1}AP=D$가 대각행렬이 되도록 하는 정칙행렬 P를 찾을 수 있으면 된다.

대각화가능성 행렬 A에 대하여 $Q^{-1}AQ=D$가 대각행렬이 되는 행렬 Q가 존재하면 행렬 A는 **대각화가능한 행렬**이라고 정의한다. 대각화가능성에 대해서는 다음의 정리가 성립한다.

정리 (대각화 가능성)

$n\times n$ 행렬 A의 고윳값 $\lambda_1, \cdots, \lambda_n$(중복가능)에 해당되는 고유벡터를 $X_1, \cdots, X_n$ 이라고 할 때, $X_1, \cdots, X_n$ 이 일차독립이면, 고유벡터를 열로 하는 행렬 $P=(X_1, X_2, \cdots, X_n)$는 다음을 만족하므로 A는 대각화 가능하다.

$$P^{-1}AP=D(\lambda_1, \cdots, \lambda_n)=\begin{pmatrix}\lambda_1 & & 0\\ & \ddots & \\ 0 & & \lambda_n\end{pmatrix}$$

역으로, A가 대각화가능하면 행렬 A는 n개의 일차독립인 고유벡터를 갖는다.

특히, 행렬 A가 서로 다른 고윳값을 가지면 대응되는 고유벡터는 일차독립이다.

증명 주대각선의 원소가 차례대로 $\lambda_1, \cdots, \lambda_n$ 인 대각행렬을 $D(\lambda_1, \cdots, \lambda_n)$라고 하면 $AX_i=\lambda_i X_i, i=1, 2, \cdots, n$이므로

$$AP=A(X_1, X_2, \cdots, X_n)=(AX_1, AX_2, \cdots, AX_n)=(\lambda_1X_1, \lambda_2X_2, \cdots, \lambda_nX_n)$$

이 성립한다. 그런데

$$P=(X_1, X_2, \cdots, X_n)=\begin{pmatrix}x_1^{(1)} & & x_n^{(1)}\\ & \ddots & \\ x_1^{(n)} & & x_n^{(n)}\end{pmatrix}$$

라고 하면

$$PD=\begin{pmatrix}x_1^{(1)} & & x_n^{(1)}\\ & \ddots & \\ x_1^{(n)} & & x_n^{(n)}\end{pmatrix}\begin{pmatrix}\lambda_1 & & 0\\ & \ddots & \\ 0 & & \lambda_n\end{pmatrix}=\begin{pmatrix}\lambda_1x_1^{(1)} & & \lambda_nx_n^{(1)}\\ & \ddots & \\ \lambda_1x_1^{(n)} & & \lambda_nx_n^{(n)}\end{pmatrix}=(\lambda_1X_1, \lambda_2X_2, \cdots, \lambda_nX_n).$$

그러므로 $AP=PD$가 된다. 고유벡터들이 일차독립이므로 행렬 P는 정칙행렬이 된다. 그러므로 이 식의 양변의 왼쪽에 P^{-1}을 곱하면 다음을 얻는다.

$$P^{-1}AP=D(\lambda_1, \cdots, \lambda_n)=\begin{pmatrix}\lambda_1 & & 0\\ & \ddots & \\ 0 & & \lambda_n\end{pmatrix}$$

역으로, 행렬A가 대각화가능하면 $Q^{-1}AQ=D'$을 만족하는 정칙행렬 Q와 대각행렬 D'이 존재한다. 그러면 양변의 왼쪽에 Q를 곱하면 $AQ=QD'$이 성립한다. 만약

$$Q=(W_1, W_2, \cdots, W_n), D'(\lambda_1', \cdots, \lambda_n')$$

이라고 하면 이 식은

$$(AW_1, AW_2, \cdots, AW_n) = AQ = QD' = (\lambda_1' W_1, \lambda_2' W_2, \cdots, \lambda_n' W_n)$$

으로 나타낼 수 있으므로

$$AW_i = \lambda_i' W_i, i = 1, 2, \cdots, n$$

이 성립한다. Q가 정칙행렬이므로 $W_i \neq 0 \ (i = 1, 2, \cdots, n)$는 일차독립이며, 고윳값 λ_i'에 대응되는 고유벡터가 된다.

특히, 행렬 A의 서로 다른 고윳값 $\lambda_1, \cdots, \lambda_n$에 해당되는 고유벡터를 $X_1, \cdots, X_n$이라고 하자. 만약 이 고유벡터들이 일차종속이라고 하면, 하나의 벡터 X_1은 일차독립이므로 다음을 만족하는 가장 작은 자연수 p가 존재한다.

$$X_{p+1} = c_1 X_1 + \cdots + c_p X_p \quad (\text{단, } X_1, \cdots, X_p \text{는 일차독립})$$

예를 들어, 만약 X_1, X_2가 일차종속이라면 $p = 1$이 된다. 이제 이 식의 양변의 왼쪽에 행렬 A를 연산하면 다음과 같다.

$$\begin{aligned} \lambda_{p+1} X_{p+1} = AX_{p+1} = A(c_1 X_1 + \cdots + c_p X_p) &= c_1 AX_1 + \cdots + c_p AX_p \\ &= c_1 \lambda_1 X_1 + \cdots + c_p \lambda_p X_p. \end{aligned}$$

즉, 다음의 두 식을 얻는다.

$$X_{p+1} = c_1 X_1 + \cdots + c_p X_p, \quad \lambda_{p+1} X_{p+1} = c_1 \lambda_1 X_1 + \cdots + c_p \lambda_p X_p.$$

첫 번째 식의 양변에 λ_{p+1}을 곱하여 두 번째 식에서 빼면

$$0 = c_1(\lambda_1 - \lambda_{p+1}) X_1 + \cdots + c_p(\lambda_p - \lambda_{p+1}) X_p$$

를 얻는다. 고윳값들이 모두 다르고, $X_1, \cdots, X_p$는 일차독립이므로 $c_1 = c_2 = \cdots = c_p = 0$이 되어야 한다. 그러면 첫 번째 식에서 $X_{p+1} = c_1 X_1 + \cdots + c_p X_p = 0$이 되므로 $X_{p+1} \neq 0$이 고유벡터라는 것에 모순이 된다. 그러므로 $X_1, \cdots, X_n$은 일차독립이다.

대각화해법 A가 대각화 가능한 행렬이라고 가정하고 고윳값 $\lambda_1, \cdots, \lambda_n$에 대응되는 일차독립인 고유벡터 $X_1, \cdots, X_n$을 갖는다고 하자. $P = (X_1, X_2, \cdots, X_n)$라고 놓고 $Y = PZ$로 변수변환하면

$$Y'(t) = AY(t)$$

는 $PZ' = Y' = AY = APZ$, 즉,

$$Z' = \begin{pmatrix} \lambda_1 & & 0 \\ & \ddots & \\ 0 & & \lambda_n \end{pmatrix} Z, \text{ 또는 } \begin{cases} z_1' = \lambda_1 z_1 \\ z_2' = \lambda_2 z_2 \\ \cdots\cdots\cdots\cdots \\ z_n' = \lambda_n z_n \end{cases}$$

으로 변환된다. 이 연립방정식의 각 방정식들은 변수분리형이므로, 변수를 분리하여

적분하면

$$z_1 = c_1 e^{\lambda_1 t},\ z_2 = c_2 e^{\lambda_2 t},\ \cdots,\ z_n = c_n e^{\lambda_n t}$$

이 된다. 그러므로 구하는 일반해는

$$Y = PZ = (X_1, X_2, \cdots, X_n)\begin{pmatrix} c_1 e^{\lambda_1 t} \\ c_2 e^{\lambda_2 t} \\ \cdots \\ c_n e^{\lambda_n t} \end{pmatrix} = c_1 X_1 e^{\lambda_1 t} + c_2 X_2 e^{\lambda_2 t} + \cdots + c_n X_n e^{\lambda_n t}.$$

예제 1

초깃값문제 $\dfrac{dY}{dt} = AY,\ A = \begin{pmatrix} 2 & 3 \\ 1 & 4 \end{pmatrix},\ \ Y(0) = \begin{pmatrix} y_1(0) \\ y_2(0) \end{pmatrix} = \begin{pmatrix} 6 \\ 2 \end{pmatrix}$의 해를 구하여라.

풀이 특성다항식이

$$\begin{vmatrix} 2-\lambda & 3 \\ 1 & 4-\lambda \end{vmatrix} = (2-\lambda)(4-\lambda) - 3 = \lambda^2 - 6\lambda + 5 = (\lambda - 1)(\lambda - 5) = 0$$

이므로 고윳값은 $\lambda = 1, 5$이다. 각각의 고윳값 $\lambda_1 = 1, \lambda_2 = 5$에 대응되는 고유벡터를 연립방정식 $(A - I)X = 0$과 $(A - 5I)X = 0$를 이용하여 구하면

$X_1 = \begin{pmatrix} 3 \\ -1 \end{pmatrix},\ \ X_2 = \begin{pmatrix} 1 \\ 1 \end{pmatrix}$이므로 $P = \begin{pmatrix} 3 & 1 \\ -1 & 1 \end{pmatrix}$이다.

그러므로 대각행렬은 $P^{-1}AP = \begin{pmatrix} 1 & 0 \\ 0 & 5 \end{pmatrix} = D$가 된다.

$Y = PZ$로 변수변환하면 $Z' = \begin{pmatrix} 1 & 0 \\ 0 & 5 \end{pmatrix}Z$이므로 $z_1{}' = z_1,\ z_2{}' = 5z_2$. 변수분리하여 적분하면

$$z_1 = c_1 e^t,\ z_2 = c_2 e^{5t}$$

그러므로 일반해는

$$Y = PZ = \begin{pmatrix} 3 & 1 \\ -1 & 1 \end{pmatrix}\begin{pmatrix} c_1 e^t \\ c_2 e^{5t} \end{pmatrix} = \begin{pmatrix} 3c_1 e^t + c_2 e^{5t} \\ -c_1 e^t + c_2 e^{5t} \end{pmatrix}$$

초기조건 $\begin{pmatrix} 6 \\ 2 \end{pmatrix} = Y(0) = \begin{pmatrix} 3c_1 + c_2 \\ -c_1 + c_2 \end{pmatrix}$으로부터 $3c_1 + c_2 = 6, -c_1 + c_2 = 2$이 성립하므로 $c_2 = 3, c_1 = 1$를 얻는다. 그러므로 구하는 해는

$$Y = \begin{pmatrix} y_1 \\ y_2 \end{pmatrix} = \begin{pmatrix} 3e^t + 3e^{5t} \\ -e^t + 3e^{5t} \end{pmatrix}.$$

예제 2

초깃값문제 $\frac{dY}{dt}=2AY,\quad A=\begin{pmatrix}2&-2&0\\-1&2&-1\\0&-2&2\end{pmatrix},\quad Y(0)=\begin{pmatrix}6\\2\\2\end{pmatrix}$의 해를 구하여라.

풀이 A의 고윳값은 $\det(A-\lambda I)=0$에서 $\lambda_1=4,\ \lambda_2=2,\ \lambda_3=0$이고, 이들 고유치에 대응되는 고유벡터는 각각

$$X_1=\begin{pmatrix}1\\-1\\1\end{pmatrix},\ X_2=\begin{pmatrix}1\\0\\-1\end{pmatrix},\ X_3=\begin{pmatrix}1\\1\\1\end{pmatrix}$$

이므로 $P=\begin{pmatrix}1&1&1\\-1&0&1\\1&-1&1\end{pmatrix}$와 $P^{-1}AP=\begin{pmatrix}4&0&0\\0&2&0\\0&0&0\end{pmatrix}$를 얻는다. $\frac{dY}{dt}=2AY$에서 $Y=PZ$로 변수변환하면 $Z'=2DZ=\begin{pmatrix}8&0&0\\0&4&0\\0&0&0\end{pmatrix}Z$가 된다. 성분으로 표시하면

$$z_1'=8z_1,\quad z_2'=4z_2,\ z_3'=0$$

이 되므로 변수분리하여 적분하면

$$z_1=c_1e^{8t},\quad z_2=c_2e^{4t},\ z_3=c_3$$

그러므로 일반해는

$$Y=PZ=\begin{pmatrix}1&1&1\\-1&0&1\\1&-1&1\end{pmatrix}\begin{pmatrix}c_1e^{8t}\\c_2e^{4t}\\c_3\end{pmatrix}=\begin{pmatrix}c_1e^{8t}+c_2e^{4t}+c_3\\-c_1e^{8t}+c_3\\c_1e^{8t}-c_2e^{4t}+c_3\end{pmatrix}.$$

초기조건 $\begin{pmatrix}6\\2\\2\end{pmatrix}=Y(0)=\begin{pmatrix}c_1+c_2+c_3\\-c_1+c_3\\c_1-c_2+c_3\end{pmatrix}$으로부터 3원일차연립방정식

$$c_1+c_2+c_3=6,\ -c_1+c_3=2,\ c_1-c_2+c_3=2$$

를 얻으므로 $c_1=1,\quad c_2=2,\ c_3=3$ 이 된다. 그러므로 구하는 해는

$$Y=\begin{pmatrix}y_1\\y_2\\y_3\end{pmatrix}=\begin{pmatrix}e^{8t}+2e^{4t}+3\\-e^{8t}+3\\e^{8t}-2e^{4t}+3\end{pmatrix}$$

예제 3

다음 연립방정식의 일반해를 대각화법으로 구하여라.

$$\frac{dY}{dt} = AY + g,\ A = \begin{pmatrix} -3 & 2 \\ 2 & -3 \end{pmatrix},\ g = \begin{pmatrix} 3 \\ 5 \end{pmatrix} e^{-2t}$$

풀이 $\begin{vmatrix} -3-\lambda & 2 \\ 2 & -3-\lambda \end{vmatrix} = (\lambda+3)^2 - 4 = (\lambda+1)(\lambda+5) = 0$ 에서 고윳값 $\lambda = -1, -5$를 얻는다. $\lambda = -1$에 대응되는 고유벡터는

$$\begin{pmatrix} -3-(-1) & 2 \\ 2 & -3-(-1) \end{pmatrix}\begin{pmatrix} x_1 \\ x_2 \end{pmatrix} = \begin{pmatrix} 0 \\ 0 \end{pmatrix},\ \text{즉,}\ -x_1 + x_2 = 0 \text{ 이므로 } X_1 = \begin{pmatrix} 1 \\ 1 \end{pmatrix}$$

$\lambda = -5$에 대응되는 고유벡터는

$$\begin{pmatrix} -3-(-5) & 2 \\ 2 & -3-(-5) \end{pmatrix}\begin{pmatrix} x_1 \\ x_2 \end{pmatrix} = \begin{pmatrix} 0 \\ 0 \end{pmatrix},\ \text{즉,}\ x_1 + x_2 = 0 \text{ 이므로 } X_2 = \begin{pmatrix} 1 \\ -1 \end{pmatrix}.$$

그러므로

$$P = \begin{pmatrix} 1 & 1 \\ 1 & -1 \end{pmatrix},\ P^{-1} = \frac{1}{-2}\begin{pmatrix} -1 & -1 \\ -1 & 1 \end{pmatrix},\ D = P^{-1}AP = \begin{pmatrix} -1 & 0 \\ 0 & -5 \end{pmatrix}.$$

$Y = PZ$로 변수변환하면 주어진 방정식은 다음과 같이 된다.

$$PZ' = APZ + g,\ \text{즉,}\ Z' = P^{-1}APZ + P^{-1}g = DZ + P^{-1}g$$

성분으로 표현하면

$$\begin{pmatrix} z_1' \\ z_2' \end{pmatrix} = \begin{pmatrix} -1 & 0 \\ 0 & -5 \end{pmatrix}\begin{pmatrix} z_1 \\ z_2 \end{pmatrix} - \frac{1}{2}\begin{pmatrix} -1 & -1 \\ -1 & 1 \end{pmatrix}\begin{pmatrix} 3 \\ 5 \end{pmatrix} e^{-2t},\ \text{즉,}\ \begin{cases} z_1' = -z_1 + 4e^{-2t} \\ z_2' = -5z_2 - e^{-2t} \end{cases}$$

각각은 1계선형미분방정식이므로 해를 구하면

$$z_1 = e^{-\int dt}\left[\int e^{\int dt}(4e^{-2t})dt + c_1\right] = e^{-t}[-4e^{-t} + c_1] = c_1 e^{-t} - 4e^{-2t}$$

$$z_2 = e^{-\int 5dt}\left[\int e^{\int 5dt}(-1)e^{-2t}dt + c_2\right] = e^{-5t}\left[-\frac{1}{3}e^{3t} + c_2\right] = c_2 e^{-5t} - \frac{1}{3}e^{-2t}.$$

따라서 구하는 일반해는

$$Y = PZ = \begin{pmatrix} 1 & 1 \\ 1 & -1 \end{pmatrix}\begin{pmatrix} c_1 e^{-t} - 4e^{-2t} \\ c_2 e^{-5t} - \frac{1}{3}e^{-2t} \end{pmatrix} = \begin{pmatrix} c_1 e^{-t} + c_2 e^{-5t} - \frac{13}{3}e^{-2t} \\ c_1 e^{-t} - c_2 e^{-5t} - \frac{11}{3}e^{-2t} \end{pmatrix}.$$

예제 4

$\frac{dY}{dt} = AY,\ A = \begin{pmatrix} 1 & 0 & 1 \\ 0 & 1 & 3 \\ 0 & 0 & 2 \end{pmatrix}$의 일반해를 대각화법으로 구하여라.

풀이 특성다항식이 $\begin{vmatrix} 1-\lambda & 0 & 1 \\ 0 & 1-\lambda & 3 \\ 0 & 0 & 2-\lambda \end{vmatrix} = (1-\lambda)^2(2-\lambda) = 0$ 이므로 고윳값은

$\lambda = 2,\ 1$(중근)이다. $\lambda = 2$에 대응되는 고유벡터는

$\begin{pmatrix} 1-2 & 0 & 1 \\ 0 & 1-2 & 3 \\ 0 & 0 & 2-2 \end{pmatrix}\begin{pmatrix} x_1 \\ x_2 \\ x_3 \end{pmatrix} = \begin{pmatrix} 0 \\ 0 \\ 0 \end{pmatrix}$, 즉, $-x_1 + x_3 = 0,\ -x_2 + 3x_3 = 0$ 에서 $X_1 = \begin{pmatrix} 1 \\ 3 \\ 1 \end{pmatrix}$

$\lambda = 1$에 대응되는 고유벡터는

$$\begin{pmatrix} 1-1 & 0 & 1 \\ 0 & 1-1 & 3 \\ 0 & 0 & 2-1 \end{pmatrix}\begin{pmatrix} x_1 \\ x_2 \\ x_3 \end{pmatrix} = \begin{pmatrix} 0 \\ 0 \\ 0 \end{pmatrix},\ \text{즉, } x_3 = 0 \text{에서 } X_2 = \begin{pmatrix} 1 \\ 0 \\ 0 \end{pmatrix},\ X_3 = \begin{pmatrix} 0 \\ 1 \\ 0 \end{pmatrix}$$

그런데 $\begin{vmatrix} 1 & 1 & 0 \\ 3 & 0 & 1 \\ 1 & 0 & 0 \end{vmatrix} = \begin{vmatrix} 1 & 0 \\ 0 & 1 \end{vmatrix} = 1 \neq 0$이므로 $X_1,\ X_2,\ X_3$는 일차독립임을 알 수 있다.

그러므로

$$P = \begin{pmatrix} 1 & 1 & 0 \\ 3 & 0 & 1 \\ 1 & 0 & 0 \end{pmatrix},\ P^{-1} = \begin{pmatrix} 0 & 0 & 1 \\ 1 & 0 & -1 \\ 0 & 1 & -3 \end{pmatrix},\ D = P^{-1}AP = \begin{pmatrix} 2 & 0 & 0 \\ 0 & 1 & 0 \\ 0 & 0 & 1 \end{pmatrix}$$

$Y = PZ$로 변수변환하면 주어진 방정식은 다음과 같이 된다.

$$Z' = DZ = \begin{pmatrix} 2 & 0 & 0 \\ 0 & 1 & 0 \\ 0 & 0 & 1 \end{pmatrix} Z,\ \text{즉, } \begin{cases} z_1' = 2z_1 \\ z_2' = z_2 \\ z_3' = z_3 \end{cases}$$

각각을 변수분리하고 적분하여 해를 구하면

$$z_1 = c_1e^{2t},\ z_2 = c_2e^t,\ z_3 - c_3e^t$$

그러므로 구하는 일반해는

$$Y = PZ = \begin{pmatrix} 1 & 1 & 0 \\ 3 & 0 & 1 \\ 1 & 0 & 0 \end{pmatrix}\begin{pmatrix} c_1e^{2t} \\ c_2e^t \\ c_3e^t \end{pmatrix} = \begin{pmatrix} c_1e^{2t} + c_2e^t \\ 3c_1e^{2t} + c_3e^t \\ c_1e^{2t} \end{pmatrix}.$$

■

연습문제 (3.2)

1. 다음 연립방정식의 해를 구하여라.

(1) $\begin{cases} {y_1}' - y_2 = 0 & \cdots ① \\ {y_2}' + 3y_1 = 0 & \cdots ② \end{cases}$

(2) $\begin{cases} (D+1)y_1 + 2y_2 = e^t & \cdots ③ \\ y_1 + Dy_2 = e^{-t} & \cdots ④ \end{cases}$

2. 대각화해법으로 다음 연립미분방정식의 일반해를 구하여라.

$$\begin{cases} Dy_1 = y_1 + 3y_2 \\ Dy_2 = 4y_1 + 2y_2 \end{cases} \quad \text{또는 } \frac{dY}{dx} = AY, \ Y = \begin{pmatrix} y \\ z \end{pmatrix}, \ A = \begin{pmatrix} 1 & 3 \\ 4 & 2 \end{pmatrix}$$

3. 대각화해법으로 다음 연립미분방정식의 일반해를 구하여라.

$$\begin{cases} Dy = y + 3z & \cdots ⑤ \\ Dz = 2y + 2z & \cdots ⑥ \end{cases} \quad \text{또는 } \frac{dY}{dx} = AY, \ Y = \begin{pmatrix} y \\ z \end{pmatrix}, \ A = \begin{pmatrix} 1 & 3 \\ 2 & 2 \end{pmatrix}$$

4. 다음 연립미분방정식의 계수행렬의 고유값은 $\lambda = 1$을 중근으로 갖는다. 이 경우의 해를 구하여라.

$$\begin{cases} Dy = y + 2z & \cdots ⑦ \\ Dz = z & \cdots ⑧ \end{cases} \quad \text{또는 } \frac{dY}{dx} = AY, \ Y = \begin{pmatrix} y \\ z \end{pmatrix}, \ A = \begin{pmatrix} 1 & 2 \\ 0 & 1 \end{pmatrix}$$

5. 다음 연립방정식의 일반해를 구하여라.

(1) $\begin{cases} {y_1}' = y_2 & \cdots ⑨ \\ {y_2}' = 4y_1 & \cdots ⑩ \end{cases}$

(2) $\begin{cases} {y_1}' = 3y_1 & \cdots ⑪ \\ {y_2}' = 7y_2 & \cdots ⑫ \end{cases}$

3.3 벡터계수 이용법

<I> 특수해를 구하는 벡터계수법

비제차연립미분방정식

$$\frac{dY}{dt} = AY + g(t)$$

은 선형이므로 제차 연립방정식 $\frac{dY}{dt} = AY$의 일반해 Y_h와 비제차연립방정식의 한 특수해 Y_p를 더하면 일반해 $Y = Y_h + Y_p$를 얻을 수 있다.

벡터계수법 하나의 미분방정식이 주어지는 비제차미분방정식에서 특수해를 구할 때 미정계수법을 이용하였는데, 연립방정식에서 사용되는 이와 비슷한 방법이 벡터계수이용법이다.

예를 들어,

$$\frac{dY}{dt} = AY + g, \quad A = \begin{pmatrix} 3 & 1 \\ 1 & 3 \end{pmatrix}, \; g = \begin{pmatrix} -4 \\ 6 \end{pmatrix} e^{2t}$$

의 일반해를 구하는 문세를 생각하여 보자. 고유방정식은

$$\begin{vmatrix} 3-\lambda & 1 \\ 1 & 3-\lambda \end{vmatrix} = (3-\lambda)^2 - 1 = \lambda^2 - 6\lambda + 8 = (\lambda-2)(\lambda-4) = 0$$

이므로 서로 다른 고윳값 $2, 4$를 갖는다. $\lambda = 2$에 대응되는 고유벡터는

$$\begin{pmatrix} 3-2 & 1 \\ 1 & 3-2 \end{pmatrix} \begin{pmatrix} x_1 \\ x_2 \end{pmatrix} = \begin{pmatrix} 0 \\ 0 \end{pmatrix}, \text{ 즉, } x_1 + x_2 = 0$$

의 해이므로 $X_1 = \begin{pmatrix} 1 \\ -1 \end{pmatrix}$이고, $\lambda = 4$에 대응되는 고유벡터는

$$\begin{pmatrix} 3-4 & 1 \\ 1 & 3-4 \end{pmatrix} \begin{pmatrix} x_1 \\ x_2 \end{pmatrix} = \begin{pmatrix} 0 \\ 0 \end{pmatrix}, \text{ 즉, } -x_1 + x_2 = 0$$

의 해이므로 $X_2 = \begin{pmatrix} 1 \\ 1 \end{pmatrix}$이다. 따라서 $Y_h = PZ_h$로 변수변환하면

$$\begin{pmatrix} z_{1(h)}' \\ z_{2(h)}' \end{pmatrix} = \begin{pmatrix} 2 & 0 \\ 0 & 4 \end{pmatrix} \begin{pmatrix} z_{1(h)} \\ z_{2(h)} \end{pmatrix}, \text{ 즉, } \begin{cases} z_{1(h)}' = 2z_{1(h)} \\ z_{2(h)}' = 4z_{2(h)} \end{cases}$$

가 되므로 해는 $z_{1(h)} = c_1 e^{2t}$, $z_{2(h)} = c_2 e^{4t}$이다. 그러므로

$$Y_h = PZ_h = \begin{pmatrix} 1 & 1 \\ -1 & 1 \end{pmatrix} \begin{pmatrix} c_1 e^{2t} \\ c_2 e^{4t} \end{pmatrix} = \begin{pmatrix} c_1 e^{2t} + c_2 e^{4t} \\ -c_1 e^{2t} + c_2 e^{4t} \end{pmatrix} = c_1 \begin{pmatrix} 1 \\ -1 \end{pmatrix} e^{2t} + c_2 \begin{pmatrix} 1 \\ 1 \end{pmatrix} e^{4t}.$$

주어진 미분방정식의 비제차항 e^{2t}에 대응되는 고유값 2가 A의 고유값과 일치하므로 특수해 Y_p는 다음과 같은 형태임을 짐작할 수 있다.

$$Y_p = Ute^{2t} + Ve^{2t} \quad (U, V\text{는 벡터계수})$$

이 식을 주어진 방정식에 대입하면

$$Ue^{2t} + 2Ute^{2t} + 2Ve^{2t} = Y_p' = AUte^{2t} + AVe^{2t} + \begin{pmatrix} -4 \\ 6 \end{pmatrix} e^{2t}$$

양변을 비교하여 미정계수 벡터 U, V를 구한다.

te^{2t}항 : $2U = AU$에서 U는 A의 고유값 $\lambda = 2$에 대응되는 고유벡터이므로 $U = a\begin{pmatrix} 1 \\ -1 \end{pmatrix}$

e^{2t}항 : $U + 2V = AV + \begin{pmatrix} -4 \\ 6 \end{pmatrix}$에서

$$(A - 2I)V = U - \begin{pmatrix} -4 \\ 6 \end{pmatrix} = a\begin{pmatrix} 1 \\ -1 \end{pmatrix} - \begin{pmatrix} -4 \\ 6 \end{pmatrix} = \begin{pmatrix} a+4 \\ -a-6 \end{pmatrix}$$

그런데 $A - 2I = \begin{pmatrix} 3-2 & 1 \\ 1 & 3-2 \end{pmatrix} = \begin{pmatrix} 1 & 1 \\ 1 & 1 \end{pmatrix}$이므로

$$\begin{pmatrix} 1 & 1 \\ 1 & 1 \end{pmatrix} \begin{pmatrix} v_1 \\ v_2 \end{pmatrix} = \begin{pmatrix} a+4 \\ -a-6 \end{pmatrix}, \text{ 즉, } \begin{cases} v_1 + v_2 = a+4 \\ v_1 + v_2 = -a-6 \end{cases}$$

이 방정식의 계수행렬의 행렬식은 $\begin{vmatrix} 1 & 1 \\ 1 & 1 \end{vmatrix} = 0$ 이므로 위의 방정식이 해를 가지려면 두 방정식이 비례하여야 한다. 그러므로 $a + 4 = -a - 6$, 즉, $a = -5$가 되어야 한다. 그러면

$$v_1 + v_2 = a + 4 = -1$$

이므로 $v_1 = k$라고 하면 $v_2 = -k-1$. 따라서

$$V = \begin{pmatrix} v_1 \\ v_2 \end{pmatrix} = \begin{pmatrix} k \\ -k-1 \end{pmatrix} = k\begin{pmatrix} 1 \\ -1 \end{pmatrix} + \begin{pmatrix} 0 \\ -1 \end{pmatrix}, \text{ 특히, } k = 0\text{일 때 } V = \begin{pmatrix} 0 \\ -1 \end{pmatrix}$$

그러므로 구하는 일반해는

$$Y = Y_h + Y_p = c_1\begin{pmatrix}1\\-1\end{pmatrix}e^{2t} + c_2\begin{pmatrix}1\\1\end{pmatrix}e^{4t} - 5\begin{pmatrix}1\\-1\end{pmatrix}te^{2t} + \begin{pmatrix}0\\-1\end{pmatrix}e^{2t}$$

이와 같이 하나의 방정식에서의 미정계수법의 상수대신에 벡터를 대입하여 계수를 구하는 방법을 (특수해를 구하는) **벡터계수법**이라고 부른다.

예제 1

벡터계수법으로 다음 연립방정식의 특수해를 구하여라.

$$\frac{dY}{dt} = AY + g, \quad A = \begin{pmatrix}3 & 2\\2 & 3\end{pmatrix},\ g = \begin{pmatrix}-4\\-6\end{pmatrix}e^{3t}$$

풀이 A의 고유방정식은

$$\begin{vmatrix}3-\lambda & 2\\2 & 3-\lambda\end{vmatrix} = (3-\lambda)^2 - 4 = \lambda^2 - 6\lambda + 5 = (\lambda-1)(\lambda-5) = 0$$

이므로 서로 다른 고윳값 1, 5를 갖는다. 비제차 항에 포함된 e^{3t}의 지수계수 3은 고윳값이 아니므로 특수해 Y_p는 다음과 같은 형태임을 짐작할 수 있다.

$$Y_p = Ve^{3t}\ (V\text{는 벡터계수})$$

이 식을 주어진 방정식에 대입하면

$$3Ve^{3t} = Y_p{}' = AVe^{3t} + \begin{pmatrix}-4\\-6\end{pmatrix}e^{3t},\ \text{즉},\ (A-3I)V = -\begin{pmatrix}-4\\-6\end{pmatrix} = \begin{pmatrix}4\\6\end{pmatrix}$$

3은 A의 고윳값이 아니므로 $\det(A-3I) = \det\left[\begin{pmatrix}3 & 2\\2 & 3\end{pmatrix} - 3\begin{pmatrix}1 & 0\\0 & 1\end{pmatrix}\right] = \begin{vmatrix}0 & 2\\2 & 0\end{vmatrix} \neq 0$ 이다. 그러므로 크레이머(Cramer) 공식에 의하여 다음과 같이 $V = \begin{pmatrix}v_1\\v_2\end{pmatrix}$를 구할 수 있다.

$$v_1 = \frac{\begin{vmatrix}4 & 2\\6 & 0\end{vmatrix}}{\begin{vmatrix}0 & 2\\2 & 0\end{vmatrix}} = 3,\ v_2 = \frac{\begin{vmatrix}0 & 4\\2 & 6\end{vmatrix}}{\begin{vmatrix}0 & 2\\2 & 0\end{vmatrix}} = 2$$

따라서 특수해는 $Y_p = \begin{pmatrix}3\\2\end{pmatrix}e^{3t}$이다.

<II> 일반해를 구하는 벡터계수법(다중근인 고윳값)

2중근 연립미분방정식 $\frac{dY}{dt} = AY$의 2×2 계수행렬 A의 고윳값이 2중근 μ가 된다고 하자. 고윳값 $\lambda = \mu$에 대응되는 고유벡터를 X라고 하면

$$AX = \mu X, \ (Xe^{\mu t})' = \mu Xe^{\mu t} = AXe^{\mu t}$$

이므로 $Y_1 = Xe^{\mu t}$는 하나의 해가 된다. 만약 일차독립인 또 하나의 고유벡터를 가지면 앞 절에서와 같이 대각화법을 이용하여 일반해를 구할 수 있다. 그러나 더 이상의 일차독립인 고유벡터가 존재하지 않으면 대각화법은 사용할 수 없다.

하나의 해 Y_1과 일차독립인 해를 하나 구하여 일차결합하면 일반해가 되므로

$$Y_2 = Xte^{\mu t} + Ue^{\mu t}$$

가 해가 된다고 가정하자. 방정식 $\frac{dY}{dt} = AY$에 대입하면

$$\frac{dY_2}{dt} = Xe^{\mu t} + \mu Xte^{\mu t} + \mu Ue^{\mu t} = AY_2 = AXte^{\mu t} + AUe^{\mu t}.$$

관계식 $AX = \mu X$의 양변에 $te^{\mu t}$를 곱하면

$$AXte^{\mu t} = \mu Xte^{\mu t}.$$

그러므로 위의 식은 다음과 같이 된다.

$$Xe^{\mu t} + \mu Ue^{\mu t} = AUe^{\mu t}, \text{ 즉, } X + \mu U = AU.$$

그러므로

$$(A - \mu I)U = X.$$

따라서 고윳값 μ가 2중근일 경우에 일반해는 다음과 같다.

$$Y = c_1 Xe^{\mu t} + c_2(Xte^{\mu t} + Ue^{\mu t}), \quad (A - \mu I)U = X$$

실제로 벡터 U는 X와 일차종속인 경우라고 가정하였으므로 방정식 $(A - \mu I)U = X$는 해를 갖는다. 만약 2중근인 고윳값 μ에 해당되는 일차독립인 고유벡터가 2개 존재하면 $(A - \mu I)U = X$는 풀리지 않으므로 그러한 경우에는 대각화법으로 풀면 된다.

예제 2

$\begin{cases} y_1{}' = 4y_1 - y_2 \\ y_2{}' = y_1 + 2y_2 \end{cases}$ 의 일반해를 구하여라.

풀이 $Y' = AY,\ A = \begin{pmatrix} 4 & -1 \\ 1 & 2 \end{pmatrix}$이므로 계수행렬의 특성다항식은

$$\begin{vmatrix} 4-\lambda & -1 \\ 1 & 2-\lambda \end{vmatrix} = \lambda^2 - 6\lambda + 9 = (\lambda - 3)^2 = 0$$

그러므로 고윳값은 $\lambda = 3$(중근)이다. 고유벡터는

$$\begin{pmatrix} 4-3 & -1 \\ 1 & 2-3 \end{pmatrix}\begin{pmatrix} x_1 \\ x_2 \end{pmatrix} = \begin{pmatrix} 0 \\ 0 \end{pmatrix},\ \text{즉},\ x_1 - x_2 = 0 \text{에서 } X = \begin{pmatrix} 1 \\ 1 \end{pmatrix}.$$

더 이상의 일차독립인 고유벡터는 없으므로 벡터계수법으로 해를 구한다.

하나의 해는 $Y_1 = \begin{pmatrix} 1 \\ 1 \end{pmatrix} e^{3t}$ 이다. 일차독립인 다른 해를

$$Y_2 = \begin{pmatrix} 1 \\ 1 \end{pmatrix} te^{3t} + Ue^{3t}$$

라고 놓고 방정식에 대입하면 $(A - 3I)U = X$이므로 다음을 얻는다.

$$\begin{pmatrix} 4-3 & -1 \\ 1 & 2-3 \end{pmatrix}\begin{pmatrix} u_1 \\ u_2 \end{pmatrix} = \begin{pmatrix} 1 \\ 1 \end{pmatrix},\ \text{즉},\ \begin{cases} u_1 - u_2 = 1 \\ u_1 - u_2 = 1 \end{cases}$$

$u_1 = 1$로 선택하면 $u_2 = 0$이므로 구하는 일반해는

$$Y = c_1 Y_1 + c_2 Y_2 = c_1 \begin{pmatrix} 1 \\ 1 \end{pmatrix} e^{3t} + c_2 \left[\begin{pmatrix} 1 \\ 1 \end{pmatrix} te^{3t} + \begin{pmatrix} 1 \\ 0 \end{pmatrix} e^{3t} \right].$$

3중근 연립미분방정식 $\frac{dY}{dt} = AY$의 3×3 계수행렬 A의 고윳값이 3중근 μ가 된다고 하자. 그러면 고윳값이 일단 2중근이 되므로 두 개의 일차독립인 해는 위에서와 같이 구하여 다음과 같다.

$$Y_1 = Xe^{\mu t},\ Y_2 = Xte^{\mu t} + Ue^{\mu t},\quad (A - \mu I)U = X$$

한편, 선형미분방정식 $(D-3)^2 y = e^{3x}$의 특수해는

$$y_p = \frac{1}{(D-3)^2} e^{3x} = e^{3x} \frac{1}{(D+3-3)^2}(1) = e^{3x} \frac{1}{D^2}(1) = e^{3x} \frac{1}{D}(x) = \frac{1}{2} x^2 e^{3x}$$

로 주어진다. 이와 유사하게 연립방정식의 세 번째 일차독립인 해는

$$Y_3 = \frac{1}{2}Xt^2e^{\mu t} + Ute^{\mu t} + Ve^{\mu t}$$

의 형태임을 짐작할 수 있다. 이 함수를 주어진 방정식에 대입하여 정리하면 다음이 성립한다.

$$(A-\mu I)U = X, \ (A-\mu I)V = U$$

따라서 고윳값 μ가 3중근인 경우에 일반해는 다음과 같다.

$$Y = c_1 Y_1 + c_2 Y_2 + c_3 Y_3$$

$$Y_1 = Xe^{\mu t}, \ Y_2 = Xte^{\mu t} + Ue^{\mu t}, \ Y_3 = \frac{1}{2}Xt^2e^{\mu t} + Ute^{\mu t} + Ve^{\mu t}$$

$$(A-\mu I)U = X, \quad (A-\mu I)V = U.$$

예제 3

$\begin{cases} y_1{}' = -y_1 - 4y_2 + 2y_3 \\ y_2{}' = 2y_1 + 5y_2 - y_3 \\ y_3{}' = 2y_1 + 2y_2 + 2y_3 \end{cases}$ 의 일반해를 벡터계수법과 대각화법으로 구할 수 있는지를 확인하여라.

풀이 (대각화법) 특성다항식은 $\begin{vmatrix} -1-\lambda & -4 & 2 \\ 2 & 5-\lambda & -1 \\ 2 & 2 & 2-\lambda \end{vmatrix} = -\lambda(\lambda-3)^2 = 0$ 이므로 고윳값은 $\lambda = 0, \ 3$(중근).

(i) $\lambda = 0$에 대응되는 고유벡터는 다음 방정식의 해이다.

$$\begin{pmatrix} -1-0 & -4 & 2 \\ 2 & 5-0 & -1 \\ 2 & 2 & 2-0 \end{pmatrix}\begin{pmatrix} x_1 \\ x_2 \\ x_3 \end{pmatrix} = \begin{pmatrix} 0 \\ 0 \\ 0 \end{pmatrix}, \text{즉, } \begin{cases} -x_1 - 4x_2 + 2x_3 = 0 \\ 2x_1 + 5x_2 - x_3 = 0 \\ 2x_1 + 2x_2 + 2x_3 = 0 \end{cases}$$

두 번째 식에서 세 번째 식을 빼면 $3x_2 - 3x_3 = 0$, 즉, $x_2 = x_3$을 얻고, 이것을 세 번째 식에 대입하면 $x_1 + 2x_2 = 0$이므로 $x_1 = -2x_2$를 얻는다. 그러므로 고유벡터는 $X_1 = \begin{pmatrix} -2 \\ 1 \\ 1 \end{pmatrix}$이 된다.

(ii) $\lambda = 3$(중근)에 대응되는 고유벡터는

$$\begin{pmatrix} -1-3 & -4 & 2 \\ 2 & 5-3 & -1 \\ 2 & 2 & 2-3 \end{pmatrix}\begin{pmatrix} x_1 \\ x_2 \\ x_3 \end{pmatrix} = \begin{pmatrix} 0 \\ 0 \\ 0 \end{pmatrix}, \text{ 즉, } \begin{cases} -4x_1 - 4x_2 + 2x_3 = 0 \\ 2x_1 + 2x_2 - \ x_3 = 0 \\ 2x_1 + 2x_2 - \ x_3 = 0 \end{cases}$$

의 해이다. 두 번째 방정식에서 $x_3 = 0$으로 선택하면 $x_1 = -x_2$이므로 고유벡터는 $X_2 = \begin{pmatrix} -1 \\ 1 \\ 0 \end{pmatrix}$이 되고, $x_2 = 0$으로 선택하면 $2x_1 - x_3 = 0$이므로 또 하나의 고유벡터는 $X_3 = \begin{pmatrix} 1 \\ 0 \\ 2 \end{pmatrix}$가 된다. 지금까지 구한 세 개의 고유벡터의 행렬식은

$$\begin{vmatrix} -2 & -1 & 1 \\ 1 & 1 & 0 \\ 1 & 0 & 2 \end{vmatrix} = \begin{vmatrix} -1 & 0 & 1 \\ 1 & 1 & 0 \\ 1 & 0 & 2 \end{vmatrix} = -3 \neq 0$$

을 만족하므로 고유벡터 X_1, X_2, X_3는 일차독립이다. 따라서 변수변환행렬은

$$P = \begin{pmatrix} -2 & -1 & 1 \\ 1 & 1 & 0 \\ 1 & 0 & 2 \end{pmatrix}$$

가 되며, 주어진 방정식에 $Y = PZ$의 변수변환을 취하면

$$Z' = DZ = \begin{pmatrix} 0 & 0 & 0 \\ 0 & 3 & 0 \\ 0 & 0 & 3 \end{pmatrix} Z, \text{ 즉, } \begin{cases} z_1{}' = 0 \\ z_2{}' = 3z_2 \\ z_3{}' = 3z_3 \end{cases}.$$

변수분리형이므로 적분하여 일반해를 구하면 $z_1 = c_1,\ \ z_2 = c_2 e^{3t},\ \ z_3 = c_3 e^{3t}$가 된다. 그러므로 주어진 연립방정식의 일반해는

$$Y = PZ = \begin{pmatrix} -2 & -1 & 1 \\ 1 & 1 & 0 \\ 1 & 0 & 2 \end{pmatrix}\begin{pmatrix} c_1 \\ c_2 e^{3t} \\ c_3 e^{3t} \end{pmatrix} = \begin{pmatrix} -2c_1 - c_2 e^{3t} + c_3 e^{3t} \\ c_1 + c_2 e^{3t} \\ c_1 + 2c_3 e^{3t} \end{pmatrix}$$

$$= c_1 \begin{pmatrix} -2 \\ 1 \\ 1 \end{pmatrix} + c_2 \begin{pmatrix} -1 \\ 1 \\ 0 \end{pmatrix} e^{3t} + c_3 \begin{pmatrix} 1 \\ 0 \\ 2 \end{pmatrix} e^{3t} = c_1 X_1 + c_2 X_2 e^{3t} + c_3 X_3 e^{3t}.$$

(벡터계수법을 적용하는 경우)

특성다항식은 $\begin{vmatrix} -1-\lambda & -4 & 2 \\ 2 & 5-\lambda & -1 \\ 2 & 2 & 2-\lambda \end{vmatrix} = -\lambda(\lambda-3)^2 = 0$ 이므로

고윳값은 $\lambda = 0,\ 3$(중근).

(i) $\lambda = 0$에 대응되는 고유벡터는 다음 방정식의 해이다.

$$\begin{pmatrix} -1-0 & -4 & 2 \\ 2 & 5-0 & -1 \\ 2 & 2 & 2-0 \end{pmatrix}\begin{pmatrix} x_1 \\ x_2 \\ x_3 \end{pmatrix} = \begin{pmatrix} 0 \\ 0 \\ 0 \end{pmatrix}, \text{ 즉, } \begin{cases} -x_1 - 4x_2 + 2x_3 = 0 \\ 2x_1 + 5x_2 - x_3 = 0 \\ 2x_1 + 2x_2 + 2x_3 = 0 \end{cases}$$

두 번째 식에서 세 번째 식을 빼면 $3x_2 - 3x_3 = 0$, 즉, $x_2 = x_3$을 얻고, 이것을 세 번째 식에 대입하면 $x_1 + 2x_2 = 0$이므로 $x_1 = -2x_2$를 얻는다. 그러므로 고유벡터는 $X_1 = \begin{pmatrix} -2 \\ 1 \\ 1 \end{pmatrix}$이 되고 이에 대응하는 해는 $Y_1 = X_1 e^{\lambda_1 t} = \begin{pmatrix} -2 \\ 1 \\ 1 \end{pmatrix} e^0 = \begin{pmatrix} -2 \\ 1 \\ 1 \end{pmatrix}$이다.

(ii) $\lambda = 3$(중근)에 대응되는 고유벡터는

$$\begin{pmatrix} -1-3 & -4 & 2 \\ 2 & 5-3 & -1 \\ 2 & 2 & 2-3 \end{pmatrix}\begin{pmatrix} x_1 \\ x_2 \\ x_3 \end{pmatrix} = \begin{pmatrix} 0 \\ 0 \\ 0 \end{pmatrix}, \text{ 즉, } \begin{cases} -4x_1 - 4x_2 + 2x_3 = 0 \\ 2x_1 + 2x_2 - x_3 = 0 \\ 2x_1 + 2x_2 - x_3 = 0 \end{cases}$$

의 해이다. 두 번째 방정식에서 $x_3 = 0$으로 선택하면 $x_1 = -x_2$이므로 고유벡터는 $X_2 = \begin{pmatrix} -1 \\ 1 \\ 0 \end{pmatrix}$이 되고, 대응되는 해는 $Y_2 = X_2 e^{\lambda_2 t} = \begin{pmatrix} -1 \\ 1 \\ 0 \end{pmatrix} e^{3t}$이다.

(iii) 한편, 중근인 경우의 벡터계수법을 이용하여 보면, 세 번째의 일차독립인 해는 다음의 형태이다.

$$Y_3 = X_2 t e^{\lambda_2 t} + U e^{\lambda_2 t}, \quad \text{단, } (A - \lambda_2 I)U = X_2.$$

$(A - \lambda_2 I)U = X_2$를 성분으로 표시하면

$$\begin{pmatrix} -1-3 & -4 & 2 \\ 2 & 5-3 & -1 \\ 2 & 2 & 2-3 \end{pmatrix}\begin{pmatrix} u_1 \\ u_2 \\ u_3 \end{pmatrix} = \begin{pmatrix} -1 \\ 1 \\ 0 \end{pmatrix}, \text{ 즉, } \begin{cases} -4x_1 - 4x_2 + 2x_3 = -1 \\ 2x_1 + 2x_2 - x_3 = 1 \\ 2x_1 + 2x_2 - x_3 = 0 \end{cases}$$

이 연립방정식은 두 번째 식과 세 번째 식의 좌변은 같은데 우변은 같지 않다. 따라서 해가 존재하지 않는다. 그러므로 다중근인 경우의 벡터계수법으로는 풀 수 없다. 따라서 대각화법으로 풀어야 한다.

<III> 고계미분방정식의 1계 연립미분방정식으로의 변환

n계 미분방정식

$$y^{(n)} = F(t, y, y', y'', \cdots, y^{(n-1)})$$

을 다음과 같이 변환한다.

$$\begin{cases} y' = y_1 \\ y_1{}' = y_2 \\ y_2{}' = y_3 \\ \cdots\cdots\cdots \\ y_{n-2}{}' = y_{n-1} \\ y_{n-1}{}' = F(t, y, y_1, y_2, \cdots, y_{n-2}) \end{cases}$$

이 식은 1계연립미분방정식이며, 연립미분방정식의 해를 구하여 y를 선택하면 주어진 미분방정식의 해가 된다.

예제 4

$y'' - 9y = 0$의 일반해를 연립1계미분방정식으로 변환하여 구하여라.

풀이 연립미분방정식으로 변형하면 $\begin{cases} y' = y_1 \\ y_1{}' = y'' = 9y \end{cases}$ 이므로 행렬로 나타내면 다음과 같다.

$$Y' = \begin{pmatrix} y' \\ y_1{}' \end{pmatrix} = \begin{pmatrix} 0 & 1 \\ 9 & 0 \end{pmatrix}\begin{pmatrix} y \\ y_1 \end{pmatrix} = \begin{pmatrix} 0 & 1 \\ 9 & 0 \end{pmatrix} Y.$$

계수행렬의 특성다항식은 $\begin{vmatrix} 0-\lambda & 1 \\ 9 & 0-\lambda \end{vmatrix} = \lambda^2 - 9 = 0$ 이므로 고윳값은 $\lambda = 3, -3$.

$$\lambda = 3 \text{일 때 } \begin{pmatrix} 0-3 & 1 \\ 9 & 0-3 \end{pmatrix}\begin{pmatrix} x_1 \\ x_2 \end{pmatrix} = \begin{pmatrix} 0 \\ 0 \end{pmatrix}, \text{즉}, -3x_1 + x_2 = 0 \text{이므로 } X_1 = \begin{pmatrix} 1 \\ 3 \end{pmatrix}$$

$$\lambda = -3 \text{일 때 } \begin{pmatrix} 0+3 & 1 \\ 9 & 0+3 \end{pmatrix}\begin{pmatrix} x_1 \\ x_2 \end{pmatrix} = \begin{pmatrix} 0 \\ 0 \end{pmatrix}, \text{즉}, 3x_1 + x_2 = 0 \text{이므로 } X_2 = \begin{pmatrix} 1 \\ -3 \end{pmatrix}.$$

그러므로 변수변환행렬은 $P = \begin{pmatrix} 1 & 1 \\ 3 & -3 \end{pmatrix}$이다. $Y = PZ$로 변수변환하면 주어진 방정식은

$$Z' = DZ = \begin{pmatrix} 3 & 0 \\ 0 & -3 \end{pmatrix} Z, \text{즉}, \begin{cases} z_1{}' = 3z_1 \\ z_2{}' = -3z_2 \end{cases}$$

이므로 변수분리하여 적분하면 $z_1 = c_1 e^{3t}$, $z_2 = c_2 e^{-3t}$가 된다. 그러므로

$$\begin{pmatrix} y \\ y_1 \end{pmatrix} = Y = PZ = \begin{pmatrix} 1 & 1 \\ 3 & -3 \end{pmatrix}\begin{pmatrix} c_1 e^{3t} \\ c_2 e^{-3t} \end{pmatrix} = \begin{pmatrix} c_1 e^{3t} + c_2 e^{-3t} \\ 3c_1 e^{3t} - 3c_2 e^{-3t} \end{pmatrix}.$$

따라서 구하는 해는 $y = c_1 e^{3t} + c_2 e^{-3t}$이다.

연습문제 (3.3)

1. 벡터계수법으로 다음 연립방정식의 특수해를 구하여라.

$$\frac{dY}{dt} = AY + g, \quad A = \begin{pmatrix} 3 & 1 \\ 1 & 3 \end{pmatrix}, \ g = \begin{pmatrix} -6 \\ 2 \end{pmatrix} e^{-3t}$$

2. $\begin{cases} y_1{}' = 4y_1 + y_2 \\ y_2{}' = -y_1 + 2y_2 \end{cases}$ 의 일반해를 구하여라.

3. 계수행렬의 고유값과 고유벡터를 사용하여 다음 연립미분방정식의 해를 구하여라.

$$\begin{pmatrix} y_1{}' \\ y_2{}' \end{pmatrix} = \begin{pmatrix} 1 & 1 \\ -1 & 3 \end{pmatrix} \begin{pmatrix} y_1 \\ y_2 \end{pmatrix}$$

4. 미분방정식 $y'' + 2y' + 10y = 0$을 1계연립방정식으로 변형하고, 계수행렬의 고유값과 고유벡터를 이용하여 해를 구하여라.

3.4 미분방정식의 수치해법

<I> 1계미분방정식의 수치해법

[1] 오일러 방법

오일러공식

$$y' = f(x, y),\ y(x_0) = y_0 \tag{1}$$

에서 $x_1 = x_0 + h,\ y(x_1) = y_1$이라고 하면

$$y_1 = y_0 + \Delta y,\ \frac{\Delta y}{\Delta x} = \frac{y_1 - y_0}{x_1 - x_0} \fallingdotseq y'(x_0) = f(x_0, y_0)$$

으로부터 $\Delta y \fallingdotseq f(x_0, y_0)h\,(h = x_1 - x_0 = \Delta x)$를 얻으므로 h가 충분히 작은 경우에

$$y_1 = y(x_1) \fallingdotseq y_0 + hf(x_0, y_0) \tag{2}$$

테일러 정리에 의하여

$$y_1 = y_0 + (x_1 - x_0)y'(x_0) + \frac{1}{2}(x_1 - x_0)^2 y''(\xi_0)\ (x_0 < \xi_0 < x_1).$$

따라서 y_1의 근삿값을

$$y_1 = y_0 + (x_1 - x_0)y'(x_0)$$

$$= y_0 + hf(x_0, y_0)$$

로 선택하면 오차는 다음과 같다.

$$\text{오차} = \frac{1}{2}(x_1 - x_0)^2 y''(\xi_0) = \frac{1}{2}h^2 y''(\xi_0)\ (x_0 < \xi_0 < x_1)\ .$$

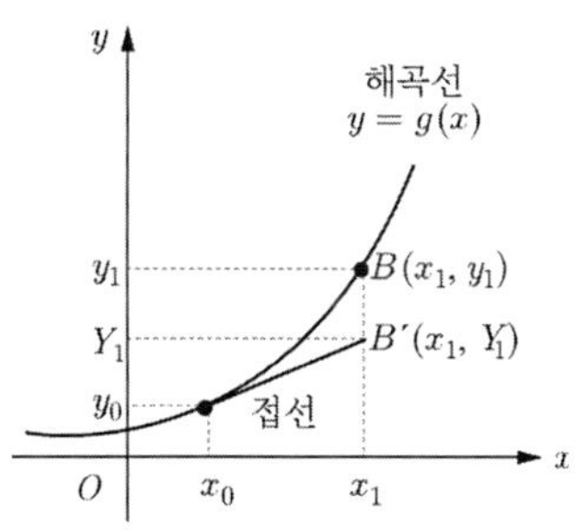

근사공식 (2)를 **오일러공식**이라고 부르는데, 이 공식의 기하학적 의미를 살펴보면 오른쪽 그림에서 점 B'의 y좌표 Y_1이 점 $B(x_1, y_1)$의 y좌표 y_1의 근삿값이다. 오른쪽 그림에서 $\frac{y_1 - y_0}{h} \fallingdotseq y_0'$이므로 $y_1 \fallingdotseq y_0 + hy_0'$이 된다.

한편 $x = b$에서 (1)의 해를 구할 때, b가 x_0에서 가까운

점이 아니고, 좀 떨어져 있을 때 $y(b)$를 구하려면 구간 (x_0, b)를 적당히 N등분하여, 분점을 차례로 $x_0,\ x_1,\ \cdots,\ x_N$ 이라고 하면, 다음의 공식을 반복적으로 이용하여 $y(x_N) = y(b)$의 근삿값을 구하는 방법이 **오일러방법**(Euler)이다.

오일러 공식

$$y_0 = y(x_0) \Rightarrow y_n = y_{n-1} + hf(x_{n-1}, y_{n-1}),\ n = 1, 2, \cdots,\ N\ \Rightarrow y_N \fallingdotseq y(b)$$

여기서 $h = \dfrac{x_N - x_0}{N}$, $y_1, \cdots, y_{N-1}$은 $x_1,\ x_2,\ \cdots,\ x_{N-1}$ 에서의 오일러공식에 의한 y의 근삿값이다.

예제 1

미분방정식의 초깃값문제 $y' = 1 - 2xy,\ y(0) = 1$에 대하여 $y(0.01),\ y(0.02)$의 근삿값을 구하여라.

풀이 $x_0 = 0$일 때 $y_0 = y(0) = 1$이므로 $f(x_0, y_0) = 1 - 2(0)(1) = 1$. 따라서 $h = 0.01$일 때,

$$y_1 = y_0 + hf(x_0, y_0) = 1 + 0.01(1) = 1.01$$

$x_1 = 0.01$일 때, $f(x_1, y_1) = 1 - 2(0.01)(1.01) = 0.9798$이므로

$$y_2 = y_1 + hf(x_1, y_1) = 1.01 + 0.01(0.9798) = 1.019798\ .$$

오일러공식 알고리듬 1계미분방정식의 초깃값문제 $y' = f(x, y),\ y(x_0) = y_0$에서 $y(x_1),\ y(x_2),\ \cdots, y(x_N)$ 의 값을 오일러의 방법으로 구하는 알고리듬은 다음과 같다.

Algorithm Euler Method

1. Input $\{x_0,\ y_0,\ N\}$
2. For $i = 1$ to N do
   2.1 $y_1 = y_0 + hf(x_0, y_0)$
   2.2 $x_0 = x_0 + h$
2.3 $y_0 = y_1$
3. End

[2] 수정 오일러 법

초깃값문제 $y' = f(x, y),\ y(x_0) = y_0$ 에서 $x_1 = x_0 + h,\ y(x_1) = y_1$ 이라고 하면

$$\begin{aligned}\int_{y_0}^{y_1} dy &= \int_{x_0}^{x_1} f(x, y)dx \qquad (1)\\ &= \int_{x_0}^{x_1} f(x, y(x))dx \fallingdotseq \int_{x_0}^{x_1} f(x_0, y(x_0))dx \\ &= \int_{x_0}^{x_1} f(x_0, y_0)dx = f(x_0, y_0)(x_1 - x_0) = hf(x_0, y_0).\end{aligned}$$

그런데 $\int_{y_0}^{y_1} dy = y_1 - y_0$ 이므로

$$y_1 - y_0 \fallingdotseq hf(x_0, y_0) \quad \therefore y_1 \fallingdotseq y_0 + hf(x_0,\ y_0) = y_0 + hf_0$$

이것은 오일러 공식이다. 이제 (1)식의 우변의 적분을 사다리꼴의 공식을 이용하여 계산하면

$$y_1 - y_0 = \int_{x_0}^{x_1} f(x, y(x))dx \ \fallingdotseq \frac{h}{2}[f(x_0, y_0) + f(x_1, y_1)]$$

$$\therefore y_1 = y_0 + \frac{h}{2}[f(x_0, y_0) + f(x_1, y_1)]. \qquad (2)$$

그런데 (2)식의 우변은 y_1을 포함하므로, 이 공식으로 y_1을 구할 수는 없다. 따라서 (2)식의 우변의 y_1을 오일러 공식에 의하여 구한 값 $\widehat{y_1}$로 바꾸어서 다음과 같이 y_1을 구한다.

$$y_1 = y_0 + \frac{h}{2}[f(x_0, y_0) + f(x_1, \widehat{y_1})]$$

$$\text{단, } \widehat{y_1} \fallingdotseq y_0 + hf(x_0,\ y_0)$$

이러한 방법을 **수정 오일러 법**이라 한다. 이 방법은 오일러 방법으로 예측하고, 사다리꼴의 공식으로 예측 값을 수정한다고 하여 **예측–수정법**이라고도 한다.

예제 2

초깃값문제 $y' = x + y,\ y(0) = 1$을 $h = 0.1$로 하여 예측-수정법으로 $y(0.2)$의 값을

구하여라.

풀이 $x_0 = 0,\ x_1 = 0.1,\ x_2 = 0.2$ 이므로

1단계 $\widehat{y_1} = y_0 + hf(x_0, y_0) = 1 + 0.1(0+1) = 1.1$ 이므로

$$y(0.1) = y_1 = y_0 + \frac{h}{2}[f(x_0, y_0) + f(x_1, \widehat{y_1})]$$

$$= y_0 + \frac{h}{2}[(x_0 + y_0) + (x_1 + \widehat{y_1})]$$

$$= 1 + 0.05[(0+1) + (0.1 + 1.1)] = 1.11$$

2단계 $\widehat{y_2} = y_1 + hf(x_1, y_1) = y_1 + h(x_1 + y_1) = 1.11 + 0.1(0.1 + 1.11) = 1.231$ 이므로

$$y_2 = y_1 + \frac{h}{2}[f(x_1, y_1) + f(x_2, \widehat{y_2})]$$

$$= y_1 + \frac{h}{2}[(x_1 + y_1) + (x_2 + \widehat{y_2})]$$

$$= 1.11 + 0.05[(0.1 + 1.11) + (0.2 + 1.231)]$$

$$= 1.11 + 0.05(2.641) = 1.24205.$$

(실제의 참값은 $y(0.1) = 1.1103,\ y(0.2) = 1.2432$ 이다.)

수정을 여러 번 할 수도 있는데, 수정을 두 번 하는 경우의 수정공식은 다음과 같다.

- 1회수정 : $y^*_{i+1} = y_i + \frac{h}{2}[f(x_i, y_i) + f(x_{i+1}, \hat{y}_{i+1})]$
- 2회수정 : $y^{**}_{i+1} = y_i + \frac{h}{2}[f(x_i, y_i) + f(x_{i+1}, y^*_{i+1})]$

예제 3

$y' = x + y,\ y(0) = 1$ 에서 $h = 0.1$ 로 하고, 각 단계에서 2회 수정할 때, $y(0.2) = y_1^{**}$ 를 구하여라.

풀이 $\widehat{y_1} = y_0 + hf(x_0, y_0) = 1 + 0.1(0+1) = 1.1$ 이므로

1단계 $y_1^* = y_0 + \frac{h}{2}[(x_0 + y_0) + (x_1 + \widehat{y_1})] = 1.11$

$$y_1^{**} = y_0 + \frac{h}{2}[(x_0 + y_0) + (x_1 + y_1^*)]$$

$$= 1 + 0.05[(0+1) + (0.1 + 1.11)] = 1.1105$$

2단계 $\widehat{y_2} = y_1 + hf(x_1, y_1) = 1.1105 + 0.1(0.1 + 1.1105) = 1.23155$ 이므로

$$y_2^* = y_1 + \frac{h}{2}[(x_1 + y_1) + (x_2 + \widehat{y_2})]$$

$$= 1.1105 + 0.05[(0.1 + 1.1105) + (0.2 + 1.23155)] = 1.242603$$

$$y_2^{**} = y_1 + \frac{h}{2}[(x_1 + y_1) + (x_2 + y_2^*)]$$

$$= 1.1105 + 0.05[(0.1 + 1.1105) + (0.2 + 1.242603)]$$

$$= 1.243155125 \fallingdotseq 1.2432.$$

[3] 4차의 룽게–쿠타법

초깃값문제 $y' = f(x, y)$, $y(x_0) = y_0$, $x_1 = x_0 + h$에서 **4차의 룽게–쿠타**(Runge-Kutta)법에 의하여 $y_1 = y(x_1)$의 근삿값을 구하는 공식은 다음과 같다.

$$y_1 = y_0 + \frac{1}{6}(k_1 + 2k_2 + 2k_3 + k_4)$$

$$k_1 = hf(x_0, y_0)$$

$$k_2 = hf(x_0 + \frac{h}{2}, y_0 + \frac{k_1}{2})$$

$$k_3 = hf(x_0 + \frac{h}{2}, y_0 + \frac{k_2}{2})$$

$$k_4 = hf(x_0 + h, y_0 + k_3).$$

예제 4

$y' = x + y$, $0 \leq x \leq 1$, $y(0) = 2$에 $h = 0.5(n = 2)$로 하여 4차의 룽게-쿠타법을 적용하여 $y(1)$을 구하여라.

풀이 (i) $y_1 = y(0.5)$를 구한다.

$$k_1 = hf(x_0, y_0) = 0.5(x_0 + y_0) = 0.5(0 + 2) = 1.0$$

$$k_2 = hf(x_0 + \frac{h}{2}, y_0 + \frac{k_1}{2}) = 0.5(0 + 0.25 + 2 + \frac{1.0}{2}) = 1.375$$

$$k_3 = hf(x_0 + \frac{h}{2}, y_0 + \frac{k_2}{2}) = 0.5(0 + \frac{0.5}{2} + 2 + \frac{1.375}{2}) = 1.4688$$

$$k_4 = hf(x_0 + h, y_0 + k_3) = 0.5[(0 + 0.5) + (2 + 1.4688)] \fallingdotseq 1.9844$$

$$y_1 = y_0 + \frac{1}{6}(k_1 + 2k_2 + 2k_3 + k_4)$$

$$= 2 + \frac{1}{6}(1.0 + 2(1.375) + 2(1.4688) + 1.9844) \fallingdotseq 3.445$$

(ii) $y_2 = y(1)$를 구한다.

$$k_1 = hf(x_1, y_1) = 0.5(0.5 + 3.445) = 1.9725$$

$$k_2 = hf\left(x_1 + \frac{h}{2}, y_1 + \frac{k_1}{2}\right) = 0.5\left[\left(0.5 + \frac{0.5}{2}\right) + \left(3.445 + \frac{1.9725}{2}\right)\right] \fallingdotseq 2.5906$$

$$k_3 = hf\left(x_1 + \frac{h}{2}, y_1 + \frac{k_2}{2}\right) = 0.5\left[\left(0.5 + \frac{0.5}{2}\right) + \left(3.445 + \frac{2.5906}{2}\right)\right] \fallingdotseq 2.7452$$

$$k_4 = hf(x_1 + h, y_1 + k_3) = 0.5[(0.5 + 0.5) + (3.445 + 2.7452)] \fallingdotseq 3.5951$$

$$y_2 = y_1 + \frac{1}{6}(k_1 + 2k_2 + 2k_3 + k_4)$$

$$= 3.445 + \frac{1}{6}(1.9725 + 2(2.5906) + 2(2.7452) + 3.5951) \fallingdotseq 6.1515.$$

위의 예제의 문제를 해석적으로 풀면 $y' - y = x$의 일반해는 $y = ce^x - x - 1$. $y(0) = 2$이므로 $y(0) = c - 1 = 2$에서 $c = 3$. 그러므로 $y = 3e^x - x - 1$. 따라서 $y(1) = 3e - 1 - 1 \fallingdotseq 6.154845$이므로 절대오차$< 0.0033$ 정도의 오차가 있으나, 구간을 더 여러 등분해서 4차의 룽게-쿠타법을 적용하면 더 좋은 근삿값을 얻을 수 있다.

참고로 오일러법은 h^2 정도의 오차가 있고, 4차의 룽게-쿠타법은 h^5 정도의 오차가 있다.

<II> 1계 연립미분방정식의 수치해법

[1] 오일러방법에 의한 해법

연립1계 미분방정식의 초깃값문제

$$\begin{cases} \dfrac{dx}{dt} = f(t, x, y) \\ \dfrac{dy}{dt} = g(t, x, y) \end{cases} \quad \text{단,} \ \begin{cases} x(t_0) = x_0 \\ y(t_0) = y_0 \end{cases}$$

의 오일러의 해법은 다음과 같다.

연립미분방정식의 오일러 해법

$$\begin{cases} x_{i+1} = x_i + hf(t_i, x_i, y_i) \\ y_{i+1} = y_i + hg(t_i, x_i, y_i) \end{cases} \quad \text{단, } h = t_{i+1} - t_i$$

예제 5

다음에 주어진 연립방정식의 수치적인 해를 구간 $[0, 0.1]$에서 $h = 0.02$로 하여 오일러의 방법으로 $t = 0.02$에서의 x_1, y_1 및 $t = 0.04$에서의 x_2, y_2를 구하여라.

$$\begin{cases} \dfrac{dx}{dt} = x + 2y \\ \dfrac{dy}{dt} = 3x + 2y \end{cases} \quad \text{단, } \begin{cases} x(0) = 6 \\ y(0) = 4 \end{cases}$$

풀이 $t_0 = 0,\ x_0 = 6,\ y_0 = 4;\ f(t, x, y) = x + 2y,\ g(t, x, y) = 3x + 2y$

$f_0 = f(0, 6, 4) = 6 + 2(4) = 14,\ g_0 = g(0, 6, 4) = 3(6) + 2(4) = 26$

$x_1 = x_0 + hf_0 = 6 + 0.02(14) = 6.28$

$y_1 = y_0 + hg_0 = 4 + 0.02(26) = 4.52$

$f_1 = f(0.02,\ 6.28,\ 4.52) = 6.28 + 2(4.52) = 15.32$

$g_1 = g(0.02,\ 6.28,\ 4.52) = 3(6.28) + 2(4.52) = 27.88$

$x_2 = x_1 + hf_1 = 6.28 + 0.02(15.32) = 6.5864$

$y_2 = y_1 + hg_1 = 4.52 + 0.02(27.88) = 5.0776$

[2] 4차의 룽게-쿠타방법

연립미분방정식의 4차 Runge-Kutta 해법

$$\begin{cases} x_{i+1} = x_i + \dfrac{1}{6}(k_1 + 2k_2 + 2k_3 + k_4) \\ y_{i+1} = y_i + \dfrac{1}{6}(l_1 + 2l_2 + 2l_3 + l_4) \end{cases}$$

$$k_1 = hf(t_i, x_i, y_i),\ h = t_{i+1} - t_i \qquad l_1 = hg(t_i, x_i, y_i)$$

$$k_2 = hf\left(t_i + \frac{h}{2}, x_i + \frac{k_1}{2}, y_i + \frac{l_1}{2}\right) \qquad l_2 = hg\left(t_i + \frac{h}{2}, x_i + \frac{k_1}{2}, y_i + \frac{l_1}{2}\right)$$

$$k_3 = hf\left(t_i + \frac{h}{2}, x_i + \frac{k_2}{2}, y_i + \frac{l_2}{2}\right) \qquad l_3 = hg\left(t_i + \frac{h}{2}, x_i + \frac{k_2}{2}, y_i + \frac{l_2}{2}\right)$$

$$k_4 = hf(t_i + h,\ x_i + k_3,\ y_i + l_3) \qquad l_4 = hg(t_i + h,\ x_i + k_3,\ y_i + l_3)$$

예제 6

다음 연립미분방정식의 초깃값문제의 수치적인 해를 구간 $[0, 0.02]$에서 $h = 0.02$로 하여 $x(0.01), y(0.01)$의 값을 4차의 룽게-쿠타법으로 구하여라.

$$\begin{cases} \dfrac{dx}{dt} = x + 2y \\ \dfrac{dy}{dt} = 3x + 2y \end{cases} \quad \text{단,} \ \begin{cases} x(0) = 6 \\ y(0) = 4 \end{cases}$$

풀이 $k_1 = 0.02\,f(0, 6, 4) = 0.02(6 + 2 \cdot 4) = 0.28$

$l_1 = 0.02\,g(0, 6, 4) = 0.02(3 \cdot 6 + 2 \cdot 4) = 0.52$

$x_0 + \dfrac{k_1}{2} = 6 + \dfrac{0.28}{2} = 6.14,\ y_0 + \dfrac{l_1}{2} = 4 + \dfrac{0.52}{2} = 4.26$

$k_2 = 0.02\,f(0.01, 6.14, 4.26) = 0.2932$

$l_2 = 0.02\,g(0.01, 6.14, 4.26) = 0.5388$

$x_0 + \dfrac{k_2}{2} = 6.1466,\ y_0 + \dfrac{l_2}{2} = 4.2694$

$k_3 = 0.02\,f(0.01, 6.1466, 4.2694) = 0.2937$

$l_3 = 0.02\,g(0.01, 6.1466, 4.2694) = 0.5396$

$x_0 + k_3 = 6.2937,\ y_0 + l_3 = 4.5396$

$k_4 = 0.02\,f(0.02, 6.2937, 4.5396) = 0.30746$

$l_4 = 0.02\,g(0.02, 6.2937, 4.5396) = 0.5592$

$$\begin{cases} x_1 = 6 + \dfrac{1}{6}(0.28 + 2 \cdot 0.2932 + 2 \cdot 0.2937 + 0.30746) = 6.2935 \\ y_1 = 4 + \dfrac{1}{6}(0.52 + 2 \cdot 0.5388 + 2 \cdot 0.5396 + 0.5592) = 4.539 \end{cases}$$

<III> 고계 미분방정식의 수치해법

[1] 오일러법에 의한 해법

2계미분방정식의 초깃값문제

$$y'' = f(x, y, y'),\ y(x_0) = y_0,\ y'(x_0) = y_0'$$

은 $y' = z,\ y'' = z'$으로 치환하면 계수가 하나 낮은 1계 연립미분방정식

$$\begin{cases} y' = z,\ y(x_0) = y_0 \\ z' = f(x, y, z),\ z(x_0) = y_0' \end{cases}$$

으로 나타내진다. 따라서 1계 연립미분방정식의 초깃값문제에 대한 수치해법으로 해를 구할 수 있다.

이 연립방정식에 대한 오일러 해법은 다음과 같다.

오일러법에 의한 2계미분방정식의 해법

$y'' = f(x, y, y'),\ y(x_0) = y_0,\ y'(x_0) = y_0'$은 $y' = z,\ y'' = z'$으로 치환하여, 연립방정식

$$y' = z,\ y(x_0) = y_0,\ \ z' = f(x, y, z),\ z(x_0) = y_0'$$

을 만들고, 다음의 식으로 해를 구한다.

$$y_1 = y_0 + hz_0,\ \ z_1 = z_0 + hf(x_0, y_0, z_0)\ \text{또는}$$

$$y_{i+1} = y_i + hz_i,\ \ z_{i+1} = z_i + hf(x_i, y_i, z_i)$$

[2] 수정 오일러법에 의한 해법

2계미분방정식의 초깃값문제

$$y'' = f(x, y, y'),\ y(x_0) = y_0,\ y'(x_0) = y_0'$$

을 $y' = z,\ y'' = z'$으로 치환하여 다음의 1계연립방정식을 얻는다.

$$y' = z,\ y(x_0) = y_0,\ \ z' = f(x, y, z),\ z(x_0) = y_0'$$

예측값 $\hat{y}_{i+1}$은 오일러 공식으로, 수정값 y_{i+1}은 사다리꼴 공식으로 구한다.

수정 오일러법

(1) $\hat{y}_{i+1} = y_i + hz_i,\ \ \hat{z}_{i+1} = hf(x_i, y_i, z_i)$에 의하여 오일러 공식으로 예측하고

(2) $y_{i+1} = y_i + \dfrac{h}{2}(z_i + \hat{z}_{i+1})$,

$z_{i+1} = z_i + \dfrac{h}{2}\left[f(x_i, y_i, z_i) + f(x_{i+1}, \hat{y}_{i+1}, \hat{z}_{i+1})\right]$로 수정한다.

[3] 룽게쿠타법에 의한 해법

2계미분방정식의 초깃값문제

$$y'' = f(x, y, y'),\ y(x_0) = y_0,\ y'(x_0) = y_0'$$

을 $y' = z,\ y'' = z'$으로 치환하여 다음의 1계연립방정식을 얻는다.

$$y' = z,\ y(x_0) = y_0,\ \ z' = f(x, y, z),\ z(x_0) = y_0'$$

해는 다음의 4차 룽게쿠타법 공식에 의하여 구할 수 있다.

4차 룽게쿠타 해법

$$\begin{cases} y_1 = y_0 + \dfrac{1}{6}(k_1 + 2k_2 + 2k_3 + k_4) \\ z_1 = z_0 + \dfrac{1}{6}(l_1 + 2l_2 + 2l_3 + l_4) \end{cases}$$

$$k_1 = hz_0, \qquad l_1 = hf(x_0, y_0, z_0)$$

$$k_2 = h(z_0 + \frac{l_1}{2}) \qquad l_2 = hf(x_0 + \frac{h}{2}, y_0 + \frac{k_1}{2}, z_0 + \frac{l_1}{2})$$

$$k_3 = h(z_0 + \frac{l_2}{2}) \qquad l_3 = hf(x_0 + \frac{h}{2}, y_0 + \frac{k_2}{2}, z_0 + \frac{l_2}{2})$$

$$k_4 = h(z_0 + l_3) \qquad l_4 = hf(x_0 + h,\ y_0 + k_3,\ z_0 + l_3)$$

연습문제 (3.4)

1. 초깃값문제 $y' = (1+x)y,\ y(0) = 1$에 대하여 다음 방법으로 $y(0.1)$의 값을 구하여라. 단, $h = 0.1$로 한다.

(1) 오일러 방법

(2) 2차의 룽게쿠타방법

단, **2차의 룽게쿠타법**의 공식은 다음과 같다.

$$k_1 = hf(x_0, y_0),\ k_2 = hf\left(x_0 + \frac{h}{2}, y_0 + \frac{k_1}{2}\right),\ y = y_0 + k_2 .$$

2. 문제1을 수정오일러방법으로 풀어라.

3. $y'' + y = 0, y(0) = 1,\ y'(0) = 2$일 때 $y_1 = y(0.1),\ y_2 = y(0.2)$의 값을 연립미분방정식에 대한 오일러방법으로 구하여라.

4. $\int_1^2 \frac{1}{x} dx$의 값을 사다리꼴 공식에 의하여 구하여라. 단, 적분구간 $[1, 2]$를 4등분하여 $h = 0.25$로 한다.

5. $y'' = y, y(0) = 1,\ y'(0) = 2$일 때 $y(0.2)$의 값을 오일러방법으로 구하여라. 단, $h = 0.1$.

6. $y'' - 2y' + y = x, y(0) = 1,\ y'(0) = 2$일 때 $y(0.2)$의 값을 다음 두 방법으로 구하여라. 단, $h = 0.1$이다.

(1) 오일러의 방법

(2) 수정 오일러방법

제4장 라플라스(Laplace) 변환

4.1 라플라스 변환의 정의와 성질

<I> 라플라스 변환의 정의

구간 $[0, \infty) = \{t \mid t \geq 0\}$에서 정의된 함수 $f(t)$에 대하여, s를 실수라고 할 때

$$F(s) = \int_0^\infty e^{-st} f(t)\, dt \tag{1}$$

로 정의된 함수 $F(s)$를 $f(t)$의 **라플라스변환**(Laplace transform)이라고 하고, $F(s)$ 또는 $\mathcal{L}(f)$, $L(f)$로 나타낸다.

라플라스 변환 (1)에서 $f(t)$를 $F(s)$의 **역변환**이라고 하고 기호로

$$f(t) = \mathcal{L}^{-1}(F) \ (\text{또는 } L^{-1}(F))$$

로 나타낸다.

주어진 함수는 보통 소문자로, 그 라플라스 변환은 대응되는 대문자로 나타낸다.

이상적분 (1)은 다음과 같이 정의된다.

$$\int_0^\infty e^{-st} f(t)\, dt = \lim_{T \to \infty} \int_0^T e^{-st} f(t)\, dt.$$

한편 라플라스 변환 $F(s)$의 정의역은 위의 이상적분이 존재하는 s의 집합이다.

예제 1

$f(t)=k$(k는 상수)의 라플라스 변환을 구하여라.

풀이 $\mathcal{L}(k)=\int_0^\infty e^{-st}\cdot k dt = k\lim_{T\to\infty}\int_0^T e^{-st}dt = k\lim_{T\to\infty}\left[-\frac{e^{-st}}{s}\right]_0^T$

$= k\lim_{T\to\infty}\left(-\frac{e^{-sT}}{s}+\frac{1}{s}\right)=\frac{k}{s}$

이고, 이 변환은 $s>0$인 s에 대하여 존재한다.

예제 2

다음 함수의 라플라스 변환을 구하여라.

(1) $f(t)=t$　　(2) $f(t)=e^{at}$ (단, a는 상수)

풀이 (1) $\mathcal{L}(t)=\int_0^\infty e^{-st}\cdot t dt=\left[-\frac{1}{s}e^{-st}t\right]_0^\infty-\int_0^\infty\left(-\frac{1}{s}e^{-st}\right)dt=\frac{1}{s}\int_0^\infty e^{-st}dt$

$=\frac{1}{s}\left[-\frac{1}{s}e^{-st}\right]_0^\infty=\frac{1}{s^2}\ (s>0).$

(2) $\mathcal{L}(e^{at})=\left[-\frac{1}{s-a}e^{-(s-a)t}\right]_0^\infty=-\frac{1}{s-a}(0-e^0)=\frac{1}{s-a}\ (s>a).$

<II> 변환의 존재성과 유일성

정리 1 (존재성정리)

함수 $f(t)$가 $t\geq 0$ 위의 모든 유한구간에서 구분적으로 연속인 함수이고, 어떤 상수 k와 M에 대하여 $|f(t)|\leq Me^{kt}\ (t\geq 0)$ 을 만족하면 모든 $s>k$에 대하여 $\mathcal{L}(f)$가 존재한다.

증명 $|L(f)|=\left|\int_0^\infty e^{-st}f(t)dt\right|\leq\int_0^\infty|f(t)|e^{-st}dt$

$\leq\int_0^\infty Me^{kt}e^{-st}dt=M\int_0^\infty e^{-(s-k)t}dt=M\left[-\frac{e^{-(s-k)t}}{s-k}\right]_0^\infty=\frac{M}{s-k}(s>k).$

지수위수의 함수 어떤 상수 k와 M에 대하여 $|f(t)| \leq Me^{kt}\ (t \geq 0)$를 만족하면 $f(t)$는 $[0, \infty)$에서 **지수위수의 함수**라고 부른다.

예를 들어, $\sinh t = \dfrac{e^t - e^{-t}}{2}$는

$$|\sinh t| = \left|\frac{e^t - e^{-t}}{2}\right| \leq e^t = 1e^{1 \cdot t}$$

를 만족하므로 $M=1,\ k=1$로 선택하면 지수위수함수의 정의를 만족한다. 따라서 $\sinh t$는 $[0, \infty)$에서 지수위수의 함수이다.

또한 e^t을 매크로린급수로 전개하면

$$e^t = 1 + t + \frac{1}{2!}t^2 + \cdots + \frac{1}{n!}t^n + \cdots$$

이므로 $t^n \leq (n!)e^t\ (t \geq 0)$을 만족한다. 그러므로 임의의 자연수 n에 대하여 t^n도 지수위수의 함수이다.

그러나 e^{t^2}은 지수위수의 함수가 될 수 없다. 만약 지수위수의 함수가 된다고 가정하면 어떤 상수 M, k가 존재하여 모든 $t \geq 0$에 대하여 $e^{t^2} \leq Me^{kt}$을 만족한다. 그러면 $e^{t^2}/e^{kt} = e^{t^2 - kt} \leq M$이 되므로 모순이다.

지수위수가 아닌 함수의 변환의 존재성 존재성정리의 가정은 라플라스변환이 존재하기 위한 충분조건이지 필요조건은 아니다. 예를 들어, $f(t) = \dfrac{1}{\sqrt{t}} = t^{-1/2}$는 구분연속도 아니고 지수위수도 아니므로 존재성정리의 가정을 전혀 만족하지 않지만 라플라스변환은 존재한다.

변환식 $L(t^{-1/2}) = \int_0^\infty e^{-st}t^{-1/2}dt$에서 $st = x$로 치환하면

$$\begin{aligned} L(t^{-1/2}) &= \int_0^\infty e^{-st}t^{-1/2}dt = \int_0^\infty e^{-x}\left(\frac{x}{s}\right)^{-1/2}\frac{1}{s}dx \\ &= \frac{1}{\sqrt{s}}\int_0^\infty e^{-x}x^{-\frac{1}{2}}dx = \frac{1}{\sqrt{s}}\Gamma\left(\frac{1}{2}\right) \\ &= \frac{1}{\sqrt{s}}\sqrt{\pi} = \frac{\sqrt{\pi}}{\sqrt{s}} \end{aligned}$$

($\Gamma\left(\frac{1}{2}\right)$은 5.4절의 감마함수 참조).

변환의 유일성 라플라스 변환이 존재하면 유일하고, 라플라스 변환이 같은 함수는 고립된 점을 제외하고는 동일한 값을 갖는다. 특히, 연속함수의 라프라스변환이 같으면 원함수도 같다.

<III> 라플라스 변환의 성질

라플라스변환은 선형연산이다. 즉, a, b를 상수(복소수도 가능)라고 하면

$$\begin{aligned} L[af(t)+b(g(t)] &= \int_0^{\infty} e^{-st}[af(t)+bg(t)]dt \\ &= \int_0^{\infty} e^{-st}af(t)dt + \int_0^{\infty} e^{-st}bg(t)dt \\ &= a\int_0^{\infty} e^{-st}f(t)dt + b\int_0^{\infty} e^{-st}g(t)dt \\ &= aL(f)+bL(g) \end{aligned}$$

$$\therefore\ L[af(t)+b(g(t)] = aL(f)+bL(g)$$

예제 3

$\sinh at = \frac{1}{2}(e^{at}-e^{-at})$와 $\cosh at = \frac{1}{2}(e^{at}+e^{-at})$(단, $a>0$는 상수)의 라플라스 변환을 구하여라.

풀이 $L\left[\frac{1}{2}(e^{at}\pm e^{-at})\right] = \frac{1}{2}L(e^{at})\pm\frac{1}{2}L(e^{-at})$

$$= \frac{1}{2}\left(\frac{1}{s-a}\pm\frac{1}{s+a}\right) = \frac{s}{s^2-a^2}\left(\text{또는 } \frac{a}{s^2-a^2}\right)\ (s>a)$$

$$L(\cosh at) = \frac{s}{s^2-a^2},\ L(\sinh at) = \frac{a}{s^2-a^2}.$$

복소수함수의 변환 복소수함수의 적분이론을 이용하면 복소수함수 e^{iat}의 변환도

$L(e^{iat}) = \int_0^\infty e^{-st}e^{iat}dt$로 정의한다. 만약 a가 실수라고 하면 $|e^{iat}| = 1$이므로

$$L(e^{iat}) = \int_0^\infty e^{-st}e^{iat}dt = \int_0^\infty e^{-(s-ia)t}dt = \frac{1}{-(s-ia)}[e^{-(s-ia)t}]_0^\infty$$

$$= \frac{1}{-(s-ia)}\left[\lim_{T\to\infty} e^{-(s-ia)T} - 1\right] = \frac{1}{-(s-ia)}(0-1) = \frac{1}{s-ia} \quad (s>0).$$

오일러공식에 의하여 $e^{iat} = \cos at + i\sin at$가 성립하므로 선형성에 의하여

$$L(e^{iat}) = L(\cos at + i\sin at) = L(\cos at) + iL(\sin at)$$

가 성립한다. 그런데 $L(e^{iat}) = \dfrac{1}{s-ia}$이므로

$$L(\cos at) + iL(\sin at) = \frac{1}{s-ia} = \frac{s+ia}{s^2+a^2} = \frac{s}{s^2+a^2} + i\frac{a}{s^2+a^2}.$$

이 등식에서 실수부와 허수부를 비교하면 다음의 공식을 얻는다.

$$L(\cos at) = \frac{s}{s^2+a^2},\ L(\sin at) = \frac{a}{s^2+a^2}$$

정리 2

f의 라플라스변환이 존재하면 $L[f(at)] = \dfrac{1}{a}F\left(\dfrac{s}{a}\right)$이다.

증명 $L[f(at)] = \int_0^\infty e^{-st}f(at)dt$ 에서 $at = u$로 치환하면 $adt = du$ 이므로

$$L[f(at)] = \int_0^\infty e^{-\frac{s}{a}u} f(u)\frac{1}{a}du = \frac{1}{a}\int_0^\infty e^{-\frac{s}{a}u} f(u)du = \frac{1}{a}F\left(\frac{s}{a}\right).$$

정리 3

$f(t)$의 라플라스변환을 $F(s)$라고 하면 $L[e^{at}f(t)] = F(s-a)$이다.

증명 $L[e^{at}f(t)] = \int_0^\infty e^{-st}e^{at}f(t)dt = \int_0^\infty e^{-(s-a)t}f(t)dt = F(s-a).$

예제 4

정리3을 사용하여 $L(e^{at}\cos\omega t)$, $L(e^{at}\sin\omega t)$를 계산하여라.

풀이 $L(\cos\omega t) = \dfrac{s}{s^2+\omega^2}$, $L(\sin at) = \dfrac{\omega}{s^2+\omega^2}$ 이므로

$$L(e^{at}\cos\omega t) = \left.\frac{s}{s^2+\omega^2}\right|_{s=s-a} = \frac{s-a}{(s-a)^2+\omega^2}$$

$$L(e^{at}\sin\omega t) = \left.\frac{\omega}{s^2+\omega^2}\right|_{s=s-a} = \frac{\omega}{(s-a)^2+\omega^2}$$

정리 4

n이 음이 아닌 정수일 때 $L(t^n) = \dfrac{n!}{s^{n+1}}$ 이 된다.

증명 $n=0$이면 $L(1) = \dfrac{1}{s}$ 이다. n이 자연수이면

$$L(t^n) = \int_0^\infty e^{-st}t^n dt = \left[-\frac{1}{s}e^{-st}t^n\right]_0^\infty - \int_0^\infty\left(-\frac{1}{s}\right)e^{-st}(nt^{n-1})dt$$

$$= -\frac{1}{s}\lim_{T\to\infty} e^{-sT}T^n + \frac{n}{s}\int_0^\infty e^{-st}t^{n-1}dt$$

$$= -\frac{1}{s}\lim_{T\to\infty}\frac{T^n}{e^{st}} + \frac{n}{s}L(t^{n-1})$$

$$= -\frac{1}{s}\lim_{T\to\infty}\frac{n!}{s^n e^{sT}} + \frac{n}{s}L(t^{n-1}) \text{ (로피탈의 법칙을 } n \text{회 적용)}$$

$$= \frac{n}{s}L(t^{n-1}).$$

따라서 귀납적으로

$$L(t^n) = \frac{n}{s}L(t^{n-1}) = \frac{n}{s}\frac{n-1}{s}L(t^{n-2}) = \cdots = \frac{n}{s}\frac{n-1}{s}\cdots\frac{1}{s}L(1) = \frac{n!}{s^{n+1}}.$$

한편 5.4절에서 소개되는 감마함수

$$\Gamma(\nu) = \int_0^\infty e^{-t}t^{\nu-1}\,dt$$

를 이용하면 임의의 실수 $a>-1$에 대하여

$$L(t^a)=\int_0^\infty e^{-st}t^a dt=\int_0^\infty e^{-x}\left(\frac{x}{s}\right)^a\frac{1}{s}dx=\frac{1}{s^{a+1}}\int_0^\infty e^{-x}x^{a+1-1}dx$$

$$=\frac{1}{s^{a+1}}\Gamma(a+1).$$

그런데 감마함수는 $\Gamma(\nu+1)=\nu\Gamma(\nu)$와 같은 성질을 가지므로 n이 자연수일 때에는 $L(t^n)=\frac{1}{s^{n+1}}\Gamma(n+1)=\frac{n!}{s^{n+1}}$이 되어 위의 결과와 같다.

정리 5

$f(t)$가 존재성정리의 가정을 만족하면 $L[tf(t)]=-\frac{d}{ds}F(s)$가 된다.

증명 $-\frac{d}{ds}F(s)=-\frac{d}{ds}\int_0^\infty e^{-st}f(t)dt=-\int_0^\infty \frac{\partial}{\partial s}[e^{-st}f(t)]dt$

$$=-\int_0^\infty(-t)e^{-st}f(t)dt$$

$$=\int_0^\infty e^{-st}[tf(t)]dt=L[tf(t)].$$

위의 정리에 의하여 $t^2f(t)$의 라플라스변환은

$$L[t^2f(t)]=-\frac{d}{ds}L[tf(t)]=-\frac{d}{ds}\left[-\frac{d}{ds}F(s)\right]=(-1)^2\frac{d^2}{ds^2}F(s)$$

가 된다. 일반적으로 다음이 성립한다.

$$L[t^nf(t)]=(-1)^n\frac{d^n}{ds^n}F(s).$$

예제 5

$L(te^t+t^2e^{2t})$을 계산하여라.

풀이 $L(te^t+t^2e^{2t})=L(te^t)+L(t^2e^{2t})=-\frac{d}{ds}L(e^t)+(-1)^2\frac{d^2}{ds^2}L(e^{2t})$

$$=-\frac{d}{ds}\frac{1}{s-1}+\frac{d^2}{ds^2}\frac{1}{s-2}=\frac{1}{(s-1)^2}+\frac{d}{ds}\left(-\frac{1}{(s-2)^2}\right)$$

$$= \frac{1}{(s-1)^2} + \frac{2(s-2)}{(s-2)^4} = \frac{1}{(s-1)^2} + \frac{2}{(s-2)^3}.$$

예제 6

$L(t\sin at)$, $L(t\cos at)$의 라플라스변환을 구하여라.

풀이 $L(t\sin at) = -\frac{d}{ds}L(\sin at) = -\frac{d}{ds}\frac{a}{s^2+a^2} = -\frac{-a(2s)}{(s^2+a^2)^2} = \frac{2as}{(s^2+a^2)^2}$

$$L(t\cos at) = -\frac{d}{ds}L(\cos at) = -\frac{d}{ds}\frac{s}{s^2+a^2} = -\frac{(s^2+a^2)-s(2s)}{(s^2+a^2)^2} = \frac{s^2-a^2}{(s^2+a^2)^2}.$$

정리 6

$f(t)$가 존재성정리의 가정을 만족하면 $L\left[\frac{f(t)}{t}\right] = \int_s^\infty F(u)\,du$가 성립한다.

증명 $\int_s^\infty F(u)\,du = \int_s^\infty \left[\int_0^\infty e^{-ut}f(t)dt\right]du = \int_0^\infty \int_s^\infty e^{-ut}f(t)du\,dt$

$$= \int_0^\infty \left[-\frac{1}{t}e^{-ut}f(t)\right]_s^\infty dt = \int_0^\infty \frac{1}{t}e^{-st}f(t)\,dt = L\left[\frac{1}{t}f(t)\right].$$

위의 정리를 $\frac{f(t)}{t^2}$에 적용하면 다음을 얻는다.

$$L\left[\frac{f(t)}{t^2}\right] = \int_s^\infty \left[\int_v^\infty F(u)\,du\right]dv$$

일반적으로 다음 공식이 성립된다.

$$L\left[\frac{f(t)}{t^n}\right] = \int_s^\infty \left[\int_{u_n}^\infty \left[\cdots \left[\int_{u_2}^\infty F(u_1)\,du_1\right]du_2 \cdots\right]du_{n-1}\right]du_n.$$

예제 7

$L\left[\frac{\sin t}{t}\right] = \frac{1}{2}\pi - \tan^{-1}s$임을 밝혀라.

풀이 $L\left[\frac{\sin t}{t}\right]=\int_s^\infty L(\sin t)(u)du=\int_s^\infty \frac{1}{u^2+1}du=[\tan^{-1}u]_s^\infty=\frac{1}{2}\pi-\tan^{-1}s.$

<IV> 적분의 라플라스 변환

정리 7

$f(t)$가 존재성정리의 가정을 만족하면 $\int_0^t f(u)du$의 라플라스 변환은 다음과 같다.

$$L\left[\int_0^t f(u)du\right]=\frac{1}{s}F(s)\quad (s>\max\{0,k\}).$$

그러므로 역변환은 다음과 같다.

$$L^{-1}\left[\frac{1}{s}F(s)\right]=\int_0^t f(u)du.$$

증명
$$\begin{aligned}L\left\{\int_0^t f(u)du\right\}&=\int_0^\infty e^{-st}\left[\int_0^t f(u)du\right]dt=\int_0^\infty\int_0^t e^{-st}f(u)\,dudt\\&=\iint_{\{(u,t)|t\geq u,\ u\geq 0\}} e^{-st}f(u)\,dudt\\&=\int_0^\infty\int_u^\infty e^{-st}f(u)\,dtdu\\&=\int_0^\infty\left[-\frac{1}{s}e^{-st}f(u)\right]_u^\infty du=\int_0^\infty \frac{1}{s}e^{-su}f(u)du\\&=\frac{1}{s}\int_0^\infty e^{-su}f(u)du=\frac{1}{s}F(s)\end{aligned}$$

예제 8

$L[f(t)]=\dfrac{\omega}{s(s^2+\omega^2)}$ 의 역변환 $f(t)$를 구하여라.

풀이 $L^{-1}\left[\frac{\omega}{s^2+\omega^2}\right]=\sin\omega t$이므로

$$L^{-1}\left[\frac{\omega}{s(s^2+\omega^2)}\right]=\int_0^t \sin\omega u\,du=\left[-\frac{1}{\omega}\cos\omega u\right]_0^t=\frac{1}{\omega}(1-\cos\omega t).$$

정리 8

다중적분의 라플라스변환은 다음과 같다.

$$L\left[\int_0^t\left\{\int_0^{u_n}\left(\int_0^{u_{n-1}}\cdots\int_0^{u_2}f(u_1)du_1\cdots du_{n-2}\right)du_{n-1}\right\}du_n\right]=\frac{1}{s^n}F(s)$$

증명 $n=2$일 때

$$L\left[\int_0^t\int_0^{u_2}f(u_1)du_1du_2\right]=\frac{1}{s}L\left[\int_0^{u_2}f(u_1)du_1\right]=\frac{1}{s}L\left[\int_0^t f(u_1)du_1\right]=\frac{1}{s^2}F(s).$$

가 되어 성립한다. $n=n$일 때 성립한다고 가정하면 $n=n+1$일 때에는

$$\begin{aligned}L&\left[\int_0^t\left\{\int_0^{u_{n+1}}\left(\int_0^{u_n}\cdots\int_0^{u_2}f(u_1)du_1\cdots du_{n-1}\right)du_n\right\}du_{n+1}\right]\\&=\frac{1}{s}L\left[\int_0^{u_{n+1}}\left(\int_0^{u_n}\cdots\int_0^{u_2}f(u_1)du_1\cdots du_{n-1}\right)du_n\right]\\&=\frac{1}{s}L\left[\int_0^{t}\left(\int_0^{u_n}\cdots\int_0^{u_2}f(u_1)du_1\cdots du_{n-1}\right)du_n\right]\\&=\frac{1}{s}\frac{1}{s^n}F(s)=\frac{1}{s^{n+1}}F(s)\end{aligned}$$

와 같이 성립하므로 수학적 귀납법에 의하여 모든 자연수 n에 대하여 성립한다.

예제 9

$L[f(t)]=\dfrac{\omega^3}{s^2(s^2+\omega^2)}$ 의 역변환 $f(t)$를 구하여라.

풀이 $L^{-1}\left[\dfrac{\omega}{s^2+\omega^2}\right]=\sin\omega t$이므로

$$L^{-1}\left[\frac{\omega^3}{s(s^2+\omega^2)}\right]=\int_0^t\omega^2\sin\omega u\,du=[-\omega\cos\omega u]_0^t=\omega(1-\cos\omega t).$$

그러므로

$$L^{-1}\left[\frac{\omega^3}{s^2(s^2+\omega^2)}\right]=\int_0^t\omega(1-\cos\omega u)\,du=[\omega u-\sin\omega u]_0^t=\omega t-\sin\omega t.$$

연습문제 (4.1)

1. 수학적 귀납법으로 모든 음이 아닌 정수 n에 대하여 $\mathcal{L}(t^n) = \frac{n!}{s^{n+1}}$임을 증명하여라.

2. 다음 함수의 라플라스 변환을 구하여라.

(1) $a(t) = t^2$

(2) $b(t) = e^{2t}t^5$

(3) $c(t) = t^2 + t + 1$

(4) $d(t) = e^{-t}(t^4 - 2t^2 + 3)$

(5) $e(t) = e^{3t}(t^{2n} + t^{2n-2} + \cdots + t^2 + 1)$

(6) $f(t) = a_n t^n + a_{n-1}t^{n-1} + \cdots + a_1 t + a_0$

3. 다음 라플라스변환을 구하여라.

(1) $\mathcal{L}(te^{2t})$

(2) $\mathcal{L}(t^n e^{-4t})$

(3) $\mathcal{L}(e^{at}\sin^2(wt))$

(4) $\mathcal{L}(e^{at}\cos^2(wt))$

(5) $\mathcal{L}(t^2\sin(wt))$

(6) $\mathcal{L}(t^2\cos(wt))$

(7) $\mathcal{L}(1-(1+at)e^{-at})$

(8) $\mathcal{L}\left(\frac{\sin wt}{t}\right)$

4.2 미분방정식의 라플라스변환 해법

<I> 도함수의 라플라스 변환

도함수의 라플라스변환을 이용하면 미분방정식의 해를 라플라스변환을 이용하여 구할 수 있다. 도함수의 라플라스변환에 대해서는 다음의 정리가 성립한다.

정리 1 (도함수의 변환)

함수 $f(t)$ 와 도함수 $f'(t)$ 가 $t \geq 0$ 에서 연속이고 지수위수의 함수가 되면

$$L\{f'(t)\} = sF(s) - f(0)$$

증명 부분적분법을 적용하면 다음을 얻는다.

$$L\{f'(t)\} = \int_0^\infty e^{-st} f'(t) dt = [e^{-st} f(t)]_0^\infty - \int_0^\infty (-s) e^{-st} f(t) dt$$

그런데 $f(t)$ 가 지수위수의 함수이므로 $|f(t)| \leq Me^{kt} (t \geq 0)$ 를 만족하는 상수 M과 k가 존재한다. 그러므로

$$\lim_{t \to \infty} |e^{-st} f(t)| \leq \lim_{t \to \infty} Me^{-st} e^{kt} = \lim_{t \to \infty} Me^{-(s-k)t} = 0 \ (s > k)$$

따라서

$$L(f') = 0 - f(0) + s \int_0^\infty e^{-st} f(t) dt = sL(f) - f(0).$$

함수와 그 도함수들 $f(t), f'(t), \cdots, f^{(n)}(t)$ 가 $t \geq 0$ 에서 연속이고 지수위수의 함수가 되면 위의 정리를 연속적으로 적용하여 다음을 얻는다.

$$L(f'') = L[(f')'] = sL(f') - f'(0) = s[sL(f) - f(0)] - f'(0) = s^2 L(f) - sf(0) - f'(0)$$

$$L(f''') = L[(f'')'] = sL(f'') - f''(0) = s[s^2 L(f) - sf(0) - f'(0)] - f''(0)$$
$$= s^3 L(f) - s^2 f(0) - sf'(0) - f''(0)$$

………………

$$\mathcal{L}(f^{(n)}) = s^n \mathcal{L}(f) - s^{n-1} f(0) - s^{n-2} f'(0) - \cdots sf^{(n-2)}(0) - f^{(n-1)}(0)$$

예제 1

$f(t)=\sin^2 t$의 라플라스 변환을 도함수의 변환공식을 이용하여 구하고, 2배각의 공식을 이용하여 구한 결과와 비교하여라.

풀이 도함수의 변환을 이용하면, $L(f')=sL(f)-f(0)$에서 $f(0)=\sin^2 0=0$이므로

$$L(\sin^2 t)=L(f)=\frac{1}{s}L(f')=\frac{1}{s}L(\sin 2t)=\frac{2}{s(s^2+2^2)}.$$

한편 2배각의 공식에 의하여 $\sin^2 t=\dfrac{1-\cos 2t}{2}$이므로 다음과 같이 계산하면 결과는 같다.

$$L(\sin^2 t)=L\left(\frac{1-\cos 2t}{2}\right)=L\left(\frac{1}{2}\right)-\frac{1}{2}L(\cos 2t)=\frac{1/2}{s}-\frac{1}{2}\frac{s}{s^2+2^2}=\frac{2}{s(s^2+2^2)}.$$

<II> 초깃값문제

상수계수의 2계 선형비제차미분방정식의 초깃값문제

$$y''+ay'+by=r(x),\ y(0)=y_0,\ y'(0)=y_1$$

을 라플라스변환을 이용하여 푸는 방법을 생각하여 보자.

미분방정식의 양변에 라프라스변환을 취하고 $L(y)=Y$, $L(r(t))=R(s)$라고 두면,

$$s^2Y-sy(0)-y'(0)+a[sY-y(0)]+bY=R(s).$$

이 관계식을 **부차방정식**이라고 부른다. 정리하면

$$(s^2+as+b)Y=(s+a)y(0)+y'(0)+R(s)$$

$$Y=\frac{(s+a)y_0+y_1+R(s)}{s^2+as+b}$$

그러므로 주어진 초깃값문제의 해는 $Y(s)$의 역변환 $y(t)$를 구하면 된다. 즉,

$$y(t)=L^{-1}\left[\frac{(s+a)y_0+y_1+R(s)}{s^2+as+b}\right]$$

$$=L^{-1}\left[\frac{(s+a)y_0+y_1}{s^2+as+b}\right]+L^{-1}\left[\frac{R(s)}{s^2+as+b}\right]$$

미분방정식의 라플라스 변환해법

1단계 : 주어진 미분방정식의 양변에 라플라스 변환을 취한다.

2단계 : $Y = L(y)$에 관하여 푼다.

3단계 : 역변환 $y(t) = L^{-1}(Y)$를 구한다.

예제 2

$y'' - y = 2t, y(0) = 3, y'(0) = -3$을 풀어라.

풀이 양변에 라플라스변환을 취하고 정리하면

$$s^2 Y - sy(0) - y'(0) - Y = \frac{2}{s^2}, \text{즉, } s^2 Y - 3s + 3 - Y = \frac{2}{s^2}.$$

Y에 관한 1차 방정식이므로 Y에 관하여 풀어서 정리하면

$$Y = \frac{3s - 3 + \frac{2}{s^2}}{s^2 - 1} = \frac{3s - 3}{s^2 - 1} + \frac{2}{s^2(s^2 - 1)} = \frac{3}{s+1} + \frac{2}{s^2 - 1} - \frac{2}{s^2}$$

역변환을 취하면

$$y(t) = L^{-1}\left(\frac{3}{s+1}\right) + L^{-1}\left(\frac{2}{s^2 - 1}\right) - L^{-1}\left(\frac{2}{s^2}\right) = 3e^{-t} + 2\sinh t - 2t.$$

예제 3

$y'' + y = t - \frac{\pi}{4},\ y\left(\frac{\pi}{4}\right) = 3,\ y'\left(\frac{\pi}{4}\right) = 0$의 해를 구하여라.

풀이 $t = \frac{\pi}{4}$에서 초기조건이 주어졌으므로 $t = 0$에서의 초기조건을 구해야 한다. 변수를 $t - \frac{\pi}{4} = \overline{t}$로 변환하면 $y(t) = y\left(\overline{t} + \frac{\pi}{4}\right) = \overline{y}(\overline{t})$와 같이 $\overline{t}$의 함수로 표현된다. $\overline{t} = 0$일 때 $t = \frac{\pi}{4}$이므로 초기조건과 도함수는 다음과 같다.

$$\overline{y}(0) = y\left(\frac{\pi}{4}\right) = 3,\quad \overline{y}'(0) = y'\left(\frac{\pi}{4}\right) = 0$$

$$y'(t) = \overline{y}'(\overline{t})\frac{d\overline{t}}{dt} = \overline{y}'(\overline{t}),\quad y''(t) = \overline{y}''(\overline{t}).$$

따라서 주어진 방정식은 다음과 같이 변형된다.

$$\bar{y}''(\bar{t})+\bar{y}(\bar{t})=\bar{t},\ \bar{y}(0)=3,\ \bar{y}'(0)=0$$

이 미분방정식의 양변에 라플라스변환을 취하면

$$s^2\overline{Y}-s\bar{y}(0)-\bar{y}'(0)+\overline{Y}=\frac{1}{s^2}\text{, 즉, } s^2\overline{Y}-3s+\overline{Y}=\frac{1}{s^2}.$$

$\overline{Y}$ 에 관하여 풀면

$$\overline{Y}=\frac{3s}{s^2+1}+\frac{1}{s^2(s^2+1)}=\frac{3s}{s^2+1}+\left(\frac{1}{s^2}-\frac{1}{s^2+1}\right).$$

역변환을 취하면

$$\begin{aligned}\bar{y}(\bar{t})=L^{-1}(\overline{Y})&=L^{-1}\left(\frac{3s}{s^2+1}\right)+\left[L^{-1}\left(\frac{1}{s^2}\right)-L^{-1}\left(\frac{1}{s^2+1}\right)\right]\\&=3\cos\bar{t}+(\bar{t}-\sin\bar{t})\\&=3\cos\left(t-\frac{\pi}{4}\right)+\left(t-\frac{\pi}{4}\right)-\sin\left(t-\frac{\pi}{4}\right).\end{aligned}$$

예제 4

$y''+2y'-3y=8e^t,\ y(0)=0,\ y'(0)=8$의 해를 구하여라.

풀이 양변에 라플라스변환을 취하면

$$s^2Y-sy(0)-y'(0)+2(sY-y(0))-3Y=\frac{8}{s-1}\text{, 즉, } s^2Y-8+2sY-3Y=\frac{8}{s-1}.$$

Y에 관하여 풀면

$$Y=\frac{8+\dfrac{8}{s-1}}{s^2+2s-3}=\frac{\dfrac{8s}{s-1}}{(s-1)(s+3)}=\frac{8s}{(s-1)^2(s+3)}.$$

부분분수로 분해하면

$$Y=\frac{8s}{(s-1)^2(s+3)}=\frac{2}{(s-1)^2}+\frac{5/2}{s-1}-\frac{3/2}{s+3}.$$

역변환을 취하면

$$y(t)=L^{-1}(Y)=2te^t+\frac{5}{2}e^t-\frac{3}{2}e^{-3t}.$$

부분분수 분해법 주어진 미분방정식을 라플라스 변환을 이용하여 풀 때 $Y(s)$가

$$Y(s)=\frac{F(s)}{G(s)}$$

와 같은 유리함수의 모양이 되면, 부분분수로 분해해서 역변환을 구하는데, 분모 $G(s)$의 형태에 따라 다음과 같이 몇 가지의 경우로 나눌 수 있다.

[경우1] 1차 단인수 s-a 꼴을 포함하는 경우

[경우2] 1차의 다중인수 $(s-a)^m$ 꼴을 포함하는 경우

[경우3] 2차의 단인수 s^2+as+b 꼴을 포함하는 경우$(a^2-4b<0)$

[경우4] 2차의 다중인수 $(s^2+as+b)^m$ 꼴을 포함하는 경우$(a^2-4b<0)$

각 경우에 부분분수로 분해하는 구체적인 방법은 0.2절의 <5>를 참고하여라.

예제 5

$y''+y'-6y=12,\ y(0)=0,\ y'(0)=19$의 해를 구하여라.

풀이 양변에 라플라스변환을 취하면

$$s^2Y-19+sY-6Y=\frac{12}{s},\ \text{즉},\ (s^2+s-6)Y=19+\frac{12}{s}=\frac{19s+12}{s}.$$

Y에 관하여 풀어서 부분분수형태로 만들면

$$Y=\frac{19s+12}{s(s^2+s-6)}=\frac{19s+12}{s(s-2)(s+3)}=\frac{A_1}{s}+\frac{A_2}{s-2}+\frac{A_3}{s+3}.$$

상수 $A_1,\ A_2,\ A_3$를 구하기 위하여 통분하여 비교하면

$$19s+12=A_1(s-2)(s+3)+A_2s(s+3)+A_3s(s-2)$$

$s=0,\ s=2,\ s=-3$을 대입하면 $A_1=-2,\ A_2=5,\ A_3=-3$이므로 위의 식에 대입하여 역변환을 취하면

$$y(t)=L^{-1}(Y)=-2+5e^{2t}-3e^{-3t}.$$

예제 6

$y''+3y'-4y=4e^{2t},\ y(0)=1,\ y'(0)=-1$의 해를 구하여라.

풀이 양변에 라플라스변환을 취하면

$$s^2Y-s+1+3sY-3-4Y=\frac{4}{s-2},\ \text{즉},\ (s^2+3s-4)Y=s+2+\frac{4}{s-2}=\frac{s^2}{s-2}.$$

Y에 관하여 풀어서 부분분수형태로 만들면

$$Y=\frac{s^2}{(s-2)(s^2+3s-4)}=\frac{s^2}{(s-1)(s-2)(s+4)}=\frac{A_1}{s-1}+\frac{A_2}{s-2}+\frac{A_3}{s+4}$$

상수 A_1, A_2, A_3를 구하기 위하여 통분하여 비교하면

$$s^2=A_1(s-2)(s+4)+A_2(s-1)(s+4)+A_3(s-1)(s-2).$$

$s=1$, $s=2$, $s=-4$를 대입하면

$$\begin{cases}1=-5A_1\\4=6A_2\\16=30A_3\end{cases}$$

에서 $A_1=-\frac{1}{5}$, $A_2=\frac{2}{3}$, $A_3=\frac{8}{15}$을 얻으므로 위의 식에 대입하여 역변환을 취하면

$$y(t)=L^{-1}(Y)=-\frac{1}{5}e^t+\frac{2}{3}e^{2t}+\frac{8}{15}e^{-4t}.$$

예제 7

$y''+y=13$, $y(0)=1$, $y'(0)=0$의 해를 구하여라.

풀이 양변에 라플라스변환을 취하면

$$s^2Y-s+Y=\frac{13}{s}, \text{즉}, (s^2+1)Y=s+\frac{13}{s}=\frac{s^2+13}{s}$$

Y에 관하여 풀어서 부분분수형태로 만들면

$$Y=\frac{s^2+13}{s(s^2+1)}=\frac{A_1s+A_2}{s^2+1}+\frac{A_3}{s}$$

상수 A_1, A_2, A_3를 구하기 위하여 양변에 분모의 최소공배수 $s(s^2+1)$를 곱하면

$$s^2+13=(A_1s+A_2)s+A_3(s^2+1)=(A_1+A_3)s^2+A_2s+A_3$$

$A_1+A_3=1$, $A_2=0$, $A_3=13$이므로 $A_1=-12$. 그러므로

$$Y=\frac{-12s}{s^2+1}+\frac{13}{s}.$$

역변환을 취하면

$$y(t)=L^{-1}(Y)=-12\cos t+13.$$

예제 8

$y''+y=3\cos t$, $y(0)=0$, $y'(0)=2$의 해를 구하여라.

풀이 양변에 라플라스변환을 취하면

$$s^2 Y - 2 + Y = \frac{3s}{s^2+1}, \text{ 즉, } (s^2+1)Y = 2 + \frac{3s}{s^2+1}$$

Y에 관하여 풀면

$$Y = \frac{3s}{(s^2+1)^2} + \frac{2}{s^2+1}$$

그런데 $-\frac{d}{ds}\left(\frac{1}{s^2+1}\right) = \frac{2s}{(s^2+1)^2}$ 이고, $L(\sin t) = \frac{1}{s^2+1}$ 이므로

$$L^{-1}\left(\frac{3s}{(s^2+1)^2}\right) = \frac{3}{2}L^{-1}\left(\frac{2s}{(s^2+1)^2}\right) = \frac{3}{2}L^{-1}\left[-\frac{d}{ds}\left(\frac{1}{s^2+1}\right)\right] = \frac{3}{2}t\sin t.$$

따라서 해는

$$y(t) = L^{-1}(Y) = L^{-1}\left(\frac{3s}{(s^2+1)^2}\right) + L^{-1}\left(\frac{2}{s^2+1}\right) = \frac{3}{2}t\sin t + 2\sin t.$$

예제 9

$y'' + 2y' + y = \sin 2t,\ y(0) = 2,\ y'(0) = -4$의 해를 구하여라.

풀이 라플라스변환을 취하면

$$s^2 Y - 2s + 4 + 2(sY - 2) + Y = \frac{2}{s^2+4}, \text{ 즉,}$$

$$(s^2 + 2s + 1)Y = 2s + \frac{2}{s^2+4} = \frac{2s^3 + 8s + 2}{s^2+4}.$$

Y에 관하여 풀면

$$Y = \frac{2s^3 + 8s + 2}{(s+1)^2(s^2+4)} = \frac{A_1}{s+1} + \frac{A_2}{(s+1)^2} + \frac{A_3 s + A_4}{s^2+4}$$

양변에 분모의 최소공배수 $(s+1)^2(s^2+4)$를 곱하면

$$2s^3 + 8s + 2 = A_1(s+1)(s^2+4) + A_2(s^2+4) + (A_3 s + A_4)(s+1)^2$$

$$= (A_1 + A_3)s^3 + (A_1 + A_2 + 2A_3 + A_4)s^2 + (4A_1 + A_3 + 2A_4)s + (4A_1 + 4A_2 + A_4)$$

양변의 계수를 비교하면 다음의 연립방정식을 얻는다.

$$A_1 + A_3 = 2,\ A_1 + A_2 + 2A_3 + A_4 = 0,\ 4A_1 + A_3 + 2A_4 = 8,\ 4A_1 + 4A_2 + A_4 = 2$$

연립하여 풀면, $A_1 = \frac{54}{25},\ A_2 = -\frac{8}{5},\ A_3 = -\frac{4}{25},\ A_4 = -\frac{6}{25}$ 이므로 대입하면

$$Y = \frac{54/25}{s+1} - \frac{8/5}{(s+1)^2} + \frac{-4/25s - 6/25}{s^2+4} = \frac{54/25}{s+1} - \frac{8/5}{(s+1)^2} - \frac{4/25s}{s^2+4} - \frac{6/25}{s^2+4}.$$

역변환을 취하면 다음의 해를 얻는다.

$$y(t) = \frac{54}{25}e^{-t} - \frac{8}{5}te^{-t} - \frac{4}{25}\cos 2t - \frac{3}{25}\sin 2t.$$

<III> 변수계수를 가지는 미분방정식

미분방정식의 계수가 다항함수인 경우에는 $L[tf(t)] = -\frac{d}{ds}F(s)$를 이용하면 다음이 성립한다.

$L(y(t)) = Y(s)$이면 $L[ty(t)] = -\frac{d}{ds}Y(s)$.

$L(y') = sY - y(0)$이므로

$$L(ty') = -\frac{d}{ds}L(y') = -\frac{d}{ds}[sY - y(0)] = -Y - s\frac{dY}{ds}.$$

$$L(ty'') = -\frac{d}{ds}[s^2Y - sy(0) - y'(0)] = -2sY - s^2\frac{dY}{ds} + y(0)$$

$$L(t^2y') = \frac{d^2}{ds^2}[sY - y(0)],\quad L(t^2y'') = \frac{d^2}{ds^2}[s^2Y - sy(0) - y'(0)],\ \cdots$$

예제 10

$ty'' + (1-t)y' + ny = 0$의 해를 구하여라.

풀이 양변에 라플라스변환을 취하면

$$-2sY - s^2\frac{dY}{ds} + y(0) + sY - y(0) - \left(-Y - s\frac{dY}{ds}\right) + nY = 0$$

정리하면

$$(s - s^2)\frac{dY}{ds} + (n+1-s)Y = 0$$

변수분리하면

$$\frac{dY}{Y} = -\frac{n+1-s}{s-s^2}ds = \left(\frac{n}{s-1} - \frac{n+1}{s}\right)ds.$$

양변을 적분하면

$$\ln Y = n\ln(s-1) - (n+1)\ln s + c,\ 즉,\ Y = C\frac{(s-1)^n}{s^{n+1}}.$$

이항전개를 이용하면

$$Y = C\frac{(s-1)^n}{s^{n+1}} = C\frac{1}{s^{n+1}}\left\{\sum_{k=0}^{n}\binom{n}{k}s^{n-k}(-1)^k\right\} = C\left\{\sum_{k=0}^{n}(-1)^k\binom{n}{k}\frac{1}{s^{k+1}}\right\}$$

이 된다. 그러므로 역변환하면

$$y(t) = \mathcal{L}^{-1}(Y) = C\sum_{k=0}^{n}\left\{(-1)^k\binom{n}{k}\frac{1}{k!}t^k\right\}.$$

<IV> 연립미분방정식의 해법

1계 선형 비제차연립미분방정식

$$\begin{cases} y_1' = a_{11}y_1 + a_{12}y_2 + g_1(t) \\ y_2' = a_{21}y_1 + a_{22}y_2 + g_2(t) \end{cases}$$

를 라플라스변환을 이용하여 푸는 방법을 생각하여 보자.

1단계 양변에 라플라스 변환을 취한다.

$$\begin{cases} sY_1 - y_1(0) = a_{11}Y_1 + a_{12}Y_2 + G_1(s) \\ sY_2 - y_2(0) = a_{21}Y_1 + a_{22}Y_2 + G_2(s) \end{cases}$$

또는

$$\begin{cases} (a_{11}-s)Y_1 + a_{12}Y_2 = -y_1(0) - G_1(s) \\ a_{21}Y_1 + (a_{22}-s)Y_2 = -y_2(0) - G_2(s) \end{cases}$$

2단계 Y_1과 Y_2에 관하여 대수적으로 푼다.

3단계 역변환 $y_1(t) = L^{-1}(Y_1)$, $y_2(t) = L^{-1}(Y_2)$를 계산하여 해를 구한다.

예제 11

다음 연립미분방정식의 해를 라플라스 변환을 이용하여 구하여라.

$$\begin{cases} y_1' = -y_1 + 6y_2 + 20 & y_1(0) = 0 \\ y_2' = y_1 - 2y_2 & y_2(0) = 0 \end{cases}$$

풀이 **1단계** 양변에 라플라스변환을 취한다.

$$\begin{cases} sY_1 - 0 = -Y_1 + 6Y_2 + \dfrac{20}{s} \\ sY_2 - 0 = Y_1 - 2Y_2 \end{cases}$$

또는

$$\begin{cases} (s+1)Y_1 - 6Y_2 = \dfrac{20}{s} \\ Y_1 - (s+2)Y_2 = 0 \end{cases}$$

2단계 Y_1과 Y_2에 관하여 대수적으로 푼다. 크레이머공식에 의하여

$$Y_1 = \frac{\begin{vmatrix} \frac{20}{s} & -6 \\ 0 & -(s+2) \end{vmatrix}}{\begin{vmatrix} s+1 & -6 \\ 1 & -(s+2) \end{vmatrix}} = \frac{-\dfrac{20(s+2)}{s}}{-(s^2+3s-4)} = \frac{20s+40}{s(s+4)(s-1)} = \frac{A_1}{s} + \frac{A_2}{s+4} + \frac{A_3}{s-1}$$

$$Y_2 = \frac{\begin{vmatrix} s+1 & \frac{20}{s} \\ 1 & 0 \end{vmatrix}}{\begin{vmatrix} s+1 & -6 \\ 1 & -(s+2) \end{vmatrix}} = \frac{-\dfrac{20}{s}}{-(s^2+3s-4)} = \frac{20}{s(s+4)(s-1)} = \frac{B_1}{s} + \frac{B_2}{s+4} + \frac{B_3}{s-1}.$$

Y_1의 마지막 등식의 양변에 최소공배수 $s(s+4)(s-1)$를 곱하면

$$20s + 40 = A_1(s+4)(s-1) + A_2 s(s-1) + A_3 s(s+4)$$

$s = 0, -4, 1$을 각각 대입하면 $A_1 = -10$, $A_2 = -2$, $A_3 = 12$이므로

$$Y_1 = -\frac{10}{s} - \frac{2}{s+4} + \frac{12}{s-1}.$$

같은 방법으로 Y_2의 마지막 등식의 양변에 최소공배수 $s(s+4)(s-1)$를 곱하면

$$20 = B_1(s+4)(s-1) + B_2 s(s-1) + B_3 s(s+4)$$

$s = 0, -4, 1$을 각각 대입하면 $B_1 = -5$, $B_2 = 1$, $B_3 = 4$이므로

$$Y_2 = -\frac{5}{s} + \frac{1}{s+4} + \frac{4}{s-1}.$$

3단계 역변환을 취하면 $y_1 = -10 - 2e^{-4t} + 12e^t$, $y_2 = -5 + e^{-4t} + 4e^t$.

연습문제 (4.2)

1. 라플라스변환을 이용하여 $y''+y'-6y=3,\ y(0)=0,\ y'(0)=3$의 해를 구하여라.

2. 라플라스변환을 이용하여 $y''+3y'-4y=e^t,\ y(0)=0,\ y'(0)=1$의 해를 구하여라.

3. 라플라스변환을 이용하여 $y''+y=2,\ y(0)=1,\ y'(0)=0$의 해를 구하여라.

4. 라플라스변환을 이용하여 $y''+y=\cos t,\ y(0)=0,\ y'(0)=1$의 해를 구하여라.

5. 라플라스변환을 이용하여 $y''+2y'+y=\sin 2t,\ y(0)=1,\ y'(0)=-2$의 해를 구하여라.

6. 초기조건 $y(0)=0, y'(0)=1$을 만족하는 다음 미분방정식의 해를 라프라스변환을 이용하여 구하여라.

(1) $y''-4y=3$

(2) $y''-4y'+3y=0$

7. 다음 역변환을 구하여라.

(1) $\mathcal{L}^{-1}\left(\dfrac{s+5}{s^2+2s+5}\right)$

(2) $\mathcal{L}^{-1}\left(\dfrac{s+a^2}{s(s^2+a^2)}\right)$

(3) $\mathcal{L}^{-1}\left(\dfrac{s+1}{s^3+s^2-6s}\right)$

(4) $\mathcal{L}^{-1}\left(\dfrac{s+2}{(s-1)^2 s^3}\right)$

8. 다음 미분방정식을 라플라스변환을 이용하여 풀어라.

(1) $y''-2ay+a^2y=a^3t,\ y(0)=0,\ y'(0)=1$

(2) $y'' + y = \cos 2t,\ y(0) = 0,\ y'(0) = 0$

9. 라프라스변환을 이용하여 다음 연립방정식의 해를 구하여라.

$$\begin{cases} \dfrac{dx}{dt} - y = e^t \\ \dfrac{dy}{dt} + x = 1 \end{cases},\quad x(0) = 1,\ y(0) = 0$$

10. $ty'' + y' + ty = 0$의 해를 다음과 같은 과정으로 구하여라.

(1) 라플라스변환을 취하면 $(s^2+1)\dfrac{dY}{ds} + sY = 0$임을 밝혀라.

(2) $Y = \dfrac{C}{\sqrt{s^2+1}}$ 임을 보여라.

(3) Y를 $\dfrac{1}{s}$의 멱급수로 나타내어라.

(4) y를 t의 멱급수로 나타내어라.

4.3 특수함수의 $\mathcal{L}$-변환

<I> 단위계단함수

임의의 상수 a에 대하여, $t<a$일 때 0, $t>a$일 때 1로 정의된 함수

$$u(t-a)=\begin{cases}0 & (t<a)\\ 1 & (t>a)\end{cases}$$

를 **단위계단함수(unit step function)**라고 부르며, $u(t-a)$ 또는 $u_a(t)$로 나타낸다.

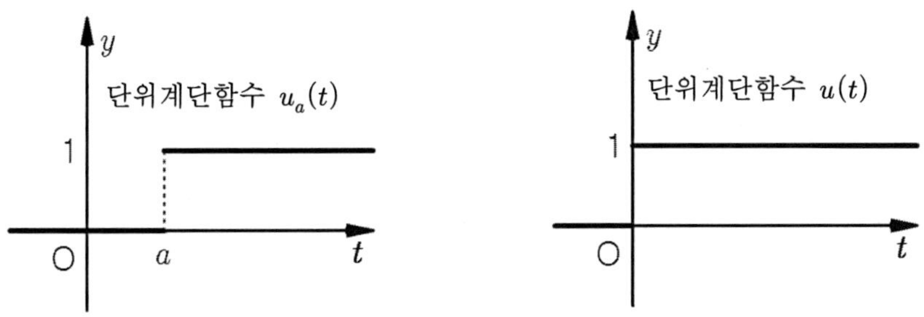

단위계단함수 $u(t-a)$의 라플라스변환은

$$L[u(t-a)]=\int_0^{\infty}e^{-st}u(t-a)dt=\int_a^{\infty}e^{-st}dt=\left[-\frac{1}{s}e^{-st}\right]_a^{\infty}=\frac{e^{-as}}{s}\ (s>0).$$

$$L[u(t-a)]=\frac{e^{-as}}{s}(s>0)$$

함수의 값이 구간별로 다르게 정의되어 있을 때, 단위계단함수를 이용하여 나타내면 라플라스 변환을 구하기가 쉬워진다.

예제 1

다음 함수의 라플라스변환을 구하여라.

$$f(t)=\begin{cases}1 & (0<t<\pi)\\ 0 & (\pi<t<2\pi)\\ 3\sin t & (t>2\pi)\end{cases}$$

풀이 단위계단함수를 이용하여 나타내면

$$f(t)=u(t)-u(t-\pi)+3u(t-2\pi)\sin t$$

이므로 라플라스변환은

$$L(f)=\frac{1}{s}-\frac{e^{-\pi s}}{s}+\frac{3e^{-2\pi s}}{s^2+1}.$$

예제 2

다음 그림과 같은 함수의 라플라스 변환을 구하여라.

(1)

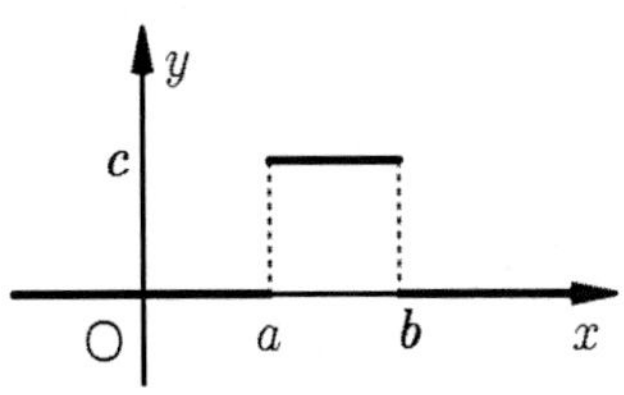

(2)

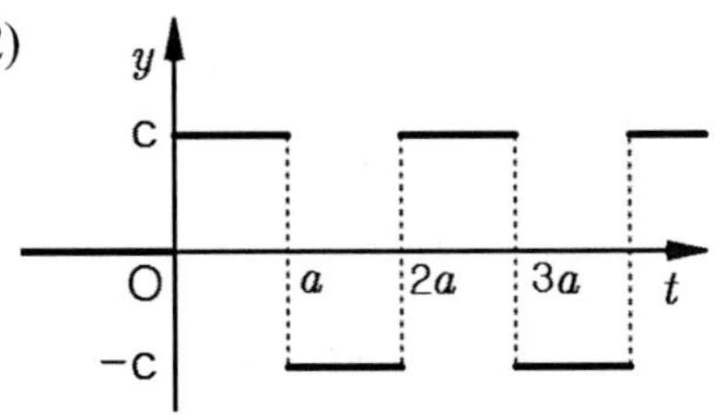

풀이 (1) 단위계단함수를 이용하여 나타내면

$$f(t)=c[u(t-a)-u(t-b)]=\begin{cases}0 & (t<a)\\ c & (a<t<b)\\ 0 & (t>b)\end{cases}\text{이므로}$$

$$L(f)=c[L\{u(t-a)-u(t-b)\}]=\frac{c}{s}(e^{-as}-e^{-bs}).$$

(2) 단위계단함수를 이용하여 나타내면

$$f(t)=c[u(t-0)-2u(t-a)+2u(t-2a)-2u(t-3a)+\cdots]$$

이므로

$$L(f)=c\left[\frac{e^{-0s}}{s}-2\frac{e^{-as}}{s}+2\frac{e^{-2as}}{s}-2u\frac{e^{-3as}}{s}+\cdots\right]$$

$$=\frac{c}{s}[1-2e^{-as}(1-e^{-as}+e^{-2as}-e^{-3as}+\cdots)]\ (as>0)$$

$$=\frac{c}{s}\left[1-2e^{-as}\frac{1}{1+e^{-as}}\right]=\frac{c}{s}\frac{1-e^{-as}}{1+e^{-as}}$$

$$=\frac{c}{s}\frac{e^{as/2}-e^{-as/2}}{e^{as/2}+e^{-as/2}}=\frac{c}{s}\tanh\left(\frac{as}{2}\right).$$

함수 $f(t-a)u(t-a)$ 구간 $[0,\infty)$에서 정의된 임의의 함수 $f(t)$에 단위계단함

수 $u(t-a)$를 곱하면

$$y=f(t)u(t-a)\,(t>a)$$

의 그래프는 $t<a$에서는 $y=0$, $t>a$에서는 $y=f(t)$ 인 그래프이다.

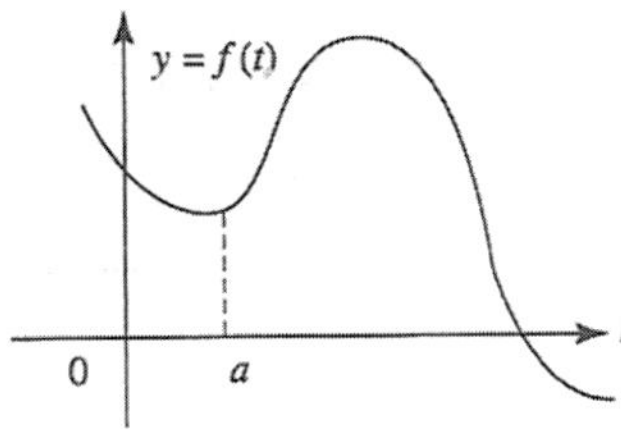

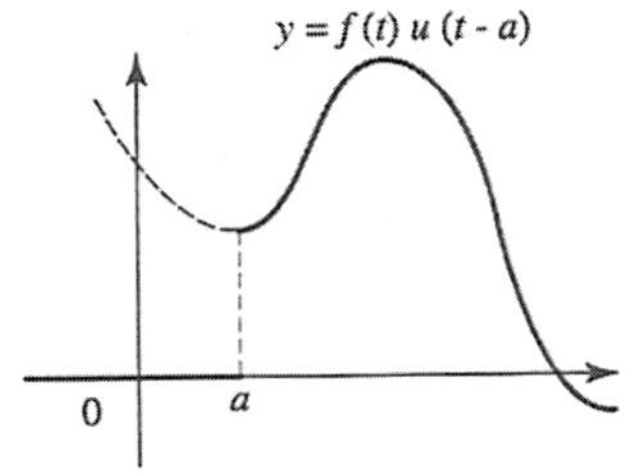

한편 함수

$$y=f(t-a)u(t-a)$$

의 그래프는 $t<a$에서는 $y=0$, $t>a$에서는 $y=f(t-a)$ 의 값을 가지므로 $y=f(t)$ 의 그래프를 $t=a$ 만큼 t축의 양의 방향으로 평행이동하고 $t<a$에서의 함수값을 0 으로 정의한 그래프를 갖는다.

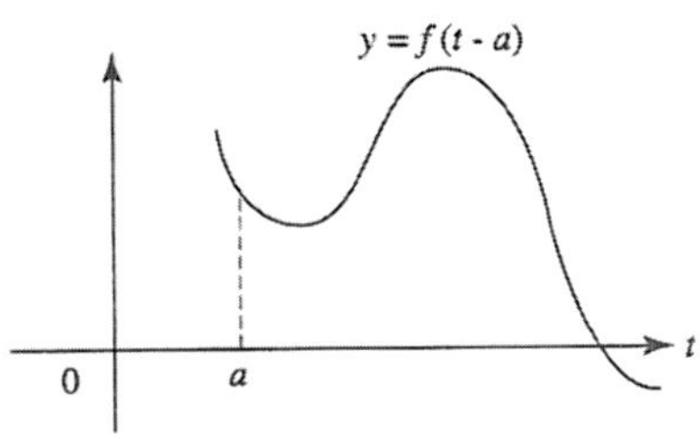

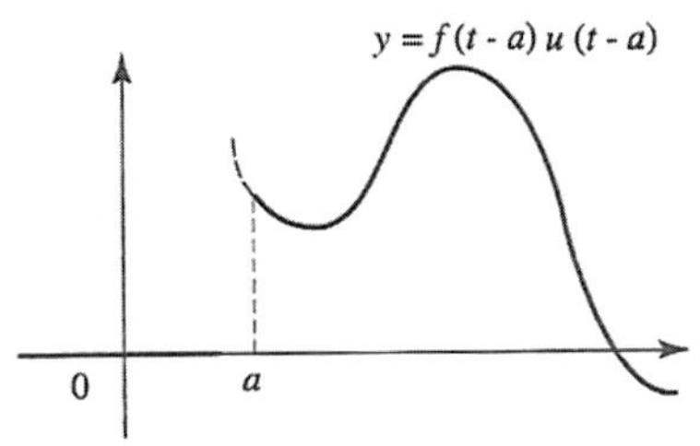

함수 $f(t-a)u(t-a)$ 의 라플라스 변환은 다음과 같이 계산된다.

$$L\{f(t-a)u(t-a)\}=\int_0^\infty e^{-st}f(t-a)u(t-a)dt=\int_a^\infty e^{-st}f(t-a)dt$$

에서 $t-a=T$로 치환하면 $dt=dT$이고, t가 a에서 ∞까지 가는 동안에 T는 0에서 ∞까지 움직이므로

$$\begin{aligned}L\{f(t-a)u(t-a)\}&=\int_a^\infty e^{-st}f(t-a)dt\\&=\int_0^\infty e^{-s(a+T)}f(T)dT=e^{-as}\int_0^\infty e^{-sT}f(T)dT\\&=e^{-as}F(s).\end{aligned}$$

그러므로

$$L\{f(t-a)u(t-a)\} = e^{-as}F(s)$$

예제 3

$F(s)=\dfrac{2}{s}-\dfrac{1}{s+1}+\dfrac{3}{s+2}$일 때, $L^{-1}\{e^{-2s}F(s)\}$, $L^{-1}\{e^{-3s}F(s)\}$를 구하고, $y=f(t-2)u(t-2)-f(t-3)u(t-3)$을 구간별로 구체적인 함수로 나타내어라.

풀이 $L\{f(t-1)u(t-1)\}=e^{-s}F(s)$, $L\{f(t-2)u(t-2)\}=e^{-2s}F(s)$

$F(s)=\dfrac{2}{s}-\dfrac{1}{s+1}+\dfrac{3}{s+2}$에서 $f(t)=2-e^{-t}+3e^{-2t}$

$$L^{-1}\{e^{-2s}F(s)\}=f(t-2)u(t-2)=\left[2-e^{-(t-2)}+3e^{-2(t-2)}\right]u(t-2)$$

$$L^{-1}\{e^{-3s}F(s)\}=f(t-3)u(t-3)=\left[2-e^{-(t-3)}+3e^{-2(t-3)}\right]u(t-3).$$

그러므로

$$\begin{aligned} y &= f(t-2)u(t-2)-f(t-3)u(t-3) \\ &= [2-e^{-(t-2)}+3e^{-2(t-2)}]u(t-2)-[2-e^{-(t-3)}+3e^{-2(t-3)}]u(t-3) \\ &= \begin{cases} 0 & (0<t<2) \\ 2-e^{-(t-2)}+3e^{-2(t-2)} & (2<t<3). \\ -e^{-(t-2)}+3e^{-2(t-2)}+e^{-(t-3)}-3e^{-2(t-3)} & (t>3) \end{cases} \end{aligned}$$

<II> 디락 델타 함수

임의의 양수 $\epsilon>0$과 임의의 상수 a에 대하여

$$\delta_\epsilon(t-a)=\begin{cases} 0 & (t\le a) \\ \dfrac{1}{\epsilon} & (a<t<a+\epsilon) \\ 0 & (t\ge a+\epsilon) \end{cases}$$

과 같이 정의된 함수 $\delta_\epsilon(t-a)$는

$$\delta_\epsilon(t-a)=\frac{1}{\epsilon}[u(t-a)-u(t-a-\epsilon)]$$

으로 표현되므로 라플라스변환은

$$L[\delta_\epsilon(t-a)]=\frac{1}{\epsilon s}\left[e^{-as}-e^{-(a+\epsilon)s}\right]$$

가 된다. $\epsilon\to 0+$일 때의 극한값을 생각하여 보면

$$\begin{aligned}\lim_{\epsilon\to 0+} L[\delta_\epsilon(t-a)] &= \lim_{\epsilon\to 0+}\frac{1}{\epsilon s}\left[e^{-as}-e^{-(a+\epsilon)s}\right] \\ &= \lim_{\epsilon\to 0+}\frac{1}{s}\left[-(-s)e^{-(a+\epsilon)s}\right] \quad (\because \text{ 로피탈의 법칙}) \\ &= e^{-as}\end{aligned}$$

이러한 사실을 고려하여

$$L[\delta(t-a)]=e^{-as}$$

를 만족하는 함수를 $\delta(t-a)$로 나타내고, **디락델타함수((Dirac delta)** 또는 **충격함수)**라고 부른다.

참고로, $\delta(t-a)$는 보통의 함수와는 약간 다른 함수이며 $\int_{-\infty}^{\infty} f(t)\delta(t-a)dt=f(a)$의 성질을 갖는다.

예제 4

다음 미분방정식을 풀어라.

$$y''+4y'+3y=r(t),\ y(0)=0,\ y'(0)=0,\quad r(t)=u(t-1)-u(t-2).$$

풀이 양변에 라플라스변환을 취하면

$$s^2Y+4sY+3Y=\frac{e^{-s}}{s}-\frac{e^{-2s}}{s}$$

$$Y=\frac{1}{s^2+4s+3}\left(\frac{e^{-s}}{s}-\frac{e^{-2s}}{s}\right)=\left[\frac{1/3}{s}-\frac{1/2}{s+1}+\frac{1/6}{s+3}\right](e^{-s}-e^{-2s})$$

$F(s)=\frac{1/3}{s}-\frac{1/2}{s+1}+\frac{1/6}{s+3}$의 역변환은 $f(t)=\frac{1}{3}-\frac{1}{2}e^{-t}+\frac{1}{6}e^{-3t}$이므로 역변환을 취하면

$$y(t)=L^{-1}\{F(s)e^{-s}-F(s)e^{-2s})\}\ \left(\text{단}, F(s)=\frac{1/3}{s}-\frac{1/2}{s+1}+\frac{1/6}{s+3}\right).$$

$$= f(t-1)u(t-1) - f(t-2)u(t-2)$$

$$= \begin{cases} 0 & (0 < t < 1) \\ \frac{1}{3} - \frac{1}{2}e^{-(t-1)} + \frac{1}{6}e^{-3(t-1)} & (1 < t < 2) \\ -\frac{1}{2}e^{-(t-1)} + \frac{1}{6}e^{-3(t-1)} + \frac{1}{2}e^{-(t-2)} - \frac{1}{6}e^{-3(t-2)} & (t > 2) \end{cases}.$$

<III> 주기함수의 라플라스변환

적당한 양수 $T > 0$에 대하여 $f(t+T) = f(t)$를 만족하는 함수를 **주기함수**라고 부르며, T를 **주기**라고 부른다. $f(t)$가 주기 T의 주기함수이고, 구간 $[0, T]$에서 구분연속이라고 하자. 그러면 라플라스변환은

$$L(f) = \int_0^\infty e^{-st} f(t)dt = \int_0^T e^{-st} f(t)dt + \int_T^{2T} e^{-st} f(t)dt + \cdots$$

$$= \sum_{n=0}^\infty \int_{nT}^{(n+1)T} e^{-st} f(t)dt.$$

각각의 적분에서 $t - nT = u$로 치환하면 $f(u+nT) = f(u)$, $dt = du$ 이므로

$$\sum_{n=0}^\infty \int_{nT}^{(n+1)T} e^{-st} f(t)dt = \sum_{n=0}^\infty \int_0^T e^{-s(u+nT)} f(u+nT)du = \sum_{n=0}^\infty e^{-nsT} \int_0^T e^{-su} f(u)du$$

$$= \int_0^T e^{-su} f(u)du \sum_{n=0}^\infty e^{-nsT} = \int_0^T e^{-su} f(u)du \frac{1}{1-e^{-sT}}.$$

그러므로

$$L(f) = \frac{1}{1-e^{-sT}} \int_0^T e^{-st} f(t)dt, \quad f(t+T) = f(t), \ t \geq 0.$$

예제 5

$f(t) = 3t$, $f(t+2) = f(t)$ 인 주기함수 $f(t)$의 라플라스 변환을 구하여라.

풀이 주기 2인 주기함수이므로

$$L(f) = \frac{1}{1-e^{-2s}} \int_0^2 e^{-st}(3t)dt$$

$$= \frac{1}{1-e^{-2s}}\left\{\left[-\frac{1}{s}e^{-st}(3t)\right]_0^2 - \int_0^2\left(-\frac{1}{s}\right)e^{-st}(3)dt\right\}$$

$$= \frac{1}{1-e^{-2s}}\left\{-\frac{6}{s}e^{-2s} - \frac{3}{s^2}\left[e^{-st}\right]_0^2\right\} = \frac{1}{1-e^{-2s}}\left\{-\frac{6}{s}e^{-2s} - \frac{3}{s^2}(e^{-2s}-1)\right\}$$

$$=-\frac{6e^{-2s}}{s(1-e^{-as})} + \frac{3}{s^2}.$$

예제 6

$f(t) = 3|\cos t|$ 의 라플라스변환을 구하여라.

풀이 주기가 π 인 주기함수이므로

$$L(f) = \frac{1}{1-e^{-\pi s}}\int_0^{\pi} e^{-st}(3|\cos t|)dt$$

$$= \frac{3}{1-e^{-\pi s}}\left(\int_0^{\pi/2} e^{-st}\cos t dt + \int_{\pi/2}^{\pi} e^{-st}(-\cos t)dt\right)$$

$$= \frac{3}{1-e^{-\pi s}}\left(\left[\frac{e^{-st}}{1+s^2}(-s\cos t + \sin t)\right]_0^{\pi/2} - \left[\frac{e^{-st}}{1+s^2}(-s\cos t + \sin t)\right]_{\pi/2}^{\pi}\right)$$

$$= \frac{3}{1-e^{-\pi s}}\left[\frac{e^{-\pi s/2}}{1+s^2} + \frac{s}{1+s^2} - \frac{se^{-\pi s}}{1+s^2} + \frac{e^{-\pi s/2}}{1+s^2}\right]$$

$$= \frac{3}{1-e^{-\pi s}}\left[\frac{2e^{-\pi s/2}}{1+s^2} + \frac{s}{1+s^2}(1-e^{-\pi s})\right].$$

연습문제 (4.3)

1. $F(s)=\frac{1}{s}-\frac{2}{s+1}+\frac{3}{s+2}$일 때, $L^{-1}\{e^{-s}F(s)\}$, $L^{-1}\{e^{-2s}F(s)\}$를 구하고, $y=f(t-1)u(t-1)-f(t-2)u(t-2)$를 구간별로 구체적인 함수로 나타내어라.

2. 다음 미분방정식을 풀어라.

$$y''+3y'+2y=r(t),\ y(0)=0,\ y'(0)=0,\quad r(t)=u(t-1)-u(t-2).$$

3. $f(t)=at$, $f(t+a)=f(t)$인 주기함수 $f(t)$의 라플라스 변환을 구하여라.

4. $f(t)=3|\sin t|$의 라플라스변환을 구하여라.

5. 함수 $f(t)=\begin{cases}0\ (0<t<a)\\1\ (a\le t\le b)\\0\ (b<t)\end{cases}$에 대하여 다음 문제를 풀어라.

(1) $b=a+\epsilon\ (\epsilon>0)$이라고 할 때 $\mathcal{L}\left(\frac{1}{\epsilon}f(t)\right)$를 구하여라.

(2) $\lim_{\epsilon\to0}\mathcal{L}\left(\frac{1}{\epsilon}f(t)\right)=e^{-as}$임을 보여라.

6. 역변환 $\mathcal{L}^{-1}\left(\frac{e^{-as}}{s^n}\right)$를 구하여라.

7. 다음 그림과 같은 그래프를 갖는 함수 $f(t)\,(t>0)$의 라플라스변환을 구하여라.

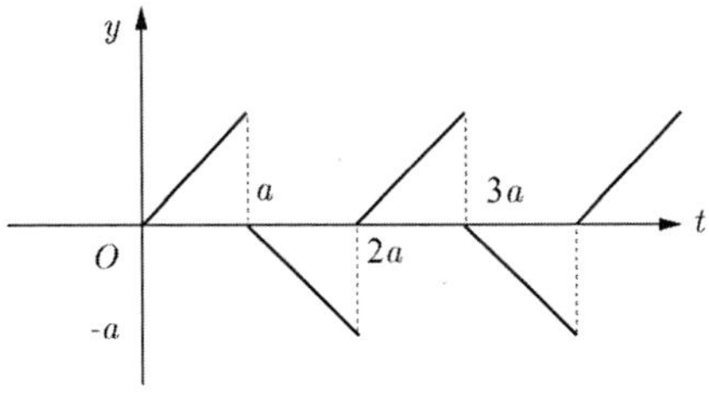

8. 함수 $f(t)$와 도함수 f'이 라플라스변환이 가능하고, $f(t)$는 $t=a$에서만 불연속이며, $f(a-)$와 $f(a+)$가 존재하면 다음이 성립함을 보여라.

$$\mathcal{L}\left(\frac{df}{dt}\right)=sF(s)-f(0)-[f(a+)-f(a-)]e^{-as}$$

4.4 적분방정식의 합성곱 해법

<I> 합성곱(대합)

두 개의 구분연속인 함수 f, g에 대하여

$$(f*g)(t)=\int_0^t f(t-u)g(u)du$$

로 정의된 함수 $(f*g)(t)$를 f와 g의 **합성곱(convolution)**이라고 정의한다.

다음의 정리에서 보는 바와 같이, 라플라스변환의 곱 $F(s)G(s)$의 역변환은 f와 g의 합성곱 $(f*g)(t)$가 된다.

이 합성곱정리는 라플라스역변환을 쉽게 구할 수 있는 함수 두 개가 곱해진 모양의 역변환을 구할 때 유용하다.

정리 1 (합성곱정리)

두 함수 $f(t)$와 $g(t)$의 라플라스변환의 곱 $F(s)G(s)$의 역변환은

$$L^{-1}\{F(s)G(s)\}=f(t)*g(t)=\int_0^t f(t-u)g(u)du$$

증명 $F(s)G(s)=\left\{\int_0^\infty e^{-sv}f(v)dv\right\}\left\{\int_0^\infty e^{-su}g(u)du\right\}$

$$=\int_0^\infty\int_0^\infty e^{-s(v+u)}f(v)g(u)dv\,du$$

$$=\int_0^\infty\left[\int_0^\infty e^{-s(v+u)}f(v)dv\right]g(u)\,du$$

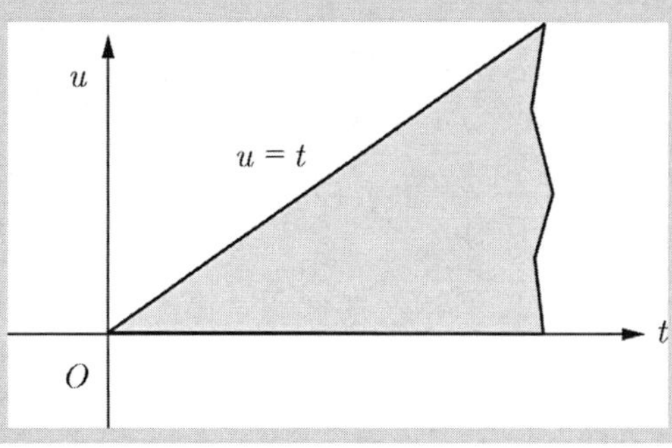

괄호안의 적분에서 $v+u=t$로 치환하면 $v=t-u$, $dv=dt$이고, v가 0에서 ∞까지 가는 동안에 t는 u에서 ∞까지 움직이므로

$$\int_0^\infty e^{-s(v+u)}f(v)dv = \int_u^\infty e^{-st}f(t-u)dt.$$

그러므로

$$F(s)G(s) = \int_0^\infty \int_u^\infty e^{-st}f(t-u)g(u)dt\,du.$$

마지막에 있는 반복적분 식을 이중적분으로 표현하면 적분영역은 $\{(t,u)|u \leqq t, u \geqq 0\}$이 된다. 이 영역에서 고정된 t에 대하여 u는 0에서 t까지 움직이고, t는 0에서 ∞까지 움직이므로 위의 반복적분의 순서를 바꾸면

$$\begin{aligned} F(s)G(s) &= \int_0^\infty \int_u^\infty e^{-st}f(t-u)g(u)dt\,du \\ &= \int_0^\infty \int_0^t e^{-st}f(t-u)g(u)dudt \\ &= \int_0^\infty e^{-st}\left[\int_0^t f(t-u)g(u)du\right]dt \\ &= \int_0^\infty e^{-st}(f*g)(t)dt \\ &= L\{(f*g)(t)\}. \end{aligned}$$

합성곱은 적분으로 정의되어있으므로 적분의 성질을 이용하면 다음이 성립함을 알 수 있다.

정리 2 (합성곱의 성질)

합성곱이 가능한 함수 $f(t)$, $g(t)$, $h(t)$에 대하여 다음이 성립한다.

(1) $f*g=g*f$ (교환법칙)

(2) $(f*g)*h=f*(g*h)$ (결합법칙)

(3) $f*(g+h)=f*g+f*h$ (분배법칙)

(4) $f*0=0*f=0$

(5) $f*\delta=\delta*f=f$

증명 ((2)의 증명) 합성곱의 정의에 의하여

$$[(f*g)*h)](t)=\int_0^t f(t-u)g(u)du*h(t)$$
$$=\int_0^t\left(\int_0^{t-v}f(t-v-u)g(u)du\right)h(v)dv$$
$$=\int_0^t\left(\int_0^{t-v}f(t-v-u)g(u)h(v)du\right)dv.$$

괄호안의 적분에서 $v+u=w$로 치환하면 $du=dw$이고, u가 0에서 $t-v$까지 가는 동안에 w는 v에서 t까지 움직이므로

$$\int_0^{t-v}f(t-v-u)g(u)h(v)du=\int_v^t f(t-w)g(w-v)h(v)dw.$$

그러므로

$$[(f*g)*h)](t)=\int_0^t\int_v^t f(t-w)g(w-v)h(v)dwdv.$$

마지막식의 반복적분을 2중적분으로 표현할 때의 적분영역은 직각삼각형

$$\{(v,w)|w\geqq v,\ 0\leqq v\leqq t,0\leqq w\leqq t\}$$

이므로 위의 반복적분의 적분순서를 교환하면

$$[(f*g)*h)](t)=\int_0^t\int_v^t f(t-w)g(w-v)h(v)dwdv$$
$$=\int_0^t\int_0^w f(t-w)g(w-v)h(v)dvdw$$
$$=\int_0^t f(t-w)\left[\int_0^w g(w-v)h(v)dv\right]dw$$
$$=\int_0^t f(t-w)[(g*h)(w)]dw$$
$$=[f*(g*h)](t).$$

나머지 명제는 적분의 성질로부터 쉽게 증명할 수 있으므로 생략한다.

예제 1

$H(s)=\dfrac{3}{s^2(s+5)}$의 역변환 $h(t)$를 구하여라.

풀이 $F(s)=\dfrac{3}{s^2},\ G(s)=\dfrac{1}{s+5}$라고 하면 $f(t)=3t,\ g(t)=e^{-5t}$이므로

$$h(t) = (f * g)(t) = \int_0^t f(t-u)g(u)du$$

$$= 3\int_0^t (t-u)e^{-5u}du = 3\left\{\left[\frac{1}{-5}(t-u)e^{-5u}\right]_0^t - \int_0^t \frac{1}{-5}(-1)e^{-5u}du\right\}$$

$$= \frac{3}{5}t + \frac{3}{25}[e^{-5u}]_0^t = \frac{3}{25}e^{-5t} + \frac{3}{5}t - \frac{3}{25}.$$

예제 2

합성곱을 이용하여 $L^{-1}\left\{\frac{s}{(s^2+a^2)^2}\right\}$를 구하여라.

풀이 $L^{-1}\left\{\frac{s}{s^2+a^2}\right\} = \cos at$, $L^{-1}\left\{\frac{1}{s^2+a^2}\right\} = \frac{1}{a}\sin at$이므로 합성곱의 정리에 의하여

$$L^{-1}\left\{\frac{s}{(s^2+a^2)^2}\right\} = L^{-1}\left\{\frac{s}{s^2+a^2}\cdot\frac{1}{s^2+a^2}\right\} = L^{-1}\left\{\frac{s}{s^2+a^2}\right\} * L^{-1}\left\{\frac{1}{s^2+a^2}\right\}$$

$$= \{\cos at\} * \left\{\frac{1}{a}\sin at\right\} = \frac{1}{a}\{\cos at\} * \{\sin at\}.$$

$$\frac{1}{a}\{\cos at\} * \{\sin at\} = \frac{1}{a}\int_0^t \cos au \cdot \sin a(t-u)du$$

$$= \frac{1}{2a}\int_0^t [\sin\{au + a(t-u)\} - \sin\{au - a(t-u)\}]du$$

$$= \frac{1}{2a}\int_0^t [\sin\{at\} - \sin\{2au - at\}]du$$

$$= \frac{1}{2a}\left[u\sin\{at\} + \frac{1}{2a}\cos\{2au - at\}\right]_0^t$$

$$= \frac{1}{2a}\left[t\sin\{at\} + \frac{1}{2a}\cos\{at\} - \frac{1}{2a}\cos\{-at\}\right]$$

$$= \frac{1}{2a}t\sin(at).$$

<II> 적분방정식

적분방정식 독립변수에 대한 종속변수의 1계이상의 도함수를 포함하는 방정식이 미분방정식이었다. 마찬가지로, 독립변수에 대한 종속변수의 적분을 포함하는 함수방정식을 **적분방정식(Integral equation)**이라고 부른다. 또한 종속변수의 적분과

도함수를 동시에 포함하는 방정식을 **미분적분방정식(Integro-differential equation)** 이라고 부른다.

합성곱 $(f*g)(t)=\int_0^t f(t-u)g(u)du$ 를 포함하는 적분방정식은 $f(t)$ 또는 $g(t)$ 의 어느 한 쪽의 함수가 주어져있으면, 라플라스변환과 합성곱정리를 이용하여 해를 구할 수 있다.

예제 3

적분방정식 $y(t)=a+bt+\int_0^t y(t-u)\sin u\,du$의 해를 구하여라.

풀이 양변에 라플라스변환을 취하고 $\mathcal{L}(y)=Y$로 나타내면

$$Y(s)=\frac{a}{s}+\frac{b}{s^2}+Y(s)\frac{1}{s^2+1},\ \text{즉},\ Y(s)\frac{s^2}{s^2+1}=\frac{a}{s}+\frac{b}{s^2}=\frac{as+b}{s^2}.$$

Y에 관하여 풀면 $Y=\frac{(as+b)(s^2+1)}{s^4}=\frac{a}{s}+\frac{b}{s^2}+\frac{a}{s^3}+\frac{b}{s^4}$ 이므로 역변환을 취하면

$$y(t)=a+bt+\frac{a}{2}t^2+\frac{b}{6}t^3.$$

예제 4

$y(t)=t+e^{-t}\int_0^t e^{\tau}y(\tau)\,d\tau$의 해를 구하여라.

풀이 주어진 식은

$$y(t)=t+e^{-t}\int_0^t e^{\tau}y(\tau)\,d\tau=t+\int_0^t e^{-(t-\tau)}y(\tau)\,d\tau=t+e^{-t}*y$$

이므로 라플라스변환을 취하면

$$Y=\frac{1}{s^2}+\frac{1}{s+1}Y,\ \text{즉},\ Y\left(1-\frac{1}{s+1}\right)=\frac{1}{s^2}.$$

Y에 관하여 풀면

$$Y=\frac{1}{s^2}\cdot\frac{s+1}{s}=\frac{s+1}{s^3}=\frac{1}{s^2}-\frac{1}{s^3}.$$

이므로 역변환을 취하면

$$y(t) = t - \frac{1}{2}t^2.$$

예제 5

다음 적분방정식을 만족하는 함수 $f(t)$를 구하여라.

$$f(t) = 5t^5 + \int_0^t f(v)e^{v-t}dv.$$

풀이 $e^{v-t} = e^{-(t-v)}$이므로 우변의 적분은 $f(t)$와 e^{-t}의 합성곱이다. 그러므로 양변에 라플라스변환을 취하면

$$F(s) = \frac{5 \cdot (5!)}{s^6} + F(s)\frac{1}{s+1}, \text{ 즉, } Y\left(1 - \frac{1}{s+1}\right) = \frac{5 \cdot (5!)}{s^6}.$$

Y에 관하여 풀면

$$Y = \frac{5 \cdot (5!)}{s^6} \cdot \frac{s+1}{s} = \frac{5 \cdot (5!)}{s^6} + \frac{5 \cdot (5!)}{s^7}.$$

이므로 역변환을 취하면

$$y(t) = 5t^5 + \frac{5}{6}t^6.$$

연습문제 (4.4)

1. 합성곱을 이용하여 $H(s)=\dfrac{a}{s^2(s-a)}$의 역변환 $h(t)$를 구하고 계산하여 보아라.

2. 합성곱을 이용하여 $L^{-1}\left\{\dfrac{1}{(s^2+a^2)^2}\right\}$을 구하고 계산하여 보아라.

3. 다음 라프라스변환의 역변환을 합성곱을 이용하여 나타내어라(계산하지는 않는다.)

(1) $\dfrac{1}{s(s-a)}$ (2) $\dfrac{1}{s^2(s-a)}$

(3) $\dfrac{1}{(s-a)(s-b)}$ (4) $\dfrac{1}{(s-a)^2(s-b)^2}$

(5) $\dfrac{s^2}{(s^2+a^2)^2}$ (6) $\dfrac{s+1}{s^2(s^2+a^2)^2}$

4. 다음 적분방정식을 풀어라.

(1) $y(t)=1+\int_0^t y(u)du$ (2) $y(t)=t+\int_0^t y(t-u)du$

(3) $y(t)=1-\int_0^t (t-u)y(u)du$ (4) $y(t)=1-\int_0^t (t-u)^2 y(u)du$

5. 적분방정식 $y(t)=at+\int_0^t y(t-u)\sin u\,du$의 해를 구하여라.

6. $y(t)=5te^{-t}+e^{-t}\int_0^t e^{\tau}y(\tau)\,d\tau$의 해를 구하여라.

7. 다음 적분방정식을 만족하는 함수 f(t)를 구하여라.

$$f(t)=2t^2+\int_0^t f(v)e^{v-t}dv\,.$$

제5장 멱급수와 멱급수해법

5.1 미분방정식의 멱급수해법

<I> 멱급수

미분방정식의 해를 멱급수를 이용하여 구하는 방법이 **멱급수해법**이다. 멱급수해법을 이용하여 해를 구할 때 필요한 멱급수에 관하여 간략히 살펴본다.

멱급수의 정의 무한수열 $a_1, a_2, \cdots, a_n, \cdots$ 에 대하여

$$a_0 + a_1(x - x_0) + a_2(x - x_0)^2 + \cdots + a_n(x - x_0)^n + \cdots$$

를 $x - x_0$에 대한 **멱급수**라고 부르고, $\sum_{n=0}^{\infty} a_n(x - x_0)^n$으로 나타내며, x_0를 **멱급수의 중심**이라고 부른다.

멱급수의 수렴 · 발산 멱급수의 미지수 x에 수 $x = a$를 대입하여 수렴하면 멱급수 $\sum_{n=0}^{\infty} a_n(x - x_0)^n$은 $x = a$에서 수렴한다고 정의한다.

멱급수의 수렴구간 멱급수 $\sum_{n=0}^{\infty} a_n(x - x_0)^n$이 수렴하는 모든 실수의 집합은 항상 x_0를 중심으로 하는 대칭모양의 구간이 되는데 이 구간을 멱급수의 **수렴구간** 또는 **수렴집합**이라고 부른다. 또한 수렴구간의 길이의 반을 **수렴반경**이라고 부른다.

테일러 급수 멱급수 $\sum_{n=0}^{\infty} \frac{f^{(n)}(x_0)}{n!}(x-x_0)^n$을 함수 $f(x)$의 x_0에 관한 **테일러 급수(Taylor)**라고 부르며, 특히, $\sum_{n=0}^{\infty} \frac{f^{(n)}(0)}{n!}x^n$을 $f(x)$의 **매크로린급수(Maclaurin)** 라고 부른다.

해석적인 함수 함수 $f(x)$의 x_0에 관한 Taylor 급수

$$\sum_{n=0}^{\infty} \frac{f^{(n)}(x_0)}{n!}(x-x_0)^n$$

이 양수의 수렴반경 $R>0$을 가지면 $f(x)$는 $x=x_0$에서 **해석적**이라고 정의한다. 특히 $x=x_0$에서 해석적이 되기 위해서는 무한히 미분가능하여야 함을 알 수 있다.

다항함수, $\sin x$, $\cos x$, e^x 등은 모든 점에서 해석적이고, 그들의 합, 차, 곱도 해석적이며, 분모가 0이 아닌 점에서는 몫도 해석적이 된다.

<II> 멱급수에 관한 성질

멱급수는 다음과 같은 기본적인 성질을 갖는다. 자세한 증명은 생략하기로 한다.

정리 1 (절대수렴)

멱급수 $\sum_{n=0}^{\infty} a_n(x-x_0)^n$에 대하여 다음이 성립한다.

(1) 두 멱급수가 $\sum_{n=0}^{\infty} a_n(x-x_0)^n = \sum_{n=0}^{\infty} b_n(x-x_0)^n$, $(|x-x_0|<R,\ R>0)$을 만족하면 $a_n = b_n,\ n=0,1,2,\cdots$ 이 성립한다.

(2) 멱급수가 어떤 값 x_1에서 수렴하면 $|x-x_0|<|x_1-x_0|$을 만족하는 모든 x에 대하여 절대수렴한다.

(3) 멱급수의 수렴반경은 $\rho = \lim_{n\to\infty}\left|\frac{a_n}{a_{n+1}}\right|$ 또는 $\rho = 1/\lim_{n\to\infty}\sqrt[n]{|a_n|}$ 등으로 구해질 수 있다.

정리 2 (멱급수의 연산)

(1) 중심이 동일한 두 멱급수는 수렴반경 내에서 항별로 더하거나 뺄 수 있다.

(2) 멱급수는 수렴반경 내에서 항별로 미분하거나 적분할 수 있으며 동일한 수렴반경을 갖는다.

(3) 어떤 함수 $f(x)$에 대하여 $f(x)=\sum_{n=0}^{\infty} a_n(x-x_0)^n,\ |x-x_0|<R$을 만족하는$R>0$이 존재하면 $a_n=\dfrac{f^{(n)}(x_0)}{n!}$이다.

(4) 중심이 동일한 두 멱급수 $\sum_{n=0}^{\infty} a_n(x-x_0)^n,\ \sum_{n=0}^{\infty} b_n(x-x_0)^n$의 곱은 다음과 같다.

$$\left(\sum_{n=0}^{\infty} a_n(x-x_0)^n\right)\left(\sum_{n=0}^{\infty} a_n(x-x_0)^n\right)=\sum_{n=0}^{\infty} c_n(x-x_0)^n,\ \text{단, } c_n=\sum_{k=0}^{n} a_k b_{n-k}$$

정리 3 (해석적인 함수)

$f(x)$와 $g(x)$가 $x=x_0$에서 해석적이면, $f(x)+g(x)$, $f(x)-g(x)$ 및 $f(x)g(x)$도 $x=x_0$에서 해석적이고, 만약 $g(x_0)\neq 0$이면 $\dfrac{f(x)}{g(x)}$도 $x=x_0$에서 해석적이다.

<III>멱급수해법

주어진 미분방정식에 대하여 $y=\sum_{n=0}^{\infty} a_n(x-x_0)^n$이 해가 된다고 가정하고, 주어진 방정식에 대입하여 계수를 적절한 방법으로 구함으로써 미분방정식의 해를 구하는 방법을 **멱급수해법**이라고 한다. 그 이론적인 근거는 다음의 정리와 같으며, 증명은 생략하기로 한다.

정리 4 (멱급수해의 존재)

미분방정식 $y''+p(x)y'+q(x)y=r(x)$의 계수 $p(x)$, $q(x)$ 및 $r(x)$가 x_0에서 해석적이면 $y=\sum_{n=0}^{\infty}a_n(x-x_0)^n$와 같은 형태의 멱급수해를 갖는다.

정리 5 (멱급수해의 존재)

미분방정식 $h(x)y''+p(x)y'+q(x)y=r(x)$의 계수 $h(x)$, $p(x)$, $q(x)$ 및 $r(x)$가 x_0에서 해석적이고, $h(x_0)\neq 0$이면 $y=\sum_{n=0}^{\infty}a_n(x-x_0)^n$와 같은 형태의 멱급수해를 갖는다.

2계미분방정식 $y''-y=0$의 멱급수해를 구하여보자.

이 방정식의 계수 $1, 0, -1, 0$은 $x_0=0$에서 해석적이므로 $y=\sum_{n=0}^{\infty}a_nx^n$ 형태의 멱급수해를 갖는다. 이 멱급수가 해가 된다고 가정하고

$$y'=\sum_{n=1}^{\infty}na_nx^{n-1},\quad y''=\sum_{n=2}^{\infty}n(n-1)a_nx^{n-2}$$

을 주어진 방정식에 대입하면

$$\begin{array}{r|l} -1 & y=\sum_{n=0}^{\infty}a_nx^n \\ 0 & y'=\sum_{n=1}^{\infty}na_nx^{n-1}=\sum_{n=0}^{\infty}(n+1)a_{n+1}x^n \\ +1 & y''=\sum_{n=2}^{\infty}n(n-1)a_nx^{n-2}=\sum_{n=0}^{\infty}(n+1)(n+2)a_{n+2}x^n \\ \hline \end{array}$$

$$y''-y=\sum_{n=0}^{\infty}\left[(n+1)(n+2)a_{n+2}-a_n\right]x^n=0$$

멱급수가 0이 되기 위해서는 모든 항이 0이 되어야 하므로

$$(n+1)(n+2)a_{n+2}-a_n=0,\ \text{즉},\ a_{n+2}=\frac{1}{(n+1)(n+2)}a_n,\ n=0,1,2,\cdots$$

$$n=0;\ a_2=\frac{1}{1\cdot 2}a_0=\frac{1}{2!}a_0,$$

$$n=1;\ a_3=\frac{1}{2\cdot 3}a_1=\frac{1}{3!}a_1$$

$$n=2;\ a_4=\frac{1}{3\cdot 4}a_2=\frac{1}{3\cdot 4}\cdot\frac{1}{1\cdot 2}a_0=\frac{1}{4!}a_0$$

$$n=3;\ a_5=\frac{1}{4\cdot 5}a_3=\frac{1}{4\cdot 5}\cdot\frac{1}{2\cdot 3}a_1=\frac{1}{5!}a_1$$

$$a_6=\frac{1}{6!}a_0,\ \ a_7=\frac{1}{7!}a_1,\ \cdots.$$

그러므로 멱급수해는

$$y=\sum_{n=0}^{\infty}a_n x^n = a_0+a_1x+\frac{1}{2!}a_0x^2+\frac{1}{3!}a_1x^3+\frac{1}{4!}a_0x^4+\cdots$$

$$=a_0\left(1+\frac{1}{2!}x^2+\frac{1}{4!}x^4+\cdots\right)+a_1\left(x+\frac{1}{3!}x^3+\frac{1}{5!}x^5+\cdots\right).$$

위의 멱급수의 수렴반경은 ∞이므로 $x_0=0$에서 해석적인 해라는 것을 알 수 있다. 1계미분방정식에 대한 멱급수해법도 2계미분방정식일 때와 유사하다.

정리 6

미분방정식 $y'+p(x)y=r(x)$의 계수 $p(x)$, $r(x)$가 x_0에서 해석적이면 다음과 같은 형태의 멱급수해를 갖는다. $y=\sum_{n=0}^{\infty}a_n(x-x_0)^n=a_0y_1(x)$

정리 7

미분방정식 $h(x)y'+p(x)y=r(x)$의 계수 $h(x)$, $p(x)$, $r(x)$가 x_0에서 해석적이고 $h(x_0)\neq 0$을 만족하면 $y=\sum_{n=0}^{\infty}a_n(x-x_0)^n=a_0y_1(x)$와 같은 형태의 멱급수해를 갖는다.

예제 1

$y'+xy=0$의 멱급수해 $y=\sum_{n=0}^{\infty}a_nx^n$을 구하여라.

풀이 양변의 멱급수에서 계수를 비교하면 다음과 같다.

상수항; $1a_1=0$, 즉, $a_1=0$

$$\begin{array}{r|l} +x & y=\sum_{n=0}^{\infty} a_n x^n \\ +1 & y'=\sum_{n=1}^{\infty} n a_n x^{n-1}=\sum_{n=0}^{\infty}(n+1)a_{n+1}x^n \end{array}$$

$$y'+xy=\sum_{n=0}^{\infty}(n+1)a_{n+1}x^n+x\sum_{n=0}^{\infty}a_n x^n=0\,.$$

x^1항; $2a_2+a_0=0$, 즉, $a_2=-\frac{1}{2}a_0$

x^2항; $3a_3+a_1=0$, 즉, $a_3=-\frac{1}{3}a_1=-\frac{1}{3}\cdot 0=0$

x^3항; $4a_4+a_2=0$, 즉, $a_4=-\frac{1}{4}a_2=-\frac{1}{2\cdot 4}(-a_0)=\frac{1}{2\cdot 4}a_0=\frac{1}{2^2\cdot(2!)}a_0$

x^4항; $5a_5+a_3=0$, 즉, $a_5=-\frac{1}{5}a_3=0$

x^5항; $6a_6+a_4=0$, 즉, $a_6=-\frac{1}{6}a_4=-\frac{1}{6}\cdot\frac{1}{2\cdot 4}a_0=-\frac{1}{2^3\cdot(3!)}a_0$

………………

x^{2k-1}항; $2ka_{2k}+a_{2k-2}=0$, 즉,

$$a_{2k}=-\frac{1}{2k}a_{2k-2}=-\frac{1}{2k}\cdot(-1)^{k-1}\frac{1}{2\cdot 4\cdot\ \cdots\ \cdot(2k-2)!}a_0=(-1)^k\frac{1}{2^n\cdot(k!)}a_0$$

x^{2k}항; $a_{2k+1}=0$

그러므로 구하는 해는

$$y=a_0\left(1-\frac{1}{2}x^2+\frac{1}{2^2(2!)}x^4-\frac{1}{2^3(3!)}x^6+\cdots+(-1)^k\frac{1}{2^k(k!)}x^{2k}+\cdots\right).$$

고계선형미분방정식의 멱급수해법도 위의 방법과 유사하다.

정리 8 (멱급수해의 존재)

미분방정식

$$y^{(n)}+P_1(x)y^{(n-1)}+\cdots+P_{n-1}(x)y'+P_n(x)y=R(x)$$

의 계수 $P_1(x)$, $\cdots$, $P_n(x)$ 및 $R(x)$가 x_0에서 해석적이면 $y=\sum_{n=0}^{\infty}a_n(x-x_0)^n$와 같은 형태의 멱급수해를 갖는다.

예제 2

$(2-x^2)y''-2xy'+2y=0$의 멱급수해를 구하여라.

풀이 $h(x)=2-x^2$, $p(x)=-2x$, $q(x)=2$는 모두 $x=0$에서 해석적이고 $h(0)\neq 0$을 만족하므로 $x=0$ 근방($|x|<1$)에서 해석적인 급수해 $y=\sum_{n=0}^{\infty}a_nx^n$을 갖는다. 방정식에 대입하면

$$\begin{array}{r|l} +2 & y=\sum_{n=0}^{\infty}a_nx^n \\ -2x & y'=\sum_{n=1}^{\infty}na_nx^{n-1}=\sum_{n=0}^{\infty}(n+1)a_{n+1}x^n \\ 2-x^2 & y''=\sum_{n=2}^{\infty}n(n-1)a_nx^{n-2}=\sum_{n=0}^{\infty}(n+1)(n+2)a_{n+2}x^n \end{array}$$

$$(2-x^2)y''-2xy'+2y=\sum_{n=0}^{\infty}\left[\{-n(n-1)-2n+2\}a_n+2(n+1)(n+2)a_{n+2}\right]x^n=0$$

점화관계식은

$$a_{n+2}=\frac{n-1}{2(n+1)}a_n\ (n=0,\ 1,\ 2,\ \cdots)$$

$n=0$일 때 $a_2=-\frac{1}{2}a_0$, $n=1$일 때 $a_3=0$, $\quad\therefore a_5=a_7=\cdots=0$

$n=2$일 때 $a_4=\frac{1}{2\cdot 3}a_2=-\frac{1}{2^2\cdot 3}a_0$

$n=4$일 때 $a_6=\frac{3}{2\cdot 5}a_4=-\frac{3}{2\cdot 5}\frac{1}{2^2\cdot 3}a_0=-\frac{1}{2^3\cdot 5}a_0$

$n=6$일 때 $a_8=\frac{5}{2\cdot 7}a_6=-\frac{5}{2\cdot 7}\frac{1}{2^3\cdot 5}a_0=-\frac{1}{2^4\cdot 7}a_0$

일반적으로, $a_{2n}=-\frac{1}{2^n(2n-1)}a_0,\ \cdots$

그러므로 구하는 일반해는

$$y=a_0\left\{1-\frac{1}{2}x^2-\frac{1}{2^2\cdot 3}x^4-\cdots-\frac{1}{2^n(2n-1)}x^{2n}-\cdots\right\}+a_1x\ .$$

중심이동 미분방정식 $y''+p(x)y'+q(x)y=0$의 멱급수해 $y=\sum_{n=0}^{\infty}a_n(x-x_0)^n$은 다음과 같이 바꾸어서 구할 수도 있다.

$$x-x_0=v,\ \text{즉},\ x=v+x_0$$

로 바꾼다. 이 경우에

$$y'=\frac{dy}{dx}=\frac{dy}{dv}\frac{dv}{dx}=\frac{dy}{dv},\quad y''=\frac{d^2y}{dv^2}$$

이므로 주어진 방정식은 다음과 같이 변형된다.

$$\frac{d^2y}{dv^2}+p(v+x_0)\frac{dy}{dv}+q(v+x_0)y=0.$$

이 미분방정식은 $v=0$에서 해석적인 멱급수해 $y=\sum_{n=0}^{\infty}a_nv^n$을 구하는 문제가 된다.

예제 3

$y''+(x-1)y'+y=0$의 멱급수해 $y=\sum_{n=0}^{\infty}a_n(x-1)^n$을 구하여라.

풀이 $x-1=v$로 치환하면 $x=v+1$이므로 주어진 미분방정식은

$$\frac{d^2y}{dv^2}+v\frac{dy}{dv}+y=0$$

$y=\sum_{n=0}^{\infty}a_nv^n$이 해라고 가정하고 대입하면

$$\begin{array}{r|l}
+1 & y=\sum_{n=0}^{\infty}a_nv^n \\
+v & y'=\sum_{n=1}^{\infty}na_nv^{n-1}=\sum_{n=0}^{\infty}(n+1)a_{n+1}v^n \\
+1 & y''=\sum_{n=2}^{\infty}n(n-1)a_nv^{n-2}=\sum_{n=0}^{\infty}(n+1)(n+2)a_{n+2}v^n \\
\hline
\end{array}$$

$$\frac{d^2y}{dv^2}+v\frac{dy}{dv}+y=\sum_{n=0}^{\infty}\{(n+1)(n+2)a_{n+2}+(n+1)a_n\}v^n=0$$

점화관계식 $(n+1)(n+2)a_{n+2}+(n+1)a_n=0$ 에서

$$a_{n+2}=-\frac{1}{n+2}a_n$$

$$a_2 =- \frac{1}{2}a_0,\ a_3 =- \frac{1}{3}a_1$$

$$a_4 =- \frac{1}{4}a_2 = \frac{1}{2 \cdot 4}a_0,\ a_5 =- \frac{1}{5}a_3 = \frac{1}{3 \cdot 5}a_1,\ \cdots$$

$v = x - 1$ 이므로 구하는 일반해는 다음과 같다.

$$y = a_0\left\{1 - \frac{1}{2}(x-1)^2 + \frac{1}{2 \cdot 4}(x-1)^4 - \cdots + (-1)^n \frac{1}{2^n(n!)}(x-1)^{2n} + \cdots\right\}$$

$$+ a_1\left\{\begin{array}{l}(x-1) - \frac{1}{3}(x-1)^3 + \frac{1}{3 \cdot 5}(x-1)^5 - \frac{1}{3 \cdot 5 \cdot 7}(x-1)^7 \\ \cdots + (-1)^{n-1}\frac{1}{1 \cdot 3 \cdot \ \cdots \ \cdot (2n-1)}(x-1)^{2n-1} + \cdots\end{array}\right\}.$$

예제 4

$y' + y = e^x$ 의 멱급수해 $y = \sum_{n=0}^{\infty} a_n x^n$ 을 구하여라.

풀이 비제차항 e^x 를 멱급수로 전개하면 $e^x = \sum_{n=0}^{\infty} \frac{1}{n!}x^n$ 이 된다. $y = \sum_{n=0}^{\infty} a_n x^n$ 이 해가 된다고 가정하고 도함수를 구하여 대입하면

$$\begin{array}{r|l} +1 & y = \sum_{n=0}^{\infty} a_n x^n \\ +1 & y' = \sum_{n=1}^{\infty} n a_n x^{n-1} = \sum_{n=0}^{\infty} (n+1)a_{n+1}x^n \\ \hline & y' + y = \sum_{n=0}^{\infty}(n+1)a_{n+1}x^n + \sum_{n=0}^{\infty} a_n x^n = \sum_{n=0}^{\infty}\frac{1}{n!}x^n \ . \end{array}$$

양변의 멱급수에서 계수를 비교하면 다음과 같다.

상수항; $1a_1 + a_0 = 1$, 즉, $a_1 =- a_0 + 1$

x^1항; $2a_2 + a_1 = 1$, 즉, $a_2 =- \frac{1}{2}a_1 + \frac{1}{2} = \frac{1}{2}a_0$

x^2항; $3a_3 + a_2 = \frac{1}{2!}$, 즉, $a_3 =- \frac{1}{3}a_2 + \frac{1}{3!} =- \frac{1}{3!}a_0 + \frac{1}{3!}$

x^3항; $4a_4 + a_3 = \frac{1}{3!}$, 즉, $a_4 =- \frac{1}{4}a_3 + \frac{1}{4!} = \frac{1}{4!}a_0 - \frac{1}{4!} + \frac{1}{4!} = \frac{1}{4!}a_0$

x^4항; $5a_5 + a_4 = \frac{1}{4!}$, 즉, $a_5 =- \frac{1}{5}a_4 + \frac{1}{5!} =- \frac{1}{5!}a_0 + \frac{1}{5!}$

x^5항; $6a_6 + a_5 = \frac{1}{5!}$, 즉, $a_6 =- \frac{1}{6}a_5 + \frac{1}{6!} = \frac{1}{6!}a_0 - \frac{1}{6!} + \frac{1}{6!} = \frac{1}{6!}a_0$

$$\cdots\cdots\cdots\cdots\cdots\cdots$$

x^{2k-1}항; $2ka_{2k} + a_{2k-1} = \dfrac{1}{(2k-1)!}$, 즉, $a_{2k} = -\dfrac{1}{2k}a_{2k-1} + \dfrac{1}{(2k)!} = \dfrac{1}{(2k)!}a_0$

x^{2k}항; $(2k+1)a_{2k+1} + a_{2k} = \dfrac{1}{(2k)!}$, 즉,

$$a_{2k+1} = -\frac{1}{2k+1}a_{2k} + \frac{1}{(2k+1)!} = -\frac{1}{(2k+1)!}a_0 + \frac{1}{(2k+1)!}.$$

그러므로 구하는 해는

$$y = a_0\left(1 - x + \frac{1}{2!}x^2 - \frac{1}{(3!)}x^3 + \cdots + (-1)^k\frac{1}{(k!)}x^k + \cdots\right)$$
$$+ x + \frac{1}{3!}x^3 + \frac{1}{5!}x^5 + \cdots + \frac{1}{(2k+1)!}x^{2k+1} + \cdots.$$

참고로, $x + \dfrac{1}{3!}x^3 + \dfrac{1}{5!}x^5 + \cdots + \dfrac{1}{(2k+1)!}x^{2k+1} + \cdots = \dfrac{e^x - e^{-x}}{2}$ 이고 주어진 방정식의 특수해가 된다. 따라서 일반해는 $y = a_0e^{-x} + \dfrac{e^x - e^{-x}}{2}$ 가 되며, 특성근과 미정계수법으로 구한 일반해 $y = a_0e^{-x} + \dfrac{e^x}{2}$ 와 비교하여 보면, 형태는 다르지만 임의의 상수 a_0 대신에 $a_0 - \dfrac{1}{2}$ 로 선택하면 실제로는 같은 일반해가 됨을 알 수 있다.

예제 5

$(x+1)y' - y = x(x+1)$의 급수해 $y = \sum_{n=0}^{\infty} a_n x^n$을 구하여라.

풀이 $y = \sum_{n=0}^{\infty} a_n x^n$을 방정식에 대입하면

$$\begin{array}{r|l} -1 & y = \sum_{n=0}^{\infty} a_n x^n \\ +(x+1) & y' = \sum_{n=1}^{\infty} n a_n x^{n-1} = \sum_{n=0}^{\infty} (n+1)a_{n+1}x^n \end{array}$$

$$(x+1)y' - y = \sum_{n=0}^{\infty} \left[(n-1)a_n + (n+1)a_{n+1}\right]x^n$$

(i) 제차방정식 $(x+1)y' - y = 0$의 해 y_h

점화공식 $a_{n+1} = -\dfrac{n-1}{n+1}a_n \ (n \geqq 0)$ 에서

$$a_1 = a_0,\ a_2 = -\frac{0}{2}a_1 = 0,\ \ a_3 = a_4 = \cdots = 0$$

을 얻으므로

$$y_h = a_0 + a_0 x = a_0(1+x)$$

(ii) 특수해 $y_p = \displaystyle\sum_{n=0}^{\infty} a_n x^n$

이 급수를 대입한 결과 식인

$$\sum_{n=0}^{\infty} [(n-1)a_n + (n+1)a_{n+1}]x^n = x^2 + x$$

의 양변의 계수를 비교하면

$$-a_0 + a_1 = 0,\ \ 2a_2 = 1,\ a_2 + 3a_3 = 1,\ \ a_{n+1} = -\frac{n-1}{n+1}a_n \ (n \geqq 3)$$

$$a_1 = a_0,\ \ a_2 = \frac{1}{2},\ a_3 = \frac{1}{3}(1 - a_2) = \frac{1}{6}$$

$$\begin{aligned} a_{n+1} &= \left\{-\frac{n-1}{n+1}\right\}\left\{-\frac{n-2}{n}\right\}a_{n-1} = \left\{-\frac{n-1}{n+1}\right\}\left\{-\frac{n-2}{n}\right\}\left\{-\frac{n-3}{n-1}\right\}a_{n-2} \\ &= \cdots \\ &= \left\{-\frac{n-1}{n+1}\right\}\left\{-\frac{n-2}{n}\right\}\left\{-\frac{n-3}{n-1}\right\}\cdots\left\{-\frac{2}{4}\right\}a_3 = (-1)^n\frac{(n-1)!}{(n+1)!} \\ &= (-1)^n\frac{1}{n(n+1)} = (-1)^n\left\{\frac{1}{n} - \frac{1}{n+1}\right\}\ (n \geqq 3)\ \left(a_2 = \frac{1}{2}\right) \end{aligned}$$

그러므로 일반해는

$$y = a_0(1+x) + \frac{1}{2}x^2 + \frac{1}{6}x^3 + \sum_{n=3}^{\infty}(-1)^n\left\{\frac{1}{n} - \frac{1}{n+1}\right\}x^{n+1}.$$

예제 6

$y'' + x^2 y' + 4y = 1 - x^2$ 의 급수해 $y = \displaystyle\sum_{n=0}^{\infty} a_n x^n$ 을 구하여라.

풀이 $x = 0$ 은 특이점이 아니므로 $y = \displaystyle\sum_{n=0}^{\infty} a_n x^n$ 을 방정식에 대입하면

$$\begin{array}{r|l} +4 & y = \sum_{n=0}^{\infty} a_n x^n \\ +x^2 & y' = \sum_{n=1}^{\infty} n a_n x^{n-1} = \sum_{n=0}^{\infty} (n+1) a_{n+1} x^n \\ +1 & y'' = \sum_{n=2}^{\infty} n(n-1) a_n x^{n-2} = \sum_{n=0}^{\infty} (n+2)(n+1) a_{n+2} x^n \end{array}$$

$$y'' + x^2 y' + 4y = \sum_{n=0}^{\infty} [(n+2)(n+1)a_{n+2} + 4a_n] x^n + \sum_{n=0}^{\infty} n a_n x^{n+1}$$

$$= (2a_2 + 4a_0) + \sum_{n=0}^{\infty} [(n+3)(n+2)a_{n+3} + 4a_{n+1} + n a_n] x^{n+1} = 1 - x^2$$

마지막 등식의 양변의 계수를 비교하면

$$2a_2 + 4a_0 = 1,\ 6a_3 + 4a_1 = 0,\ \ 12a_4 + 4a_2 + a_1 = -1,$$

$$a_{n+3} = -\frac{4a_{n+1} + n a_n}{(n+3)(n+2)}\ (n \geqq 0)$$

계수를 차례로 구하면

$$a_2 = \frac{1}{2} - 2a_0,\ a_3 = -\frac{2}{3}a_1,\ a_4 = \frac{1}{12}(-1 - a_1 - 4a_2) = -\frac{1}{4} + \frac{2}{3}a_0 - \frac{1}{12}a_1,\ \cdots$$

그러므로 구하는 해는

$$y = a_0 + a_1 x + \left(\frac{1}{2} - 2a_0\right)x^2 - \frac{2}{3}a_1 x^3 + \left(-\frac{1}{4} + \frac{2}{3}a_0 - \frac{1}{12}a_1\right)x^4 + \cdots$$

$$= a_0\left(1 - 2x^2 + \frac{2}{3}x^4 - \cdots\right) + a_1\left(x - \frac{2}{3}x^3 - \frac{1}{12}x^4 + \cdots\right) + \left(\frac{1}{2}x^2 - \frac{1}{4}x^4 + \cdots\right).$$

연습문제 (5.1)

1. $y' = y$의 멱급수해 $y = \sum_{n=0}^{\infty} a_n x^n$을 구하고 특성방정식을 이용하여 구한 해와 비교하여라.

2. $y' + 2xy = 0$의 멱급수해 $y = \sum_{n=0}^{\infty} a_n x^n$을 구하여라.

3. $(1 - x^2)y'' - 2xy' + 2y = 0$의 멱급수해를 구하여라.

4. $y'' - xy' + 2y = 2$의 멱급수해 $y = \sum_{n=0}^{\infty} a_n x^n$을 구하여라.

5. $y'' + (x-1)y' + y = 0$의 멱급수해 $y = \sum_{n=0}^{\infty} a_n (x-2)^n$을 구하여라.

6. $xy' = x + y$에 대하여 $x = 1$ 근방에서의 멱급수해 $y = \sum_{n=0}^{\infty} a_n (x-1)^n$을 구하여라.

7. $y' + y = 2e^x$ 의 멱급수해 $y = \sum_{n=0}^{\infty} a_n x^n$을 구하여라.

5.2 프로베니우스의 멱급수해법

만약 2계선형미분방정식이 $P_0(x)y'' + P_1(x)y' + P_2(x)y = 0$과 같이 주어지면 $P_0(x_0) = 0$을 만족하는 x_0에 대해서는 일반적으로 $\sum_{n=0}^{\infty} a_n(x - x_0)^n$과 같은 형태의 멱급수해를 갖지 않는다. 이러한 형태의 미분방정식을 푸는 방법을 살펴보기로 한다.

특이점 함수 $f(x)$가 $x = x_0$에서 해석적이 아니면 $x = x_0$를 $f(x)$의 **특이점**(singular point)이라고 부른다. 그리고 $x = x_0$가 $f(x)$의 특이점이지만 $f(x_0)$의 값을 다시 잘 정의하여 $f(x)$가 $x = x_0$에서 해석적이 되도록 할 수 있으면, $x = x_0$를 $f(x)$의 **제거가능특이점(removable singular point)**이라고 부른다.

정칙특이점 2계선형미분방정식

$$P_0(x)y'' + P_1(x)y' + P_2(x)y = 0 \tag{1}$$

에서 $P_0(x_0) = 0$인 경우에 이 방정식의 양변을 $P_0(x)$로 나누고 계수함수 $\frac{P_1(x)}{P_0(x)}$, $\frac{P_2(x)}{P_0(x)}$를 다시 잘 정의하여

$$y'' + \frac{f_1(x)}{x - x_0}y' + \frac{f_2(x)}{(x - x_0)^2}y = 0$$

과 같이 나타낼 때, $f_1(x)$, $f_2(x)$가 $x = x_0$에서 해석적인 함수가 되도록 나타낼 수 있으면, $x = x_0$를 **정칙특이점(regular singular point)**이라고 한다.

예를 들어, 미분방정식

$$x^3y'' + 3x^2y' + 6y = 0$$

은 양변을 x^3으로 나누면 $y'' + \frac{3}{x}y' + \frac{6}{x^3}y = 0$이 되고 계수함수 $\frac{1}{x}$, $\frac{1}{x^3}$이 $x = 0$에서 특이점을 가지므로 앞 절에서 소개한 멱급수해법을 적용할 수 없다. 또한 이 방정식은

$$y'' + \frac{3}{x}y' + \frac{6/x}{x^2}y = 0$$

의 꼴로 나타낼 때, $f_2(x)=\dfrac{6}{x}$ 이 $x=0$에서 해석적이 아니므로 $x=0$은 주어진 방정식의 정칙특이점도 아니다.

그런데 2계선형미분방정식

$$(x+1)y''+xy'-y=0$$

은 양변을 $x+1$로 나누어서 $y''+\dfrac{x}{x+1}y'-\dfrac{1}{x+1}y=0$으로 나타내면 $x=-1$은 계수함수의 특이점이 되고 마찬가지로 앞 절에서 소개한 멱급수해법을 적용할 수 없지만, 이 식을

$$y''+\frac{x}{x+1}y'+\frac{-(x+1)}{(x+1)^2}y=0$$

과 같이 나타내면 $f_1(x)=x$, $f_2(x)=-(x+1)$은 $x=-1$에서 해석적이므로 $x=-1$은 이 방정식의 정칙특이점이 된다. 이러한 방정식은 다음과 같은 해법으로 풀 수 있다.

<I> 정칙특이점을 갖는 방정식의 멱급수해

(1)과 같은 형태의 2계선형미분방정식이 정칙특이점을 가지면 다음의 정리를 이용하여 멱급수와 유사한 형태의 해를 구할 수가 있다. 증명은 생략하기로 한다.

정리 1 (프로베니우스 해법)

$x=0$이 미분방정식 $P_0(x)y''+P_1(x)y'+P_2(x)y=0$의 정칙특이점이면 다음과 같은 형태의 해가 존재한다.

$$y=x^r\sum_{n=0}^{\infty}a_nx^n=a_0x^r+a_1x^{r+1}+a_2x^{r+2}+\cdots+a_nx^{r+n}+\cdots \quad (\text{단, } a_0\neq 0)$$

위의 정리에 있는 급수 $y=x^r\sum_{n=0}^{\infty}a_nx^n$과 같은 형태가 해가 된다고 가정하고, 상수 r과 계수 a_n을 구하여 해를 구하는 방법을 **프로베니우스해법(Frobenius)**이라고 부른다.

프로베니우스 해법으로 구한 급수해의 수렴반경은 $x=0$ 이외의 특이점 중 원점

에서 가장 가까운 특이점까지의 거리이다. 그러므로 원점이외의 특이점이 없으면 수렴반경은 무한대가 된다.

예제 1

함수계수의 미분방정식 $2xy'' + (x+1)y' + 4y = 0$의 해를 프로베니우스 해법을 적용하여 구하여라.

풀이 양변에 $2x$를 나누어 $y'' + \frac{x+1}{2x}y' + \frac{2x}{x^2}y = 0$으로 변형하면

$$\text{계수함수 } f_1(x) = \frac{x+1}{2},\ f_2(x) = 2x$$

는 $x=0$에서 해석적이므로 $x=0$은 주어진 미분방정식의 정칙특이점이다. 그러므로 멱급수 $y = x^r \sum_{n=0}^{\infty} a_n x^n$ 형태의 해를 갖는다. $y = x^r \sum_{n=0}^{\infty} a_n x^n = \sum_{n=0}^{\infty} a_n x^{n+r}$(단, $a_0 \neq 0$)을 주어진 방정식에 대입하면

$$\begin{array}{r|l} +4 & y = \sum_{n=0}^{\infty} a_n x^{n+r} \\ +(x+1) & y' = \sum_{n=0}^{\infty} (n+r)a_n x^{n+r-1} \\ +2x & y'' = \sum_{n=0}^{\infty} (n+r)(n+r-1)a_n x^{n+r-2} \end{array}$$

$$\begin{aligned} &2xy'' + (x+1)y' + 4y \\ &= \sum_{n=0}^{\infty} [2(n+r)(n+r-1) + (n+r)]a_n x^{n+r-1} + \sum_{n=0}^{\infty} [(n+r)+4]a_n x^{n+r} \\ &= r(2r-1)a_0 x^{r-1} + \sum_{n=0}^{\infty} [(n+r+1)(2n+2r+1)a_{n+1} + (n+r+4)a_n]x^{n+r} = 0 \end{aligned}$$

첫째항의 계수 $r(2r-1)a_0x^{r-1} = 0$에서 $a_0 \neq 0$이므로 $r=0$ 또는 $r = \frac{1}{2}$이다.

두 번째 이상의 항의 계수는 다음의 점화관계식을 만족한다.

$$a_n = -\frac{n+r+3}{(n+r)(2n+2r-1)}a_{n-1},\ n \geq 1.$$

따라서 급수

$$\overline{y} = a_0 x^r \left[1 - \frac{r+4}{(r+1)(2r+1)}x + \frac{(r+4)(r+5)}{(r+1)(r+2)(2r+1)(2r+3)}x^2 - \cdots \right]$$

를 주어진 방정식에 대입하면 $(n+r+1)(2n+2r+1)a_{n+1} + (n+r+4)a_n = 0$이므로

$$2x\bar{y}'' + (x+1)\bar{y}' + 4\bar{y} = r(2r-1)a_0 x^{r-1}$$

이 된다. 그러므로 $r=0$ 또는 $r=\frac{1}{2}$로 선택하면 $\bar{y}$는 주어진 미분방정식의 해가 된다.

$r=0,\ a_0=1$로 선택하면 특수해는

$$y_1 = 1 - 4x + \frac{10}{3}x^2 - \frac{4}{3}x^3 + \cdots$$

$r=\frac{1}{2},\ a_0=1$로 선택하면 특수해는

$$y_2 = \sqrt{x}\left\{1 - \frac{3}{2}x + \frac{33}{40}x^2 - \frac{143}{560}x^3 + \cdots\right\}$$

그러므로 구하는 일반해는

$$\begin{aligned} y &= c_1 y_1 + c_2 y_2 \\ &= c_1\left\{1 - 4x + \frac{10}{3}x^2 - \frac{4}{3}x^3 + \cdots\right\} + c_2\sqrt{x}\left\{1 - \frac{3}{2}x + \frac{33}{40}x^2 - \frac{143}{560}x^3 + \cdots\right\}. \end{aligned}$$

위의 예제에서 보듯이 프로베니우스해법에서는 $f(r)a_0$ 형태의 x^{r-1}항의 계수가 나타나는데 방정식 $f(r)=0$을 주어진 미분방정식의 **결정방정식**이라고 부른다.

<II> 결정방정식

2계미분방정식의 프로베니우스해법에서 나타나는 결정방정식의 근은 다음 세 가지의 경우로 구분된다.

[경우 1] 서로 다르고, 정수만큼 다르지 않거나
[경우 2] 같거나
[경우 3] 서로 다르며 정수만큼 다르다.

경우1 결정방정식의 근 $r_1,\ r_2$가 서로 다르고, 차가 정수가 아닌 경우

이 경우에는 결정방정식의 각각의 근 $r_1,\ r_2$에 대한 두 해

$$y_1 = x^{r_1}(a_0 + a_1 x + a_2 x^2 + \cdots)$$

$$y_2 = x^{r_2}(b_0 + b_1 x + b_2 x^2 + \cdots)$$

는 일차독립이고, 일반해는 $y = c_1 y_1 + c_2 y_2$이다.

예제 2

방정식 $2x^2y'' - xy' + (x^2+1)y = 0$의 급수해를 프로베니우스 해법으로 구하여라.

풀이 $y'' - \dfrac{1/2}{x}y' + \dfrac{(x^2+1)/2}{x^2}y = 0$으로 변형하면 $f_1(x) = -\dfrac{1}{2}$, $f_2(x) = \dfrac{x^2+1}{2}$은 $x=0$에서 해석적이므로 $x=0$은 주어진 방정식의 정칙특이점이다. 그러므로 $y = x^r\sum_{n=0}^{\infty}a_nx^n$ (단, $a_0 \neq 0$)형태의 해를 갖는다. $y = x^r\sum_{n=0}^{\infty}a_nx^n = \sum_{n=0}^{\infty}a_nx^{n+r}$을 주어진 방정식에 대입하면

$$\begin{array}{r|l} +(x^2+1) & y = \sum_{n=0}^{\infty}a_nx^{n+r} \\ -x & y' = \sum_{n=0}^{\infty}(n+r)a_nx^{n+r-1} \\ +2x^2 & y'' = \sum_{n=0}^{\infty}(n+r)(n+r-1)a_nx^{n+r-2} \end{array}$$

$$\begin{aligned} &2x^2y'' - xy' + (x^2+1)y \\ &= \sum_{n=0}^{\infty}[2(n+r)(n+r-1) - (n+r) + 1]a_nx^{n+r} + \sum_{n=0}^{\infty}a_nx^{n+r+2} \\ &= (2r-1)(r-1)a_0x^r + (2r+1)ra_1x^{1+r} \\ &\quad + \sum_{n=0}^{\infty}\left[(2n+2r+3)(n+r+1)a_{n+2} + a_n\right]x^{n+r+2} = 0 \end{aligned}$$

이므로 결정방정식 $(2r-1)(r-1)=0$의 근은 $r = \dfrac{1}{2}$, 1이고 이 근 $r = \dfrac{1}{2}$, 1에 대하여 x^{1+r}의 계수가 $(2r+1)ra_1 = 0$이 되기 위해서는 $a_1 = 0$이다. 그런데 점화관계식은

$$a_{n+2} = -\frac{1}{(n+r+1)(2n+2r+3)}a_n, \quad n \geqq 0$$

이므로 $a_1 = a_3 = a_5 = a_7 = \cdots = 0$이다. 따라서

$$\bar{y} = a_0x^r\left[1 - \frac{1}{(r+1)(2r+3)}x^2 + \frac{1}{(r+1)(2r+3)(r+3)(2r+7)}x^4 - \cdots\right]$$

은 방정식 $2x^2\bar{y}'' - x\bar{y}' + (x^2+1)\bar{y} = (r-1)(2r-1)a_0x^r$을 만족하고 우변은 $r = \dfrac{1}{2}$, 1일 때 0이 되므로 일차독립인 두 해는

$r = \dfrac{1}{2}$, $a_0 = 1$로 선택하면 $y_1 = \sqrt{x}\left(1 - \dfrac{1}{6}x^2 + \dfrac{1}{168}x^4 - \dfrac{1}{11088}x^6 + \cdots\right)$

$r = 1$, $a_0 = 1$로 선택하면 $y_2 = x\left(1 - \dfrac{1}{10}x^2 + \dfrac{1}{360}x^4 - \dfrac{1}{28080}x^6 + \cdots\right)$

구하는 일반해는

$$y = c_1 y_1 + c_2 y_2$$
$$= c_1 \sqrt{x}\left(1 - \frac{1}{6}x^2 + \frac{1}{168}x^4 - \frac{1}{11088}x^6 + \cdots\right) + c_2 x\left(1 - \frac{1}{10}x^2 + \frac{1}{360}x^4 - \frac{1}{28080}x^6 + \cdots\right).$$

$x = 0$이 단 하나의 특이점이므로, 이 급수는 x의 모든 유한값에 대하여 수렴한다.

경우2 결정방정식의 근 r_1, r_2가 같은 경우

결정방정식의 근이 $r_1 = r_2$로 같은 경우에 일반해는, 점화관계식을 만족하는 a_n에 대하여 $\overline{y} = x^r \sum_{n=0}^{\infty} a_n(r)x^n$이라고 하면, $y = A\overline{y}\big|_{r=r_1} + B\frac{\partial \overline{y}}{\partial r}\Big|_{r=r_1}$ 또는

$$y = c_1 y_1 + c_2 y_2,\ y_1 = x^{r_1}\sum_{n=0}^{\infty} a_n x^n,\ y_2 = y_1(x)\ln x + x^{r_1}\sum_{n=1}^{\infty} A_n x^n$$

의 형태로 주어진다.

실제로, 점화관계식을 만족하는 a_n에 대하여 $\overline{y} = x^r \sum_{n=0}^{\infty} a_n(r)x^n$이라고 하면

$$P_0(x)\overline{y}'' + P_1(x)\overline{y}' + P_2(x)\overline{y} = f(r)a_0 x^{r+k}$$ (단 k는 $r+k$가 최소 멱의 항이 되는 수)

로 나타난다. 이 식의 양변을 r에 관하여 편미분하면

$$P_0(x)\frac{\partial}{\partial r}\overline{y}'' + P_1(x)\frac{\partial}{\partial r}\overline{y}' + P_2(x)\frac{\partial}{\partial r}\overline{y} = f'(r)a_0x^{r+k} + f(r)a_0x^{r+k}\ln x$$

그런데

$$\frac{\partial(\overline{y}')}{\partial r} = \frac{\partial}{\partial r}\left(\frac{\partial \overline{y}}{\partial x}\right) = \frac{\partial}{\partial x}\left(\frac{\partial \overline{y}}{\partial r}\right) = \left(\frac{\partial \overline{y}}{\partial r}\right)',$$
$$\frac{\partial(\overline{y}'')}{\partial r} = \frac{\partial}{\partial r}\left[\frac{\partial}{\partial x}\left(\frac{\partial \overline{y}}{\partial x}\right)\right] = \frac{\partial}{\partial x}\left[\frac{\partial}{\partial r}\left(\frac{\partial \overline{y}}{\partial x}\right)\right] = \frac{\partial^2}{\partial x^2}\left(\frac{\partial \overline{y}}{\partial r}\right) = \left(\frac{\partial \overline{y}}{\partial r}\right)''$$

이므로 위의 식은 다음과 같다.

$$P_0(x)\left(\frac{\partial \overline{y}}{\partial r}\right)'' + P_1(x)\left(\frac{\partial \overline{y}}{\partial r}\right)' + P_2(x)\frac{\partial \overline{y}}{\partial r} = f'(r)a_0x^{r+k} + f(r)a_0x^{r+k}\ln x$$

$r = r_1$이 결정방정식 $f(r) = 0$의 중근이므로 $f(r_1) = 0$, $f'(r_1) = 0$이다. 그러므로

$$P_0(x)\left(\frac{\partial \overline{y}}{\partial r}\Big|_{r=r_1}\right)'' + P_1(x)\left(\frac{\partial \overline{y}}{\partial r}\Big|_{r=r_1}\right)' + P_2(x)\frac{\partial \overline{y}}{\partial r}\Big|_{r=r_1} = 0 \quad .$$

따라서 $\left.\dfrac{\partial \bar{y}}{\partial r}\right|_{r=r_1}$ 은 주어진 미분방정식의 해가 된다. $\bar{y}=x^r\sum_{n=0}^{\infty}a_n(r)x^n$를 r에 관하여 편미분하면

$$\frac{\partial}{\partial r}\bar{y}=(x^r\ln x)\sum_{n=0}^{\infty}a_n(r)x^n+x^r\sum_{n=0}^{\infty}\frac{d}{dr}a_n(r)x^n$$

이므로 $r=r_1$을 대입하면

$$y_2=\left.\frac{\partial \bar{y}}{\partial r}\right|_{r=r_1}=\ln x\left[x^{r_1}\sum_{n=0}^{\infty}a_n(r_1)x^n\right]+x^{r_1}\sum_{n=1}^{\infty}\frac{d}{dr}a_n(r)x^n \qquad (\because a_0(r)=\text{상수})$$

$$=y_1\ln x+x^{r_1}\sum_{n=1}^{\infty}A_nx^n$$

이 함수는 분명히 y_1과 일차독립이므로 일반해는 $y=c_1y_1+c_2y_2$이다.

예제 3

미분방정식 $xy''+y'-y=0$의 일반해를 프로베니우스 해법으로 구하여라.

풀이 $x=0$은 주어진 방정식의 정칙특이점이다. $y=x^r\sum_{n=0}^{\infty}a_nx^n=\sum_{n=0}^{\infty}a_nx^{n+r}$(단, $a_0\neq 0$)을 주어진 방정식에 대입하면

$$\begin{array}{r|l} -1 & y=\sum_{n=0}^{\infty}a_nx^{n+r} \\ +1 & y'=\sum_{n=0}^{\infty}(n+r)a_nx^{n+r-1} \\ +x & y''=\sum_{n=0}^{\infty}(n+r)(n+r-1)a_nx^{n+r-2} \end{array}$$

$xy''+y'-y$

$$=\sum_{n=0}^{\infty}[(n+r)(n+r-1)+(n+r)]a_nx^{n+r-1}-\sum_{n=0}^{\infty}a_nx^{n+r}$$

$$=r^2a_0x^{r-1}+\sum_{n=0}^{\infty}\left[(n+r+1)^2a_{n+1}-a_n\right]x^{n+r}=0.$$

결정방정식 $r^2=0$은 $r=0$의 중근을 갖는다. 점화관계식

$$a_{n+1}=\frac{1}{(n+r+1)^2}a_n,\ n\geq 0$$

을 만족하는 계수 a_n을 대입한 급수를

$$\bar{y}=a_0x^r\left[1+\frac{1}{(r+1)^2}x+\frac{1}{(r+1)^2(r+2)^2}x^2+\cdots\right]$$

라고 하면, $r=0,\ a_0=1$로 선택하여 하나의 해

$$y_1=1+x+\frac{1}{(2!)^2}x^2+\frac{1}{(3!)^2}x^3+\cdots$$

를 얻는다. 또, $\bar{y}$를 r에 관하여 편미분한 다음에 $r=0,\ a_0=1$을 대입하면 다른 해

$$y_2=\left.\frac{\partial\bar{y}}{\partial r}\right|_{r=0}=y_1\ln x-2\left[x+\frac{1}{(2!)^2}\left(1+\frac{1}{2}\right)x^2+\frac{1}{(3!)^2}\left(1+\frac{1}{2}+\frac{1}{3}\right)x^3+\cdots\right]$$

을 얻는다. 그러므로 일반해는

$$\begin{aligned}y=c_1y_1+c_2y_2&=(c_1+c_2\ln x)\left[1+x+\frac{1}{(2!)^2}x^2+\frac{1}{(3!)^2}x^3+\cdots\right]\\&=-2c_2\left[x+\frac{1}{(2!)^2}\left(1+\frac{1}{2}\right)x^2+\frac{1}{(3!)^2}\left(1+\frac{1}{2}+\frac{1}{3}\right)x^3+\cdots\right].\end{aligned}$$

경우3 결정방정식의 근이 $r_1-r_2=$ 정수인 경우

결정방정식의 두 근의 차가 정수인 경우에는 큰 근 r_1에 대해서는

$$y_1=x^{r_1}\sum_{n=0}^{\infty}a_nx^n$$

이 해가 된다. 그러나 작은 근 r_2에 대해서는 해가 되지 않을 수도 있다. 이 경우에 다른 하나의 해는 매개변수변환법을 이용하여 구할 수 있으며,

$$y_2=ky_1(x)\ln x+x^{r_2}\sum_{n=0}^{\infty}B_nx^n$$

의 형태이다. 단, k는 0이 될 수도 있다.

예제 4

미분방정식 $xy''+(x-1)y'-y=0$의 일반해를 프로베니우스 해법으로 구하여라.

풀이 $x=0$은 주어진 방정식의 정칙특이점이다. $y=x^r\sum_{n=0}^{\infty}a_nx^n=\sum_{n=0}^{\infty}a_nx^{n+r}$(단, $a_0\neq 0$)을 주어진 방정식에 대입하면

$$\begin{array}{r|l} -1 & y=\sum_{n=0}^{\infty} a_n x^{n+r} \\ +(x-1) & y'=\sum_{n=0}^{\infty}(n+r)a_n x^{n+r-1} \\ +x & y''=\sum_{n=0}^{\infty}(n+r)(n+r-1)a_n x^{n+r-2} \end{array}$$

$$xy''+(x-1)y'-y$$
$$=\sum_{n=0}^{\infty}[(n+r)(n+r-1)-(n+r)]a_n x^{n+r-1}+\sum_{n=0}^{\infty}[(n+r)-1]a_n x^{n+r}$$
$$=(r^2-2r)a_0 x^{r-1}+\sum_{n=0}^{\infty}\left[(n+r+1)(n+r-1)a_{n+1}+(n+r-1)a_n\right]x^{n+r}=0.$$

결정방정식 $r^2-2r=r(r-2)=0$의 근은 $r=0, 2$이고 점화관계식은

$$a_{n+1}=-\frac{1}{n+r+1}a_n,\ n \geqq 0$$

이므로 $r=0,\ a_0=1$로 선택하면

$$y_1=\bar{y}|_{r=0}=1-x+x^2/2!-x^3/3!+\cdots=e^{-x}$$

를 얻고, $r=2,\ a_0=1$로 선택하면

$$y_2=\bar{y}|_{r=2}=x^2-2x^3/3!+2x^4/4!-\cdots=2(e^{-x}+x-1)$$

을 얻는다. 이 두 해는 일차독립이므로 구하는 일반해는

$$y=c_1e^{-x}+c_2[2(e^{-x}+x-1)]=Ae^{-x}+B(1-x).$$

예제 5

미분방정식 $x^2y''-(x^2+4x)y'+4y=0$의 일반해를 프로베니우스 해법으로 구하여라.

풀이 $x=0$은 주어진 방정식의 정칙특이점이다. $y=x^r\sum_{n=0}^{\infty}a_nx^n=\sum_{n=0}^{\infty}a_nx^{n+r}$(단, $a_0 \neq 0$)

을 주어진 방정식에 대입하면

$$\begin{array}{r|l} +4 & y=\sum_{n=0}^{\infty} a_n x^{n+r} \\ -(x^2+4x) & y'=\sum_{n=0}^{\infty}(n+r)a_n x^{n+r-1} \end{array}$$

$$+x^2 \left| \; y'' = \sum_{n=0}^{\infty} (n+r)(n+r-1)a_n x^{n+r-2} \right.$$

$$x^2y'' - (x^2+4x)y' + 4y$$

$$= \sum_{n=0}^{\infty} [(n+r)(n+r-1) - 4(n+r) + 4]a_n x^{n+r} - \sum_{n=0}^{\infty} (n+r)a_n x^{n+r+1}$$

$$= (r-1)(r-4)a_0 x^r + \sum_{n=0}^{\infty} \left[(n+r)(n+r-3)a_{n+1} - (n+r)a_n\right] x^{n+r+1} = 0.$$

결정방정식 $f(r) = (r-1)(r-4) = 0$ 에서 $r = 1,\ 4$.

(i) $r = 4$ 일 때 점화관계식은 $a_{n+1} = \dfrac{1}{n+1}a_n\ (n \geqq 0)$ 이므로 $a_n = \dfrac{1}{n}a_{n-1} = \dfrac{1}{n!}a_0$.

따라서

$$\overline{y} = a_0 x^4 \sum_{n=0}^{\infty} \frac{x^n}{n!} = a_0 x^4 e^x$$

(ii) $r = 1$ 일 때 점화관계식은 $(n+1)(n-2)a_{n+1} - (n+1)a_n = 0$ 이다. 그런데 $n = 0,\ n = 1$ 일 때에는 $a_1 = -\dfrac{1}{2}a_0,\ \ a_2 = -a_1 = \dfrac{1}{2}a_0$ 가 결정되지만, $n = 2$ 를 대입하면

$$3 \cdot 0 \cdot a_{n+1} - 3a_2 = 0,\ 즉,\ a_2 = 0$$

이 되어 $a_0 \neq 0$ 에 모순이 된다. 그러므로 $r = 1$ 에 해당되는 계수는 결정되지 않는다.

이와 같은 경우에는 매개변수변화법을 사용한다.

하나의 해는 $y_1 = x^4 e^x$ 이므로 $y = u\,y_1$ 이 해가 된다고 가정하고 방정식에 대입하면

$$\begin{array}{r|l} +4 & y = uy_1 \\ -(x^2+4x) & y' = u'y_1 + u\,y_1' \\ +x^2 & y'' = u''y_1 + 2u'y_1' + uy_1'' \end{array}$$

$$x^2y'' - (x^2+4x)y' + 4y$$
$$= u\left\{x^2y_1'' - (x^2+4x)y_1' + 4y_1\right\} + x^2u''y_1 + \left\{2x^2y_1' - y_1(x^2+4x)\right\}u' = 0\,.$$

y_1 이 해이므로 첫째항은 0 이다. $y_1 = x^4 e^x$ 의 도함수는

$$y_1' = 4x^3e^x + x^4e^x = x^3e^x(x+4) = \frac{x+4}{x}y_1$$

로 나타낼 수 있으므로 위에 대입하면

$$x^2u''y_1 + \left\{2x^2\frac{x+4}{x}y_1 - y_1(x^2+4x)\right\}u' = 0\,.$$

양변을 xy_1으로 나누고 정리하면

$$xu'' + (x+4)u' = 0\,,\ 즉,\ \frac{u''}{u'} = -\frac{x+4}{x} = -1 - \frac{4}{x}.$$

양변을 적분하면

$$\ln u' = -x - 4\ln x + c,\ 즉,\ u' = c_1 x^{-4} e^{-x},\ c_1 = 임의\ 상수.$$

한 번 더 적분하면

$$u = c_1 \int x^{-4} e^{-x} dx + c_2.$$

그러므로 일반해는 다음과 같이 표현된다.

$$y = uy_1 = x^4 e^x \left(c_1 \int x^{-4} e^{-x} dx + c_2\right).$$

위의 적분은 메크로린급수를 이용하여 계산한다.

연습문제 (5.2)

1. 다음 미분방정식의 멱급수해를 구하여라.

(1) $(1+x^2)y'' + xy' - y = 0$

(2) $(x^2 - x)y'' - xy' + y = 0$

2. $x=0$을 중심으로 하는 다음 미분방정식의 멱급수해를 구하여라.

(1) $4xy'' + 4y' + y = 0$

(2) $xy'' + y' - y = 0$

3. $(x^2 - x)y'' + 3y' - 2y = \dfrac{3}{x^2}$의 특수해를 멱급수로 구하여라.

5.3 르장드르 방정식

2계선형미분방정식

$$(1-x^2)y''-2xy'+n(n+1)y=0,\ 즉,\quad [(1-x^2)y']'+n(n+1)y=0$$

을 **르장드르방정식(Legendre)**이라 부른다. 이 미분방정식의 해법과 해의 형태에 대하여 살펴보기로 한다.

<I> 르장드르 방정식의 일반해

르장드르(Legendre)방정식

$$[(1-x^2)y']'+n(n+1)y=0$$

의 계수함수가 모두 $x=0$에서 해석적이므로 $y=\sum_{m=0}^{\infty}a_m x^m$의 형태의 멱급수해를 갖는다. 방정식에 대입하면

$$\begin{array}{r|l} +n(n+1) & y=\sum_{m=0}^{\infty}a_m x^m \\ -2x & y'=\sum_{m=1}^{\infty}ma_m x^{m-1}=\sum_{m=0}^{\infty}(m+1)a_{m+1}x^m \\ +(1-x^2) & y''=\sum_{m=2}^{\infty}m(m-1)a_m x^{m-2}=\sum_{m=0}^{\infty}(m+2)(m+1)a_{m+2}x^m \end{array}$$

$$\begin{aligned}
&(1-x^2)y''-2xy'+n(n+1)y \\
&=\sum_{m=0}^{\infty}\left[(m+2)(m+1)a_{m+2}-\{m(m-1)+2m-n(n+1)\}a_m\right]x^m \\
&=\sum_{m=0}^{\infty}\left[(m+2)(m+1)a_{m+2}-\{m^2+m-n^2-n\}a_m\right]x^m \\
&=\sum_{m=0}^{\infty}\left[(m+2)(m+1)a_{m+2}+(n-m)(m+n+1)a_m\right]x^m=0.
\end{aligned}$$

점화관계식은

$$a_{m+2}=-\frac{(n-m)(m+n+1)}{(m+2)(m+1)}a_m\ (m\geqq 0)$$

그러므로 계수는

$$a_2 = -\frac{n(n+1)}{2 \cdot 1}a_0, \quad a_3 = -\frac{(n-1)(n+2)}{3 \cdot 2}a_1$$

$$a_4 = -\frac{(n-2)(n+3)}{4 \cdot 3}a_2 = \frac{(n-2)n(n+1)(n+3)}{4!}a_0$$

$$a_5 = -\frac{(n-3)(n+4)}{5 \cdot 4}a_3 = \frac{(n-3)(n-1)(n+2)(n+4)}{5!}a_1$$

$$\cdots\cdots\cdots\cdots\cdots\cdots$$

따라서 일반해는

$$y = a_0\left\{1 - \frac{n(n+1)}{2!}x^2 + \frac{(n-2)n(n+1)(n+3)}{4!}x^4 - \cdots\right\}$$
$$+ a_1\left\{x - \frac{(n-1)(n+2)}{3!}x^3 + \frac{(n-3)(n-1)(n+2)(n+4)}{5!}x^5 - \cdots\right\} \quad (1)$$

여기서 a_0, a_1은 임의의 상수이며, 이 급수는 $|x| < 1$에서 수렴한다.

<II> 르장드르다항식

n이 음의 정수가 아닌 경우, n이 짝수이면 (1)의 첫 번째 멱급수

$$y_1 = a_0\left\{1 - \frac{n(n+1)}{2!}x^2 + \frac{(n-2)n(n+1)(n+3)}{4!}x^4 - \cdots\right\} \quad (2)$$

은 다항함수가 된다는 것을 알 수 있다. 마찬가지로, n이 홀수이면, 두 번째 멱급수

$$y_2 = a_1\left\{x - \frac{(n-1)(n+2)}{3!}x^3 + \frac{(n-3)(n-1)(n+2)(n+4)}{5!}x^5 - \cdots\right\} \quad (3)$$

가 다항함수가 된다.

식(1)에서 n이 짝수일 때에 $a_1 = 0$, $y(1) = 1$을 만족하도록 상수 a_0, a_1을 선택하고, n이 홀수일 때에는 $a_0 = 0$, $y(1) = 1$을 만족하도록 상수 a_0, a_1을 선택하여 얻은 다항함수를 **르장드르다항함수(Legendre polynomial)**라고 한다. 그리고 르장드르 다항함수는 차수 n의 값을 첨자로 하여 $P_n(x)$로 나타낸다.

예를 들어, $P_0(x)$, $P_1(x)$, $P_2(x)$, $P_3(x)$를 구하여 보자.

$n = 0$일 때, (2)식에서 $y_1 = a_0 = 1$이므로

$$P_0(x) = 1$$

$n=1$일 때, (3)식에서 $y_2=a_1x$이고, $y_2(1)=a_2=1$이므로

$$P_1(x)=x.$$

$n=2$일 때, (2)식에서 $y_1=a_0\left(1-\frac{6}{2}x^2\right)$이고, $y_1(1)=-2a_0=1$에서 $a_0=-\frac{1}{2}$이므로

$$P_2(x)=-\frac{1}{2}(1-3x^2).$$

$n=3$일 때, (3)식에서 $y_2=a_1\left(x-\frac{5}{3}x^3\right)$이고, $y_2(1)=-\frac{2}{3}a_1=1$에서 $a_1=-\frac{3}{2}$이므로

$$P_3(x)=-\frac{3}{2}\left(x-\frac{5}{3}x^3\right).$$

이들 르장드르다항함수는 르장드르 방정식의 특수해이다. 이들의 그래프는 다음과 같다.

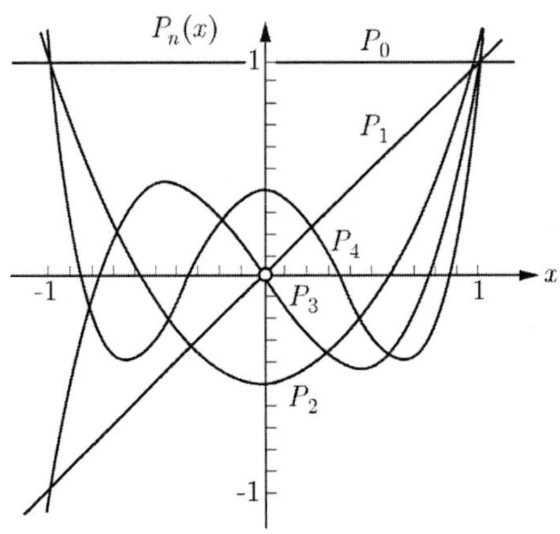

일반적으로 $P_n(x)$는 다음과 같이 나타낼 수 있다.

$$P_n(x)=\sum_{m=0}^{M}(-1)^m\frac{(2n-2m)!}{2^n m!(n-m)!(n-2m)!}x^{n-2m}$$

여기서 M은 $n/2$ 또는 $(n-1)/2$ 중 정수가 되는 값이다.

5.4 베셀 방정식

<I> 베셀방정식

2계선형미분방정식

$$x^2y'' + xy' + (x^2 - \nu^2)y = 0$$

을 ν차 **베셀방정식(Bessel)**이라고 부른다. 이 방정식은 현 또는 막의 진동, 전류의 전도, 열전도, 음향학 및 탄성학의 연구에서 중심이 되는 방정식이다. 이 미분방정식의 해법과 해의 형태에 대하여 살펴보기로 한다.

<II> 베셀 방정식의 일반해

이 방정식의 급수해를 구하여 보자. $x=0$이 정칙특이점이므로 $y = \sum_{n=0}^{\infty} a_n x^{n+r}$형태의 해를 갖는다. 방정식에 대입하면

$$\begin{array}{r|l}
+(x^2-\nu^2) & y = \sum_{n=0}^{\infty} a_n x^{n+r} \\
+x & y' = \sum_{n=0}^{\infty} (n+r)a_n x^{n+r-1} \\
+x^2 & y'' = \sum_{n=0}^{\infty} (n+r)(n+r-1)a_n x^{n+r-2} \\
\hline
\end{array}$$

$$\begin{aligned}
& x^2y'' + xy' + (x^2-\nu^2)y \\
&= \sum_{n=0}^{\infty} \left[(n+r)(n+r-1) + (n+r) - \nu^2\right] a_n x^{n+r} + \sum_{n=0}^{\infty} a_n x^{n+r+2} \\
&= \sum_{n=0}^{\infty} \left[(n+r)^2 - \nu^2\right] a_n x^{n+r} + \sum_{n=0}^{\infty} a_n x^{n+r+2} \\
&= (r^2-\nu^2)a_0 x^r + \{(r+1)^2 - \nu^2\}a_1 x^{r+1} \\
&\qquad + \sum_{n=0}^{\infty} \left[\{(n+r+2)^2 - \nu^2\}a_{n+2} + a_n\right] x^{n+r+2} = 0
\end{aligned}$$

그러므로

$$(r^2-\nu^2)a_0=0,\quad \{(r+1)^2-\nu^2\}a_1=0,\quad \{(n+r+2)^2-\nu^2\}a_{n+2}+a_n=0$$

(i) $a_0 \neq 0$, $r=\nu$인 경우에는 $a_1=0$이고

$$a_{n+2}=-\frac{a_n}{(n+2)(n+2\nu+2)}\,(n \geqq 0).$$

n이 홀수이면 $a_1=a_3=a_5=\cdots=0$이고 n이 짝수이면

$$a_2=-\frac{a_0}{2(2\nu+2)}=-\frac{a_0}{2^2(\nu+1)}$$

$$a_4=-\frac{a_2}{4(2\nu+4)}=\frac{a_0}{2^4\cdot 2!(\nu+1)(\nu+2)}$$

$$a_6=-\frac{a_4}{6(2\nu+6)}=-\frac{a_0}{2^6\cdot 3!(\nu+1)(\nu+2)(\nu+3)},\ \cdots$$

따라서 ν가 음의 정수가 아니면

$$y_1=a_0x^{\nu}\left\{1-\frac{1}{\nu+1}\left(\frac{x}{2}\right)^2+\frac{1}{2!(\nu+1)(\nu+2)}\left(\frac{x}{2}\right)^4-\cdots\right\}$$

은 방정식의 해가 되고, 모든 x에 대하여 수렴한다.

(ii) $a_0 \neq 0$, $r=-\nu$인 경우에는 $a_1=0$이고, 위에서 구한 해 y_1에서 ν를 $-\nu$로 치환한 결과가 되므로, ν가 양의 정수가 아니면

$$y_2=a_0x^{-\nu}\left\{1+\frac{1}{\nu-1}\left(\frac{x}{2}\right)^2+\frac{1}{2!(\nu-1)(\nu-2)}\left(\frac{x}{2}\right)^4+\cdots\right\}$$

은 베셀 방정식의 해가 되고, 모든 x에 대하여 수렴한다.

(iii) $a_0=0$인 경우에는 $a_1 \neq 0$이 되어야 하므로 $r=\pm\nu-1$이 된다. 이 경우에도 위에서와 같은 결과를 얻는다.

ν가 정수가 아니면 위에서 얻은 두 해 y_1, y_2는 일차독립이 되므로 베셀 방정식의 일반해는 다음과 같다.

$$\begin{aligned} y=&c_1x^{\nu}\left\{1-\frac{1}{\nu+1}\left(\frac{x}{2}\right)^2+\frac{1}{2!(\nu+1)(\nu+2)}\left(\frac{x}{2}\right)^4-\cdots\right\} \\ &+c_2x^{-\nu}\left\{1+\frac{1}{\nu-1}\left(\frac{x}{2}\right)^2+\frac{1}{2!(\nu-1)(\nu-2)}\left(\frac{x}{2}\right)^4+\cdots\right\} \end{aligned}$$

<III> 감마함수(Gamma function)

이상적분

$$\Gamma(\nu) = \int_0^\infty e^{-t} t^{\nu-1} dt \ (\nu > 0)$$

과 같이 정의된 함수를 **감마함수(Gamma function)**라고 한다.

$\Gamma(\nu+1) = \int_0^\infty e^{-t} t^{\nu} dt$를 부분적분하면

$$\Gamma(\nu+1) = \int_0^\infty e^{-t} t^{\nu} dt = [-e^{-t} t^{\nu}]_0^\infty - \int_0^\infty (-e^{-t}) \nu t^{\nu-1} dt = 0 + \nu\Gamma(\nu) = \nu\Gamma(\nu)$$

이므로 다음이 성립한다.

$$\Gamma(\nu+1) = \nu\Gamma(\nu) \ \ (\nu > 0)$$

특히, $\nu = 1$이면

$$\Gamma(1) = \int_0^\infty e^{-t} dt = [-e^{-t}]_0^\infty = 1$$

이므로 $\Gamma(2) = \Gamma(1+1) = 1\Gamma(1) = 1$, $\Gamma(3) = \Gamma(2+1) = 2\Gamma(2) = 2!$, $\cdots$ 과 같이 되어, 일반적으로 n이 음이 아닌 성수이면

$$\Gamma(n+1) = n!$$

이 성립한다. 이 사실에서 감마함수는 계승의 개념을 일반화한 것이라는 것을 알 수 있다. 한편, $\nu < 0$인 값에 대해서는 위의 이상적분은 발산하지만 다음과 같이 정의한다.

$$\Gamma(\nu) = \frac{\Gamma(\nu+1)}{\nu} = \frac{\Gamma(\nu+2)}{\nu(\nu+1)} = \cdots = \frac{\Gamma(\nu+m)}{\nu(\nu+1)(\nu+2)\cdots(\nu+m-1)} \ (\text{단}, \ 0 < \nu+m < 1) .$$

예를 들어, $\Gamma\left(-\frac{1}{2}\right) = \frac{\Gamma(-1/2+1)}{-1/2} = -2\Gamma(1/2) = -2\sqrt{\pi}$와 같이 계산한다. 그러나 $\nu = -n$이 음의 정수이면 $0 < \nu + m < 1$을 만족하는 정수 m은 존재하지 않으므로 $\Gamma(-n)$

은 정의하지 않는다. 그리고 위와 같이 정의하면

$$\Gamma(\nu+1)=\nu\Gamma(\nu) \quad (\nu \neq 0,\ -\nu \not\in N,\ N\text{은 자연수의 집합})$$

가 성립함을 알 수 있다.

<IV> $\nu=n$이 음이 아닌 정수일 때, 베셀 방정식의 일반해

임의의 실수 $\nu \geq 0$에 대하여 앞에서 구한 베셀의 방정식의 해 y_1에서 $a_0=\dfrac{1}{2^{\nu}\Gamma(\nu+1)}$ 로 선택하여

$$\begin{aligned} J_{\nu}(x) &= \frac{x^{\nu}}{2^{\nu}\Gamma(\nu+1)}\left\{1-\frac{1}{\nu+1}\left(\frac{x}{2}\right)^2+\frac{1}{2!(\nu+1)(\nu+2)}\left(\frac{x}{2}\right)^4-\cdots\right\} \\ &= \sum_{n=0}^{\infty}(-1)^n\frac{1}{n!\Gamma(n+\nu+1)}\left(\frac{x}{2}\right)^{2n+\nu} \end{aligned}$$

와 같이 나타내고, $J_{\nu}(x)$를 **제1종 ν차 베셀 함수**라고 부른다. 또한, ν가 정수가 아닌 경우에, $J_{\nu}(x)$의 ν대신에 $-\nu$로 치환하면 $J_{-\nu}(x)$는 앞에서 구한 해 y_2에서 $a_0=\dfrac{1}{2^{-\nu}\Gamma(-\nu+1)}$ 을 대입한 결과와 같으므로 베셀 방정식의 해가 된다. 그러므로 베셀 방정식의 일반해는 다음과 같이 표현된다.

베셀 방정식의 일반해

$$y=c_1J_{\nu}(x)+c_2J_{-\nu}(x) \quad (\nu \not\in Z)$$

만약 $\nu=n$이 음이 아닌 정수이면 $J_n(x)$는 베셀 방정식

$$x^2y''+xy'+(x^2-n^2)y=0$$

의 한 해이므로 매개변수변화법을 적용하여 일차독립인 다른 해를 구한다. $y=vJ_n$이 해가 된다고 가정하고 주어진 방정식에 대입하면

$$\begin{array}{r|l} +(x^2-n^2) & y \;\; = vJ_n \\ +x & y' = vJ_n' + v'J_n \\ +x^2 & y'' = vJ_n'' + 2J_n'v' + J_n v'' \end{array}$$

$$x^2y'' + xy' + (x^2-n^2)y$$
$$= v[x^2J_n'' + xJ_n' + (x^2-n^2)J_n] + [v'(J_n + 2xJ_n') + xJ_n v'']x = 0.$$

J_n은 해이므로 $[v'(J_n + 2xJ_n') + xJ_n v'']x = 0$을 얻는다.

$$p = v' = \frac{dv}{dx},\ v'' = \frac{dp}{dx}$$

로 치환하면 이 방정식은 다음과 같다.

$$p(J_n + 2xJ_n') + xJ_n\frac{dp}{dx} = 0.$$

변수분리하면 $\frac{dp}{p} = -\left(\frac{1}{x} + \frac{2J_n'}{J_n}\right)$이므로 적분하면

$$\ln p = -\ln x - 2\ln J_n + \ln c_2,\ \text{즉},\ p = \frac{c_2}{xJ_n^2}.$$

다시 한 번 적분하면 $v = c_2\int\frac{dx}{xJ_n^2} + c_1$이므로 일반해는

$$y = \left\{c_2\int\frac{dx}{xJ_n^2} + c_1\right\}J_n(x) = c_1J_n(x) + c_2J_n(x)\int\frac{dx}{xJ_n^2}.$$

음이 아닌 정수 n에 대하여 위의 식에서 나타난 함수

$$Y_n(x) = J_n\int\frac{1}{xJ_n^2}dx$$

를 **제2종 n계 베셀 함수**라고 부른다. 이 함수 $Y_n(x)$는 다음과 같이 얻어진다.

$$Y_n(x) = J_n(x)\ln x - \frac{1}{\pi}\sum_{k=0}^{n-1}\frac{(n-k-1)!}{k!}\left(\frac{x}{2}\right)^{2k-n}$$
$$+ \frac{1}{\pi}\sum_{k=0}^{\infty}\frac{(-1)^k}{k!(n+k)!}\left\{2\ln\frac{x}{2} - \psi(k+1) - \psi(k+n+1)\right\}\left(\frac{x}{2}\right)^{2k+n}.$$

여기서, $\psi(0)=0$, $\psi(k)=\frac{1}{1}+\frac{1}{2}+\cdots+\frac{1}{k}\ (k>0)$. 그리고 $n=0$일 때

$$Y_0(x)=\frac{2}{\pi}\sum_{k=0}^{\infty}\frac{(-1)^k}{(k!)^2}\left(\frac{x}{2}\right)^{2k}\left\{\ln\frac{x}{2}-\psi(k+1)\right\}.$$

5.5 쉬투름-리우빌 경곗값 문제

<I> 쉬투름-리우빌 경곗값 문제

함수계수의 2계미분방정식

$$[p(x)y']'+[q(x)+\lambda r(x)]y=0 \tag{1}$$

과 같은 형태를 **쉬투름-리우빌(Sturm-Liouville) 미분방정식(SLDE)**이라고 부른다. 이 방정식에는 보통 구간 $[a,b]$에서의 경계조건

$$\begin{cases} k_1y(a)+k_2y'(a)=0 \\ l_1y(b)+l_2y'(b)=0 \end{cases} \tag{2}$$

을 첨가하는데, (1)과 (2)로 구성된 문제를 **쉬투름-리우빌경곗값문제(SLP)**라고 한다.

공학에서 중요한 르장드르, 베셀 방정식들은 (1)의 형태의 미분방정식들이다.

르장드르 방정식은

$$[(1-x^2)y']'+\lambda y=0$$

의 형태이므로 (1)의 형태와 같으며, 베셀 방정식

$$t^2y''+ty'+(t^2-n^2)y=0 \tag{3}$$

은 변환 $t=kx$에 의하여 $\frac{dy}{dt}=\frac{dy}{dx}\frac{dx}{dt}=\frac{1}{k}\frac{dy}{dx}$, $\frac{d^2y}{dt^2}=\frac{1}{k^2}\frac{d^2y}{dx^2}$이므로 (3)은

$$x^2y''+xy'+(k^2x^2-n^2)y=0$$

양변을 x로 나누면 $xy''+y'+\left(k^2x-\frac{n^2}{x}\right)y=0$이므로

$$(xy')' + \left(-\frac{n^2}{x} + k^2 x\right)y = 0$$

의 형태가 되어 쉬투름-리우빌 방정식이 된다.

쉬투름-리우빌 방정식 (1)은 $p(x)$와 $r(x)$가 구간 $[a, b]$에서 양수 함수가 되면 $[a, b]$에서 **정규(regular)**라고 부른다.

경계조건 (2)에서 k_1, k_2, l_1, l_2는 실수의 상수이고, $k_1^2 + k_2^2 \neq 0$, $l_1^2 + l_2^2 \neq 0$을 만족한다. 구하고자 하는 쉬투름-리우빌 문제의 해는 항등적으로 0은 아니면서 (2)를 만족하는 (1)의 해이다. 이러한 쉬투름-리우빌 문제의 해를 **고유함수**라고 하고, 그 때의 λ를 **고윳값**이라고 부른다.

구간 $[a, b]$에서 $p(x)$와 $r(x)$가 양이면 주어진 고윳값 λ에 대한 1차독립인 두 해가 이 구간에서 존재한다.

예제 1

$y'' + \lambda y = 0$, $y'(0) = y(1) = 0$에 대한 고윳값과 고유함수를 모두 구하여라.

풀이 $p(x) = 1$, $q(x) = 0$, $r(x) = 1$, 고윳값$= \lambda$인 경우의 쉬투름-리우빌문제이다.

(i) $\lambda < 0$인 경우: $\lambda = -\alpha^2\ (\alpha > 0)$로 놓으면 $y'' - \alpha^2 y = 0$이므로 일반해는 $y = c_1 e^{\alpha x} + c_2 e^{-\alpha x}$. 1계도함수는 $y' = \alpha c_1 e^{\alpha x} - \alpha c_2 e^{-\alpha x}$이므로 경계조건으로부터

$$\begin{cases} y'(0) = \alpha c_1 - \alpha c_2 = 0 \\ y(1) = c_1 e^{\alpha} + c_2 e^{-\alpha} = 0. \end{cases}$$

따라서 $c_1 = c_2 = 0$. 그러면 $y = 0$이므로 $\lambda < 0$은 고윳값이 될 수 없다.

(ii) $\lambda = 0$인 경우 : $\lambda = 0$이면 $y'' = 0$이므로 일반해는 $y = c_1 x + c_2$. $y' = c_1$이므로 경계조건에서

$$\begin{cases} y'(0) = c_1 = 0 \\ y(1) = c_1 + c_2 = 0. \end{cases}$$

그러므로 $c_1 = c_2 = 0$. 그러면 $y = 0$이므로 $\lambda = 0$은 고윳값이 될 수 없다.

(iii) $\lambda > 0$인 경우 : $\lambda = \alpha^2\ (\alpha > 0)$이라고 하면 $y'' + \alpha^2 y = 0$이므로 일반해는 $y = c_1 \cos\alpha x + c_2 \sin\alpha x$. 1계도함수는 $y' = -\alpha c_1 \sin\alpha x + \alpha c_2 \cos\alpha x$이므로 경계조건에서

$$\begin{cases} y'(0) = \alpha c_2 = 0 \\ y(1) = c_1 \cos\alpha + c_2 \sin\alpha = 0. \end{cases}$$

첫 번째 식에서 $c_2 = 0$이므로 두 번째 식에서 $c_1 \cos\alpha = 0$. $c_1 = 0$이면 자명해 $y = 0$이 되므로 $c_1 \neq 0$이다. 그러므로

$$\cos\alpha = 0,\ 즉,\ \alpha = \frac{(2n-1)\pi}{2},\ n \in N$$

따라서 고윳값은

$$\lambda_n = \alpha_n^2 = \frac{(2n-1)^2\pi^2}{4},\ n \in N.$$

구하는 고유함수는

$$y_n(x) = c_1 \cos\left\{\frac{(2n-1)\pi}{2}x\right\},\ n \in N,\ 0 \leqq x \leqq 1\,(c_1 \neq 0).$$

예제 2

다음 쉬투름-리우빌 문제의 고윳값과 고유함수를 구하여라.

$$y'' + \lambda y = 0,\ y(0) = y(\pi) = 0$$

풀이 $p(x) = 1$, $q(x) = 0$, $r(x) = 1$, $[a, b] = [0, \pi]$, 고윳값$= \lambda$인 경우이므로 쉬투름-리우빌경계문제이다.

(i) $\lambda = -\alpha^2\ (\alpha > 0)$이면 $y'' - \alpha^2 y = 0$이므로 일반해는 $y = c_1 e^{\alpha x} + c_2 e^{-\alpha x}$. 경계조건으로부터

$$\begin{cases} y(0) = c_1 + c_2 = 0 \\ y(\pi) = c_1 e^{\alpha\pi} + c_2 e^{-\alpha\pi} = 0. \end{cases}$$

그러므로 $c_1 = c_2 = 0$. 그러면 $y = 0$이므로 $\lambda < 0$은 고윳값이 될 수 없다.

(ii) $\lambda = 0$이면 $y'' = 0$이므로 일반해는 $y = c_1 x + c_2$. 경계조건에서

$$\begin{cases} y(0) = c_2 = 0 \\ y(\pi) = c_1\pi + c_2 = 0. \end{cases}$$

따라서 $c_1 = c_2 = 0$. 그러면 $y = 0$이므로 $\lambda = 0$은 고윳값이 될 수 없다.

(iii) $\lambda = \alpha^2\ (\alpha > 0)$이면 $y'' + \alpha^2 y = 0$ 이므로 일반해는 $y = c_1 \cos\alpha x + c_2 \sin\alpha x$. 경계조건에서

$$\begin{cases} y(0) = c_1 = 0 \\ y(\pi) = c_1 \cos\alpha\pi + c_2 \sin\alpha\pi = 0. \end{cases}$$

첫 번째 식에서 $c_1 = 0$이므로 두 번째 식에서 $c_2 \sin\alpha\pi = 0$. $c_2 = 0$이면 자명해 $y = 0$이 되므로 $c_2 \neq 0$이다. 그러므로

$$\sin\alpha\pi = 0,\ 즉,\ \alpha = 1,\ 2,\ 3, \cdots$$

따라서 고윳값은

$$\lambda_n = \alpha_n^2 = n^2,\ n \in N.$$

구하는 고유함수는 $c_2 \neq 0$에 대하여

$$y_n(x) = c_2 \sin(nx),\ n \in N,\ 0 \leqq x \leqq \pi.$$

<II> 직교함수

구간 $[a, b]$에서 적분가능한 음이 아닌 함수 $r(x)$와 적분가능한 함수 $A(x)$와 $B(x)$에 대하여

$$(A, B) = \int_a^b r(x)A(x)B(x)\,dx$$

를 $A(x)$와 $B(x)$의 가중함수 $r(x)$에 대한 **가중내적**이라고 부른다. $A(x)$와 $B(x)$가 구간 $[a,b]$에서 **가중함수 $r(x)$**에 대하여 **직교**한다는 것은

$$(A, B) = \int_a^b r(x)A(x)B(x)\,dx = 0$$

을 만족하는 것으로 정의한다. 그리고 $A(x)$의 **가중크기(weighted norm)** $\|A(x)\|$는 다음 식으로 정의한다.

$$\|A(x)\| = \sqrt{\int_a^b r(x)[A(x)]^2\,dx} = \sqrt{(A(x),\, A(x))}.$$

함수족 $\{f_n(x) | n \in N\}$이 구간 $[a,b]$에서

$$(f_n, f_m) = \int_a^b r(x)f_n(x)f_m(x)\,dx = 0 \ \ (n \neq m)$$

을 만족하면 $\{f_n(x) | n \in N\}$은 구간 $[a,b]$에서 **'직교한다'** 또는 **직교계, 직교집합**이라고 한다.

함수족 $\{g_n(x) | n \in N\}$이 구간 $[a,b]$에서

$$(g_n, g_m) = \begin{cases} 0 & (n \neq m) \\ 1 & (n = m) \end{cases}$$

을 만족하면 $\{g_n(x) | n \in N\}$은 구간 $[a,b]$에서 **'정규직교한다'** 또는 **정규직교계, 정**

규직교집합이라고 부른다. 따라서 함수족 $\{f_n(x) | n \in N\}$ 이 직교집합일 때, 각각의 크기(norm)로 나누면 정규직교집합이 된다.

예제 3

함수족 $\{\sin nx | n \in N\}$은 구간 $[0, \pi]$에서 가중함수 $r(x)=1$에 대하여 직교한다. 정규직교계를 구하여라.

풀이 $(\sin nx,\ \sin mx) = \int_0^\pi \sin nx\ \sin mx dx = \begin{cases} 0 & (n \neq m) \\ \pi/2 & (n = m) \end{cases}$이므로 직교계이고

$$\|\sin nx\| = \sqrt{(\sin nx,\ \sin nx)} = \sqrt{\frac{\pi}{2}}\ (n \in N)$$

이므로 $\left\{\sqrt{\frac{2}{\pi}}\ \sin nx | n \in N\right\}$은 정규직교계가 된다.

예제 4

함수족 $\{\cos nx | n \in N\}$은 구간 $[0, \pi]$에서 가중함수 $r(x)=1$에 대하여 직교한다. 정규직교계를 구하여라.

풀이 $(\cos nx,\ \cos mx) = \int_0^\pi \cos nx\ \cos mx dx = \begin{cases} 0 & (n \neq m) \\ \pi/2 & (n = m) \end{cases}$이므로 직교계이고

$$\|\cos nx\| = \sqrt{(\cos nx,\ \cos nx)} = \sqrt{\frac{\pi}{2}}\ (n \in N)$$

이므로 $\left\{\sqrt{\frac{2}{\pi}}\ \cos nx | n \in N\right\}$은 정규직교계가 된다.

정리 1 **(존재성정리)**

정칙 쉬투름-리우빌문제(1)의 함수 $p(x), q(x), r(x)$가 실수이고, 구간 $[a,b]$에서 연속이라 하자. $y_n(x),\ y_m(x)$가 서로 다른 고윳값 $\lambda_n,\ \lambda_m$에 대응되는 연속이고 미분가능한 고유함수이면 $y_n(x)$와 $y_m(x)$는 가중함수 $r(x)$에 대하여 구간 $[a,b]$에서 직교한다.

증명 $y_n(x)$와 $y_m(x)$가 λ_n과 λ_m에 대응하는 해이므로

$$\begin{cases} [py_n']' + [q+\lambda_n r]y_n = 0 & \cdots (1) \\ [py_m']' + [q+\lambda_m r]y_m = 0 \cdots (2). \end{cases}$$

$(2)\times y_n-(1)\times y_m$ 에서

$$(py_m{}')'y_n-(py_n{}')'y_m+(\lambda_m-\lambda_n)ry_ny_m=0 \cdots (3)$$

한편

$$\frac{d}{dx}\{(py_m{}')y_n-(py_n{}')y_m\}=(py_m{}')'y_n+(py_m{}')y_n{}'-(py_n{}')y_m{}'-(py_n{}')'y_m$$
$$=(py_m{}')'y_n-(py_n{}')'y_m \cdots (4)$$

이므로 (3)식은

$$\frac{d}{dx}\{(py_m{}')y_n-(py_n{}')y_m\}=(\lambda_n-\lambda_m)ry_ny_m \cdots (5)$$

구간 $[a,b]$ 에서 위의 식을 적분하면

$$\left[(py_m{}')y_n-(py_n{}')y_m\right]_a^b=(\lambda_n-\lambda_m)\int_a^b ry_ny_m\,dx \cdots (6)$$

y_n 과 y_m 은 경계조건을 만족하므로 $x=a$ 에서

$$\begin{cases}k_1y_n(a)+k_2y_n{}'(a)=0\\ k_1y_m(a)+k_2y_m{}'(a)=0\end{cases} \cdots (7)$$

이고, $x=b$ 에서

$$\begin{cases}l_1y_n(b)+l_2y_n{}'(b)=0\\ l_1y_m(b)+l_2y_m{}'(b)=0\end{cases} \cdots (8)$$

(7)식이 $k_1=k_2=0$ 이외의 해를 가질 조건은

$$\begin{vmatrix}y_n(a) & y_n{}'(a)\\ y_m(a) & y_m{}'(a)\end{vmatrix}=y_m{}'(a)y_n(a)-y_n{}'(a)y_m(a)=0 \cdots (9)$$

그리고 (8)식이 $l_1=l_2=0$ 이외의 해를 가질 조건은

$$\begin{vmatrix}y_n(b) & y_n{}'(b)\\ y_m(b) & y_m{}'(b)\end{vmatrix}-y_m{}'(b)y_n(b)-y_n{}'(b)y_m(b)=0 \cdots (10)$$

(9)식과 (10)식에 의하여 (6)식의 좌변이 0이 되므로 다음이 성립한다.

$$(\lambda_n-\lambda_m)\int_a^b ry_ny_m\,dx=0\,.$$

$\lambda_n\neq\lambda_m$ 이므로

$$\int_a^b ry_ny_m\,dx=0\ (n\neq m)\,.$$

따라서 y_n 과 y_m 은 가중함수 $r(x)$ 에 대하여 구간 $[a,b]$ 에서 직교한다.

<III> 직교함수로의 급수전개

주어진 함수 $f(x)$를 직교함수의 무한급수로 전개하는 방법을 살펴보자. 함수의 수열 $\{g_n(x) | n \in N\}$이 가중함수 $r(x)$에 관하여 구간 $[a,b]$에서 직교한다고 가정하고

$$f(x) = \sum_{n=1}^{\infty} c_n g_n(x) \tag{1}$$

을 만족하는 계수 c_n을 정하여 보자.

(1)식의 양변에 $r(x)g_m(x)$를 곱하고, 구간 $[a,b]$에서 적분하면

$$\int_a^b r(x)f(x)g_m(x)dx = \int_a^b \left\{ \sum_{n=1}^{\infty} c_n r(x)g_n(x)g_m(x) \right\} dx$$

합의 기호 $\sum_{n=1}^{\infty}$와 적분기호 $\int_a^b$의 순서는 항상 바뀌는 것은 아니지만 바뀔 수 있는 경우라고 가정하면 $\{g_n(x) | n \in N\}$의 직교성에 의하여 다음이 성립한다.

$$\begin{aligned}\int_a^b r(x)f(x)g_m(x)dx &= \sum_{n=1}^{\infty} c_n \int_a^b \{r(x)g_n(x)g_m(x)\}dx \\ &= c_m \int_a^b \{r(x)g_m(x)g_m(x)\}dx = c_m \|g_m\|^2 \\ \therefore c_m &= \frac{1}{\|g_m\|^2} \int_a^b r(x)f(x)g_n(x)\, dx \quad (\forall\, m \in N).\end{aligned}$$

그런데 함수를 이와 같이 전개하여도, 전개한 무한급수의 합과 주어진 함수값이 실제로 같지 않을 수도 있기 때문에, 급수전개에서는 등호대신에 다음과 같은 기호를 사용한다.

$$f(x) \sim \sum_{n=1}^{\infty} c_n g_n(x).$$

예제 5

$f(x) = 1,\ 0 < x < \pi$를 다음 $SL-$문제의 고유함수로 전개하여라.

$$y'' + \lambda y = 0,\ y(0) = y(\pi) = 0$$

풀이 예제2에 의하여 고윳값은 $\lambda_n = n^2\ (n \in N)$ 이고 고유함수는 $\{\sin nx | n \in N\}$ 이며, 가

중함수는 $r(x)=1$이다.

$$f(x) \sim \sum_{n=1}^{\infty} c_n \sin nx$$

라고 하면 $\|\sin nx\|^2 = \int_0^{\pi} \sin^2 nx\, dx = \frac{\pi}{2}$ 이므로

$$c_n = \frac{1}{\|\sin nx\|^2} \int_0^{\pi} \sin nx\, dx = -\frac{2}{n\pi}[\cos nx]_0^{\pi} = \frac{2}{n\pi}(1-\cos n\pi)$$

$$= \begin{cases} 0 & (n\text{은 짝수}) \\ \dfrac{4}{n\pi} & (n\text{은 홀수}). \end{cases}$$

그러므로 구하는 전개식은

$$f(x) \sim \frac{4}{\pi} \sum_{m=1}^{\infty} \frac{1}{2m-1} \sin(2m-1)x .$$

연습문제 (5.5)

1. 쉬투름-리우빌 문제 $y''+\lambda y=0,\ y(0)=0,\ y'(\pi)=0$의 고윳값과 고유벡터를 구하여라.

2. 쉬투름-리우빌 문제 $y''+\lambda y=0,\ y(0)=0,\ y'(L)=0$의 고윳값과 고유벡터를 구하여라.

3. $y_n(x)=\cos nx,\ n=1,2,\cdots$ 는 구간 $[-\pi,\pi]$에서 직교함수족을 이룬다. 이 함수 집합을 정규직교계로 나타내어라.

4. 고유함수가 $1, \cos x, \cos 2x, \cos 3x, \cdots$ 인 쉬투름-리우빌 문제를 구하여라.

제6장 푸리에급수

6.1 푸리에급수의 정의와 성질

<I> 주기함수

함수 $f(x)$가 어떤 양수 p에 대하여

$$f(x+p)=f(x) \quad (\forall x \in D(f))$$

를 만족할 때, $f(x)$를 **주기함수**, p를 **주기**라고 한다.

만약 p가 주기이면

$$f(x+2p)=f(x+p+p)=f(x+p)=f(x)$$

가 성립한다. 일반적으로, 모든 자연수 $n \in N$에 대하여,

$$f(x+np)=f(x+(n-1)p+p)=f(x+(n-1)p)=\cdots=f(x)$$

이므로, $2p,\ 3p,\ \cdots,\ np,\ \cdots$ 는 모두 주기가 된다.

가장 작은 양수의 주기를 **기본주기**라고 부른다. 물론 상수함수와 같이 주기함수이지만 기본주기는 없을 수도 있다.

삼각함수 $\sin x$, $\cos x$는 기본주기 2π의 주기함수이다. 또 $\sin nx$, $\cos nx$는 기본주기 $\frac{2\pi}{n}$의 주기함수이다. 그러므로 **삼각급수**

$$\frac{a_0}{2}+\sum_{n=1}^{\infty}(a_n\cos nx+b_n\sin nx)$$

가 수렴하면 이 급수의 합도 주기 2π의 주기함수가 된다.

<II> 구분연속함수

구분연속함수 함수 $f(x)$가 구간 $[a,b]$의 유한개의 점을 제외하고는 연속이고, 제외된 점에서 각각 좌방극한과 우방극한이 존재하면 $[a,b]$에서 **구분연속함수**(piecewise costinuous function: PWC)라고 부른다.

원활함수 함수 $f(x)$의 도함수 $f'(x)$가 구간 $[a,b]$에서 연속이면, $f(x)$는 $[a,b]$에서 **원활하다**(smooth)고 표현한다.

구분원활함수 함수 $f(x)$가 구간 $[a,b]$에서 PWC이고, 도함수 $f'(x)$도 PWC가 되면 $f(x)$는 $[a,b]$에서 **구분원활함수**(piecewise smooth function: PWS)라고 부른다.

도약불연속 함수 $f(x)$에 대하여 좌방극한 $f(x_0-)$와 우방극한 $f(x_0+)$는 존재하지만 같지 않으면 불연속이 되는데, 이 때, $f(x)$는 $x=x_0$에서 **도약불연속**(jump discontinuity)이라고 하고, $f(x)$의 $x=x_0$에서의 **도약**은 $jump_f(x_0)=f(x_0+)-f(x_0-)$로 정의한다.

예를 들어, $f(x)=\begin{cases} x^2-1 & (x<0) \\ x^2+1 & (x>0) \end{cases}$은 $x=0$에서 도약불연속인 PWC이다. 도약은

$$jump_f(0)=f(0+)-f(0-)=2\,.$$

도함수는 $f'(x)=\begin{cases} 2x & (x<0) \\ 2x & (x>0) \end{cases}$이고 $f(0)$이 정의되어 있지 않으므로 $f'(0)$는 존재하지 않는다. 그러나 $f'(0-)=f'(0+)=0$이므로 f'은 PWC이다. 따라서 $f(x)$는 PWS이다.

예제 1

함수 $f(x)$가 전체실수의 집합 R에서 다음과 같이 정의되어 있다.

$$f(x)=\begin{cases} x^2\sin\dfrac{1}{2x} & (x\neq 0) \\ 0 & (x=0) \end{cases}$$

(1) $x=0$의 좌방과 우방미분계수를 구하여라.

(2) 미분계수 $f'(0)$이 존재하면 구하여라.

(3) 함수 $f(x)$는 PWC 또는 PWS 인가?

풀이 (1) $x \neq 0$인 모든 x에 대하여 도함수는 $f'(x) = 2x \sin\frac{1}{2x} - \frac{1}{2}\cos\frac{1}{2x}$ 이다. 한편

$$f_-'(0) = \lim_{\Delta x \to 0-} \frac{f(0+\Delta x) - f(0)}{\Delta x} = \lim_{\Delta x \to 0-} \frac{(\Delta x)^2 \sin\frac{1}{2\Delta x} - 0}{\Delta x} = \lim_{\Delta x \to 0-} \Delta x \sin\frac{1}{2\Delta x} = 0$$

$$f_+'(0) = \lim_{\Delta x \to 0+} \frac{f(0+\Delta x) - f(0)}{\Delta x} = \lim_{\Delta x \to 0+} \frac{(\Delta x)^2 \sin\frac{1}{2\Delta x} - 0}{\Delta x} = \lim_{\Delta x \to 0+} \Delta x \sin\frac{1}{2\Delta x} = 0$$

(2) (1)에 의하여 $f_+'(0) = f_-'(0) = 0$ 이므로 $f'(0) = 0$ 이다.

(3) $f(x)$는 (2)에 의하여 $x = 0$에서 미분가능하므로 연속이다. 따라서 PWC이다. 그러나

$$f'(0+) = \lim_{x \to 0+} f'(x) = \lim_{x \to 0+} \left(2x \sin\frac{1}{2x} - \frac{1}{2}\cos\frac{1}{2x}\right)$$

은 존재하지 않으므로 PWS는 아니다.

<III> 푸리에급수전개

주기함수 $f(x)$가 다음과 같이 삼각급수로 나타내어진다고 하고, 이 식이 성립하기 위한 계수 a_n, b_n을 결정하여 보자.

$$f(x) = \frac{a_0}{2} + \sum_{n=1}^{\infty} (a_n \cos nx + b_n \sin nx) \tag{1}$$

⟨i⟩ a_0의 결정

(1) 식의 양변을 구간 $[-\pi, \pi]$에서 적분하면

$$\int_{-\pi}^{\pi} f(x)\,dx = \frac{a_0}{2}\int_{-\pi}^{\pi} dx + \int_{-\pi}^{\pi} \sum_{n=1}^{\infty} \{a_n \cos nx + b_n \sin nx\}\,dx$$

적분기호와 합의 기호가 교환된다고 가정하면

$$\int_{-\pi}^{\pi} f(x)\,dx = \frac{a_0}{2}\int_{-\pi}^{\pi} dx + \sum_{n=1}^{\infty} \left\{a_n \int_{-\pi}^{\pi} \cos nx\,dx + b_n \int_{-\pi}^{\pi} \sin nx\,dx\right\} = \pi a_0$$

이므로

$$a_0 = \frac{1}{\pi}\int_{-\pi}^{\pi} f(x)\,dx \tag{2}$$

⟨ii⟩ a_n의 결정

식 (1)의 양변에 $\cos mx$(m은 자연수)를 곱하여 적분하고 적분기호와 합의 기호가 교환된다고 가정하면

$$\int_{-\pi}^{\pi} f(x)\cos mx\,dx = \frac{a_0}{2}\int_{-\pi}^{\pi}\cos mx dx + \sum_{n=1}^{\infty}\left\{a_n\int_{-\pi}^{\pi}\cos nx\cos mx\,dx + b_n\int_{-\pi}^{\pi}\sin nx\cos mx dx\right\}. \tag{3}$$

이 적분들은

$$\int_{-\pi}^{\pi}\cos mx dx = \left[\frac{1}{m}\sin mx\right]_{-\pi}^{\pi} = 0$$

$$\int_{-\pi}^{\pi}\cos nx\cos mx dx = \frac{1}{2}\int_{-\pi}^{\pi}\{\cos(n+m)x + \cos(n-m)x\}dx = \begin{cases}0 & (n \neq m)\\ \pi & (n = m)\end{cases}$$

$$\int_{-\pi}^{\pi}\sin nx\cos mx dx = \frac{1}{2}\int_{-\pi}^{\pi}\{\sin(n+m)x + \sin(n-m)x\}dx = 0$$

이므로 (3)의 우변은 πa_m이다. 그러므로

$$a_m = \frac{1}{\pi}\int_{-\pi}^{\pi} f(x)\cos mx\,dx\,(m = 1,\ 2, \cdots). \tag{4}$$

<iii> b_n의 결정

(1) 식의 양변에 $\sin mx$를 곱하여 적분하고 적분기호와 합의 기호가 교환된다고 가정하면

$$\int_{-\pi}^{\pi} f(x)\sin mx\,dx = \frac{a_0}{2}\int_{-\pi}^{\pi}\sin mx dx + \sum_{n=1}^{\infty}\left\{a_n\int_{-\pi}^{\pi}\cos nx\sin mx\,dx + b_n\int_{-\pi}^{\pi}\sin nx\sin mx dx\right\}$$

우변에서

$$\int_{-\pi}^{\pi} \sin mx dx = 0, \quad \int_{-\pi}^{\pi} \cos nx \sin mx dx = 0,$$

$$\int_{-\pi}^{\pi} \sin nx \sin mx dx = \begin{cases} 0 \ (n \neq m) \\ \pi \ (n = m) \end{cases}$$

이므로 우변의 값은 πb_m 이다. 그러므로

$$b_m = \frac{1}{\pi}\int_{-\pi}^{\pi} f(x) \sin mx \, dx \, (m = 1, \ 2, \cdots). \tag{5}$$

주기 2π의 함수 $f(x)$에 대하여

주기 2π인 함수의 푸리에급수(Fourier)

$$f(x) \sim \frac{a_0}{2} + \sum_{n=1}^{\infty}(a_n \cos nx + b_n \sin nx)$$

$$a_0 = \frac{1}{\pi}\int_{-\pi}^{\pi} f(x)\, dx, \ a_n = \frac{1}{\pi}\int_{-\pi}^{\pi} f(x) \cos nx \, dx, \ b_n = \frac{1}{\pi}\int_{-\pi}^{\pi} f(x) \sin nx \, dx \, (n = 1, \ 2, \cdots)$$

와 같은 삼각급수 전개를 $f(x)$의 **푸리에급수(Fourier)**라고 하고, a_0, a_n, b_n을 **푸리에계수**라고 부른다.

예제 2

다음 함수의 푸리에급수를 구하여라.

$$f(x) = \begin{cases} -c \ (-\pi < x < 0) \\ \ \ c \ (\ 0 < x < \pi) \end{cases} \quad \text{단, } f(x + 2\pi) = f(x) \text{ , } c\text{는 상수.}$$

풀이 $a_0 = \frac{1}{\pi}\int_{-\pi}^{\pi} f(x)\, dx = \frac{1}{\pi}\int_{-\pi}^{0} (-c)\, dx + \frac{1}{\pi}\int_{0}^{\pi} c dx = 0$

$$a_n = \frac{1}{\pi}\int_{-\pi}^{\pi} f(x) \cos nx \, dx = 0 \ (\because f(x)\cos nx\text{는 기함수})$$

$$b_n = \frac{1}{\pi}\int_{-\pi}^{\pi} f(x) \sin nx \, dx = \frac{1}{\pi}\int_{-\pi}^{0} (-c) \sin nx \, dx + \frac{1}{\pi}\int_{0}^{\pi} c \sin nx dx$$

$$= \frac{1}{\pi}\left\{\left[\frac{c}{n}\cos nx\right]_{-\pi}^{0} - \left[\frac{c}{n}\cos nx\right]_{0}^{\pi}\right\} = \frac{c}{n\pi}[\{1 - \cos(-n\pi)\} - (\cos n\pi - 1)]$$

$$= \frac{2c}{n\pi}(1-\cos n\pi) = \begin{cases} \dfrac{4c}{n\pi} & (n\text{은 홀수}) \\ 0 & (n\text{은 짝수}) \end{cases}.$$

구하는 Fourier 급수는

$$f(x) \sim \frac{4c}{\pi}\left(\sin x + \frac{1}{3}\sin 3x + \frac{1}{5}\sin 5x + \cdots\right).$$

<IV> 구간의 확장

함수 $f(x)$가 주기 $2L$의 주기함수라고 하고, 적분 $\int_{-L}^{L} |f(x)|dx$가 존재한다고 하자. 변수 x를 $x = \frac{L}{\pi}t$로 변환하면 $f(x) = f\left(\frac{L}{\pi}t\right) = g(t)$는 주기 2π의 함수가 된다. 그러므로 Fourier 급수는

$$f(x) = f\left(\frac{L}{\pi}t\right) \sim \frac{a_0}{2} + \sum_{n=1}^{\infty}(a_n \cos nt + b_n \sin nt)$$

$$= \frac{a_0}{2} + \sum_{n=1}^{\infty}\left(a_n \cos\frac{n\pi}{L}x + b_n \sin\frac{n\pi}{L}x\right) \left(\because t = \frac{\pi}{L}x\right)$$

가 되고 계수는 다음과 같다.

$$a_0 = \frac{1}{\pi}\int_{-\pi}^{\pi} f\left(\frac{L}{\pi}t\right)dt = \frac{1}{\pi}\int_{-L}^{L} f(x)\frac{\pi}{L}dx = \frac{1}{L}\int_{-L}^{L} f(x)dx$$

$$a_n = \frac{1}{\pi}\int_{-\pi}^{\pi} f\left(\frac{L}{\pi}t\right)\cos nt\, dt = \frac{1}{\pi}\int_{-L}^{L} f(x)\cos\left(\frac{n\pi}{L}x\right)\left(\frac{\pi}{L}\right)dx = \frac{1}{L}\int_{-L}^{L} f(x)\cos\left(\frac{n\pi}{L}x\right)dx$$

$$a_n = \frac{1}{\pi}\int_{-\pi}^{\pi} f\left(\frac{L}{\pi}t\right)\sin nt\, dt = \frac{1}{\pi}\int_{-L}^{L} f(x)\sin\left(\frac{n\pi}{L}x\right)\left(\frac{\pi}{L}\right)dx = \frac{1}{L}\int_{-L}^{L} f(x)\sin\left(\frac{n\pi}{L}x\right)dx.$$

정리하면

주기 2L인 함수의 푸리에급수

$$f(x) \sim \frac{a_0}{2} + \sum_{n=1}^{\infty}\left(a_n \cos\frac{n\pi}{L}x + b_n \sin\frac{n\pi}{L}x\right)$$

$$a_0 = \frac{1}{L}\int_{-L}^{L} f(x)\,dx,\ a_n = \frac{1}{L}\int_{-L}^{L} f(x)\cos\left(\frac{n\pi}{L}x\right)dx,\ b_n = \frac{1}{L}\int_{-L}^{L} f(x)\sin\left(\frac{n\pi}{L}x\right)dx$$

예제 3

다음 함수의 Fourier 급수를 구하여라.

$$f(x)=\begin{cases}0 & (-3<x<0)\\ c & (0<x<3)\end{cases} \quad \text{단, } f(x+6)=f(x),\ c\text{는 상수.}$$

풀이 $a_0=\dfrac{1}{3}\displaystyle\int_{-3}^{3} f(x)\,dx=\dfrac{1}{3}\int_{0}^{3} c\,dx=c$ 이고 $n=1,\ 2,\ 3,\cdots$ 에 대하여

$$a_n=\frac{1}{3}\int_{-3}^{3} f(x)\cos\left(\frac{n\pi}{3}x\right)dx=\frac{1}{3}\int_{0}^{3} c\cos\left(\frac{n\pi}{3}x\right)dx=\frac{c}{n\pi}\left[\sin\frac{n\pi}{3}x\right]_0^3=0$$

$$b_n=\frac{1}{3}\int_{-3}^{3} f(x)\sin\left(\frac{n\pi}{3}x\right)dx=\frac{1}{3}\int_{0}^{3} c\sin\left(\frac{n\pi}{3}x\right)dx$$

$$=\frac{c}{n\pi}\left[-\cos\frac{n\pi}{3}x\right]_0^3=\frac{c}{n\pi}(1-\cos n\pi)=\frac{c}{n\pi}\{1-(-1)^n\}.$$

따라서 구하는 푸리에급수는

$$f(x)\sim\frac{c}{2}+\frac{c}{\pi}\sum_{n=1}^{\infty}\frac{1}{n}\{1-(-1)^n\}\sin\frac{n\pi}{3}x=\frac{c}{2}+\frac{2c}{\pi}\sum_{n=1}^{\infty}\frac{1}{2n-1}\sin\frac{(2n-1)\pi}{3}x.$$

<V> 우함수와 기함수의 푸리에급수

주기 $p=2L$인 주기함수 $f(x)$의 푸리에급수는

$$f(x)\sim\frac{a_0}{2}+\sum_{n=1}^{\infty}\left(a_n\cos\frac{n\pi}{L}x+b_n\sin\frac{n\pi}{L}x\right)$$

이다.

(i) $f(x)$가 우함수, 즉, $f(-x)=f(x)$이면 $f(x)\sin\dfrac{n\pi x}{L}$ 는 기함수이므로 $b_n=0$이고

$$a_n=\frac{1}{L}\int_{-L}^{L} f(x)\cos\left(\frac{n\pi}{L}x\right)dx=\frac{2}{L}\int_{0}^{L} f(x)\cos\left(\frac{n\pi}{L}x\right)dx\ (n=0,\ 1,\ 2,\cdots)$$

$$\therefore f(x)\sim\frac{a_0}{2}+\sum_{n=1}^{\infty}a_n\cos\frac{n\pi}{L}x$$

(ii) $f(x)$가 기함수, 즉, $f(-x)=-f(x)$ 이면 $f(x)\cos\dfrac{n\pi x}{L}$ 는 기함수이므로 $a_n=0$

이고

$$b_n = \frac{1}{L}\int_{-L}^{L} f(x)\sin\left(\frac{n\pi}{L}x\right)dx = \frac{2}{L}\int_{0}^{L} f(x)\sin\left(\frac{n\pi}{L}x\right)dx \ (n=1,\ 2, \cdots)$$

$$\therefore f(x) \sim \sum_{n=1}^{\infty} b_n \sin\frac{n\pi}{L}x .$$

<VI> 반구간 전개

구간 $[0, L]$에서 정의된 함수 $f(x)$는 주기 $2L$인 주기함수로 전체 실수집합 $(-\infty, \infty)$로 확장할 수 있다.

(i) 구간 $[0, L]$에서 정의된 함수를 $f(-x) = f(x)$, $f(x+2L) = f(x)$를 만족하도록 전체실수집합으로 확장한 것을 **우주기 확장**이라고 하며, 우함수이므로 푸리에급수는 다음과 같다.

$$f(x) \sim \frac{a_0}{2} + \sum_{n=1}^{\infty} a_n \cos\frac{n\pi}{L}x$$

이 급수를 $f(x)$의 **푸리에코사인급수**라고 부른다.

(ii) 구간 $[0, L]$에서 정의된 함수를 $f(-x) = -f(x)$, $f(x+2L) = f(x)$를 만족하도록 전체실수집합으로 확장한 것을 **기주기 확장**이라고 하며, 기함수이므로 Fourier 급수는 다음과 같다.

$$f(x) \sim \sum_{n=1}^{\infty} b_n \sin\frac{n\pi}{L}x$$

이 급수를 $f(x)$의 **푸리에사인급수**라고 부른다.

예제 4

$f(x) = x \ (0 < x < \pi)$의 푸리에코사인급수와 사인급수를 구하여라.

풀이 (1) 우선 $a_0 = \frac{2}{\pi}\int_0^{\pi} x\,dx = \pi$이다. 그리고 임의의 자연수 n에 대하여

$$a_n = \frac{2}{\pi}\int_0^{\pi} x\cos nx\,dx = \frac{2}{\pi}\left[\frac{x\sin nx}{n} + \frac{\cos nx}{n^2}\right]_0^{\pi} = \frac{2}{\pi}\frac{(-1)^n - 1}{n^2}$$

이고, n이 홀수일 때에만 $a_n = -\dfrac{4}{n^2\pi}$ 이다. 그러므로 구하는 급수는

$$f(x) \sim \frac{\pi}{2} - \frac{4}{\pi}\left(\cos x + \frac{1}{9}\cos 3x + \frac{1}{25}\cos 5x + \cdots\right). \qquad (2)$$

$$b_n = \frac{2}{\pi}\int_0^{\pi} x \sin nx\, dx = \frac{2}{\pi}\left[-\frac{x\cos nx}{n} + \frac{\sin nx}{n^2}\right]_0^{\pi} = -\frac{2}{\pi}\frac{(-1)^n\pi}{n} = (-1)^{n+1}\frac{2}{n}$$

이므로

$$f(x) \sim 2(\sin x - \frac{1}{2}\sin 2x + \frac{1}{3}\sin 3x - \cdots).$$

<VII> 푸리에급수의 수렴성과 합

$f(x)$가 주기 2π인 주기함수이고 구분연속이면, 푸리에계수

$$a_0 = \frac{1}{\pi}\int_{-\pi}^{\pi} f(x)\,dx,\ a_n = \frac{1}{\pi}\int_{-\pi}^{\pi} f(x)\cos nx\, dx$$

$$b_n = \frac{1}{\pi}\int_{-\pi}^{\pi} f(x)\sin nx\, dx\ (n = 1,\ 2, \cdots)$$

가 존재하므로 푸리에급수

$$f(x) \sim \frac{a_0}{2} + \sum_{n=1}^{\infty}(a_n \cos nx + b_n \sin nx)$$

가 결정된다. 이 급수의 값과 함수값 $f(x)$가 일반적으로 같지는 않기 때문에 등호 대신 ~(tilde)를 사용하였다. 푸리에급수의 합과 함숫값의 관계는 다음 정리에서 알 수 있다.

정리 1 (푸리에급수의 수렴성)

주기 2π인 주기함수 $f(x)$와 그의 도함수 $f'(x)$가 구간 $[-\pi, \pi]$에서 구분연속이면 $f(x)$의 푸리에급수는 수렴하고 다음이 성립한다.

$$\frac{a_0}{2} + \sum_{n=1}^{\infty}(a_n \cos nx + b_n \sin nx) = \frac{f(x+) + f(x-)}{2}.$$

증명 이 정리의 증명은 이 책의 수준을 넘으므로 증명은 생략한다.

위의 정리에 의하여 함수 $f(x)$가 연속인 점에서는 푸리에 급수의 합은 함숫값과

같고, 불연속인 점에서는 그 점에서의 좌방극한값과 우방극한값의 산술평균이 됨을 알 수 있다.

정리 2 (푸리에급수의 선형성)

주기 2π인 두 개의 함수 $f(x)$, $g(x)$와 그들의 도함수 $f'(x)$, $g'(x)$가 구간 $[-\pi, \pi]$에서 구분연속이면 $Af(x)+Bg(x)$의 푸리에급수는 수렴한다. 이 때, $Af(x)+Bg(x)$의 푸리에 급수는 다음과 같다.

$$\frac{Aa_0+Bc_0}{2}+\sum_{n=1}^{\infty}[(Aa_n+Bc_n)\cos nx+(Ab_n+Bd_n)\sin nx]$$

$$c_n=\frac{1}{\pi}\int_{-\pi}^{\pi}g(x)\cos nx\,dx\ ,\ d_n=\frac{1}{\pi}\int_{-\pi}^{\pi}g(x)\sin nx\,dx\ (n=0,1,\ 2,\cdots).$$

예제 5

주기함수 $f(x)$가 다음과 같다.

$$f(x)=\begin{cases}-k & (-\pi<x<0)\\ k & (0<x<\pi)\end{cases}\quad 단,\ f(x+2\pi)=f(x)$$

이 함수의 푸리에 급수를 이용하여 다음 등식을 증명하여라.

$$1-\frac{1}{3}+\frac{1}{5}-\frac{1}{7}+\cdots=\frac{\pi}{4}$$

풀이 예제2의 풀이에 의하여 $f(x)$의 푸리에 급수는 다음과 같다.

$$f(x)\sim\frac{4k}{\pi}\left(\sin x+\frac{1}{3}\sin 3x+\frac{1}{5}\sin 5x+\cdots\right).$$

정리1에 의하여 이 급수는 $x=\frac{\pi}{2}$에서 함숫값 $f\left(\frac{\pi}{2}\right)$로 수렴한다. 그러므로

$$\frac{4k}{\pi}\left(\sin\frac{\pi}{2}+\frac{1}{3}\sin\frac{3\pi}{2}+\frac{1}{5}\sin\frac{5\pi}{2}+\cdots\right)=f\left(\frac{\pi}{2}\right)=k.$$

정리하면 $1-\frac{1}{3}+\frac{1}{5}-\frac{1}{7}+\cdots=\frac{\pi}{4}$를 얻는다.

<VIII> 함수의 삼각급수근사식

삼각 다항함수

$$s_n(x) = \frac{a_0}{2} + (a_1 \cos x + b_1 \sin x) + (a_2 \cos 2x + b_2 \sin 2x) + \cdots + (a_n \cos nx + b_n \sin nx)$$

를 이용하여 구간 $[-\pi, \pi]$에서 정의된 함수 $f(x)$를 근사시켜 보자. 여러 가지 방법이 있지만, 여기서는 최소제곱법으로 근사시키기로 한다. 제곱평균오차

$$E(a_0, a_1, \cdots, a_n; b_1, \cdots, b_n) = \frac{1}{2\pi}\int_{-\pi}^{\pi} \{f(x) - s_n(x)\}^2 dx$$

가 최소가 되도록 계수 $a_0, a_1, \cdots, a_n; b_1, \cdots, b_n$ 을 정한다.

이 오차 E는 계수 $a_0, a_1, \cdots, a_n; b_1, \cdots, b_n$ 에 대한 2차식이고, 음수가 아니므로 그 최솟값을 주는 계수 $a_0, a_1, \cdots, a_n; b_1, \cdots, b_n$ 은 다음 방정식을 만족한다.

$$\frac{\partial E}{\partial a_k} = 0, \quad \frac{\partial E}{\partial b_h} = 0 \ (k = 0, 1, \cdots, n; h = 1, 2, \cdots, n).$$

3각 다항함수 $s_n(x)$를 위의 적분에 대입하여 편미분하면 위의 방정식은

$$\int_{-\pi}^{\pi} \{f(x) - s_n(x)\} \cos kx \, dx = 0 \ (k = 0, 1, \cdots, n) \tag{1}$$

$$\int_{-\pi}^{\pi} \{f(x) - s_n(x)\} \sin hx \, dx = 0 \ (h = 1, \cdots, n) \tag{2}$$

(1)에서

$$\int_{-\pi}^{\pi} f(x) \cos kx \, dx = \int_{-\pi}^{\pi} s_n(x) \cos kx dx = \int_{-\pi}^{\pi} a_k \cos^2 kx \, dx = \pi a_k$$

$$\therefore \ a_k = \frac{1}{\pi}\int_{-\pi}^{\pi} f(x) \cos kx \, dx \ (k = 0, 1, \cdots, n)$$

마찬가지로 (2)에서

$$b_k = \frac{1}{\pi}\int_{-\pi}^{\pi} f(x) \sin kx \, dx \ (k = 1, \cdots, n).$$

따라서 제곱평균오차가 최소가 되는 경우는 3각 다항함수 $s_n(x)$의 계수가 푸리에 계수가 되는 경우이며, 이 사실은 모든 n에 대하여 성립한다.

예제 6

$f(x) = \frac{x}{2}(-\pi < x < \pi)$, $f(x+2\pi) = f(x)$ 로 정의된 함수에 대하여 푸리에 급수의 근사다항함수

$$s_n(x) = \frac{a_0}{2} + \sum_{k=1}^{n}(a_k \cos kx + b_k \sin kx)$$

를 구하여라. $n = 2, 3, 4$ 이다.

풀이 계수는 푸리에 계수이므로

$$a_0 = \frac{1}{\pi}\int_{-\pi}^{\pi} \frac{x}{2} dx = \frac{1}{\pi}\left[\frac{x^2}{4}\right]_{-\pi}^{\pi} = 0$$

$$a_k = \frac{1}{\pi}\int_{-\pi}^{\pi} \frac{x}{2} \cos kx \, dx = 0 \ (\because \text{ 기함수})$$

$$b_k = \frac{1}{\pi}\int_{-\pi}^{\pi} \frac{x}{2} \sin kx \, dx = \left[\frac{-x\cos kx}{2k\pi} + \frac{\sin kx}{2k^2\pi}\right]_{-\pi}^{\pi} = \frac{(-1)^{k+1}}{k} (k = 1, \cdots, n) .$$

이 값들을 위의 급수에 대입하면 근사식을 얻는다.

$$n = 2 \text{일 때}, \ s_2(x) = \sin x - \frac{\sin 2x}{2}$$

$$n = 3 \text{일 때}, \ s_3(x) = \sin x - \frac{\sin 2x}{2} + \frac{\sin 3x}{3}$$

$$n = 4 \text{일 때}, \ s_4(x) = \sin x - \frac{\sin 2x}{2} + \frac{\sin 3x}{3} - \frac{\sin 4x}{4}$$

그리고 $y = s_2(x)$, $y = s_3(x)$, $y = s_4(x)$ 의 그래프는 다음의 그림과 같다.

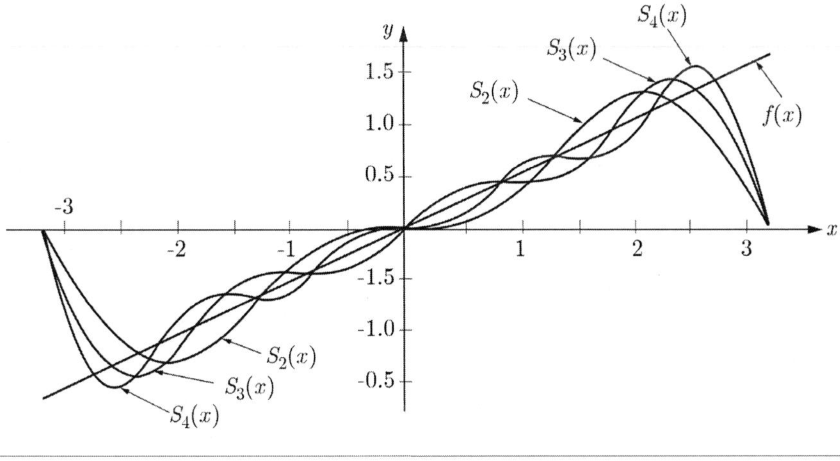

<IX> 파세발의 항등식

정리 3 (파세발의 항등식(Parseval))

$f(x)$가 구간 $[-\pi, \pi]$에서 연속이고, $f'(x)$가 PWC이면, $f(x)$와 그의 푸리에 계수 a_n, b_n사이에 다음의 식이 성립한다.

$$\frac{1}{\pi}\int_{-\pi}^{\pi}\{f(x)\}^2dx = \frac{1}{2}a_0^2 + \sum_{n=1}^{\infty}(a_n^2 + b_n^2)$$

(증명의 개요) $f(x)$가 연속이면, 구간 $[-\pi, \pi]$에서

$$f(x) = \frac{a_0}{2} + \sum_{n=1}^{\infty}(a_n \cos nx + b_n \sin nx)$$

이므로 양변에 $f(x)$를 곱하면

$$\{f(x)\}^2 = \frac{a_0}{2}f(x) + \sum_{n=1}^{\infty}\{a_n f(x)\cos nx + b_n f(x)\sin nx\}$$

구간 $[-\pi, \pi]$에서 양변을 적분하면

$$\int_{-\pi}^{\pi}\{f(x)\}^2dx = \frac{a_0}{2}\int_{-\pi}^{\pi}f(x)dx + \sum_{n=1}^{\infty}\left\{a_n\int_{-\pi}^{\pi}f(x)\cos nxdx + b_n\int_{-\pi}^{\pi}f(x)\sin nxdx\right\}$$

$$= \frac{a_0}{2}\cdot a_0\pi + \sum_{n=1}^{\infty}\left\{\pi a_n^2 + \pi b_n^2\right\} = \pi\left[\frac{1}{2}a_0^2 + \sum_{n=1}^{\infty}\left\{a_n^2 + b_n^2\right\}\right]$$

$$\therefore \frac{1}{\pi}\int_{-\pi}^{\pi}\{f(x)\}^2dx = \frac{1}{2}a_0^2 + \sum_{n=1}^{\infty}(a_n^2 + b_n^2).$$

예제 7

$f(x) = |\sin x|$의 구간 $[-\pi, \pi]$에서의 푸리에 급수를 구하고 파세발의 항등식을 이용하여 다음 등식을 유도하여라.

$$\sum_{k=1}^{\infty}\frac{1}{(2k+1)^2(2k-1)^2} = \frac{1}{1^2\cdot 3^2} + \frac{1}{3^2\cdot 5^2} + \cdots + \frac{1}{(2k-1)^2(2k+1)^2} + \cdots = \frac{\pi^2-8}{16}.$$

풀이 $f(x) = |\sin x|$는 연속이고 우함수이므로 $b_n = 0$이고,

$$a_0 = \frac{1}{\pi}\int_{-\pi}^{\pi}|\sin x|dx = \frac{2}{\pi}\int_{0}^{\pi}\sin xdx = \frac{4}{\pi}$$

$$a_1 = \frac{1}{\pi}\int_{-\pi}^{\pi}|\sin x|\cos xdx = \frac{2}{\pi}\int_{0}^{\pi}\sin x\cos xdx = \frac{1}{\pi}[\sin^2 x]_0^{\pi} = 0$$

$$a_n = \frac{1}{\pi}\int_{-\pi}^{\pi} |\sin x|\cos nx dx = \frac{2}{\pi}\int_{0}^{\pi} \sin x \cos nx dx \ (n \geqq 2)$$

$$= \frac{2}{\pi}\int_{0}^{\pi} \frac{1}{2}\{\sin(1+n)x + (\sin(1-n)x\}dx$$

$$= -\frac{1}{\pi}\left[\frac{1}{1+n}\cos(1+n)x + \frac{1}{1-n}\cos(1-n)x\right]_0^{\pi}$$

$$= -\frac{1}{\pi}\left[\frac{1}{1+n}(-1)^{1+n} + \frac{1}{1-n}(-1)^{1-n} - \left(\frac{1}{1+n} + \frac{1}{1-n}\right)\right]$$

$$= -\frac{1}{\pi}\left[\frac{1}{1+n}(-1)^{1+n} + \frac{1}{1-n}(-1)^{n+1} - \frac{2}{(1+n)(1-n)}\right]$$

$$(\because (-1)^{1-n} = (-1)^{n+1})$$

$$= -\frac{1}{\pi}\left[\left(\frac{1}{1+n} + \frac{1}{1-n}\right)(-1)^{n+1} - \frac{2}{(1+n)(1-n)}\right]$$

$$= -\frac{1}{\pi}\left[\frac{2}{(1+n)(1-n)}(-1)^{n+1} - \frac{2}{(1+n)(1-n)}\right]$$

$$= \frac{2}{\pi(n+1)(n-1)}[(-1)^{n+1} - 1] .$$

그러므로 항등식에 의하여

$$\frac{1}{\pi}\int_{-\pi}^{\pi} \sin^2 x dx = \frac{1}{2}a_0^2 + \sum_{n=1}^{\infty}(a_n^2 + b_n^2) = \frac{1}{2}a_0^2 + \sum_{n=2}^{\infty} a_n^2$$

$$= \frac{1}{2}\left(\frac{4}{\pi}\right)^2 + \sum_{n=2}^{\infty}\left\{\frac{2}{\pi(n+1)(n-1)}[(-1)^{n+1} - 1]\right\}^2$$

$$= \frac{8}{\pi^2} + \sum_{n=2}^{\infty}\frac{4}{\pi^2(n+1)^2(n-1)^2}[(-1)^{n+1} - 1]^2$$

$$= \frac{8}{\pi^2} + \sum_{k=1}^{\infty}\frac{4}{\pi^2(2k+1)^2(2k-1)^2}[(-1)^{2k+1} - 1]^2$$

$$(\because n = 2k-1\text{이면 } (-1)^{n+1} - 1 = 0)$$

$$= \frac{8}{\pi^2} + \frac{16}{\pi^2}\sum_{k=1}^{\infty}\frac{1}{(2k+1)^2(2k-1)^2}.$$

한편

$$\frac{1}{\pi}\int_{-\pi}^{\pi} \sin^2 x dx = \frac{2}{\pi}\int_{0}^{\pi}\frac{1-\cos 2x}{2}dx = \frac{2}{\pi}\left[\frac{x}{2} - \frac{\sin 2x}{4}\right]_0^{\pi} = 1$$

이므로

$$\sum_{k=1}^{\infty}\frac{1}{(2k+1)^2(2k-1)^2} = \frac{\pi^2}{16}\left(1 - \frac{8}{\pi^2}\right) = \frac{\pi^2 - 8}{16}.$$

예제 8

$f(x) = x \ (-\pi < x < \pi)$ 의 푸리에 급수는

$$f(x) = 2\sum_{n=1}^{\infty}(-1)^{n+1}\frac{\sin nx}{n}$$

이다. 파세발의 항등식을 이용하여 무한급수 $\sum_{n=1}^{\infty}\frac{1}{n^2}$ 의 합을 구하여라.

풀이 $\frac{1}{\pi}\int_{-\pi}^{\pi} f^2(x)dx = \frac{1}{\pi}\int_{-\pi}^{\pi} x^2 dx = \frac{2}{3}\pi^2$ 이고 주어진 푸리에 급수에 의하여

$$a_n = 0 \ (n = 0,\ 1,\ \cdots),\ b_n = (-1)^{n+1}\frac{2}{n}$$

이므로

$$\frac{2}{3}\pi^2 = \frac{1}{\pi}\int_{-\pi}^{\pi} f^2(x)dx = \sum_{n=1}^{\infty} b_n^2 = \sum_{n=1}^{\infty}\frac{4}{n^2}$$

에서 $\sum_{n=1}^{\infty}\frac{1}{n^2} = \frac{1}{4}\cdot\frac{2}{3}\pi^2 = \frac{1}{6}\pi^2$ 을 얻는다.

연습문제 (6.1)

1. 다음 함수가 PWC인지 PWS인지를 밝히고 이유를 설명하여라.

$$f(x) = \begin{cases} x-1 & (x<0) \\ 1 & (0 \le x \le 1) \\ x^2+1 & (x>1) \end{cases}.$$

2. 함수 $f(x) = \begin{cases} e^{-\sin x} & (x<0) \\ e^{\sin x} & (x \geqq 0) \end{cases}$ 에 다음 물음에 답하여라.

(1) $f_+{}'(0)$와 $f'(0+)$를 구하여라. (2) $f_-{}'(0)$와 $f'(0-)$를 구하여라.

(3) $f'(0)$이 존재하는가?

3. 구간 $[0,5]$에서 정확히 10개의 불연속점을 갖는 PWS 함수 $f(x)$를 하나 찾아라.

4. $f(x)=\dfrac{x^2}{\pi^2}(0 \leqq x < \pi), f(x+\pi)=f(x)$ 와 같이 정의된 함수는

$$f(x)=\begin{cases} \dfrac{(x+\pi)^2}{\pi^2} & (-\dfrac{\pi}{2}< x < 0) \\ \dfrac{x^2}{\pi^2} & (0 \leqq x \leq \dfrac{\pi}{2}) \end{cases}, \quad f(x+\pi)=f(x)$$

와 같이 나타나는 주기 π의 주기함수이고 $f(x)$의 푸리에 급수는 다음과 같다.

$$f(x) \sim \frac{1}{3}+\frac{1}{\pi^2}\left(\cos 2x+\frac{1}{2^2}\cos 4x+\frac{1}{3^2}\cos 6x+\cdots\right)$$
$$-\frac{1}{\pi}\left(\sin 2x+\frac{1}{2}\sin 4x+\frac{1}{3}\sin 6x+\cdots\right)$$

이 전개식을 이용하여 $1+\dfrac{1}{2^2}+\dfrac{1}{3^2}+\cdots$ 의 값을 구하여라.

5. 문제 4의 결과를 이용하여 $1+\dfrac{1}{3^2}+\dfrac{1}{5^2}+\dfrac{1}{7^2}+\cdots$ 의 값을 구하여라.

6. 주기가 2π인 함수 $f(x)=\begin{cases} x & (-\pi \leqq x < 0) \\ x^2 & (0 \leqq x \leqq \pi) \end{cases}$의 푸리에 급수를 구하여라.

7. $f(x)=x^2(-\pi \leqq x < \pi), f(x+2\pi)=f(x)$ 와 같이 정의된 함수의 푸리에 급수를 구하고, 이것을 이용하여 $\displaystyle\sum_{n=1}^{\infty}(-1)^{n-1}\frac{1}{n^2}$의 값을 구하여라.

8. $f(x)=\begin{cases} -1 & (-\pi \leqq x < 0) \\ 1 & (0 \leqq x \leqq \pi) \end{cases}$의 푸리에급수는 다음과 같다.

$$f(x) \sim \frac{4}{\pi}\sin x+\frac{4}{3\pi}\sin 3x+\frac{4}{5\pi}\sin 5x+\cdots=\frac{4}{\pi}\sum_{n=1}^{\infty}\frac{\sin(2n-1)x}{2n-1}$$

이 급수는 $x=0$에서 어떤 값에 수렴하는가?

9. 다음 함수의 푸리에 급수를 구하여라.

$$f(x)=\begin{cases} \dfrac{\pi}{2}+x & (-\pi \leqq x < 0) \\ \dfrac{\pi}{2}-x & (0 \leqq x \leqq \pi) \end{cases}.$$

10. 함수 $f(x)=x(-2 \leqq x \leqq 2)$의 푸리에 급수를 구하여라.

6.2 푸리에급수의 미분과 적분

<I> 푸리에급수의 미분

함수 $f(x)$의 푸리에 급수를 항별로 미분하여 얻은 급수가 도함수 $f'(x)$의 푸리에 급수가 된다면 미분이나 적분을 이용하여 푸리에 급수를 좀 더 쉽게 구할 수 있다. 그러나 일반적으로 이러한 사실은 성립하지 않는다.

예를 들어, $f(x)=x\ (-\pi<x<\pi)$의 푸리에급수는 $x=2\sum_{n=1}^{\infty}\frac{(-1)^{n+1}}{n}\sin nx$인데, 우변을 항별로 미분하면 $2\sum_{n=1}^{\infty}(-1)^{n+1}\cos nx$가 된다. 이 급수는 어떤 점에서도 수렴하지 않으므로 좌변의 도함수 $\frac{d}{dx}x=1$과 같을 수 없다.

푸리에 급수의 항별 미분에 대해서는 일반급수에서 성립하는 다음 정리를 이용하여 그 수렴성을 판단할 수 있다. 이 정리의 증명은 생략하기로 한다.

정리 1

함수의 급수 $\sum_{n=1}^{\infty}u_n(x)$에서 모든 $u_n(x)$가 미분가능하고, 도함수의 급수 $\sum_{n=1}^{\infty}\frac{d}{dx}u_n(x)$가 **균등수렴**(uniformly convergent)하면 다음과 같이 항별로 미분할 수 있다.

$$\frac{d}{dx}\sum_{n=1}^{\infty}u_n(x)=\sum_{n=1}^{\infty}\frac{d}{dx}u_n(x).$$

급수 $\sum_{n=1}^{\infty}u_n(x)$가 구간 $[a,b]$에서 어떤 함수 $g(x)$로 **균등수렴**한다는 것은 다음과 같이 정의한다.

$$\forall\epsilon>0\ \exists K\in N\ s.t.\ n\geq K, x\in[a,b]\Rightarrow\left|\sum_{k=1}^{n}u_k(x)-g(x)\right|<\epsilon.$$

급수의 균등수렴을 증명하는데 있어서, 위의 $\epsilon-\delta$정의를 써서 직접 증명하는 방법도 있지만 대체로 어려우므로 보통은 다음의 **바이어스트라스 M판정법**(Weierstrass M-test)의 방법을 사용한다. 증명은 이 책의 수준을 넘으므로 생략하기로 한다.

정리 2 **(바이어스트라스 M 판정법)**

> 함수의 급수 $\sum_{n=1}^{\infty} u_n(x)$에 대하여 $|u_n(x)| \le M_n$ $(\forall n \in N,\ \ \forall x \in [a,b])$을 만족하는 상수의 수열 $\{M_n\}$이 존재하고 $\sum_{n=1}^{\infty} M_n$이 수렴하면 $\sum_{n=1}^{\infty} u_n(x)$는 $[a,b]$에서 균등수렴한다.

예를 들어, 급수 $\sum_{n=1}^{\infty} \frac{\cos nx}{n^2}$에서 $\left|\frac{\cos nx}{n^2}\right| \le \frac{1}{n^2}$이고, $\sum_{n=1}^{\infty} \frac{1}{n^2}$는 양항급수의 적분판정법에 의하여 수렴하므로, 위의 정리에 의하여 $\sum_{n=1}^{\infty} \frac{\cos nx}{n^2}$는 임의의 유한한 구간 $[a,b]$에서 균등수렴한다. 그런데 이 급수는 $\sum_{n=1}^{\infty} \frac{\sin nx}{n^3}$을 항별로 미분한 급수이다. 그러므로 급수 $\sum_{n=1}^{\infty} \frac{\sin nx}{n^3}$는 임의의 실수 x에 대하여 항별로 미분할 수 있고 다음이 성립한다.

$$\frac{d}{dx}\left\{\sum_{n=1}^{\infty} \frac{\sin nx}{n^3}\right\} = \sum_{n=1}^{\infty} \frac{d}{dx}\left\{\frac{\sin nx}{n^3}\right\} = \sum_{n=1}^{\infty} \frac{\cos nx}{n^2}.$$

정리 3 **(푸리에급수의 항별미분)**

> 함수$f(x)$와 도함수 $f'(x)$가 구간 $[-\pi, \pi]$에서 PWC이고, $f(x)$의 푸리에 급수를
>
> $$f(x) = \frac{a_0}{2} + \sum_{n=1}^{\infty} (a_n \cos nx + b_n \sin nx)$$
>
> 라고 할 때, 항별로 미분한 급수
>
> $$\sum_{n=1}^{\infty} (nb_n \cos nx - na_n \sin nx)$$
>
> 가 $[-\pi, \pi]$에서 균등수렴하면 도함수 $f'(x)$의 푸리에 급수
>
> $$f'(x) \sim \frac{a_0{}'}{2} + \sum_{n=1}^{\infty} (a_n{}' \cos nx + b_n{}' \sin nx)$$
>
> 의 계수는

$$a_0{}' = 0,\ a_n{}' = nb_n,\ b_n{}' = -na_n$$

에 의하여 구해진다. 만약 $f''(x)$가 PWC이면 $f'(x)$에 관한 푸리에 급수는 미분계수의 좌 · 우방극한값의 평균값 $\dfrac{f'(x+)+f'(x-)}{2}$ 에 수렴한다.

증명 함수 $f(x)$와 도함수 $f'(x)$가 구간 $[-\pi, \pi]$에서 PWC이므로 푸리에 급수는 수렴한다. 그런데 이 푸리에 급수를 항별로 미분한 급수가 균등수렴하므로 정리1에 의하여 급수

$$f(x) = \frac{a_0}{2} + \sum_{n=1}^{\infty} (a_n \cos nx + b_n \sin nx)$$

를 항별로 미분할 수 있다. 이 급수의 합은 유한개의 점을 제외하고는 $f(x)$와 같으므로 유한개의 점을 제외하고는

$$\begin{aligned}\frac{d}{dx} f(x) &= \frac{d}{dx}\left\{\frac{a_0}{2} + \sum_{n=1}^{\infty} (a_n \cos nx + b_n \sin nx)\right\} \\ &= \sum_{n=1}^{\infty}\left(a_n \frac{d}{dx}\cos nx + b_n \frac{d}{dx}\sin nx\right) \\ &= \sum_{n=1}^{\infty} (nb_n \cos nx - na_n \sin nx)\end{aligned}$$

가 성립한다. 위의 우변은 푸리에 급수의 형태이고, 유한개의 점을 제외하고는 $f'(x)$와 같으므로 우변은 $f'(x)$의 푸리에 급수가 된다. 또 만약 $f''(x)$가 PWC이면 푸리에 급수의 수렴성 정리에 의하여 다음이 성립한다.

$$\frac{f'(x+)+f'(x-)}{2} = \sum_{n=1}^{\infty} (nb_n \cos nx - na_n \sin nx).$$

예제 1

$f(x) = \dfrac{1}{4}\ (0 < x < \pi)$의 푸리에 사인 급수는 다음과 같다.

$$\frac{1}{4} = \frac{1}{\pi}\sum_{n=1}^{\infty} \frac{\sin(2n-1)x}{2n-1}$$

이 급수를 항별로 미분한 급수는 $f'(x) = 0$에 수렴하는가?

풀이 항별로 미분한 급수는 $\dfrac{1}{\pi}\displaystyle\sum_{n=1}^{\infty} \frac{d}{dx}\frac{\sin(2n-1)x}{2n-1} = \frac{1}{\pi}\sum_{n=1}^{\infty}\cos(2n-1)x$ 이므로 $x = \dfrac{\pi}{2}$ 를 제외하고는 0에 수렴하지 않는다.

예제 2

함수 $f(x)=x^3-\pi^2 x,\ f(x+2\pi)=f(x)$ 의 푸리에 급수는 다음과 같다.

$$x^3-\pi^2 x = 12\sum_{n=1}^{\infty}\frac{(-1)^n \sin nx}{n^3}\quad(-\pi<x<\pi)$$

이 급수를 이용하여 $g(x)=x^2$의 푸리에 급수를 구하여라.

풀이 급수 $12\sum_{n=1}^{\infty}\frac{(-1)^n \sin nx}{n^3}$ 를 항별로 미분하면 $12\sum_{n=1}^{\infty}\frac{(-1)^n \cos nx}{n^2}$ 이고,

$$\left|12\frac{(-1)^n \cos nx}{n^2}\right|\le\frac{12}{n^2}$$

를 만족한다. 양항급수 $\sum_{n=1}^{\infty}\frac{12}{n^2}$ 은 적분판정법에 의하여 수렴하므로, 바이어스트라스 M-판정법에 의하여 항별로 미분한 급수 $12\sum_{n=1}^{\infty}\frac{(-1)^n \cos nx}{n^2}$ 는 균등수렴한다. 따라서 정리 3에 의하여 도함수 $f'(x)=3x^2-\pi^2$ 의 푸리에 급수는

$$3x^2-\pi^2 \sim 12\sum_{n=1}^{\infty}\frac{(-1)^n \cos nx}{n^2}$$

이다. 따라서 $g(x)=x^2$의 푸리에 급수는

$$x^2=\frac{\pi^2}{3}+4\sum_{n=1}^{\infty}\frac{(-1)^n \cos nx}{n^2}\quad(-\pi<x<\pi).$$

<II> 푸리에급수의 적분

정리 4 **(푸리에급수의 항별적분)**

주기 2π의 구분연속인 함수 $f(x)$의 푸리에 급수

$$f(x)=\frac{a_0}{2}+\sum_{n=1}^{\infty}(a_n \cos nx + b_n \sin nx)$$

가 수렴한다고 하자. 그러면 $\int_a^x f(t)dt$ 의 푸리에 급수는 위의 급수를 항별로 적분한 급수이며 $\int_a^x f(t)dt$ 로 균등수렴한다. 즉,

$$\int_a^x f(t)dt = \frac{a_0}{2}(x-a) + \sum_{n=1}^{\infty}\left[\frac{a_n}{n}(\sin nx - \sin na) - \frac{b_n}{n}(\cos nx - \cos na)\right]$$

풀이 $f(x)$가 구간 $[-\pi, \pi]$에서 PWC라고 하고, $h(x)$를

$$h(x) = \int_a^x \left\{f(t) - \frac{a_0}{2}\right\}dt \tag{1}$$

라고 정의하자. 그러면 $h(x)$가 모든 점에서 연속이 된다는 것을 증명하자. $h(x)$는 임의의 유한한 구간에서 적분가능하므로 다음이 성립한다.

$$|h(x) - h(c)| = \left|\int_a^x \left\{f(t) - \frac{a_0}{2}\right\}dt - \int_a^c \left\{f(t) - \frac{a_0}{2}\right\}dt\right| = \left|\int_c^x \left\{f(t) - \frac{a_0}{2}\right\}dt\right|$$

그런데 $f(x)$는 PWC인 함수이므로 임의의 유한구간에서 유계이다 ($\because$ 불연속점에서의 함수값을 좌방극한이나 우방극한으로 정의하면 각각의 유계폐구간에서 연속인 함수가 되므로). 따라서 x가 c에 충분히 가깝게 있으면.

$$\left|f(x) - \frac{a_0}{2}\right| \leq M$$

을 만족하는 상수 M이 존재한다. 그러므로

$$\left|\int_c^x \left\{f(t) - \frac{a_0}{2}\right\}dt\right| \leq M|x-c|$$

인 상수 M이 존재한다. 따라서

$$\lim_{x \to c}|h(x) - h(c)| = 0, \text{ 즉, } \lim_{x \to c} h(x) = h(c)$$

이므로 $h(x)$는 $x = c$에서 연속이다. 또한 $h(x)$는

$$\begin{aligned} h(x+2\pi) &= \int_a^{x+2\pi}\left\{f(t) - \frac{a_0}{2}\right\}dt = \int_a^x \left\{f(t) - \frac{a_0}{2}\right\}dt + \int_x^{x+2\pi}\left\{f(t) - \frac{a_0}{2}\right\}dt \\ &= h(x) + \int_{-\pi}^{\pi}\left\{f(t) - \frac{a_0}{2}\right\}dt = h(x) + \int_{-\pi}^{\pi} f(t)dt - \int_{-\pi}^{\pi}\frac{a_0}{2}dt \\ &= h(x) + \int_{-\pi}^{\pi} f(t)dt - \pi a_0 = h(x) \ (\because a_0 \text{의 정의에 의하여}) \end{aligned}$$

를 만족하므로 주기 2π의 주기함수이다. 그리고 $f(x)$가 연속인 점에서

$h'(x) = f(x) - \dfrac{a_0}{2}$를 만족한다. 따라서 $h(x)$는 PWS이다. 그러므로 푸리에 급수의 수렴성 정리에 의하여 $h(x)$의 푸리에 급수는

$$h(x) = \frac{A_0}{2} + \sum_{n=1}^{\infty}(A_n \cos nx + B_n \sin nx) \tag{2}$$

이고 $h(x)$로 모든 점에서 수렴한다. 여기서 계수 A_n, B_n은 부분적분법을 적용하면

$$A_n = \frac{1}{\pi}\int_{-\pi}^{\pi} h(x)\cos(nx)\,dx$$

$$= \frac{1}{\pi}\left\{\left[\frac{1}{n}h(x)\sin nx\right]_{-\pi}^{\pi} - \frac{1}{n}\int_{-\pi}^{\pi} h'(x)\sin(nx)\,dx\right\}$$

$$= \frac{1}{\pi}\left\{-\frac{1}{n}\int_{-\pi}^{\pi}\left[f(x) - \frac{a_0}{2}\right]\sin(nx)\,dx\right\}$$

$$= -\frac{1}{n}\left\{\frac{1}{\pi}\int_{-\pi}^{\pi}[f(x)\sin nx dx\right\} + \frac{a_0}{2n\pi}\int_{-\pi}^{\pi}\sin nx\,dx = -\frac{b_n}{n}, \quad n \in N. \tag{3}$$

마찬가지로

$$B_n = \frac{a_n}{n},\ n \in N \tag{4}$$

(3), (4)의 계수를 (2)식에 대입하면

$$h(x) = \frac{A_0}{2} + \sum_{n=1}^{\infty}\left(\frac{a_n}{n}\sin nx - \frac{b_n}{n}\cos nx\right) \tag{5}$$

(1)식에서

$$\int_a^x f(t)dt = h(x) + \frac{a_0}{2}(x-a) \tag{6}$$

이므로 이 식에 $x = a$를 대입하면 $h(a) = 0$이다. 그러므로 (5)식에서

$$0 = h(a) = \frac{A_0}{2} + \sum_{n=1}^{\infty}\left(\frac{a_n}{n}\sin na - \frac{b_n}{n}\cos na\right)$$

$$\therefore\ \frac{A_0}{2} = -\sum_{n=1}^{\infty}\left\{\frac{a_n}{n}\sin na - \frac{b_n}{n}\cos na\right\} \tag{7}$$

(5), (6), (7)식에서

$$\int_a^x f(t)dt = \frac{a_0}{2}(x-a) + \sum_{n=1}^{\infty}\left\{\frac{a_n}{n}(\sin nx - \sin na) - \frac{b_n}{n}(\cos nx - \cos na)\right\}. \tag{8}$$

그런데 (8)식의 결과는 $f(x)$ 의 푸리에 급수

$$f(x) \sim \frac{a_0}{2} + \sum_{n=1}^{\infty}(a_n\cos nx + b_n\sin nx)$$

를 구간 $[a, x]$에서 항별로 적분한 결과와 같다. 따라서 $f(x)$ 의 푸리에 급수는 항별 적분이 가능하다.

한편 앞 절에서의 푸리에 급수의 수렴성 정리는 $f(x)$와 $f'(x)$가 PWC라는 가정이 필요했다. 그러나 위의 정리를 이용하면 다음과 같이 변형할 수 있다.

정리 5

주기 2π의 구분연속인 함수 $f(x)$는 푸리에 급수

$$f(x) \sim \frac{a_0}{2} + \sum_{n=1}^{\infty} (a_n \cos nx + b_n \sin nx)$$

를 갖는다. 만약 이 급수가 균등수렴하면 이 급수는 다음을 만족한다.

$$\frac{a_0}{2} + \sum_{n=1}^{\infty} (a_n \cos nx + b_n \sin nx) = \frac{f(x+) + f(x-)}{2}$$

이 경우에 $jump_f(x) = 0$이다.

증명 급수 $\frac{a_0}{2} + \sum_{n=1}^{\infty} (a_n \cos nx + b_n \sin nx)$가 어떤 함수 $g(x)$로 수렴한다고 하자. 그러면 위의 정리4에 의하여 $\int_a^x g(t)dt$의 푸리에 급수는 이 급수를 항별로 적분한 형태

$$\int_a^x g(t)dt = \frac{a_0}{2}(x-a) + \sum_{n=1}^{\infty} \left\{ \frac{a_n}{n}(\sin nx - \sin na) - \frac{b_n}{n}(\cos nx - \cos na) \right\}$$

이며 모든 x에 대하여 $\int_a^x g(t)dt$로 수렴한다. 그런데 위의 항별 적분에 의한 급수를 다시 항별로 미분하면 $\frac{a_0}{2} + \sum_{n=1}^{\infty} (a_n \cos nx + b_n \sin nx)$가 되어 균등수렴하므로 정리 1에 의하여

$$g(x) = \frac{a_0}{2} + \sum_{n=1}^{\infty} (a_n \cos nx + b_n \sin nx)$$

이고 이 급수는 $g(x)$의 푸리에 급수와 같아야 한다. 연속인 함수의 푸리에 급수는 유일하므로 $f(x)$가 연속인 점에서는 $g(x)$와 같아야 한다. 그러므로 $f(x)$가 연속인 점 $x = c$에 대하여

$$f(c) = \frac{a_0}{2} + \sum_{n=1}^{\infty} (a_n \cos nc + b_n \sin nc).$$

한편 급수 $\frac{a_0}{2} + \sum_{n=1}^{\infty} (a_n \cos nx + b_n \sin nx)$의 모든 항은 연속함수이고 균등수렴하므로 합 $g(x)$도 연속함수이다. 그런데 $f(x)$는 PWC인 함수이므로 연속함수와 연속인 점에서 같게 되려면 유한한 점을 제외하고는 모두 같아야 한다. 따라서 불연속인 점 x_0에서 $f(x)$의 좌방극한과 우방극한은 같아야 한다. 따라서 모든 x에 대하여

$$\frac{a_0}{2} + \sum_{n=1}^{\infty} (a_n \cos nx + b_n \sin nx) = g(x) = \frac{f(x+) + f(x-)}{2}.$$

예제 3

$f(x)=x^2$의 푸리에 급수전개

$$x^2=\frac{\pi^2}{3}+4\sum_{n=1}^{\infty}\frac{(-1)^n\cos nx}{n^2}\ (-\pi<x<\pi)$$

는 0에서 x까지 적분할 수 있고, 수렴급수

$$x^3-\pi^2x=12\sum_{n=1}^{\infty}\frac{(-1)^n\sin nx}{n^3}\ (-\pi<x<\pi)$$

를 얻을 있음을 확인하여라.

풀이 $\left|\frac{(-1)^n\cos nx}{n^2}\right|\leq\frac{1}{n^2}$ 이고 $\sum_{n=1}^{\infty}\frac{1}{n^2}<\infty$ 이므로 비교판정법에 의하여 x^2의 푸리에 급수는 절대수렴한다. 따라서 정리4의 가정을 모두 만족하므로 항별로 적분할 수 있다.

$$\begin{aligned}\int_0^x t^2dt&=\int_0^x\left\{\frac{\pi^2}{3}+4\sum_{n=1}^{\infty}\frac{(-1)^n\cos nt}{n^2}\right\}dt\\&=\frac{\pi^2}{3}\int_0^x dt+4\sum_{n=1}^{\infty}\int_0^x\frac{(-1)^n\cos nt}{n^2}dt\\&=\frac{\pi^2}{3}x+4\sum_{n=1}^{\infty}\frac{(-1)^n\sin nx}{n^3}.\end{aligned}$$

예제 4

$f(x)=x\,(0<x<1)$ 에 대하여 다음에 답하여라.

(1) 주기2의 반구간 $(0,1)$에서의 사인급수를 구하여라.

(2) 적분을 이용하여 x^2에 대하여 주기 2의 반구간 $(0,1)$에서의 코사인급수를 구하여라.

(3) 급수 $\sum_{n=1}^{\infty}\frac{(-1)^{n-1}}{n^2}$의 값을 구하여라.

풀이 (1) 사인급수로 전개하기 위하여 $f(x)$를 기주기로 확장하면 $a_n=0,\ n=0,1,2,\cdots$.

$$b_n=\frac{2}{1}\int_0^1 x\sin n\pi x=2\left\{\left[-\frac{x\cos n\pi x}{n\pi}\right]_0^1-\int_0^1\left(-\frac{\cos n\pi x}{n\pi}\right)dx\right\}$$

$$= 2\left\{-\frac{\cos n\pi}{n\pi} + \left[\frac{\sin\pi x}{n^2\pi^2}\right]_0^1\right\} = 2\left\{-\frac{\cos n\pi}{n\pi}\right\} = (-1)^{n+1}\frac{2}{n\pi}.$$

그러므로 푸리에 급수는

$$x \sim \frac{2}{\pi}\left(\sin\pi x - \frac{1}{2}\sin 2\pi x + \frac{1}{3}\sin 3\pi x - \cdots\right).$$

(2) 주어진 함수 $f(x)$는 PWS이므로 $f(x)$의 푸리에 급수는 수렴한다. 그러므로 항별 적분이 가능하다. 구간 $[0,x]$에서 급수를 적분하면

$$\frac{1}{2}x^2 = \frac{2}{\pi}\left(-\frac{1}{\pi}\cos\pi x + \frac{1}{2}\cdot\frac{1}{2\pi}\cos 2\pi x - \frac{1}{3}\cdot\frac{1}{3\pi}\cos 3\pi x + \cdots\right) + c$$

$$= -\frac{2}{\pi^2}\left(\cos\pi x - \frac{1}{2^2}\cos 2\pi x + \frac{1}{3^2}\cos 3\pi x - \cdots\right) + c.$$

양변에 2를 곱하면

$$x^2 = -\frac{4}{\pi^2}\left(\cos\pi x - \frac{1}{2^2}\cos 2\pi x + \frac{1}{3^2}\cos 3\pi x - \cdots\right) + 2c.$$

양변에 $x = 0$을 대입하면 $\frac{f(0-) + f(0+)}{2} = 0$ 으로 수렴하므로

$$2c = \frac{4}{\pi^2}\left(1 - \frac{1}{2^2} + \frac{1}{3^2} - \cdots\right).$$

(3) 2c는 x^2의 푸리에 급수에서 상수항 $\frac{a_0}{2} = \frac{2}{2}\int_0^1 x^2 dx = \frac{1}{3}$과 같으므로

$$\frac{1}{3} = \frac{4}{\pi^2}\left(1 - \frac{1}{2^2} + \frac{1}{3^2} - \cdots\right), \text{ 즉, } \sum_{n=1}^{\infty}\frac{(-1)^{n-1}}{n^2} = \frac{1}{3}\times\frac{\pi^2}{4} = \frac{\pi^2}{12}.$$

예제 5

$f(x) = \frac{\pi - x}{2}$ $(0 \leqq x < 2\pi)$, $f(2\pi) = \frac{\pi}{2}$ 와 같이 정의된 함수 $f(x)$의 푸리에 사인급수는 다음과 같다.

$$f(x) \sim \sum_{n=1}^{\infty}\frac{\sin nx}{n}$$

이 결과를 이용하여 다음을 증명하여라.

$$\frac{1}{4}(\pi - x)^2 - \frac{1}{4}\pi^2 + \sum_{n=1}^{\infty}\frac{1}{n^2} = \cos x + \frac{\cos 2x}{2^2} + \frac{\cos 3x}{3^2} + \cdots \quad (0 \leqq x \leqq 2\pi).$$

풀이 $f(x)$는 PWS이므로 $f(x)$의 푸리에 급수는 수렴한다. 그러므로 항별 적분이 가능하다.

$$\int_0^x f(t)dt = \int_0^x \left(\sum_{n=1}^{\infty} \frac{\sin nt}{n}\right)dt = \sum_{n=1}^{\infty} \int_0^x \frac{\sin nt}{n} dt \text{를 계산하면}$$

$$\int_0^x \frac{\pi - t}{2} dt = \frac{\pi^2}{4} - \frac{(x-\pi)^2}{4} = \sum_{n=1}^{\infty} \left[\frac{-\cos nt}{n^2}\right]_0^x = \sum_{n=1}^{\infty} \frac{1-\cos nx}{n^2} = \sum_{n=1}^{\infty} \frac{1}{n^2} - \sum_{n=1}^{\infty} \frac{\cos nx}{n^2}.$$

따라서

$$\frac{1}{4}(\pi - x)^2 - \frac{1}{4}\pi^2 + \sum_{n=1}^{\infty} \frac{1}{n^2} = \cos x + \frac{\cos 2x}{2^2} + \frac{\cos 3x}{3^2} + \cdots \ (0 \leqq x \leqq 2\pi).$$

■

연습문제 (6.2)

1. $f(x) = \begin{cases} \cos x & (0 \leqq x \leqq \pi/2) \\ 0 & (\pi/2 \leqq x \leqq \pi) \end{cases}$ 의 푸리에급수는 다음과 같다.

$$f(x) \sim \frac{1}{\pi} + \frac{1}{2}\cos x + \frac{2}{\pi}\sum_{n=1}^{\infty} \frac{(-1)^{n+1}}{4n^2-1}\cos 2nx$$

$f(x)$의 푸리에급수는 균등수렴하는가?

2. $f(x) = x(0 \leqq x \leqq \pi)$의 푸리에급수는 다음과 같다.

$$f(x) \sim \frac{\pi}{2} - \frac{4}{\pi}\sum_{n=1}^{\infty} \frac{1}{(2n-1)^2}\cos(2n-1)x$$

$f(x)$의 푸리에급수는 균등수렴하는가?

3. $f(x) = x(-\pi \leqq x \leqq \pi)$의 푸리에급수는 다음과 같다.

$$f(x) \sim 2\sum_{n=1}^{\infty} \frac{(-1)^{n-1}}{n}\sin nx$$

이 급수의 0에서 x까지 항별 적분한 것은 유효한가? $\frac{x^2}{4}$의 푸리에급수를 주어진 x의 푸리에급수를 이용하여 구하여라.

4. $f(x)=x\,(0<x<2)$, 주기4의 반구간 $(0,2)$에서의 사인급수는 다음과 같다.

$$x=\frac{4}{\pi}\left(\sin\frac{\pi x}{2}-\frac{1}{2}\sin\frac{2\pi x}{2}+\frac{1}{3}\sin\frac{3\pi x}{2}-\cdots\right)$$

(1) 적분을 이용하여 x^2의 푸리에 급수를 구하여라.

(2) 급수 $\sum_{n=1}^{\infty}\frac{(-1)^{n-1}}{n^2}$의 값을 구하여라.

5. 구간 $[a,b]$에서 정의된 무한급수 $\sum_{n=1}^{\infty}u_n(x)$에 대하여, (a) $|u_n(x)|\leqq M_n$이고 (b) $\sum_{n=1}^{\infty}M_n$이 수렴하는 양항수열 $\{M_n\}$이 존재하면 $\sum_{n=1}^{\infty}u_n(x)$는 이 구간에서 균등수렴함을 증명하여라.

6. 무한급수 $\sum_{n=1}^{\infty}u_n{}'(x)$가 균등수렴하고, 그 각 항이 연속함수이며, $\sum_{n=1}^{\infty}u_n(x_0)$가 수렴하는 점 $x_0\in[a,b]$가 존재하면 함수 $s(x)=\sum_{n=1}^{\infty}u_n(x)$의 미분은 $\sum_{n=1}^{\infty}u_n{}'(x)$로 나타낼 수 있음을 보여라.

7. 무한급수 $\sum_{n=1}^{\infty}f_i(x)$가 균등수렴하고, 그 각 항이 연속인 경우에 이 급수로 나타낸 함수 $f(x)$의 적분은 급수의 각 항을 적분함으로써 얻을 수 있음을 보여라.

6.3 푸리에 적분

<I> 푸리에 급수의 적분표시

함수 $f(x)$가 실수집합 $(-\infty, \infty)$에서 정의되어 있는 구분연속인 함수일 때,

$$f_L(x) = f(x)(-L < x \leqq L),\ f_L(x+2L) = f_L(x)$$

와 같이 정의하면 주기 $2L$의 주기함수가 되므로 푸리에급수는

$$\begin{aligned} f_L(x) &= \frac{1}{2L}\int_{-L}^{L} f_L(t)dt + \frac{1}{L}\sum_{n=1}^{\infty}\left[\int_{-L}^{L} f_L(t)\left(\cos\frac{n\pi t}{L}\cos\frac{n\pi x}{L} + \sin\frac{n\pi t}{L}\sin\frac{n\pi x}{L}\right)dt\right] \\ &= \frac{1}{2L}\int_{-L}^{L} f_L(t)dt + \frac{1}{L}\sum_{n=1}^{\infty}\left[\int_{-L}^{L} f_L(t)\cos\frac{n\pi(t-x)}{L}dt\right] \qquad (1) \end{aligned}$$

가 된다. 이제 $\alpha_n = \dfrac{n\pi}{L}$라고 하면 $\Delta\alpha_n = \alpha_{n+1} - \alpha_n = \dfrac{(n+1)\pi}{L} - \dfrac{n\pi}{L} = \dfrac{\pi}{L}$에서 $\dfrac{1}{L} = \dfrac{1}{\pi}\Delta\alpha_n$을 얻으므로 (1)식에 대입하면

$$f_L(x) = \frac{1}{2L}\int_{-L}^{L} f_L(t)dt + \frac{1}{\pi}\sum_{n=1}^{\infty}\left[\int_{-L}^{L} f_L(t)\cos\alpha_n(t-x)dt\right]\Delta\alpha_n \qquad (2)$$

그런데 $g(\alpha) = \displaystyle\int_{-L}^{L} f_L(t)\cos\alpha(t-x)dt$를 생각하여보면, $f_L(t)$가 구분연속인 주기함수이므로 $g(\alpha)$는 $[0, \infty)$에서 정의된 주기함수이고 $\displaystyle\int_0^L g(\alpha)d\alpha$도 존재한다. 따라서 $0 \leq \dfrac{n\pi}{L} \leq L$, 즉 $n \leq \dfrac{L^2}{\pi}$을 만족하는 자연수 n에 대하여,

$$\int_0^L g(\alpha)d\alpha \fallingdotseq \sum g(\alpha_n)\Delta\alpha_n$$

과 같이 근삿값으로 볼 수 있다. 따라서

$$\int_0^{\infty}\frac{1}{\pi}\left[\int_{-L}^{L} f_L(t)\cos\alpha(t-x)dt\right]d\alpha \fallingdotseq \frac{1}{\pi}\sum_{n=1}^{\infty}\left[\int_{-L}^{L} f_L(t)\cos\alpha_n(t-x)dt\right]\Delta\alpha_n$$

과 같이 근삿값으로 간주할 수 있다. 만약 $\int_{-\infty}^{\infty}|f(t)|dt < \infty$ 이면 $\lim_{L\to\infty}\frac{1}{2L}\int_{-L}^{L} f_L(t)dt = 0$ 이므로 (2)에 의하여

$$f(x) = \lim_{L\to\infty} f_L(x) = \lim_{L\to\infty}\frac{1}{\pi}\sum_{n=1}^{\infty}\left[\int_{-L}^{L} f_L(t)\cos\alpha_n(t-x)dt\right]\Delta\alpha_n$$

$$\fallingdotseq \frac{1}{\pi}\int_0^{\infty}\left[\int_{-\infty}^{\infty} f(t)\cos\alpha(t-x)dt\right]d\alpha$$

$$= \int_0^{\infty}\left[\frac{1}{\pi}\int_{-\infty}^{\infty} f(t)\cos\alpha t\cos\alpha x dt + \frac{1}{\pi}\int_{-\infty}^{\infty} f(t)\sin\alpha t\sin\alpha x dt\right]d\alpha$$

$$= \int_0^{\infty}\left[\frac{1}{\pi}\cos\alpha x\int_{-\infty}^{\infty} f(t)\cos\alpha t\, dt + \frac{1}{\pi}\sin\alpha x\int_{-\infty}^{\infty} f(t)\sin\alpha t\, dt\right]d\alpha \quad (3)$$

와 같은 형태가 될 만하다. 여기서

$$A(\alpha) = \frac{1}{\pi}\int_{-\infty}^{\infty} f(t)\cos\alpha t\, dt,\ \ B(\alpha) = \frac{1}{\pi}\int_{-\infty}^{\infty} f(t)\sin\alpha t\, dt. \quad (4)$$

라고 놓으면 (3)식은

$$f(x) \sim \int_0^{\infty}[A(\alpha)\cos\alpha x + B(\alpha)\sin\alpha x]d\alpha. \quad (5)$$

의 형태가 된다. 식 (4)와 (5)에 의한 $f(x)$의 표현을 **푸리에적분**(Fourier Integral)이라고 정의한다.

위의 계산은 단지 푸리에 적분의 형태를 소개하기 위한 계산이었으며, 실제로는 다음의 정리에 의하여 정당화 된다. 증명은 생략하기로 한다.

정리 1 (푸리에적분)

함수 $f(x)$가 임의의 유한 구간에서 구분연속이고, 모든 점에서 좌우방도함수를 가지며, 절대적분가능$\left(\int_{-\infty}^{\infty}|f(t)|dt < \infty\right)$하면, $f(x)$는 다음 푸리에 적분으로 표현된다.

$$f(x) = \int_0^{\infty}[A(\alpha)\cos\alpha x + B(\alpha)\sin\alpha x]d\alpha$$

$$A(\alpha) = \frac{1}{\pi}\int_{-\infty}^{\infty} f(t)\cos\alpha t\, dt,\ \ B(\alpha) = \frac{1}{\pi}\int_{-\infty}^{\infty} f(t)\sin\alpha t\, dt$$

함수 $f(x)$가 불연속인 점 x에서의 푸리에 적분값은 $\frac{f(x+)+f(x-)}{2}$이다.

예제 1

함수 $f(x)=\begin{cases} k & (|x|<c) \\ 0 & (|x|>c) \end{cases}$ $(c>0)$의 푸리에 적분을 구하여라.

풀이 $A(\alpha)=\frac{1}{\pi}\int_{-\infty}^{\infty} f(t)\cos\alpha t dt=\frac{1}{\pi}\int_{-c}^{c} k\cos\alpha t\, dt=\left[k\frac{\sin\alpha t}{\pi\alpha}\right]_{-c}^{c}=\frac{2k\sin(\alpha c)}{\pi\alpha}$

$B(\alpha)=\frac{1}{\pi}\int_{-\infty}^{\infty} f(t)\sin\alpha t dt=\frac{1}{\pi}\int_{-c}^{c} k\sin\alpha t\, dt=0$

이므로 (5)식에 대입하면

$$f(x)=\frac{2k}{\pi}\int_{0}^{\infty}\frac{\sin(\alpha c)\cos\alpha x}{\alpha}d\alpha. \tag{6}$$

이상적분계산 예제1의 결과인 (6)식에서 $k=1, c=1$인 경우에 $x=1$을 대입하면

$$\frac{2}{\pi}\int_{0}^{\infty}\frac{\sin\alpha\cos\alpha}{\alpha}d\alpha=\frac{f(1+)+f(1-)}{2}=\frac{0+1}{2}=\frac{1}{2}$$

(6)식과 이 식으로부터 다음을 얻는다.

$$\int_{0}^{\infty}\frac{\sin\alpha\cos\alpha x}{\alpha}d\alpha=\begin{cases} \frac{\pi}{2} & (0\leqq x<1) \\ \frac{\pi}{4} & (x=1) \\ 0 & (x>1) \end{cases} \tag{7}$$

이 적분을 **디리클레불연속인자**(Dirichlet)라고 부른다. 특히 $x=0$일 때에는 다음을 얻는다.

$$\int_{0}^{\infty}\frac{\sin\alpha}{\alpha}d\alpha=\frac{\pi}{2}.$$

<II> 푸리에 사인적분, 코사인 적분

우함수 $f(x)$가 우함수이면, 식 (5)에서 $B(\alpha)=0$이 되므로

$$f(x)=\int_0^\infty A(\alpha)\cos\alpha x\, d\alpha,\ A(\alpha)=\frac{2}{\pi}\int_0^\infty f(t)\cos\alpha t\, dt \tag{8}$$

이 된다. 이 적분을 $f(x)$의 **푸리에 코사인적분**이라고 한다.

기함수 $f(x)$가 기함수이면 식 (5)에서 $A(\alpha)=0$이 되므로

$$f(x)=\int_0^\infty B(\alpha)\sin\alpha x\, d\alpha,\ B(\alpha)=\frac{2}{\pi}\int_0^\infty f(t)\sin\alpha t\, dt \tag{9}$$

이 적분을 $f(x)$의 **푸리에 사인적분**이라 한다. 정리1에 의하여 다음이 성립한다.

정리 2 **(푸리에 사인, 코사인 적분의 수렴성)**

$f(x)$가 $(0,\infty)$에서 구분적으로 원활한 함수(PWS)이고, $(0,\infty)$에서 절대적분가능하면 $f(x)$는 푸리에 사인적분, 푸리에 코사인적분으로 나타내어지고, 적분(8), (9)는 $\dfrac{f(x+)+f(x-)}{2}$ 에 수렴한다.

예제 2

다음 함수의 푸리에 코사인적분과 사인적분을 구하여라.

$$f(x)=e^{-kx}\,(x>0, k>0)$$

풀이 ① 푸리에 코사인 적분

$$A(\alpha)=\frac{2}{\pi}\int_0^\infty e^{-kt}\cos\alpha t\, dt=\frac{2}{\pi}\left[\frac{e^{-kt}}{k^2+\alpha^2}\{-k\cos\alpha t+\alpha\sin\alpha t\}\right]_0^\infty=\frac{2k/\pi}{k^2+\alpha^2}$$

$$\therefore f(x)=e^{-kx}=\frac{2k}{\pi}\int_0^\infty\frac{\cos\alpha x}{k^2+\alpha^2}\,d\alpha,\ (x>0, k>0).$$

② 푸리에 사인적분

$$B(\alpha)=\frac{2}{\pi}\int_0^\infty e^{-kt}\sin\alpha t\, dt=\frac{2}{\pi}\left[\frac{e^{-kt}}{k^2+\alpha^2}\{-k\sin\alpha t-\alpha\cos\alpha t\}\right]_0^\infty=\frac{2\alpha/\pi}{k^2+\alpha^2}$$

$$\therefore f(x) = e^{-kx} = \frac{2}{\pi}\int_0^{\infty} \frac{\alpha \sin \alpha x}{k^2+\alpha^2}\, d\alpha \quad (x>0, k>0).$$

참고로, 위 두 결과에서 $\int_0^{\infty} \frac{\cos \alpha x}{k^2+\alpha^2}\, d\alpha = \frac{\pi}{2k}e^{-kx}$와 $\int_0^{\infty} \frac{\alpha \sin \alpha x}{k^2+\alpha^2}\, d\alpha = \frac{\pi}{2}e^{-kx}$를 얻는데 이 적분을 **라플라스적분**이라고 부른다.

예제 3

다음 함수의 푸리에 적분을 구하고, $x=-\pi$에서의 적분값을 구하여라.

$$f(x)=\begin{cases} 0 \ (-\infty < x < -\pi) \\ -1 \ (-\pi < x < \pi) \\ 1 \ (0 < x < \pi) \\ 0 \ (\pi < x < \infty) \end{cases}$$

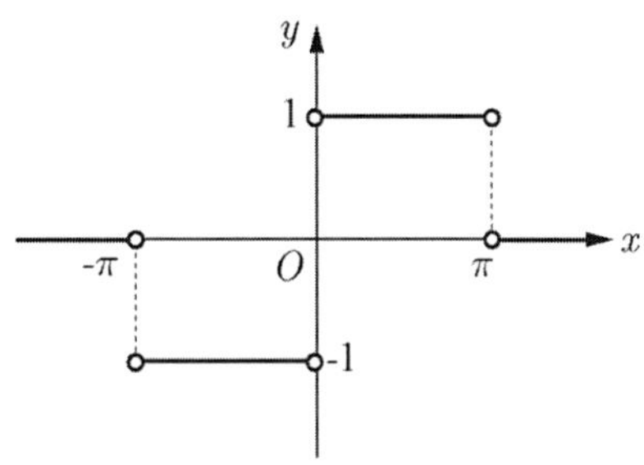

풀이 함수 $f(x)$는 기함수이고, 절대적분가능하며, PWS이고 $A(\alpha)=0$이므로

$$f(x) \sim \int_0^{\infty} B(\alpha)\sin\alpha x\, d\alpha$$

$$B(\alpha) = \frac{2}{\pi}\int_0^{\infty} f(t)\sin\alpha t\, dt = \frac{2}{\pi}\int_0^{\pi} \sin\alpha t\, dt = \frac{2}{\pi}\cdot\frac{1}{\alpha}[-\cos\alpha t]_0^{\pi} = \frac{2}{\pi\alpha}(1-\cos\alpha\pi)$$

$$\therefore f(x) \sim \frac{2}{\pi}\int_0^{\infty} \frac{1-\cos\alpha\pi}{\alpha}\sin\alpha x\, d\alpha$$

푸리에 적분의 수렴정리에 의하여 $x=-\pi$에서

$\frac{f(-\pi+)+f(-\pi-)}{2} = \frac{-1+0}{2} = -\frac{1}{2}$ 로 수렴한다.

예제 4

다음 적분방정식의 해 $f(x)$를 구하여라.

$$\int_0^{\infty} f(x)\cos\alpha x\, dx = \begin{cases} 1-\alpha \ (0 \leq \alpha \leq 1) \\ 0 \quad (\alpha > 1) \end{cases}$$

풀이 $c(\alpha)=\dfrac{2}{\pi}\displaystyle\int_0^{\infty} f(x)\cos\alpha x\,dx$ 라고 하면, $c(\alpha)=\begin{cases}\dfrac{2}{\pi}(1-\alpha) & (0\leqq\alpha\leqq 1)\\ 0 & (\alpha>1)\end{cases}$ 이므로

$$f(x)=\int_0^{\infty} c(\alpha)\cos\alpha x\,d\alpha=\frac{2}{\pi}\int_0^{1}(1-\alpha)\cos\alpha x\,d\alpha=\frac{2(1-\cos x)}{\pi x^2}.$$

연습문제 (6.3)

1. 함수 $f(x) = \begin{cases} 1 & (|x| < c) \\ 0 & (|x| > c) \end{cases}$ $(c > 0)$의 푸리에 적분을 구하여라.

2. 다음 함수의 푸리에 적분을 구하여라.

$$f(x) = \begin{cases} 0 & (-\infty < x < -\pi) \\ -c & (-\pi < x < \pi) \\ c & (0 < x < \pi) \\ 0 & (\pi < x < \infty) \end{cases}.$$

3. (1) $f(x) = e^{-x}$ $(0 < x < \infty)$의 푸리에 코사인 적분을 구하여라.

(2) $f(x) = e^{-x}$ $(0 < x < \infty)$의 푸리에 사인 적분을 구하여라.

(3) $f(x) = \begin{cases} e^{-x} & (x > 0) \\ 0 & (x < 0) \end{cases}$의 푸리에 적분을 구하여라.

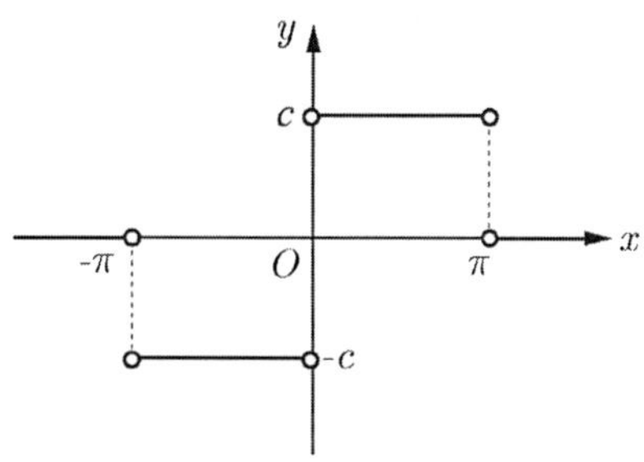

4. 함수 $f(x) = \begin{cases} 0 & (x < 0) \\ x & (0 < x < 1) \\ 0 & (x > 0) \end{cases}$에 대하여 다음 답하여라.

(1) $f(x)$의 푸리에적분을 구하여라.

(2) $x = 1$에서 적분은 수렴하는가?

5. 함수 $f(x) = \begin{cases} 1 & (0 < x < 2) \\ 0 & (x < 0, x > 2) \end{cases}$에 대하여 다음을 보여라.

(1) $f(x) \sim \dfrac{1}{\pi} \displaystyle\int_0^\infty \frac{\sin\{\alpha(2-x)\} + \sin\alpha x}{\alpha} d\alpha.$

(2) $\displaystyle\int_0^\infty \frac{\sin\alpha}{\alpha} d\alpha = \frac{\pi}{2}.$

6.4 푸리에 변환

<I> 푸리에 사인변환과 코사인변환

푸리에코사인변환 함수 $f(x)$가 우함수일 때, 푸리에 코사인적분은

$$f(x)=\int_0^\infty A(\alpha)\cos\alpha x\,d\alpha,\quad A(\alpha)=\frac{2}{\pi}\int_0^\infty f(t)\cos\alpha t\,dt$$

가 된다. 이 때 $A(\alpha)$와 유사한 함수

$$F_c(\alpha)=\int_0^\infty f(t)\cos\alpha t\,dt\ (\alpha>0) \tag{1}$$

을 정의하면

$$A(\alpha)=\frac{2}{\pi}F_c(\alpha)$$

이므로

$$f(x)=\frac{2}{\pi}\int_0^\infty F_c(\alpha)\cos\alpha x\,d\alpha.\ (x>0) \tag{2}$$

$F_c(\alpha)$를 $f(x)$의 **푸리에 코사인 변환**이라 하고, $F_c(\alpha)$를 써서 $f(x)$를 구하는 경우, $f(x)$를 $F_c(\alpha)$의 **푸리에 코사인 역변환**이라 한다.

푸리에사인변환 한편 함수 $f(x)$가 기함수일 때, 푸리에 사인적분은 다음과 같다.

$$f(x)=\int_0^\infty B(\alpha)\sin\alpha x\,d\alpha,\quad B(\alpha)=\frac{2}{\pi}\int_0^\infty f(t)\sin\alpha t\,dt.$$

$f(x)$의 사인변환 $F_s(\alpha)$를 다음과 같이 정의한다.

$$F_s(\alpha)=\int_0^\infty f(t)\sin\alpha t\,dt\ (\alpha>0) \tag{3}$$

그러면

$$B(\alpha) = \frac{2}{\pi} F_s(\alpha)$$

이므로

$$f(x) = \frac{2}{\pi}\int_0^\infty F_s(\alpha)\sin\alpha x\, d\alpha \quad (x > 0) \tag{4}$$

$F_s(\alpha)$를 $f(x)$의 **푸리에 사인 변환**이라 하고, $F_s(\alpha)$를 이용하여 $f(x)$를 구하는 경우, $f(x)$를 $F_s(\alpha)$의 **푸리에 사인 역변환**이라 한다.

예제 1

변환개념을 이용하여 다음 적분방정식의 해를 구하여라.

$$\int_0^\infty f(x)\cos\alpha x\, dx = \begin{cases} k\ (0 < \alpha < \pi) \\ 0\ (\pi < \alpha < \infty) \end{cases}.$$

풀이 $f(x)$의 푸리에 코사인 변환은

$$F_c(\alpha) = \int_0^\infty f(t)\cos\alpha t\, dt$$

라고 하면

$$f(x) = \frac{2}{\pi}\int_0^\infty F_c(\alpha)\cos\alpha x\, d\alpha = \frac{2}{\pi}\int_0^\pi k\cos\alpha x\, d\alpha = \frac{2k}{\pi}\left[\frac{1}{x}\sin\alpha x\right]_0^\pi = \frac{2k}{\pi x}\sin\pi x.$$

예제 2

$f(x) = \begin{cases} 1\ (0 < x < \pi) \\ 0\ (\pi < x < \infty) \\ \frac{1}{2}\ (x = \pi) \end{cases}$ 일 때, 다음을 증명하여라.

$$f(x) = \frac{2}{\pi}\int_0^\infty \frac{1-\cos\pi\alpha}{\alpha}\sin\alpha x\, d\alpha\,(0 < x < \infty).$$

풀이 $F_s(\alpha) = \int_0^\infty f(t)\sin\alpha t\, dt = \int_0^\pi 1 \cdot \sin\alpha t\, dt = \left[-\frac{1}{\alpha}\cos\alpha t\right]_0^\pi$

$$= \frac{1}{\alpha}(1 - \cos\pi\alpha)$$ 이므로

$$f(x) = \frac{2}{\pi}\int_0^\infty F_s(\alpha)\ \sin\alpha x\, d\alpha = \frac{2}{\pi}\int_0^\infty \frac{1-\cos\pi\alpha}{\alpha}\ \sin\alpha x\, d\alpha.$$

예제 3

다음 함수의 푸리에 코사인 변환과 사인변환을 구하여라.

$$f(x) = \begin{cases} \omega\ (0 < x < \omega) \\ 0\ (x > \omega) \end{cases}.$$

풀이 정의식 (1), (3)에 대입하면

$$F_c(\alpha) = \int_0^\infty f(t)\cos\alpha t\, dt = \int_0^\omega \omega\cos\alpha t\, dt = \frac{\omega}{\alpha}\left[\sin\alpha t\right]_0^\omega = \frac{\omega\sin\alpha\omega}{\alpha}.$$

$$F_s(\alpha) = \int_0^\infty f(t)\sin\alpha t\, dt$$

$$= \int_0^\omega \omega\sin\alpha t\, dt = -\frac{\omega}{\alpha}\left[\cos\alpha t\right]_0^\omega = \omega\left\{\frac{1-\cos\alpha\omega}{\alpha}\right\}$$

<II> 도함수의 코사인 변환과 사인변환

함수 $f(x)$의 코사인변환과 사인변환을 나타낼 때, $F_c(\alpha)$, $F_s(\alpha)$로 나타내면 함수 $f(x)$가 표현되지 않으므로 $f(x)$의 코사인변환을 $F_c(f)(\alpha)$, $\hat{f}_c(\alpha)$ 또는 $C_\alpha\{f\}$, 그리고 사인변환을 $F_s(f)(\alpha)$, $\hat{f}_s(\alpha)$ 또는 $S_\alpha\{f\}$로 나타내기도 한다.

정리 1 (도함수의 코사인 및 사인 변환)

$f(x)$가 $(-\infty, \infty)$에서 연속이고, 절대적분 가능하며, 도함수 $f'(x)$가 모든 유한구간에서 구분연속이고, $\lim_{x\to\infty} f(x) = 0$을 만족하면 다음이 성립한다.

$$F_c(f')(\alpha) = \alpha F_s(f)(\alpha) - f(0) \tag{5}$$

$$F_s(f')(\alpha) = -\alpha F_c(f)(\alpha). \tag{6}$$

증명 (1) $F_c(f')(\alpha) = \int_0^{\infty} f'(x)\cos\alpha x\,dx$

$$= [f(x)\cos\alpha x]_0^{\infty} - \int_0^{\infty}(-\alpha)f(x)\sin\alpha x\,dx$$

$$= -f(0) + \alpha F_s(f)(\alpha)\ (\because \lim_{x\to\infty} f(x) = 0).$$

(2) $F_s(f')(\alpha) = \int_0^{\infty} f'(x)\sin\alpha x\,dx = [f(x)\sin\alpha x]_0^{\infty} - \int_0^{\infty}\alpha f(x)\cos\alpha x\,dx$

$$= -\alpha F_c(f)(\alpha).$$

만약 2계도함수 $f''(x)$가 구분연속이고 1계도함수가 $\lim_{x\to\infty} f'(x) = 0$을 만족하면 정리1에 의하여 다음을 얻는다.

$$F_c(f'')(\alpha) = \alpha F_s(f')(\alpha) - f'(0) = \alpha[-\alpha F_c(f)(\alpha)] - f'(0) = -\alpha^2 F_c(f)(\alpha) - f'(0)$$

$$F_s(f'')(\alpha) = -\alpha F_c(f')(\alpha) = -\alpha[\alpha F_s(f)(\alpha) - f(0)] = -\alpha^2 F_s(f)(\alpha) + \alpha f(0).$$

예제 4

(1) $f(x) = e^{-kx}\,(k > 0)$의 푸리에 코사인 및 사인변환을 구하여라.

(2) $f(x) = e^{-kx}\,(k > 0)$에 대하여 $f'(x)$, $f''(x)$의 푸리에 코사인 및 사인변환을 구하여라.

풀이 (1) $\widehat{f_c}(\alpha) = \int_0^{\infty} f(x)\cos\alpha x\,dx = \int_0^{\infty} e^{-kx}\cos\alpha x\,dx$

$$= \left[-\frac{e^{-kx}}{\alpha^2+k^2}(-\alpha\sin\alpha x + k\cos\alpha x)\right]_0^{\infty} = \frac{k}{\alpha^2+k^2}.$$

$$\widehat{f_s}(\alpha) = \int_0^{\infty} f(x)\sin\alpha x\,dx = \int_0^{\infty} e^{-kx}\sin\alpha x\,dx$$

$$= \left[\frac{e^{-kx}}{\alpha^2+k^2}(-k\sin\alpha x - \alpha\cos\alpha x)\right]_0^{\infty} = \frac{\alpha}{\alpha^2+k^2}.$$

(2) $\widehat{f_c'}(\alpha) = \alpha\widehat{f_s}(\alpha) - f(0) = \alpha\cdot\frac{\alpha}{\alpha^2+k^2} - 1 = -\frac{k^2}{\alpha^2+k^2}$

$$\widehat{f_c''}(\alpha) = \alpha\widehat{f_s'}(\alpha) - f'(0) = -\frac{\alpha^2 k}{\alpha^2 + k^2} + k = \frac{k^3}{\alpha^2 + k^2}$$

$$\widehat{f_s'}(\alpha) = -\alpha\widehat{f_c}(\alpha) = -\frac{\alpha k}{\alpha^2 + k^2}$$

$$\widehat{f_s''}(\alpha) = -\alpha\widehat{f_c'}(\alpha) = \frac{\alpha k^2}{\alpha^2 + k^2}.$$

<III> 지수 푸리에 변환

함수 $f(x)$에 대하여 6.3절에서 정의한 푸리에 적분은 다음과 같다.

$$f(x) = \frac{1}{\pi}\int_0^\infty \left[\int_{-\infty}^\infty f(t)\cos\alpha(t-x)dt\right]d\alpha.$$

복소수의 지수함수에 대한 오일러공식 $e^{it} = \cos t + i\sin t$ 로부터

$$\cos\alpha(t-x) = \frac{1}{2}\{e^{i\alpha(t-x)} + e^{-i\alpha(t-x)}\}$$

가 성립하므로, 위의 적분에 대입하면

$$\begin{aligned} f(x) &= \frac{1}{\pi}\int_0^\infty \left[\int_{-\infty}^\infty f(t)\frac{e^{i\alpha(t-x)} + e^{-i\alpha(t-x)}}{2}dt\right]d\alpha \\ &= \frac{1}{2\pi}\int_0^\infty \int_{-\infty}^\infty f(t)e^{i\alpha(t-x)}dt\,d\alpha + \frac{1}{2\pi}\int_0^\infty \int_{-\infty}^\infty f(t)e^{-i\alpha(t-x)}dt\,d\alpha. \end{aligned}$$

우변의 첫 번째 적분에서 $-\alpha = \beta$로 치환하면

$$\begin{aligned} f(x) &= \frac{1}{2\pi}\int_0^{-\infty} \int_{-\infty}^\infty f(t)e^{-i\beta(t-x)}dt(-d\beta) + \frac{1}{2\pi}\int_0^\infty \int_{-\infty}^\infty f(t)e^{-i\alpha(t-x)}dt\,d\alpha \\ &= \frac{1}{2\pi}\int_{-\infty}^0 \int_{-\infty}^\infty f(t)e^{-i\beta(t-x)}dt\,d\beta + \frac{1}{2\pi}\int_0^\infty \int_{-\infty}^\infty f(t)e^{-i\alpha(t-x)}dt\,d\alpha \\ &= \frac{1}{2\pi}\int_{-\infty}^0 \int_{-\infty}^\infty f(t)e^{-i\alpha(t-x)}dt\,d\alpha + \frac{1}{2\pi}\int_0^\infty \int_{-\infty}^\infty f(t)e^{-i\alpha(t-x)}dt\,d\alpha \end{aligned}$$

(β를 α로 치환)

$$= \frac{1}{2\pi}\int_{-\infty}^\infty \int_{-\infty}^\infty f(t)e^{-i\alpha(t-x)}dt\,d\alpha.$$

그러므로 다음을 얻는다.

$$f(x)=\frac{1}{2\pi}\int_{-\infty}^{\infty}\int_{-\infty}^{\infty}f(t)e^{-i\alpha t}e^{i\alpha x}dt\,d\alpha\,. \tag{1}$$

(1)식은 다음과 같이 나타내기도 한다.

$$f(x)\sim\int_{-\infty}^{\infty}c(\alpha)e^{i\alpha x}d\alpha,\ \text{여기서}\ c(\alpha)=\frac{1}{2\pi}\int_{-\infty}^{\infty}f(t)e^{-i\alpha t}dt. \tag{2}$$

<IV> 푸리에 변환과 역변환

식 (1)은 다음과 같이 쓸 수 있다.

$$f(x)=\frac{1}{2\pi}\int_{-\infty}^{\infty}\left[\int_{-\infty}^{\infty}f(t)e^{-i\alpha t}dt\right]e^{i\alpha x}d\alpha\,. \tag{3}$$

이 식에서 괄호안의 식은 α의 함수인데, 이를 $F(\alpha)$로 표시하고 적분변수를 x로 바꾸면

$$F(\alpha)=\int_{-\infty}^{\infty}f(x)e^{-i\alpha x}dx \tag{4}$$

가 된다. 이 식 (4)에 의하여 정의된 함수 $F(\alpha)$를 $f(x)$의 **푸리에 (지수)변환**(Fourier transform)이라고 정의하고, $F(f)$, $F_e(f)$, $F(f)(\alpha)$ 또는 $\hat{f}$, $\hat{f}(\alpha)$등으로 나타낸다.

식 (4)를 이용하여 (3)을 나타내면

$$f(x)=\frac{1}{2\pi}\int_{-\infty}^{\infty}F(\alpha)e^{i\alpha x}d\alpha \tag{5}$$

가 되는데 (5)를 이용하여

$$\frac{1}{2\pi}\int_{-\infty}^{\infty}F(\alpha)e^{i\alpha x}d\alpha \tag{6}$$

와 같이 변환하는 것을 $f(x)$의 **푸리에 역변환**(Inverse Fourier transform)이라고 정의하고, $F^{-1}(\hat{f})$, $F^{-1}(\hat{f})(x)$, $F^{-1}\{F(f)(\alpha)\}$, $F^{-1}\{F(f)(\alpha)\}(x)$ 등으로 나타낸다.

예제 5

$f(x)=\begin{cases} k\ (0<x<a) \\ 0\ (\text{그 밖에서}) \end{cases}$의 푸리에 (지수)변환을 구하여라.

풀이 $\hat{f}(\alpha)=\int_{-\infty}^{\infty} f(x)e^{-i\alpha x}dx=\int_0^a ke^{-i\alpha x}dx=k\left[\frac{1}{-i\alpha}e^{-i\alpha x}\right]_0^a=\frac{k}{i\alpha}\{1-e^{-i\alpha a}\}.$

푸리에 변환의 존재성에 대해서는 다음의 정리가 성립한다.

정리 2 (푸리에 변환의 존재성)

$f(x)$가 $(-\infty, \infty)$에서 PWC이고 절대적분 가능하면, 모든 실수 α에 대하여 푸리에 변환이 존재한다.

$$\hat{f}(\alpha)=\int_{-\infty}^{\infty} f(x)e^{-i\alpha x}dx.$$

증명 $\int_{-\infty}^{\infty}|f(x)e^{-i\alpha x}|dx=\int_{-\infty}^{\infty}|f(x)|\cdot 1\,dx=\int_{-\infty}^{\infty}|f(x)|dx<\infty$ 이므로

$f(x)e^{-i\alpha x}$가 절대적분가능하다. 그러므로 $f(x)e^{-i\alpha x}$도 이상적분 가능하다.

정리 3 (푸리에 변환의 선형성)

$f(x)$와 $g(x)$의 푸리에 변환이 존재하고 a, b가 임의의 상수이면

$F(af+bg)=a\hat{f}+b\hat{g}$.

증명 $F(af+bg)=\int_{-\infty}^{\infty}\{af(x)+bg(x)\}e^{-i\alpha x}dx$

$$=a\int_{-\infty}^{\infty} f(x)e^{-i\alpha x}dx+b\int_{-\infty}^{\infty} g(x)e^{-i\alpha x}dx$$

$$=a\hat{f}+b\hat{g}\ .$$

정리 3 (도함수의 푸리에 변환)

$f(x)$가 $(-\infty, \infty)$에서 연속이고 $\lim_{|x|\to\infty} f(x)=0$이며, 함수 $f(x)$와 도함수 $f'(x)$가 절대적분 가능하면 모든 실수 α에 대하여 다음이 성립한다.

$$F(f')(\alpha)=i\alpha F(f)(\alpha), \text{ 즉, } \widehat{f'}(\alpha)=i\alpha \hat{f}(\alpha).$$

증명 $\widehat{f'}(\alpha)=\int_{-\infty}^{\infty} f'(x)e^{-i\alpha x}dx=[f(x)e^{-i\alpha x}]_{-\infty}^{\infty}-\int_{-\infty}^{\infty}(-i\alpha)f(x)e^{-i\alpha x}dx$

$$=0+i\alpha\hat{f}(\alpha)=i\alpha\hat{f}(\alpha).$$

2계도함수의 푸리에변환 위의 정리에 의하여 $f''(x)$가 대응되는 적당한 성질을 만족할 때, 다음이 성립한다.

$$\widehat{f''}(\alpha)=i\alpha\widehat{f'}(\alpha)=i\alpha[i\alpha\hat{f}(\alpha)]=-\alpha^2\hat{f}(\alpha).$$

예제 6

복소수평면의 선적분 이론을 이용하면 $g(x)=e^{-kx^2}$의 푸리에 변환은

$$\widehat{e^{-kx^2}}(\alpha)=\sqrt{\frac{\pi}{k}}\,e^{-\frac{\alpha^2}{4k}}$$

로 주어진다. 이것을 이용하여 (1) $f(x)=xe^{-x^2}$과 (2) $f(x)=2x^2e^{-x^2}$의 푸리에 변환을 구하여라.

풀이 (1) $F(xe^{-x^2})(\alpha)=F\left\{-\frac{1}{2}\frac{d}{dx}e^{-x^2}\right\}(\alpha)=-\frac{1}{2}F\left(\frac{d}{dx}e^{-x^2}\right)(\alpha)$

$$=-\frac{i\alpha}{2}F(e^{-x^2})(\alpha)$$

$$=-\frac{\sqrt{\pi}\,i\alpha}{2}e^{-\frac{\alpha^2}{4}}.$$

(2) $\frac{d}{dx}(xe^{-x^2})=e^{-x^2}-2x^2e^{-x^2}$이므로 $2x^2e^{-x^2}=e^{-x^2}-\frac{d}{dx}(xe^{-x^2})$.

그러므로

$$F(2x^2e^{-x^2})=F(e^{-x^2})-F\left\{\frac{d}{dx}(xe^{-x^2})\right\}=\sqrt{\pi}\,e^{-\frac{\alpha^2}{4}}-i\alpha F(xe^{-x^2})$$

$$= \sqrt{\pi}\, e^{-\frac{\alpha^2}{4}} - i\alpha\left(-\frac{\sqrt{\pi}\, i\alpha}{2} e^{-\frac{\alpha^2}{4}}\right) = \sqrt{\pi}\, e^{-\frac{\alpha^2}{4}} - \frac{\sqrt{\pi}\,\alpha^2}{2} e^{-\frac{\alpha^2}{4}}$$

$$= \frac{1}{2}\sqrt{\pi}\, e^{-\frac{\alpha^2}{4}}(2-\alpha^2).$$

푸리에변환 형식통일 푸리에 변환과 역변환의 형식을 통일하기 위하여 푸리에 변환을 다음과 같이 정의하기도 한다.

$$\hat{f}(\alpha) = \frac{1}{\sqrt{2\pi}} \int_{-\infty}^{\infty} f(x) e^{-i\alpha x}\, dx.$$

그러면 역변환은 다음과 같이 된다.

$$F^{-1}\{\hat{f}(\alpha)\} = \frac{1}{\sqrt{2\pi}} \int_{-\infty}^{\infty} \hat{f}(\alpha) e^{i\alpha x}\, d\alpha.$$

<V> 합성곱의 푸리에 변환

실수집합 $(-\infty, \infty)$에서 정의된 두 함수 $f(x)$와 $g(x)$의 **합성곱(convolution)**은

$$(f * g)(x) = \int_{-\infty}^{\infty} f(t) g(x-t) dt$$

로 정의한다.

정리 5 (합성곱정리(convolution theorem))

$f(x)$와 $g(x)$가 $(-\infty, \infty)$에서 구분연속이고, 절대적분 가능하면 모든 실수 α에 대하여 다음이 성립한다.

$$\widehat{(f * g)}(\alpha) = \hat{f}(\alpha)\hat{g}(\alpha)$$

증명 $F(f * g) = \int_{-\infty}^{\infty} \left\{ \int_{-\infty}^{\infty} f(p) g(x-p) dp \right\} e^{-i\alpha x} dx$

$$= \int_{-\infty}^{\infty} \int_{-\infty}^{\infty} f(p) g(x-p) e^{-i\alpha x}\, dp dx$$

$$= \int_{-\infty}^{\infty}\int_{-\infty}^{\infty} f(p)g(x-p)e^{-i\alpha x}\,dxdp$$

여기서 $x-p=q$로 치환하면 $x=p+q$, $dx=dq$이므로

$$\begin{aligned} F(f*g) &= \int_{-\infty}^{\infty}\int_{-\infty}^{\infty} f(p)g(x-p)e^{-i\alpha x}\,dxdp \\ &= \int_{-\infty}^{\infty}\int_{-\infty}^{\infty} f(p)g(q)e^{-i\alpha(p+q)}\,dqdp \\ &= \int_{-\infty}^{\infty}\int_{-\infty}^{\infty} f(p)e^{-i\alpha p}g(q)e^{-i\alpha q}\,dqdp \\ &= \int_{-\infty}^{\infty} f(p)e^{-i\alpha p}dp \cdot \int_{-\infty}^{\infty} g(q)e^{-i\alpha q}\,dq \\ &= F(f)\cdot F(g). \end{aligned}$$

예제 7

$f*g=g*f$ 임을 증명하여라.

풀이 $(f*g)(x)=\int_{-\infty}^{\infty} f(t)g(x-t)dt$ 에서 $x-t=s$로 치환하면 $t=x-s$, $dt=-ds$ 이므로

$$\begin{aligned} (f*g)(x) &= \int_{-\infty}^{\infty} f(t)g(x-t)dt = \int_{\infty}^{-\infty} f(x-s)g(s)(-ds) \\ &= \int_{-\infty}^{\infty} f(x-s)g(s)ds = \int_{-\infty}^{\infty} g(s)f(x-s)ds = (g*f)(x). \end{aligned}$$

예제 8

$F\{f(x-c)\}=e^{-i\alpha c}F\{f(x)\}$ 임을 밝혀라.

풀이 $F\{f(x-c)\}=\int_{-\infty}^{\infty} f(x-c)e^{-i\alpha x}dx$ 에서 $t=x-c$로 치환하면 $x=t+c$이므로

$$F\{f(x-c)\}=\int_{-\infty}^{\infty} f(t)e^{-i\alpha(t+c)}dx = e^{-i\alpha c}\int_{-\infty}^{\infty} f(t)e^{-i\alpha t}dt = e^{-i\alpha c}F\{f(x)\}.$$

예제 9

모든 실수 $x \in (-\infty, \infty)$에 대하여 $(f * f)(x) = e^{-x^2}$을 만족하는 함수 $f(x)$를 구하여라.

풀이 $\widehat{e^{-kx^2}}(\alpha) = \sqrt{\frac{\pi}{k}}\, e^{-\frac{\alpha^2}{4k}}$이므로 $(f * f)(x) = e^{-x^2}$의 양변에 푸리에 변환을 취하면

$$\{F(\alpha)\}^2 = F(\alpha) \cdot F(\alpha) = F(f * f)(\alpha) = \sqrt{\pi}\, e^{-\frac{\alpha^2}{4}}.$$

그러므로 $F(\alpha) = \sqrt[4]{\pi}\, e^{-\frac{\alpha^2}{8}}$. 따라서

$$f(x) = F^{-1}(F(\alpha)) = F^{-1}\left(\sqrt[4]{\pi}\, e^{-\frac{\alpha^2}{8}}\right) = \sqrt[4]{\pi}\, F^{-1}\left(e^{-\frac{\alpha^2}{8}}\right) = \frac{\sqrt[4]{\pi}}{\sqrt{\pi/2}} e^{-2x^2} = \frac{\sqrt{2}}{\sqrt[4]{\pi}} e^{-2x^2}.$$

연습문제 (6.4)

1. 다음 적분방정식의 해를 구하여라.

$$\int_0^\infty f(x)\cos\alpha x\, dx = \begin{cases} 3 \ (0 < \alpha < \pi) \\ 0 \ (\pi < \alpha < \infty) \end{cases}.$$

2. $f(x) = \begin{cases} 1 \ \ (0 < x < L) \\ 0 \ \ (L < x < \infty) \\ \frac{1}{2} \ (x = L) \end{cases}$일 때, 다음을 밝혀라.

$$f(x) = \frac{2}{\pi}\int_0^\infty \frac{1-\cos\alpha L}{\alpha} \sin\alpha x\, d\alpha \ (0 < x < \infty)$$

3. 다음 함수의 푸리에 코사인 변환과 사인변환을 구하여라.

$$f(x) = \begin{cases} k \ (0 < x < \omega) \\ 0 \ (x > \omega) \end{cases}$$

4. 다음 적분방정식의 해를 구하여라.

(1) $\int_0^\infty f(x)\cos\alpha x dx = \begin{cases} k-\alpha & (0 \leqq \alpha \leqq 1) \\ 0 & (a > 1) \end{cases}$

(2) $\int_0^\infty f(x)\sin\alpha x dx = \begin{cases} k-\alpha & (0 \leqq \alpha \leqq 1) \\ 0 & (a > 1) \end{cases}$

5. 위의 문제를 이용하여 $\int_0^\infty \frac{\sin^2 u}{u^2} du = \frac{\pi}{2}$ 임을 증명하여라.

6. $f(x) = \begin{cases} e^{-x} & (x \geqq 0) \\ e^{x} & (x < 0) \end{cases}$ 의 푸리에코사인 변환을 구하여라.

7. 문제6의 결과를 이용하여 등식 $\int_0^\infty \frac{\cos\alpha x}{\alpha^2+1} d\alpha = \frac{\pi}{2} e^{-x} (x \geqq 0)$ 을 증명하여라.

8. 다음 적분방정식의 해를 구하여라.

$$\int_0^\infty f(x)\sin\alpha x dx = \begin{cases} 1 & (0 \leqq \alpha < 1) \\ 2 & (1 \leqq a < 2) \\ 0 & (\alpha \geqq 2) \end{cases}$$

9. 함수 $f(x) = \begin{cases} 1 & (|x| < k) \\ 0 & (|x| > k) \end{cases}$ (단, $k > 0$)의 푸리에변환 $\hat{f}(\alpha)$를 구하여라.

10. 다음 적분방정식의 해를 구하여라.

$$\int_{-\infty}^\infty f(t)f(x-t)dt = e^{-\frac{1}{2}x^2}.$$

제 7 장 편미분방정식

7.1 편미분방정식의 해법

<I> 편미분방정식의 해

독립변수가 두 개 이상인 함수를 미분할 때에는 편미분개념을 사용한다. 그리고 편미분을 하여 얻어지는 함수가 편도함수이다.

편미분방정식 종속변수의 독립변수에 관한 1계 이상의 편도함수를 포함하는 함수방정식을 **편미분방정식**(partial differential equation)이라 하고, 주어진 편미분방정식을 만족하는 다변수함수를 **해**(solution)라고 한다.

선형편미분방정식 편미분방정식에서 종속변수 및 편도함수의 차수(degree)가 1차이고, 그들의 계수(coefficients)가 독립변수만의 함수 또는 상수함수이면 **선형편미분방정식**이라고 한다.

계수와 차수 주어진 편미분방정식의 종속변수의 편도함수들의 차수(degree)가 양의 정수가 되도록 식을 변형하였을 때 가장 많은 편미분의 횟수를 **계수**(order)라고 정의하며, 1계 이상의 미분을 포함하는 종속변수의 제곱수를 모두 자연수로 만들었을 때, 가장 큰 차수를 주어진 편미분방정식의 **차수**(degree)라고 정의한다.

편미분방정식에 대해서는 일반적으로 모든 해를 찾기는 어렵다. 따라서 해의 한 집합을 찾으면 된다. 그런데 해의 한 집합은, 상미분방정식에서는 임의의 상수를 포함하였지만, 편미분방정식에서는 해의 한 집합은 대체로 임의의 함수를 포함하게 된다.

일반해 계수(order)와 같은 개수의 독립적인 임의의 함수를 포함하는 해를 **일반해**(general solution)라고 정의한다.

함수방정식 $x\dfrac{\partial u}{\partial x}+y\dfrac{\partial u}{\partial y}=u+1$은 1계 1차 선형편미분방정식이다. 그리고 방정식

$$\frac{\partial^2 u}{\partial x^2}+2\frac{\partial^2 u}{\partial x\,\partial y}+\frac{\partial^2 u}{\partial y^2}=x^2+y^2u$$

는 2계 선형편미분방정식이다. 한편, 방정식

$$y\left\{\frac{\partial u}{\partial x}\right\}^{\frac{1}{2}}+x^2\left\{\frac{\partial u}{\partial y}\right\}^{\frac{1}{3}}=0$$

은 $y\left\{\dfrac{\partial u}{\partial x}\right\}^{\frac{1}{2}}=-x^2\left\{\dfrac{\partial u}{\partial y}\right\}^{\frac{1}{3}}$으로 나타낸 후에 양변을 6제곱하면

$$y^6\left\{\frac{\partial u}{\partial x}\right\}^3=y^{12}\left\{\frac{\partial u}{\partial y}\right\}^2$$

이므로 1계 3차 편미분방정식이다.

1계 편미분방정식 $\dfrac{\partial u}{\partial x}=1$에 대하여, $f(y)$가 임의의 y만의 함수라고 할 때,

$$u(x,y)=x+f(y)$$

를 y에 관하여 편미분하면 $\dfrac{\partial u}{\partial x}=1$이 되므로 주어진 방정식을 만족한다. 따라서 $u(x,y)=x+f(y)$는 주어진 방정식의 (일반)해이다.

편적분 2계 편미분 방정식 $\dfrac{\partial^2 u}{\partial x\,\partial y}=1$의 해를 구하는 방법을 생각하여 보자. 이 방정식은

$$\frac{\partial}{\partial x}\left(\frac{\partial u}{\partial y}\right)=1 \tag{1}$$

이므로 $\dfrac{\partial u}{\partial y}$를 x에 관하여 편미분하면 1이 되는 함수가 해이다. x에 관하여 편미분할 때에는 y를 상수로 보고 x에 관하여 상미분하는 결과와 마찬가지이므로, 위의

편미분방정식 (1)의 양변을 y를 상수로 보고 x에 관하여 적분(**편적분**)한 결과의 식

$$\frac{\partial u}{\partial y} = x + f(y) \text{ (단, } f(y)\text{는 임의의 } y\text{만의 함수)} \tag{2}$$

가 $\frac{\partial}{\partial x}\left(\frac{\partial u}{\partial y}\right) = 1$의 해가 만족하여할 조건임을 알 수 있다. (2)의 양변을 다시 y에 관하여 편적분하면

$$u(x, y) = xy + \int f(y)dy + g(x) \text{ (단, } g(x)\text{는 임의의 } x\text{만의 함수)} \tag{3}$$

가 된다. 따라서 (3)식은 해가 되며, 임의의 독립적인 함수 두 개를 포함하고 있으므로 일반해도 된다.

예제 1

$\frac{\partial u}{\partial x} - 6u = 0$의 일반해를 구하여라.

풀이 이 방정식은 y에 관한 편미분이 없으므로 y를 상수로 보면 $\frac{du}{dx} - 6u = 0$과 같은 형태이다. 그런데 방정식 $\frac{du}{dx} - 6u = 0$의 특성방정식은 $\lambda - 6 = 0$, 특성근은 $\lambda = 6$이므로 일반해는 $u = ce^{6x}$이다. 그런데 y를 상수로 보고 얻은 결과이므로 상수 c 대신에 y만의 함수 $A(y)$를 대입하여도 해가 된다는 것을 알 수 있다. 따라서 구하는 해는

$$u(x, y) = e^{6x} A(y) \text{ (단, } A(y)\text{는 임의의 } y\text{만의 함수)}$$

이고, 이것은 실제로 주어진 미분방정식의 모든 해가 된다.

위의 예제에서는 주어진 방정식의 모든 해를 구할 수 있었지만, 편미분방정식의 해는 일반적으로 모든 해를 구하기는 어려우므로 해의 한 집합을 구하는데, 보통은 x만의 함수와 y만의 함수의 곱(변수분리 된 형태)으로 된 모양의 해를 구한다.

예제 2

$\frac{\partial u}{\partial y} - u = 0$의 변수분리형의 해의 한 집합을 구하여라.

풀이 $u = e^{\lambda x + \mu y}$가 해가 된다고 가정하고 $\dfrac{\partial u}{\partial y} = \mu e^{\lambda x + \mu y}$를 대입하면

$$\frac{\partial u}{\partial y} - u = \mu e^{\lambda x + \mu y} - e^{\lambda x + \mu y} = (\mu - 1)e^{\lambda x + \mu y} = 0.$$

그러므로 $\mu = 1$. 따라서 $u = e^{\lambda x + y} = e^{\lambda x}e^{y}$ (λ는 임의의 상수)가 변수분리형의 해의 한 집합이 된다.

예제 3

$\dfrac{\partial^2 u}{\partial x^2} - 9u = 0$의 일반해를 구하여라.

풀이 $u = e^{\lambda x + \mu y}$가 해가 된다고 가정하고 $\dfrac{\partial^2 u}{\partial x^2} = \lambda^2 e^{\lambda x + \mu y}$를 대입하면

$$\frac{\partial^2 u}{\partial x^2} - 9u = \lambda^2 e^{\lambda x + \mu y} - 9e^{\lambda x + \mu y} = (\lambda^2 - 9)e^{\lambda x + \mu y} = 0.$$

그러므로 $\lambda = -3,\ 3$. 따라서

$$u = e^{-3x + \mu y} = e^{-3x}e^{\mu y} = e^{-3x}e^{\mu_1 y}\ (\mu \to \mu_1\text{은 임의의 상수})$$

$$u = e^{3x + \mu y} = e^{3x}e^{\mu y} = e^{3x}e^{\mu_2 y}\ (\mu \to \mu_2\text{는 임의의 상수})$$

가 해임을 알 수 있다. 또한 위의 방정식은 선형방정식이므로 상미분방정식에서와 마찬가지로 일차결합

$$u = C_1 e^{-3x}e^{\mu_1 y} + C_2 e^{3x}e^{\mu_2 y},\ \mu_1,\ \mu_2\text{는 임의의 상수}$$

도 해가 된다. 그리고 임의의 상수 C_1, C_2, μ_1, μ_2에 대하여 $C_1e^{\mu_1 y}$, $C_2e^{\mu_2 y}$가 해가 되므로, $C_1e^{\mu_1 y}$, $C_2e^{\mu_2 y}$ 대신에 임의의 y만의 함수들로 대신하여도 해가 되리라는 것을 짐작할 수 있다.

실제로 임의의 y만의 함수 $A(y)$, $B(y)$에 대하여

$$u = A(y)e^{-3x} + B(y)e^{3x}$$

도 해가 된다. 주어진 방정식이 2계이고 2개의 임의의 함수를 포함하므로, 이 형태의 해는 일반해이다.

예제 4

$\dfrac{\partial^2 u}{\partial y^2} = 4e^y$ (단 $u_y(x,0) = x^3$, $u(x,0) = e^x$)의 해를 구하여라.

풀이 주어진 방정식을 y에 관하여 편적분하면

$$u_y = \int_{x\,=\,\text{상수}} 4e^y dy = 4e^y + f(x) \ \ (\text{단, } f(x)\text{는 } x\text{만의 함수}).$$

주어진 조건에서

$$x^3 = u_y(x,0) = 4 + f(x),\ \text{즉, } f(x) = x^3 - 4.$$

위의 식에 대입하면

$$u_y = 4e^y + x^3 - 4.$$

이 식의 양변을 y에 관하여 한 번 더 편적분하면

$$u(x,y) = 4e^y + x^3 y - 4y + g(x) \ (\text{단, } g(x)\text{는 } x\text{만의 함수}).$$

주어진 조건에서

$$e^x = u(x,0) = 4e^0 + g(x) = 4 + g(x),\ \text{즉, } g(x) = e^x - 4.$$

그러므로 구하는 해는

$$u(x,y) = 4e^y + x^3 y - 4y + e^x - 4.$$

예제 5

$\dfrac{\partial^2 u}{\partial x\,\partial y} + \dfrac{\partial u}{\partial y} = 0$의 해를 구하여라.

풀이 $\dfrac{\partial u}{\partial y} = v$라고 놓으면, $\dfrac{\partial^2 u}{\partial x\,\partial y} = \dfrac{\partial}{\partial x}\left(\dfrac{\partial u}{\partial y}\right) = \dfrac{\partial}{\partial x} v$이므로 주어진 방정식은

$$\frac{\partial v}{\partial x} + v = 0.$$

$v = e^{\lambda x + \mu y}$를 대입하면

$$\frac{\partial v}{\partial x} + v = \lambda e^{\lambda x + \mu y} + e^{\lambda x + \mu y} = (\lambda + 1)e^{\lambda x + \mu y} = 0.$$

그러므로 $\lambda = -1$. 따라서 $v = e^{-x} e^{\mu y}$. $\dfrac{\partial u}{\partial y} = v$이므로

$$\frac{\partial u}{\partial y} = e^{-x} e^{\mu y}.$$

양변을 y에 관하여 편적분하면

$$u(x,y) = \frac{1}{\mu}e^{-x}e^{\mu y} + f(x).$$

임의의 상수 μ에 대하여 해가 되므로 $\frac{1}{\mu}e^{\mu y}$의 부분을 임의의 y만의 함수 $g(y)$로 대치하여도 해가 되리라는 것을 짐작할 수 있다. 그러므로 일반해는

$$u(x,y) = g(y)e^{-x} + f(x).$$

(일반해를 직접구하는 법) $v = g(y)e^{-x}$도 $\frac{\partial v}{\partial x} + v = 0$의 해가 되므로

$\frac{\partial u}{\partial y} = v = g(y)e^{-x}$의 양변을 편적분하여

$$u(x,y) = \int_{x=\text{상수}} g(y)e^{-x}dy = \left\{\int g(y)dy\right\}e^{-x} + h(x) = A(y)e^{-x} + B(x).$$

<II> 간단한 편미분방정식의 해법

(1) $Au_{xx} + Bu_{xy} + Cu_{yy} = 0$ ($A \neq 0, B, C$는 상수)의 해법

1변수함수 $f(t)$에 대하여 $u = f(y+mx)$라고 하면

$$u_{xx} = m^2 f''(y+mx),\ u_{xy} = mf''(y+mx),\ u_{yy} = f''(y+mx)$$

이므로 주어진 방정식에 대입하면

$$Am^2 f''(y+mx) + Bmf''(y+mx) + Cf''(y+mx) = (Am^2 + Bm + C)f''(y+mx) = 0.$$

그러므로

(i) $f'' = 0$, 즉, $f(t)$가 1차함수이면 $u = f(y+mx)$의 형태는 모두 해가 된다.

(ii) $f'' \neq 0$이면 m을 결정하는 특성방정식은

$$Am^2 + Bm + C = 0.$$

이 2차방정식이 서로 다른 두 근 m_1, m_2를 갖는다고 하자. 임의의 함수 f에 대하여 위의 사실이 성립하므로

$$u(x,y) = f(y+m_1x) + g(y+m_2x)$$

는 주어진 방정식의 일반해가 된다. 그리고 특성방정식이 중근 $m = m_1 = m_2 = -\frac{B}{2A}$

를 가지면

$$u(x,y)=f(y+mx)+yg(y+mx),\ \text{또는}\ u(x,y)=f(y+mx)+xg(y+mx)$$

가 일반해가 된다는 것을 알 수 있다. 단, f와 g는 임의의 2번 미분가능한 함수.

예제 6

$u_{xx}-8u_{xy}+16u_{yy}=0$의 해를 구하여라.

풀이 특성방정식은

$$m^2-8m+16=(m-4)^2=0$$

이므로 특성근은 $m=4$(중근)이다. 따라서 일반해는 임의의 두 번 미분가능한 함수 f, g에 대하여

$u(x,y)=f(y+4x)+yg(y+4x)$, 또는 $u(x,y)=f(y+4x)+xg(y+4x)$.

예제 7

$u_{xx}+9u_{yy}=0$의 해를 구하여라.

풀이 특성방정식 $m^2+9=0$에서 특성근은 $m=\pm 3i$이다. 따라서 해의 한 집합은 임의의 두 번 미분가능한 함수 f, g에 대하여

$$u(x,y)=f(y-3ix)+g(y+3ix).$$

(2) $Au_{xx}+Bu_{xy}+Cu_{yy}+Du_x+Eu_y+Fu=0$ ($A, B, \dots, F$는 상수, $C\neq 0$)의 해법

$u(x,y)=e^{\alpha x+\beta y}$가 해가 된다고 가정하고 주어진 편미분방정식(PDE)에 대입하면

$$A\alpha^2+B\alpha\beta+C\beta^2+D\alpha+E\beta+F=0$$

을 얻는다. 이것은 β에 대한 2차방정식이므로 β를 α의 함수로 적절히 구하여

$$\beta=\beta_1(\alpha),\quad \beta=\beta_2(\alpha)$$

라고 하면, $u_1(x,y)=e^{\alpha x+\beta_1(\alpha)y}$, $u_2(x,y)=e^{\alpha x+\beta_2(\alpha)y}$가 해이므로 해의 한 집합은

$$u(x,y)=k_1e^{\alpha x+\beta_1(\alpha)y}+k_2e^{\alpha x+\beta_2(\alpha)y}\ \ (k_1, k_2\text{는 임의의 상수}).$$

참고로, 이것은 임의의 함수 두 개를 포함하지 않으므로 일반해는 아님을 알 수 있다.

예제 8

$u_{xx} - u_{yy} - 6u_x + 9u = 0$의 한 해집합을 구하여라.

풀이 $u(x, y) = e^{\alpha x + \beta y}$가 해가 된다고 가정하고 주어진 편미분방정식(PDE)에 대입하면

$$\alpha^2 - \beta^2 - 6\alpha + 9 = 0, \text{ 즉, } \beta^2 = (\alpha - 3)^2$$

을 얻는다. $\beta = \pm(\alpha - 3)$이므로 구하는 해는

$$\begin{aligned} u(x, y) &= k_1 e^{\alpha x + (\alpha - 3)y} + k_2 e^{\alpha x - (\alpha - 3)y} \ (k_1,\ k_2\text{는} \\ &= k_1 e^{-3y} e^{\alpha(x+y)} + k_2 e^{3y} e^{\alpha(x-y)} \end{aligned}$$

예제 9

편미분방정식 $u_{yy} - 5u_y + 6u = 0$의 일반해를 구하여라.

풀이 주어진 방정식에는 x에 관한 편미분이 없으므로 우선 x를 상수로 보고 y만의 상미분방정식에 대한 해법을 적용하면 특성방정식과 특성근은

$$D^2 - 5D + 6 = (D-2)(D-3) = 0, \ \ D = 2, 3$$

이므로 다음을 얻는다.

$$u = c_1 e^{2y} + c_2 e^{3y}.$$

이 해는 x를 상수로 보고 푼 결과이므로 임의의 상수 c_1, c_2 대신에 임의의 x만의 함수 $f(x)$, $g(x)$를 대입하여도 주어진 미분방정식의 해가 된다. 그러므로 일반해는

$$u(x, y) = f(x)e^{2y} + g(x)e^{3y}.$$

예제 10

편미분방정식 $xu_{xy} + 2u_y = 3y^2$의 일반해를 구하여라.

풀이 주어진 방정식은

$$\frac{\partial}{\partial y}\{xu_x + 2u\} = 3y^2$$

로 쓸 수 있으므로 y에 관하여 편적분하면

$$xu_x + 2u = y^3 + f(x), \text{ 즉, } u_x + \frac{2}{x}u = \frac{y^3}{x} + \frac{f(x)}{x}.$$

x에 관한 편미분만 포함하고 있으므로 y를 상수로 간주하면 1계선형방정식이다. 그러

므로 해는

$$u(x,y)=e^{-\int\frac{2}{x}dx}\left\{\int e^{\int\frac{2}{x}dx}\left(\frac{y^3}{x}+\frac{f(x)}{x}\right)dx+g(y)\right\}$$
$$=\frac{1}{x^2}\left\{\int[xy^3+xf(x)]dx+g(y)\right\}$$
$$=\frac{1}{x^2}\left\{\frac{1}{2}x^2y^3+\int xf(x)dx+g(y)\right\}.$$

---

(3) 변수분리형의 해

편미분방정식의 해 중에서 단일 독립변수의 함수들의 곱으로 나타내어지는 해를 **변수분리형의 해**라고 부른다.

예를 들어, 편미분방정식

$$\frac{\partial u}{\partial t}=9\frac{\partial^2 u}{\partial x^2}\ \text{(열방정식)}$$

의 해 중에서 $u(x,t)=X(x)T(t)$ 형태의 변수분리형의 해를 구하여 보자. $u_t=XT'$, $u_{xx}=X''T$이므로 방정식에 대입하면

$$XT'=9X''T.$$

양변을 $9XT$로 나누어 x의 함수와 t의 함수끼리 모으면

$$\frac{T'}{9T}=\frac{X''}{X}.$$

이 식에서 좌변 $\frac{T'}{9T}$은 x에 의존하지 않는 t만의 함수이고, 우변 $\frac{X''}{X}$은 t에 의존하지 않는 함수이므로 두 함수는 x와 t에 관하여 상수함수가 되어야 한다.

$$\frac{T'}{9T}=\frac{X''}{X}=\lambda\text{(상수)}$$

(i) $\lambda=\alpha^2\ (\alpha>0)$인 경우

$T'-9\alpha^2T=0$, $X''-\alpha^2X=0$이므로 $T(t)=Ae^{9\alpha^2t}$, $X(t)=c_1e^{\alpha x}+c_2e^{-\alpha x}$. 그러므로 해는

$$u(x,t) = e^{9\alpha^2 t}(c_1 e^{\alpha x} + c_2 e^{-\alpha x}).$$

(ii) $\lambda = -\alpha^2 (\alpha > 0)$인 경우

$T' + 9\alpha^2 T = 0$, $X'' + \alpha^2 X = 0$이므로 $T(t) = Ae^{-9\alpha^2 t}$, $X(t) = d_1 \cos\alpha x + d_2 \sin\alpha x$. 그러므로 해는

$$u(x,t) = e^{-9\alpha^2 t}(d_1 \cos\alpha x + d_2 \sin\alpha x)$$

(iii) $\lambda = 0$인 경우

$T' = 0$, $X'' = 0$이므로 $T(t) = A$, $X(t) = Bx + C$. 그러므로 해는

$$u(x,t) = A(Bx + C) = c_1 x + c_2.$$

예제 11

$\dfrac{\partial u}{\partial t} = k\left(\dfrac{\partial^2 u}{\partial x^2} + \dfrac{\partial^2 u}{\partial y^2}\right)$($k$는 상수)의 변수분리형의 해 $u(x,y,t) = T(t)\,X(x)\,Y(y)$를 구하여라. 단, X, Y는 주기함수이다.

풀이 주어진 PDE에 대입하면

$$T'XY = k(TX''Y + TXY'')$$

양변을 $kTXY$로 나누면

$$\frac{T'}{kT} = \frac{X''}{X} + \frac{Y''}{Y} \quad \text{또는} \quad \frac{T'}{kT} - \frac{X''}{X} = \frac{Y''}{Y}$$

첫 번째 식의 좌변은 x와 y에 관하여 상수이고 우변은 t에 관하여 상수인데, 좌변과 우변은 같은 함수이므로 모두 x, y, t에 관하여 상수가 되어야 한다. 그러므로

$$\frac{T'}{kT} = \frac{X''}{X} + \frac{Y''}{Y} = \lambda(\text{상수}).$$

마찬가지로 두 번째 식에서 $\dfrac{Y''}{Y} = \mu(\text{상수})$, $\dfrac{X''}{X} = \nu(\text{상수})$임을 알 수 있다. 그런데 X와 Y는 주기함수 해이므로 μ, $\nu < 0$ 을 만족하여야 한다. 따라서

$$\frac{X''}{X} = -\alpha^2(\alpha > 0),\quad \frac{Y''}{Y} = -\beta^2(\beta > 0),\quad \frac{T'}{kT} = -(\alpha^2 + \beta^2).$$

즉,

$$X'' + \alpha^2 X = 0,\quad Y'' + \beta^2 Y = 0,\quad T' + k(\alpha^2 + \beta^2)T = 0.$$

이 방정식들의 해는 각각

$$X = B_1 \cos\alpha x + B_2 \sin\alpha x,\ \ Y = C_1 \cos\beta y + C_2 \sin\beta y,\ \ T = A\exp\{-k(\alpha^2+\beta^2)t\}$$

이므로 구하는 해는

$$u(x, y, t) = \exp\{-k(\alpha^2+\beta^2)t\}\{B_1\cos\alpha x + B_2\sin\alpha x\}\{C_1\cos\beta y + C_2\sin\beta y\}.$$

예제 12

다음 경계값 문제를 변수분리형으로 풀어라.

$$u_x = u_y,\ u(0, y) = e^{-y}.$$

풀이 $u(x, y) = X(x)Y(y)$가 해가 된다고 가정하고 대입하면 $X'Y = XY'$, 즉, $\dfrac{X'}{X} = \dfrac{Y'}{Y}$가 된다. 좌변은 y에 독립적이고 우변은 x에 독립적인 함수이므로 상수가 되어야 한다. 따라서

$$\frac{X'}{X} = \frac{Y'}{Y} = \lambda,\ \text{즉},\ X' - \lambda X = 0,\ Y' - \lambda Y = 0.$$

해를구하면 $X = C_1 e^{\lambda x}$, $Y = C_2 e^{\lambda y}$이므로구하는해는 $u(x, y) = X(x)Y(y) = Ce^{\lambda x}e^{\lambda y}$.
경계조건에서 $u(0, y) = Ce^{\lambda \cdot 0}e^{\lambda y} = e^{-y}$이므로 $C = 1,\ \lambda = -1$. 그러므로 $u(x, y) = e^{-x}e^{-y}$.

연습문제 (7.1)

1. 다음 편미분방정식의 해를 구하여라.

(1) $u_{xy} = 6xy^2$

(2) $u_{yy} = 4e^x + 6y$

2. 다음 편미분방정식의 해를 구하여라.

(1) $u_{yx} = 6x^2y,\ u_y(0, y) = 6y^2,\ u(x, 1) = \cos x$

(2) $u_{xy} = 6x^2y,\ u_x(x, 0) = 3x^2,\ u(1, y) = \cos y$

3. 다음 경계값 문제를 변수분리형으로 풀어라.

$$u_x = 2u_y,\ u(0, y) = 3e^{-4y}$$

4. 다음 편미분방정식의 일반해를 구하여라.

(1) $u_{yy} - 4u_y + 3u = 0$

(2) $u_{xx} + u_{yy} + 9u = 0$

(3) $u_{xx} + u_{yy} - 2u_y + u = 0$

(4) $u_{xx} - 2u_{xy} + u_{yy} - 2u_y + 2u_x + u = 0$

7.2 선형편미분방정식

<I> 1계편미분방정식

1계편미분방정식의 해를 구할 때 다음의 정리가 유용하게 쓰인다.

정리 1 (일차독립)

1계편미분방정식

$$P(x, y, z)\frac{\partial z}{\partial x} + Q(x, y, z)\frac{\partial z}{\partial y} = R(x, y, z) \tag{1}$$

에서 방정식(**특성방정식**이라고 부른다)

$$\frac{dx}{P} = \frac{dy}{Q} = \frac{dz}{R} \tag{2}$$

를 얻은 후에 이 연립방정식에서 얻은 두 개의 독립인 해를

$$u = f(x, y, z) = a, \quad v = g(x, y, z) = b \tag{3}$$

라고 할 때, (1)의 일반해는 다음의 형태로 주어진다.

$$\phi(u, v) = 0 \text{ (}\phi\text{는 미분가능한 임의의 2변수 함수)}$$

증명 식 (2)의 해 u, v와 임의의 함수 ϕ에 대하여 방정식

$$\phi(u, v) = 0$$

의 양변을 z를 종속변수로 보고 x와 y에 관하여 편미분하면

$$\frac{\partial \phi}{\partial u}\frac{\partial u}{\partial x} + \frac{\partial \phi}{\partial v}\frac{\partial v}{\partial x} = 0, \quad \frac{\partial \phi}{\partial u}\frac{\partial u}{\partial y} + \frac{\partial \phi}{\partial v}\frac{\partial v}{\partial y} = 0 \tag{4}$$

그런데 $u = f(x, y, z)$, $v = g(x, y, z)$의 양변을 x와 y에 관하여 편미분하면, x와 y는 독립이므로, x에 관한 편미분은

$$\frac{\partial u}{\partial x} = \frac{\partial f}{\partial x}\frac{\partial x}{\partial x} + \frac{\partial f}{\partial y}\frac{\partial y}{\partial x} + \frac{\partial f}{\partial z}\frac{\partial z}{\partial x}, \quad \frac{\partial v}{\partial x} = \frac{\partial g}{\partial x}\frac{\partial x}{\partial x} + \frac{\partial g}{\partial y}\frac{\partial y}{\partial x} + \frac{\partial g}{\partial z}\frac{\partial z}{\partial x}$$

즉,

$$\frac{\partial u}{\partial x} = \frac{\partial f}{\partial x} + \frac{\partial f}{\partial z}\frac{\partial z}{\partial x}, \quad \frac{\partial v}{\partial x} = \frac{\partial g}{\partial x} + \frac{\partial g}{\partial z}\frac{\partial z}{\partial x}. \tag{5}$$

y에 관한 편미분은

$$\frac{\partial u}{\partial y} = \frac{\partial f}{\partial x}\frac{\partial x}{\partial y} + \frac{\partial f}{\partial y}\frac{\partial y}{\partial y} + \frac{\partial f}{\partial z}\frac{\partial z}{\partial y}, \quad \frac{\partial v}{\partial x} = \frac{\partial g}{\partial x}\frac{\partial x}{\partial y} + \frac{\partial g}{\partial y}\frac{\partial y}{\partial y} + \frac{\partial g}{\partial z}\frac{\partial z}{\partial y}$$

즉,

$$\frac{\partial u}{\partial y} = \frac{\partial f}{\partial y} + \frac{\partial f}{\partial z}\frac{\partial z}{\partial y}, \quad \frac{\partial v}{\partial x} = \frac{\partial g}{\partial y} + \frac{\partial g}{\partial z}\frac{\partial z}{\partial y}. \tag{6}$$

(5)와 (6)식을 (4)식에 대입하면

$$\frac{\partial \phi}{\partial u}\left\{\frac{\partial f}{\partial x} + \frac{\partial f}{\partial z}\frac{\partial z}{\partial x}\right\} + \frac{\partial \phi}{\partial v}\left\{\frac{\partial g}{\partial x} + \frac{\partial g}{\partial z}\frac{\partial z}{\partial x}\right\} = 0 \tag{7}$$

그리고

$$\frac{\partial \phi}{\partial u}\left\{\frac{\partial f}{\partial y} + \frac{\partial f}{\partial z}\frac{\partial z}{\partial y}\right\} + \frac{\partial \phi}{\partial v}\left\{\frac{\partial g}{\partial y} + \frac{\partial g}{\partial z}\frac{\partial z}{\partial y}\right\} = 0\ . \tag{8}$$

$\phi(u, v)$가 상수함수가 아니면 (7)식과 (8)식으로 이루어진 연립방정식이 자명하지 않은 해 $\frac{\partial \phi}{\partial u}, \frac{\partial \phi}{\partial v}$를 가지므로 계수의 행렬식은 0이 되어야 한다. 즉,

$$\begin{vmatrix} \frac{\partial f}{\partial x} + \frac{\partial f}{\partial z}\frac{\partial z}{\partial x} & \frac{\partial g}{\partial x} + \frac{\partial g}{\partial z}\frac{\partial z}{\partial x} \\ \frac{\partial f}{\partial y} + \frac{\partial f}{\partial z}\frac{\partial z}{\partial y} & \frac{\partial g}{\partial y} + \frac{\partial g}{\partial z}\frac{\partial z}{\partial y} \end{vmatrix} = 0$$

이 행렬을 전개하면

$$\left\{\frac{\partial f}{\partial x} + \frac{\partial f}{\partial z}\frac{\partial z}{\partial x}\right\}\left\{\frac{\partial g}{\partial y} + \frac{\partial g}{\partial z}\frac{\partial z}{\partial y}\right\} - \left\{\frac{\partial g}{\partial x} + \frac{\partial g}{\partial z}\frac{\partial z}{\partial x}\right\}\left\{\frac{\partial f}{\partial y} + \frac{\partial f}{\partial z}\frac{\partial z}{\partial y}\right\} = 0$$

즉,

$$\frac{\partial f}{\partial x}\frac{\partial g}{\partial y} - \frac{\partial f}{\partial y}\frac{\partial g}{\partial x} + \frac{\partial z}{\partial x}\left\{\frac{\partial f}{\partial z}\frac{\partial g}{\partial y} - \frac{\partial f}{\partial y}\frac{\partial g}{\partial z}\right\} + \frac{\partial z}{\partial y}\left\{\frac{\partial f}{\partial x}\frac{\partial g}{\partial z} - \frac{\partial f}{\partial z}\frac{\partial g}{\partial x}\right\} = 0\ . \tag{9}$$

(9)식을 Jacobian 기호를 써서 나타내면

$$\frac{\partial z}{\partial x}\frac{\partial(f, g)}{\partial(y, z)} + \frac{\partial z}{\partial y}\frac{\partial(f, g)}{\partial(z, x)} = \frac{\partial(f, g)}{\partial(x, y)} \tag{10}$$

한편 (3) 식 $u = f(x, y, z) = a, \quad v = g(x, y, z) = b$의 전미분은

$$\frac{\partial f}{\partial x}dx + \frac{\partial f}{\partial y}dy + \frac{\partial f}{\partial z}dz = 0\,, \quad \frac{\partial g}{\partial x}dx + \frac{\partial g}{\partial y}dy + \frac{\partial g}{\partial z}dz = 0 \tag{11}$$

이므로 (11)식에서 dx, dy, dz의 비를 구하면

$$\begin{aligned} dx : dy : dz &= \begin{vmatrix} \frac{\partial f}{\partial y} & \frac{\partial f}{\partial z} \\ \frac{\partial g}{\partial y} & \frac{\partial g}{\partial z} \end{vmatrix} : \begin{vmatrix} \frac{\partial f}{\partial z} & \frac{\partial f}{\partial x} \\ \frac{\partial g}{\partial z} & \frac{\partial g}{\partial x} \end{vmatrix} : \begin{vmatrix} \frac{\partial f}{\partial x} & \frac{\partial f}{\partial y} \\ \frac{\partial g}{\partial x} & \frac{\partial g}{\partial y} \end{vmatrix} \\ &= \frac{\partial(f, g)}{\partial(y, z)} : \frac{\partial(f, g)}{\partial(z, x)} : \frac{\partial(f, g)}{\partial(x, y)} \\ &= P : Q : R \end{aligned}$$

그러므로 적당한 함수 $h(x, y, z)$에 대하여

$$\frac{\partial(f, g)}{\partial(y, z)} = Ph, \quad \frac{\partial(f, g)}{\partial(z, x)} = Qh, \quad \frac{\partial(f, g)}{\partial(x, y)} = Rh\,. \tag{12}$$

(12)식을 (10)식에 대입하면

$$\frac{\partial z}{\partial x}Ph+\frac{\partial z}{\partial y}Qh=Rh \tag{13}$$

만약 $f(x, y, z)$, $g(x, y, z)$가 독립이면 (12)식에 의하여 $h(x, y, z) \neq 0$이므로 (13)식의 양변을 $h(x, y, z)$로 나누면

$$P(x, y, z)\frac{\partial z}{\partial x}+Q(x, y, z)\frac{\partial z}{\partial y}=R(x, y, z)$$

가 되어 $\phi(u, v)=0$을 만족하는 함수는 모두 해가 됨을 알 수 있다.

예제 1

$(y-z)\frac{\partial z}{\partial x}+(z-x)\frac{\partial z}{\partial y}=x-y$의 일반해를 구하여라.

풀이 특성방정식은

$$\frac{dx}{y-z}=\frac{dy}{z-x}=\frac{dz}{x-y}$$

에서 $\frac{dx}{y-z}=\frac{dy}{z-x}=\frac{dz}{x-y}=h$라고 하면

$$dx+dy+dz=[(y-z)+(z-x)+(x-y)]h=0$$

이다. 그리고

$$xdx+ydy+zdz=[x(y-z)+y(z-x)+z(x-y)]h=0$$

이다. 전미분형태로 나타내면

$$d(x+y+z)=0,\ \frac{1}{2}d(x^2+y^2+z^2)=0$$

이므로 양변을 적분하면

$$x+y+z=c_1,\ x^2+y^2+z^2=c_2$$

일차독립인 해이므로 일반해는

$$\phi(x+y+z,\ x^2+y^2+z^2)=0$$

예제 2

$x\frac{\partial z}{\partial x}+2y\frac{\partial z}{\partial y}=3z$의 일반해를 구하여라.

풀이 특성방정식은

$$\frac{dx}{x}=\frac{dy}{2y}=\frac{dz}{3z}$$

$\dfrac{dx}{x}=\dfrac{dz}{3z}$의 양변을 적분하면 $\ln x=\dfrac{1}{3}lnz+c_1$, 즉, $u=f(x,y,z)=\dfrac{z}{x^3}=a$

$\dfrac{dx}{x}=\dfrac{dy}{2y}$의 양변을 적분하면 $\ln x=\dfrac{1}{2}\ln y+c_2$, 즉, $v=g(x,y,z)=\dfrac{y}{x^2}=b$

f와 g는 일차독립, 즉, $\left(\dfrac{\partial(f,g)}{\partial(y,z)},\ \dfrac{\partial(f,g)}{\partial(z,x)},\ \dfrac{\partial(f,g)}{\partial(x,y)}\right)\neq(0,0,0)$이므로 구하는 일반해는

$\phi\left(\dfrac{z}{x^3},\ \dfrac{y}{x^2}\right)=0$ 또는 $\dfrac{z}{x^3}=h\left(\dfrac{y}{x^2}\right)$, 즉, $z=x^3h\left(\dfrac{y}{x^2}\right)$ ($h(t)$는 임의의 함수)

참고로, $\dfrac{dy}{2y}=\dfrac{dz}{3z}$를 풀면 $\dfrac{z^2}{y^3}=c$이므로 $\phi\left(\dfrac{z}{x^3},\ \dfrac{z^2}{y^3}\right)=0$ 또는 $\phi\left(\dfrac{z^2}{y^3},\ \dfrac{y}{x^2}\right)=0$도 또한 일반해가 됨을 알 수 있다.

<II> 상수계수 1계 제차편미분방정식

(1) 조화형

상수 a,b에 대하여

$$a\frac{\partial z}{\partial x}+b\frac{\partial z}{\partial y}=0$$

의 꼴을 **조화형편미분방정식**이라고 부른다.

특성방정식은 $\dfrac{dx}{a}=\dfrac{dy}{b}$, $dz=0$이므로 적분하면 두 개의 일차독립인 해

$$u=ay-bx=c_1,\ \ v=z=c_2$$

를 얻는다. 그러므로 일반해는

$$\phi(ay-bx,\ z)=0\ \text{ 또는 }\ z=f(ay-bx)$$

예제 3

$\dfrac{\partial z}{\partial x}-k\dfrac{\partial z}{\partial y}=0(k\neq0)$의 일반해를 구하여라.

풀이 특성방정식은

$$\frac{dx}{1}=\frac{dy}{-k},\ \ dz=0$$

$\frac{dx}{1}=\frac{dy}{-k}$의 양변을 적분하면 $kx+y=c_1$, 즉, $u=f(x,y,z)=kx+y=a$

$dz=0$의 양변을 적분하면 $z=c_2$, 즉, $v=g(x,y,z)=z=b$.

f와 g는 일차독립이므로 구하는 일반해는

$\phi(z,\ kx+y)=0$ 또는 $z=u(kx+y)$ ($u(t)$는 임의의 미분가능한 함수)

예제 4

$p\frac{\partial z}{\partial x}-q\frac{\partial z}{\partial y}=0$ (p, q는 상수)의 일반해를 구하여라.

풀이 특성방정식은

$$\frac{dx}{p}=\frac{dy}{-q},\ \ dz=0$$

$\frac{dx}{p}=\frac{dy}{-q}$의 양변을 적분하면 $x=-\frac{p}{q}y+c_1$, 즉, $u=f(x,y,z)=py+qx=a$

$dz=0$의 양변을 적분하면 $z=c_2$, 즉, $v=g(x,y,z)=z=b$

f와 g는 일차독립이므로 구하는 일반해는

$\phi(z,py+qx)=0$ 또는 $z=k(py+qx)$ ($k(t)$는 임의의 미분가능한 함수).

---

(2) 상수 α, β, γ에 대하여

$$\alpha\frac{\partial z}{\partial x}+\beta\frac{\partial z}{\partial y}+\gamma z=0$$

의 꼴로 편도함수 외에 z의 항도 포함하는 방정식을 **비조화형편미분방정식**이라고 부른다.

이 방정식의 특성방정식은

$$\frac{dx}{\alpha}=\frac{dy}{\beta}=-\frac{dz}{\gamma z}$$

이므로 적분하여 해를 구하면

$$\alpha y-\beta x=c_1,\ \ \ln z+\frac{\gamma}{\beta}y=\ln c_2(\text{또는 } ze^{\frac{\gamma}{\beta}y}=c_2)$$

이므로 구하는 일반해는

$$\phi(\alpha y-\beta x,\ ze^{\frac{\gamma}{\beta}y})=0 \text{ 또는 } z=e^{-\frac{\gamma}{\beta}y}f(\alpha y-\beta x)$$

참고로 $f(t)=e^t$과 같이 지수함수로 선택하면

$$z=e^{-\frac{\gamma}{\beta}y}f(\alpha y-\beta x)=e^{-\frac{\gamma}{\beta}y}e^{\alpha y-\beta x}=e^{-\beta x}e^{\left(\alpha-\frac{\gamma}{\beta}\right)y}$$

가 되므로 해의 한 집합을 구할 때, 변수분리형의 해 $z=e^{\lambda x+\mu y}$을 선택하여도 실제로 성립한다는 것을 알 수 있다.

예제 5

$3\dfrac{\partial z}{\partial x}+2\dfrac{\partial z}{\partial y}=2z$의 일반해를 구하여라.

풀이 특성방정식은

$$\frac{dx}{3}=\frac{dy}{2}=\frac{dz}{2z}$$

이므로 적분하여 해를 구하면

$$2x-3y=c_1,\ \ln z=y+\ln c_2(\text{또는 } ze^{-y}=c_2)$$

이므로 구하는 일반해는

$$\phi(2x-3y,\ ze^{-y})=0 \text{ 또는 } z=e^yf(2x-3y).$$

<III> 상수계수의 제차동계편미분방정식

편미분방정식에서 덧셈으로 표현된 각 항의 미분횟수가 모두 같은 방정식을 **동계편미분방정식**이라고 한다.

편미분연산자

$$D_xz=\frac{\partial z}{\partial x},\ D_x^2z=\frac{\partial^2 z}{\partial x^2},\ D_xD_yz=\frac{\partial^2 z}{\partial x\partial y},\ \cdots$$

를 사용하여 2계의 동계편미분방정식

$$a\frac{\partial^2 z}{\partial x^2}+b\frac{\partial^2 z}{\partial x\,\partial y}+c\frac{\partial^2 z}{\partial y^2}=0 \tag{1}$$

을 나타내면

$$(aD_x^2 + b\,D_x D_y + c\,D_y^2)z = 0. \tag{2}$$

만약 $z = \phi(y + mx) = \phi(u)$의 형태의 함수가 이 방정식의 해가 된다고 하면

$$D_x^2 z = m^2 \frac{d^2\phi}{du^2}, \quad D_x D_y z = m \frac{d^2\phi}{du^2}, \quad D_y^2 z = \frac{d^2\phi}{\partial u^2}$$

이므로 (2)는

$$(aD_x^2 + b\,D_x D_y + c\,D_y^2)z = (am^2 + bm + c)\frac{d^2\phi}{du^2} = 0$$

따라서 2차방정식

$$am^2 + bm + c = 0 \tag{3}$$

을 만족하는 m을 선택하면 임의의 함수 ϕ에 대하여 $z = \phi(y + mx) = \phi(u)$가 (1)의 해가 된다. 방정식 (3)을 주어진 PDE의 **보조방정식**이라고 부른다. 보조방정식의 근도 특성근이라고 부르기로 한다. 만약 $m = m_1,\ m_2$를 특성근이라고 하면 (3)식은

$$am^2 + bm + c = a(m - m_1)(m - m_2) = 0$$

으로 인수분해되므로 (2)식을 인수분해하면

$$a(D_x - m_1 D_y)(D_x - m_2 D_y)z = 0$$

이 된다는 것을 알 수 있다. 그런데 $(D_x - kD_y)z = 0$ 꼴의 방정식의 해는 예제3에 의하여 $z = \phi(y + kx)$로 주어지므로

$$(D_x - m_1 D_y)z = 0 \text{의 해는 } z = \phi_1(y + m_1 x)$$

$$(D_x - m_2 D_y)z = 0 \text{의 해는 } z = \phi_2(y + m_2 x)$$

가 된다. 상수계수의 미분연산자의 인수는 교환이 되므로 위의 두 해는 모두 방정식 (1)의 해이다.

(1)의 일반해는 특성근의 모양에 따라 다음과 같이 분류할 수 있다.

(i) 특성근이 서로 다른 근 일 경우

특성근이 서로 다른 두 근

$$m = m_1,\ m_2(\text{공액복소근 포함})$$

일 경우에 $z=\phi_1(y+m_1x)$, $z=\phi_2(y+m_2x)$가 (1)의 해이므로 일반해는

$$z=\phi_1(y+m_1x)+\phi_2(y+m_2x).$$

(ii) 특성근이 중근일 경우

특성근이 중근 m이면 주어진 방정식은

$$a(D_x-mD_y)^2z=0 \tag{4}$$

이 된다.

$$v=(D_x-mD_y)z \tag{5}$$

라고 놓으면 (4)는

$$(D_x-mD_y)v=0$$

이므로 해는

$$v=\phi_1(y+mx) \tag{6}$$

(6)식을 (5)식에 대입하면 다음의 1계편미분방정식을 얻는다.

$$(D_x-mD_y)z=\phi_1(y+mx) \tag{7}$$

이 방정식의 특성방정식은

$$\frac{dx}{1}=\frac{dy}{-m}=\frac{dz}{\phi_1(y+mx)} \tag{8}$$

이 특성방정식을 풀면 $\dfrac{dx}{1}=\dfrac{dy}{-m}$에서 $y+mx=c_1$

$\dfrac{dx}{1}=\dfrac{dz}{\phi_1(y+mx)}=\dfrac{dz}{\phi_1(c_1)}$에서 $\dfrac{z}{\phi_1(c_1)}-x=c_2$, 즉, $\dfrac{z}{\phi_1(y+mx)}-x=c_2$

그러므로 (7)의 일반해는

$$\psi\left(y+mx,\ \frac{z}{\phi_1(y+mx)}-x\right)=0 \quad \text{또는} \quad \frac{z}{\phi_1(y+mx)}-x=f(y+mx).$$

따라서 (4)의 일반해는

$$z=x\phi_1(y+mx)+\phi_1(y+mx)f(y+mx)$$

또는

$$z = x\phi_1(y+mx) + \phi_2(y+mx). \tag{9}$$

한편 (8)식에서 다른 방정식을 풀면 (4)의 다른 형태의 일반해를 얻는다.

$$z = y\phi_1(y+mx) + \phi_2(y+mx). \tag{11}$$

일반적으로 상수계수의 n계 제차 동계편미분방정식

$$f(D_x, D_y) = a(D_x - m_1 D_y)(D_x - m_2 D_y)\cdots(D_x - m_n D_y)z = 0 \tag{10}$$

에서 특성근이 서로 다른 근 $m_1, m_2, \cdots, m_n$이면 (9)의 일반해는 다음과 같다.

$$z = \phi_1(y+m_1x) + \phi_2(y+m_2x) + \cdots + \phi_n(y+m_nx). \tag{12}$$

또 (9)의 인수가 $(D_x - mD_y)^k$을 포함하여 m이 k 중근이 되면 $(D_x - mD_y)^k z = 0$에 대응되는 일반해는 다음과 같다.

$$\phi_1(y+mx) + x\phi_2(y+mx) + \cdots + x^{k-1}\phi_k(y+mx). \tag{13}$$

또는

$$\phi_1(y+mx) + y\phi_2(y+mx) + \cdots + y^{k-1}\phi_k(y+mx). \tag{14}$$

예제 6

$(D_x^2 - 5D_xD_y - 6D_y^2)z = 0$을 풀어라.

풀이 보조방정식은 $m^2 - 5m - 6 = (m-6)(m+1) = 0$이므로 특성근은 $m = -1, 6$. 일반해는 $z = \phi_1(y-x) + \phi_2(y+6x)$.

예제 7

$(D_x - 2D_y)^2(D_x + 7D_y)z = 0$을 풀어라.

풀이 보조방정식은 $(m-2)^2(m+7) = 0$이므로 특성근은 $m = 2$(중근), -7. 일반해는

$$z = \phi_1(y+2x) + x\phi_2(y+2x) + \phi_3(y-7x).$$

<IV> 상수계수의 1계2차 편미분방정식

세 수 α, β, γ가 상수일 때, 2계 편미분방정식

$$(\alpha D_x + \beta D_y + \gamma)^2 z = 0 \tag{1}$$

의 해를 구하는 방법을 생각하여 보자. 만약

$$(\alpha D_x + \beta D_y + \gamma)z = w \tag{2}$$

라고 놓으면 (1)은 다음과 같다.

$$(\alpha D_x + \beta D_y + \gamma)w = 0 \tag{3}$$

(3)은 비조화형 편미분방정식이므로 일반해는

$$w = e^{-\frac{\gamma}{\beta}y}\phi_1(\alpha y - \beta x)$$

따라서 방정식 (2)는

$$(\alpha D_x + \beta D_y + \gamma)z = e^{-\frac{\gamma}{\beta}y}\phi_1(\alpha y - \beta x), \text{ 즉,}$$

$$(\alpha D_x + \beta D_y)z = -\gamma z + e^{-\frac{\gamma}{\beta}y}\phi_1(\alpha y - \beta x).$$

이 방정식의 특성방정식은

$$\frac{dx}{\alpha} = \frac{dy}{\beta} = \frac{dz}{-\gamma z + e^{-\frac{\gamma}{\beta}y}\phi_1(\alpha y - \beta x)}$$

이므로 이 식에서 z를 구할 수 있다.

예제 8

$(2D_x+3D_y-6)^2z=0$을 풀어라.

풀이 $(2D_x+3D_y-6)z=w$ 로 치환하면 다음과 같다.

$$(2D_x+3D_y-6)w=0. \tag{4}$$

특성방정식은

$$\frac{dx}{2}=\frac{dy}{3}=\frac{dw}{6w}$$

이므로 $2y-3x=c_1$, $\ln w=2y+\ln c_2$에서 $we^{-2y}=c_2$. 그러므로 (4)의 일반해는

$$w=e^{2y}\phi_1(2y-3x). \tag{5}$$

이 식을 치환한 식에 대입하면

$$(2D_x+3D_y-6)z=e^{2y}\phi_1(2y-3x),\text{ 즉, } (2D_x+3D_y)z=6z+e^{2y}\phi_1(2y-3x) \tag{6}$$

가 된다. 이 방정식의 특성방정식은

$$\frac{dx}{2}=\frac{dy}{3}=\frac{dz}{6z+e^{2y}\phi_1(2y-3x)}.$$

첫 번째 등식 $\frac{dx}{2}=\frac{dy}{3}$에서 $2y-3x=c_1$을 얻고, 두 번째 등식은

$$\frac{dy}{3}=\frac{dz}{6z+e^{2y}\phi_1(2y-3x)},\text{ 즉, } \frac{dz}{dy}-2z=\frac{1}{3}e^{2y}\phi_1(c_1)$$

이므로 양변에 적분인자 $I=e^{-2y}$를 곱하면

$$e^{-2y}\frac{dz}{dy}-2ze^{-2y}=\frac{1}{3}\phi_1(c_1),\text{ 즉, } \frac{d}{dy}\{ze^{-2y}\}=\frac{1}{3}\phi_1(c_1).$$

적분하면

$$ze^{-2y}=\frac{1}{3}y\phi_1(c_1)+c_2,\text{ 즉, } ze^{-2y}-\frac{1}{3}y\phi_1(c_1)=c_2.$$

따라서 (6)의 독립인 두 개의 해

$$u=2y-3x=c_1,\ v=ze^{-2y}-\frac{1}{3}y\phi_1(2y-3x)=c_2\ (\because c_1=2y-3x)$$

를 얻는다. 그러므로 주어진 방정식의 일반해는

$$\phi(u,v)=\phi\left(2y-3x,\ ze^{-2y}-\frac{1}{3}y\phi_1(2y-3x)\right)=0.$$

연습문제 (7.2)

1. $p\dfrac{\partial z}{\partial x}+q\dfrac{\partial z}{\partial y}=0(p, q$는 상수)의 일반해를 구하여라.

2. 다음 편미분방정식의 해를 구하여라.

(1) $y\dfrac{\partial z}{\partial y}+x\dfrac{\partial z}{\partial x}=xz$

(2) $y\dfrac{\partial z}{\partial y}-x\dfrac{\partial z}{\partial x}=z$

3. 다음 편미분방정식의 해를 구하여라.

(1) $u_{xx}-2u_{xy}-3u_{yy}=0$

(2) $u_{xx}+6u_{xy}+5u_{yy}=0$

(3) $u_{xx}+a^2u_{yy}=0\,(a>0)$

(4) $u_{xx}-2u_{xy}+5u_{yy}=0$

(5) $(D_x^2-3D_xD_y-4D_y^2)z=0$

(6) $(D_x-3D_y)^2(D_x+6D_y)z=0$

4. $(2D_x+3D_y+4)^2z=0$을 풀어라.

7.3 상수계수 비제차 편미분방정식

상수계수의 n계 편미분방정식

$$f(D_x, D_y)z = g(x, y) \tag{1}$$

에서 $g(x, y) \neq 0$이면 **비제차** 편미분방정식이 된다.

비제차 선형편미분방정식 (1)의 일반해는

$$f(D_x, D_y)z_h = 0 \text{ 의 일반해 } z_h(\textbf{여함수})\text{와 특수해 } z_p = \frac{1}{f(D_x, D_y)}g(x, y)$$

의 합 $z = z_h + z_p$로 나타낼 수 있다.

이 절에서는 특수해를 구하는 방법을 살펴본다.

<I> 특수해를 구하는 일반적 방법

1계 편미분방정식

$$(D_x - mD_y)z = g(x, y)$$

의 특수해는 특성방정식 $\dfrac{dx}{1} = \dfrac{dy}{-m} = \dfrac{dz}{g(x, y)}$를 이용하여 구할 수 있다.

$$\frac{dx}{1} = \frac{dy}{-m} \text{ 에서 } y + mx = c$$

$$\frac{dx}{1} = \frac{dz}{g(x, y)} = \frac{dz}{g(x, c - mx)} \text{ 에서 } z = \int g(x, c - mx)\,dx$$

를 얻으므로

$$z_p = \int g(x, c - mx)dx = G(x, c) = G(x, y + mx)$$

위에서의 적분은 c를 상수로 보고 적분한 다음에 c대신 $y + mx$를 대입한다.

예제 1

$(D_x - 3D_y)z = ye^x$을 풀어라.

풀이 여함수는 $z_h = \phi(y+3x)$이다. 특성방정식이 $\frac{dx}{1} = \frac{dy}{-3} = \frac{dz}{ye^x}$ 이므로

$\frac{dx}{1} = \frac{dy}{-3}$ 를 풀면 $y+3x=c$

$$\frac{dx}{1} = \frac{dz}{ye^x} = \frac{dz}{(c-3x)e^x} \text{ 를 풀면 } z = \int (c-3x)e^x\,dx.$$

그런데 $z = \int (c-3x)e^x\,dx = (c-3x)e^x - \int (-3)e^x\,dx = (c-3x)e^x + 3e^x$ 이므로

$$z_p = (c-3x)e^x + 3e^x = ye^x + 3e^x$$

그러므로 일반해는

$$z = z_h + z_p = \phi(y+3x) + e^x(y+3).$$

<II> 특수해를 구하는 간단한 방법

특수해 z_p를 구할 때, 앞에서와 같이 적분하지 않고, 역연산자

$$z_p = \frac{1}{D_x - mD_y} g(x,y) = \int g(x, c-mx)dx$$

를 이용하여 구할 수도 있다.

예제 2

$(D_x - D_y - 1)z = 2x+3y$를 풀어라.

풀이 여함수는 $z_h = e^x g(y+x)$이다. 특수해는 역연산자를 이용하면

$$\begin{aligned} z_p &= \frac{1}{D_x - D_y - 1}(2x+3y) = \frac{1}{(-1)\{1-(D_x - D_y)\}}(2x+3y) \\ &= -\left\{1 + D_x - D_y + (D_x - D_y)^2 + \cdots\right\}(2x+3y) \\ &= -\left\{1 + D_x - D_y\right\}(2x+3y) = -\{2x+3y+(2-3)\} \\ &= -\{2x+3y-1\}. \end{aligned}$$

그러므로 일반해는

$$z = z_h + z_p = e^x g(y+x) - \{2x+3y-1\}.$$

예제 3

$(D_x + D_y)(D_x - 3D_y)z = 2ye^{2x}$ 을 풀어라.

풀이 여함수는 $z_h = \phi_1(y-x) + \phi_2(y+3x)$ 이다. 역연산자를 이용하면 특수해는

$$
\begin{aligned}
(D_x + D_y)z_p &= \frac{1}{D_x - 3D_y}(2ye^{2x}) \\
&= \int 2e^{2x}(c-3x)dx = ce^{2x} - 3\left(xe^{2x} - \frac{1}{2}e^{2x}\right) \\
&= (y+3x)e^{2x} - 3\left(xe^{2x} - \frac{1}{2}e^{2x}\right) = e^{2x}\left(y + \frac{3}{2}\right).
\end{aligned}
$$

그런데 $(D_x + D_y)z_p = e^{2x}\left(y + \dfrac{3}{2}\right)$ 의 특성방정식은 $\dfrac{dx}{1} = \dfrac{dy}{1} = \dfrac{dz}{e^{2x}(y+3/2)}$ 이므로

$$\frac{dx}{1} = \frac{dy}{1} \text{ 에서 } y - x = c$$

따라서

$$
\begin{aligned}
z_p &= \frac{1}{D_x + D_y}e^{2x}(y+3/2) = \int e^{2x}(c + x + 3/2)dx \\
&= (c/2 + 3/4)e^{2x} + \left(\frac{1}{2}xe^{2x} - \frac{1}{4}e^{2x}\right) \\
&= \left(\frac{1}{2}y - \frac{1}{2}x + \frac{3}{4}\right)e^{2x} + \left(\frac{1}{2}xe^{2x} - \frac{1}{4}e^{2x}\right) \\
&= e^{2x}\left(\frac{1}{2}y + \frac{1}{2}\right).
\end{aligned}
$$

그러므로 일반해는

$$z = z_h + z_p = \phi_1(y-x) + \phi_2(y+3x) + e^{2x}\left(\frac{1}{2}y + \frac{1}{2}\right).$$

<III> 특수해를 구하는 간단한 방법

(1) $f(D_x, D_y)z = g(ax+by)$ 에서 $f(a,b) \neq 0$ 인 경우

미분연산자의 성질에 의하여

$$D_x g(ax+by) = a\,g'(ax+by), \quad D_y g(ax+by) = b\,g'(ax+by)$$

$$D_x^2 g(ax+by) = a^2 g''(ax+by), \quad D_y^2 g(ax+by) = b^2 g''(ax+by)$$
$$D_x D_y g(ax+by) = ab\, g''(ax+by), \ \cdots$$

일반적으로 $f(D_x, D_y)$가 D_x, D_y에 관한 n차 동차식일 때

$$f(D_x,\ D_y)\, g(ax+by) = f(a,b)\, g^{(n)}(ax+by) \tag{1}$$

$f(a,b) \neq 0$이면

$$\frac{1}{f(D_x,\ D_y)}\, g^{(n)}(ax+by) = \frac{1}{f(a,b)}\, g(ax+by) \tag{2}$$

또는 $g^{(n)}(ax+by) = G(ax+by)$라고 하면 (2)식은

$$\frac{1}{f(D_x,\ D_y)}\, G(ax+by)$$
$$= \frac{1}{f(a,b)} \int\!\!\int \cdots \int G(ax+by)\, d(ax+by)\, d(ax+by) \cdots d(ax+by) \tag{3}$$

이 공식을 이용하면 다음 형태의 특수해를 얻는다.

(i) $f(D_x,\ D_y)z = e^{ax+by}$의 특수해

$$\frac{1}{f(D_x,\ D_y)}\, e^{ax+by} = \frac{1}{f(a,b)}\, e^{ax+by}, \ \text{단 } f(a,b) \neq 0 \tag{4}$$

(ii) $f(D_x,\ D_y)z = \sin(ax+by)$의 특수해

$$D_x^2 \sin(ax+by) = -a^2 \sin(ax+by)$$
$$D_x D_y \sin(ax+by) = -ab \sin(ax+by)$$
$$D_y^2 \sin(ax+by) = -b^2 \sin(ax+by)$$

이므로

$$f(D_x^2,\ D_x D_y,\ D_y^2) \sin(ax+by) = f(-a^2, -ab, -b^2) \sin(ax+by)$$

따라서 $f(-a^2, -ab, -b^2) \neq 0$인 경우에

$$\frac{1}{f(D_x^2,\ D_x D_y,\ D_y^2)} \sin(ax+by) = \frac{1}{f(-a^2, -ab, -b^2)} \sin(ax+by) \tag{5}$$

(iii) $f(D_x, D_y)z = \cos(ax+by)$의 특수해

sin의 경우와 마찬가지로 $f(-a^2, -ab, -b^2) \neq 0$인 경우에

$$\frac{1}{f(D_x^2, D_xD_y, D_y^2)}\cos(ax+by) = \frac{1}{f(-a^2, -ab, -b^2)}\cos(ax+by) \tag{6}$$

예제 4

$(D_x^2 - 4D_xD_y + 3D_y^2)z = e^{2x+3y} + \sin(x+2y)$ 의 해를 구하여라.

풀이 보조방정식은 $m^2 - 4m + 3 = (m-1)(m-3) = 0$이고 특성근은 $m = 1, 3$이므로 여함수

$$z_h = \phi_1(y+x) + \phi_2(y+3x)$$

를 얻는다. 특수해는

$$\begin{aligned}
z_p &= \frac{1}{D_x^2 - 4D_xD_y + 3D_y^2}[e^{2x+3y} + \sin(x+2y)] \\
&= \frac{1}{D_x^2 - 4D_xD_y + 3D_y^2}e^{2x+3y} + \frac{1}{D_x^2 - 4D_xD_y + 3D_y^2}\sin(x+2y) \\
&= \frac{1}{2^2 - 4\cdot 2\cdot 3 + 3\cdot 3^2}e^{2x+3y} + \frac{1}{-1^2 - 4\cdot(-1\cdot 2) + 3\cdot(-2^2)}\sin(x+2y) \\
&= \frac{1}{7}e^{2x+3y} + \frac{1}{-5}\sin(x-2y).
\end{aligned}$$

그러므로 일반해는

$$z = \phi_1(y+x) + \phi_2(y+3x) + \frac{1}{7}e^{2x+3y} - \frac{1}{5}\sin(x+2y).$$

(2) $f(D_x, D_y)z = g(ax+by)$ 에서 $f(a, b) = 0$인 경우

편미분방정식

$$(bD_x - aD_y)z = x^r g(ax+by), \qquad r \neq -1$$

의 특성방정식은

$$\frac{dx}{b} = \frac{dy}{-a} = \frac{dz}{x^r g(ax+by)}.$$

우선 $\dfrac{dx}{b} = \dfrac{dy}{-a}$ 에서 $ax + by = c_1$. 그리고

$$\frac{dx}{b} = \frac{dz}{x^r g(ax+by)} = \frac{dz}{x^r g(c_1)} \text{ 에서 } b\frac{dz}{dx} = x^r g(c_1).$$

적분하면

$$bz = \frac{x^{r+1}}{r+1} g(c_1) = \frac{x^{r+1}}{r+1} g(ax+by), \text{ 즉, } z = \frac{1}{b}\frac{x^{r+1}}{r+1} g(ax+by)$$

이므로

$$z = \frac{1}{bD_x - aD_y} x^r g(ax+by) = \frac{1}{b}\frac{x^{r+1}}{r+1} g(ax+by), \text{ 단, } r \neq -1$$

이 공식을 반복적용하면 다음을 얻는다.

$$\begin{aligned} \frac{1}{(bD_x - aD_y)^n} g(ax+by) &= \frac{1}{(bD_x - aD_y)^{n-1}} \frac{1}{b}\frac{x^1}{1} g(ax+by) \\ &= \frac{1}{(bD_x - aD_y)^{n-2}} \frac{1}{b^2}\frac{x^2}{2} g(ax+by) \\ &= \cdots = \frac{x^n}{b^n n!} g(ax+by) \end{aligned}$$

(3) $f(D_x, D_y) = (bD_x - aD_y)^k h(D_x, D_y)$ 이고 $h(a, b) \neq 0$ 인 경우

이 경우에 편미분방정식 $f(D_x, D_y)z = g(ax+by)$ 의 특수해는

$$(bD_x - aD_y)^k h(D_x, D_y) z_p = g(ax+by)$$

에서

$$(bD_x - aD_y)^k z_p = \frac{1}{h(D_x, D_y)} g(ax+by) = \frac{1}{h(a, b)} g(ax+by)$$

그러므로

$$z_p = \frac{1}{(bD_x - aD_y)^k} \frac{1}{h(a, b)} g(ax+by)$$

$$= \frac{1}{h(a,\ b)}\frac{x^k}{b^k\ k!}g(ax+by)$$

따라서 다음의 공식을 얻는다.

$$\frac{1}{(bD_x - aD_y)^k h(D_x,\ D_y)}g(ax+by) = \frac{1}{h(a,b)}\frac{x^k}{b^k k!}g(ax+by)$$

단, $h(a,b) \neq 0$

예제 5

$(D_x - D_y)^2(D_x - 2D_y)z = e^{x+y}$을 풀어라.

풀이 보조방정식 $(m-1)^2(m-2)=0$에서 특성근은 $m=1$(중근), $m=2$이므로 여함수는

$$z_h = x\phi_1(y+x) + \phi_2(y+x) + \phi_3(y+2x).$$

특수해는

$$z_p = \frac{1}{(D_x - D_y)^2(D_x - 2D_y)}e^{x+y}$$

$$= \frac{1}{(1-2\cdot 1)}\frac{x^2}{1^2 2!}e^{x+y} = -\frac{x^2}{2}e^{x+y}$$

그러므로 일반해는

$$z = x\phi_1(y+x) + \phi_2(y+x) + \phi_3(y+2x) - \frac{x^2}{2}e^{x+y}$$

(4) $f(D_x,\ D_y)z = R(x)$에서 $R(x)$가 x, y의 다항함수인 경우

이 경우에는 역연산자를 무한급수로 전개하여 특수해를 구한다.

예를 들어,

$$(D_x^2 - D_xD_y - 6D_y^2)z = x+y, \qquad z_p = \frac{1}{D_x^2 - D_xD_y - 6D_y^2}(x+y)$$

에서 역연산자를 무한급수로 전개하면

$$\frac{1}{D_x^2 - D_xD_y - 6D_y^2} = \frac{1}{D_x^2}\frac{1}{1-\dfrac{D_y}{D_x} - 6\left\{\dfrac{D_y}{D_x}\right\}^2}$$

$$= \frac{1}{D_x^2}\left[1 + \left\{\frac{D_y}{D_x} + 6\left(\frac{D_y}{D_x}\right)^2\right\} + \left\{\frac{D_y}{D_x} + 6\left(\frac{D_y}{D_x}\right)^2\right\}^2 + \left\{\frac{D_y}{D_x} + 6\left(\frac{D_y}{D_x}\right)^2\right\}^3 + \cdots\right]$$

이므로

$$z_p = \frac{1}{D_x^2}\left[1 + \left\{\frac{D_y}{D_x} + 6\left(\frac{D_y}{D_x}\right)^2\right\} + \left\{\frac{D_y}{D_x} + 6\left(\frac{D_y}{D_x}\right)^2\right\}^2 + \left\{\frac{D_y}{D_x} + 6\left(\frac{D_y}{D_x}\right)^2\right\}^3 + \cdots\right](x+y).$$

그런데 $x+y$는 1차다항함수이므로 2계이상의 도함수는 0이 된다. 따라서

$$z_p = \frac{1}{D_x^2}\left[1 + \frac{D_y}{D_x}\right](x+y) = \frac{1}{D_x^2}\left\{x+y+\frac{1}{D_x}D_y(x+y)\right\}$$

$$= \frac{1}{D_x^2}\left\{x+y+\frac{1}{D_x}1\right\} = \frac{1}{D_x^2}\{x+y+x\} \quad \left(\because \frac{1}{D_x}1 = \int 1dx = x, \text{ 편적분}\right)$$

$$= \frac{1}{D_x^2}(2x+y) = \frac{1}{D_x}(x^2+xy) = \frac{1}{3}x^3 + \frac{1}{2}x^2y$$

한편 보조방정식 $m^2 - m - 6 = (m+2)(m-3) = 0$에서 특성근은 $m = -2, 3$이므로 여함수는

$$z_h = \phi_1(y-2x) + \phi_2(y+3x)$$

따라서 일반해는

$$z = \phi_1(y-2x) + \phi_2(y+3x) + \frac{1}{3}x^3 + \frac{1}{2}x^2y$$

<IV> 미정계수법

비제차 상미분방정식에서와 같이 비제차 편미분방정식의 특수해도 미정계수법으로 구할 수 있다. 그 방법은 상미분방정식에서와 유사하다.

예를 들어, 비제차 편미분방정식

$$(D_x - 3D_y)z = x - 5y$$

의 특수해를 미정계수법으로 구하여 보자.

비제차 항이 x와 y의 1차 다항함수이고 1계 편미분방정식이므로, 특수해의 형태는

$$z_p = Ax^2 + Bxy + Cy^2 + Ex + Fy + G$$

가 된다는 것을 짐작할 수 있다. 주어진 편미분방정식의 형태로 보아 상수항은 임의의 수로 선택하여도 되므로 $G=0$으로 선택한다. 위의 형태의 z_p를 방정식에 대입하면

$$\begin{aligned}(D_x - 3D_y)z_p &= (D_x - 3D_y)\{Ax^2 + Bxy + Cy^2 + Ex + Fy\}\\ &= D_x\{Ax^2 + Bxy + Cy^2 + Ex + Fy\} - 3D_y\{Ax^2 + Bxy + Cy^2 + Ex + Fy\}\\ &= 2Ax + By + E - 3(Bx + 2Cy + F)\\ &= (2A - 3B)x + (B - 6C)y + E - 3F = x - 5y\end{aligned}$$

에서

$$\begin{cases}2A - 3B = 1\\ B - 6C = -5\\ E - 3F = 0\end{cases}$$

$A=2$로 선택하면 $B=1$, $C=1$이고 $E=3F$에서 $F=0$으로 선택하면 $E=0$. 그러므로 $z_p = 2x^2 + xy + y^2$. 여함수는 $z_h = \phi(y+3x)$이므로 일반해는

$$z = \phi(y+3x) + 2x^2 + xy + y^2.$$

예제 6

$(D_x + 2D_y)z = \sin(x-y)$의 특수해를 미정계수법으로 구하여라.

풀이 미분을 하여 $\sin(x+y)$가 나오는 함수는 코사인 함수이므로 특수해의 형태는

$$z_p = A\cos(x-y) + B\sin(x-y).$$

주어진 방정식에 대입하면

$$\begin{aligned}(D_x + 2D_y)z_p &= (D_x + 2D_y)\{A\cos(x-y) + B\sin(x-y)\}\\ &= D_x\{A\cos(x-y) + B\sin(x-y)\} + 2D_y\{A\cos(x-y) + B\sin(x-y)\}\\ &= -A\sin(x-y) + B\cos(x-y) + 2\{A\sin(x-y) - B\cos(x-y)\}\\ &= A\sin(x-y) - B\cos(x-y) = \sin(x-y)\end{aligned}$$

에서 $A=1$, $-B=0$. 그러므로 $A=1$, $B=0$. 따라서 구하는 특수해는

$$z_p = \cos(x-y).$$

연습문제 (7.3)

1. 편미분방정식 $(D_x - 5D_y)z = ye^x$의 해를 구하여라.

2. 다음 편미분방정식의 해를 구하여라.

(1) $u_x + 2u_y = x$

(2) $u_x + 2u_y = y$

3. 다음 편미분방정식의 일반해를 구하여라.

(1) $u_{xx} - u_{yy} = 12y^2$

(2) $u_{xx} - 4u_{yy} = e^{2x+y}$

(3)$u_{xx} + u_{yy} = 10e^{2x+y}$

(4) $u_{xx} + u_{yy} = e^{3x+5y}$

4. 다음 편미분방정식의 일반해를 구하여라.

(1) $(D_x^2 + 2D_xD_y - 8D_y^2)z = 2x + 3y$

(2) $(D_x^2 + D_xD_y - 2D_y^2)z = e^x(y+1)$

5. 다음 편미분방정식의 일반해를 구하여라.

(1) $(D_x^2 - 2D_xD_y)z = e^{2x+y}$

(2) $(D_x^2 - D_xD_y - 6D_y^2)z = \sin(2x+y)$

(3) $(D_x^2 - D_xD_y - 6D_y^2)z = e^{2x}\cos 2y$

7.4 파동방정식의 해법

현악기의 줄을 퉁기면 소리가 난다. 이것은 줄의 진동이 주변의 공기를 진동시키고 공기의 진동이 전파되어 귀의 고막을 진동시키기 때문이다.

이와 같은 줄의 진동모양을 수학적으로 모형화하면 파동방정식이라고 불리는 편미분방정식이 된다. 이 방정식의 해법에 대하여 살펴보기로 한다.

<I> 파동방정식의 해

파동방정식 평면위에 있는 두 개의 고정된 점 O, L의 사이에 줄을 묶고 팽팽하게 당겨서 고정시켜 놓았다고 하자. 원점을 O, x축을 $\overline{OL}$에 맞추고, 줄의 길이를 l이라고 하면, L의 좌표는 $(l, 0)$이다. 줄을 xy평면에서 당겼다 놓을 때, 그 줄이 xy평면에서만 진동한다고 가정하자. 줄 위의 임의의 점 x의 시간 t에서의 변위를 $u(x,t)$라고 할 때, 현의 운동방정식은 다음 식으로 나타난다.

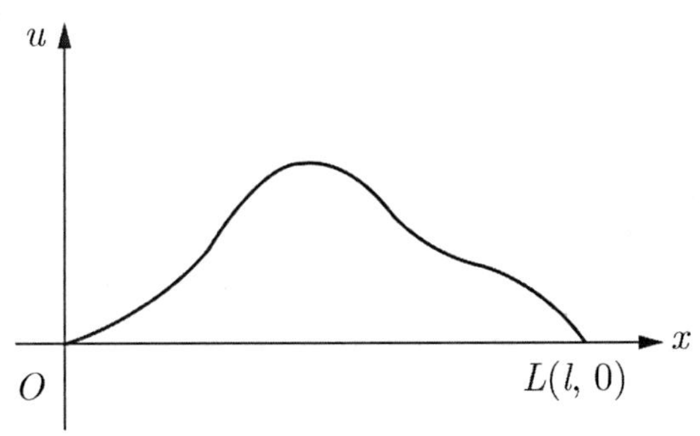

$$PDE \quad \frac{\partial^2 u}{\partial t^2} = c^2 \frac{\partial^2 u}{\partial x^2} \tag{1}$$

이 방정식을 **1차원 파동방정식**(wave equation)이라 한다.

초기-경곗값 문제 줄이 $x=0$과 $x=l$에 고정되어 있으므로 두 개의 **경계조건**(Boundary Condition)

$$B.C. \quad u(0,t)=0, \ u(l, t)=0 \text{ (모든 시간 } t\text{에서)} \tag{2}$$

을 갖는다.

만약 $t=0$인 순간의 줄의 위치가

$$u(x,0)=A_0\sin\frac{\pi x}{l}\quad(0\leq x\leq l)$$

라고 하고, 줄을 이 위치로 당겼다가 가만히 놓는다고 하면 줄 위의 점들의 초기속도는 0이므로

$$\frac{\partial u(x,0)}{\partial t}=0\quad(0\leq x\leq l)$$

이 된다. 그러므로 다음의 두 개의 **초기조건**(Initial Condition)을 얻는다.

$$I.C.\quad u(x,0)=A_0\sin\frac{\pi x}{l},\quad \frac{\partial u(x,0)}{\partial t}=0 \tag{3}$$

식 (1), (2), (3)으로 주어지는 문제를 파동방정식의 **초기-경곗값 문제**라고 부른다.

PDE의 해 방정식 (1)이 변수분리형의 해 $u=X(x)\,T(t)$를 갖는다면, (1)에 대입하여

$$XT''=c^2X''T\quad \text{또는}\quad \frac{X''}{X}=\frac{T''}{c^2T} \tag{4}$$

를 만족한다. 이 식의 좌변과 우변은 서로 t와 x에 대하여 상수이므로 좌변과 우변은 모두 상수함수가 된다. 즉,

$$\frac{X''}{X}=\frac{T''}{c^2T}=\lambda$$

(i) $\lambda>0$인 경우

이 경우는 $X''-\lambda X=0$, $T''-\lambda c^2T=0$이 되어 해는

$$X=a_1e^{\sqrt{\lambda}x}+a_2e^{-\sqrt{\lambda}x},\quad T=a_3e^{c\sqrt{\lambda}t}+a_4e^{-c\sqrt{\lambda}t}$$

이므로

$$u(x,t)=\left\{a_1e^{\sqrt{\lambda}x}+a_2e^{-\sqrt{\lambda}x}\right\}\left\{a_3e^{c\sqrt{\lambda}t}+a_4e^{-c\sqrt{\lambda}t}\right\}.$$

(ii) $\lambda=0$인 경우

이 경우는 $X''=0$, $T''=0$이므로 해는

$$X=b_1x+b_2,\quad T=b_3t+b_4,\quad u(x,t)=(b_1x+b_2)(b_3t+b_4)$$

(iii) $\lambda=-a^2\,(a>0)$인 경우

이 경우는 $X'' + a^2 X = 0$, $T'' + a^2c^2 T = 0$이므로 해는

$$X = d_1 \cos ax + d_2 \sin ax, \quad T = d_3 \cos(cat) + d_4 \sin(cat)$$

$$\therefore\ u(x,t) = (d_1 \cos ax + d_2 \sin ax)(d_3 \cos(cat) + d_4 \sin(cat)). \qquad (5)$$

그런데 줄의 운동은 보통 주기적인 운동이 되므로 t의 주기함수를 포함하는 해가 필요하다. 따라서 해는 $\lambda < 0$에 대한 (iii)의 경우가 타당하다.

경계조건을 만족하는 해 경계조건에서

$$u(0,t) = d_1(d_3 \cos cat + d_4 \sin cat) = 0 \ (\forall t)$$
$$u(l,t) = (d_1 \cos al + d_2 \sin al)(d_3 \cos cat + d_4 \sin cat) = 0 \ (\forall t)$$

$d_3 = d_4 = 0$이면 $u(x,t) = 0$이 되어 무의미하므로 첫 번째 방정식에서 $d_1 = 0$. 이 값을 두 번째 방정식에 대입할 때, $d_2 = 0$이면 $u(x,t) = 0$이 되어 역시 무의미하므로, $d_2 \neq 0$. 그러므로 두 번째 방정식에서 다음을 얻는다.

$$\sin al = 0.$$

이 식을 만족하는 값은 $al = n\pi$, 즉, $a = \frac{n\pi}{l}$ $(n \in N)$ 이다. 그러므로 구하는 해는

$$u(x,t) = d_2 \sin\frac{n\pi x}{l}\left(d_3 \cos\frac{cn\pi t}{l} + d_4 \sin\frac{cn\pi t}{l}\right).$$

초기조건을 만족하는 해 초기조건 중의 두 번째 조건에서 다음을 얻는다.

$$\frac{\partial u(x,0)}{\partial t} = \left\{d_2 \sin\frac{n\pi x}{l}\left(-d_3\frac{cn\pi}{l}\sin\frac{cn\pi t}{l} + d_4\frac{cn\pi}{l}\cos\frac{cn\pi t}{l}\right)\right\}_{t=0}$$

$$= d_2 d_4 \frac{cn\pi}{l}\sin\frac{n\pi x}{l} = 0.(\forall x \in [0,l])$$

그런데 $d_2 \neq 0$, $\frac{cn\pi}{l} \neq 0$, $\sin\frac{n\pi x}{l} \neq 0$이므로 $d_4 = 0$이 되어야 한다. 따라서 해는

$$u(x,t) = d_2 d_3 \sin\frac{n\pi x}{l}\cos\frac{cn\pi t}{l}$$

또한 첫 번째 초기조건에서

$$u(x,0) = d_2 d_3 \sin\frac{n\pi x}{l} = A_0 \sin\frac{\pi x}{l}$$

이므로 $d_2 d_3 = A_0$, $n = 1$이다. 그러므로 구하는 해는

$$u(x,t) = A_0 \sin\frac{\pi x}{l} \cos\frac{c\pi t}{l}. \tag{6}$$

그러므로 줄은 주기 $= \dfrac{2\pi}{\frac{c\pi}{l}} = \dfrac{2l}{c}$로 단순한 진동을 반복한다.

초기조건이 0함수가 아닌 경우 위와 같은 초기-경곗값문제에서 초기조건을 다음과 같이 주었을 때의 해를 구하여 보자.

$$I.C. \;\; u(x,0) = f(x), \;\; u_t(x,0) = g(x)$$

위에서와 같이 계산하면 경계조건으로부터 다음을 얻는다.

$$d_1 = 0, \; d_2 \neq 0, \; a = \frac{n\pi}{l} \; (n \in N) \; .$$

각각의 $n \in N$에 대한 상수를 $d_2 = d_n$이라고 하고, 상수 d_3, d_4 대신에 a_n, b_n을 사용하면 각각의 n에 대하여 경계조건을 만족하는 다음의 해를 얻는다.

$$\begin{aligned} u_n(x,t) &= d_n \sin\frac{n\pi x}{l}\left(a_n \cos\frac{cn\pi t}{l} + b_n \sin\frac{cn\pi t}{l}\right) \\ &= \sin\frac{n\pi x}{l}\left(k_n \cos\frac{cn\pi t}{l} + M_n \sin\frac{cn\pi t}{l}\right) (n \in N), \\ & d_n a_n = k_n, \;\; d_n b_n = M_n. \end{aligned}$$

그런데 하나의 함수 $u_n(x,t)$로는 초기소건을 만족하기 어렵다는 것을 알 수 있다. 따라서 함수들의 무한급수

$$u(x,t) = \sum_{n=1}^{\infty} u_n(x,t) = \sum_{n=1}^{\infty} \sin\frac{n\pi x}{l}\left(k_n \cos\frac{cn\pi t}{l} + M_n \sin\frac{cn\pi t}{l}\right) \tag{7}$$

를 생각하여 보자. 이 무한급수는 우선 주어진 편미분방정식과 경계조건을 만족한다. 이제 첫 번째 초기조건으로부터

$$u(x,0) = f(x) = \sum_{n=1}^{\infty} k_n \sin\frac{n\pi x}{l}.$$

만약 $f(x)$를 주기 $2l$인 기주기함수로 확장하면, 이 식을 만족하는 상수 k_n은 함수 $f(x)$의 Fourier 사인급수의 계수이므로

$$k_n = \frac{2}{l}\int_0^l f(x)\sin\frac{n\pi x}{l}\,dx\,. \tag{8}$$

(7)식이 항별로 미분가능하다면

$$u_t(x,t) = \sum_{n=1}^{\infty}\sin\frac{n\pi x}{l}\left[\frac{cn\pi}{l}\left(-k_n\sin\frac{cn\pi t}{l} + M_n\cos\frac{cn\pi t}{l}\right)\right]$$

이므로 두 번째 초기조건으로부터

$$u_t(x,0) = g(x) = \sum_{n=1}^{\infty}\frac{cn\pi}{l}M_n\sin\frac{n\pi x}{l}.$$

$g(x)$도 주기 $2l$인 기주기함수로 확장하고 Fourier 사인급수와 비교하면 다음과 같다.

$$\frac{cn\pi}{l}M_n = \frac{2}{l}\int_0^l g(x)\sin\frac{n\pi x}{l}\,dx,\quad \text{즉,}\quad M_n = \frac{2}{cn\pi}\int_0^l g(x)\sin\frac{n\pi x}{l}\,dx. \tag{9}$$

그러므로 (8)식과 (9)식을 이용하여 계수 k_n, M_n을 구한다음에 (7)식에 대입하면, 다음과 같은 주어진 초기-경계값문제의 해를 얻을 수 있다.

$$u(x,t) = \sum_{n=1}^{\infty}\sin\frac{n\pi x}{l}\left(k_n\cos\frac{cn\pi t}{l} + M_n\sin\frac{cn\pi t}{l}\right)$$

$$\text{단, } k_n = \frac{2}{l}\int_0^l f(x)\sin\frac{n\pi x}{l}\,dx,\quad M_n = \frac{2}{cn\pi}\int_0^l g(x)\sin\frac{n\pi x}{l}\,dx.$$

예제 2

파동방정식에 대한 다음의 초기-경곗값문제의 해를 구하여라.

$D.E.\quad u_{tt}(x,t) = c^2u_{xx}(x,t)\ (0<x<l,\ t>0)$

$B.C.\quad u_x(0,t)=0,\ u_x(l,\ t)=0\ (t>0)$

$I.C.\quad u(x,0)=f(x),\ u_t(x,0)=0\ (0<x<l)$

풀이 PDE를 만족하는 변수분리형의 해를 $u(x,t)=X(x)T(t)$라고 하면

$$XT'' = c^2X''T \text{ 또는 } \frac{X''}{X} = \frac{T''}{c^2T}$$

이 식의 좌변과 우변은 서로 t와 x에 대하여 상수이므로 좌변과 우변은 모두 상수함수가 된다. 즉,

PDE를 만족하는 변수분리형의 해를 $u(x,t)=X(x)T(t)$라고 하면

$$XT'' = c^2 X'' T \text{ 또는 } \frac{X''}{X} = \frac{T''}{c^2 T}$$

이 식의 좌변과 우변은 서로 t와 x에 대하여 상수이므로 좌변과 우변은 모두 상수함수가 된다. 즉,

$$\frac{X''}{X} = \frac{T''}{c^2 T} = \lambda.$$

$\lambda > 0$인 경우에 해는 지수함수 형태가 되므로 주어진 경계조건과 초기조건을 모두 만족할 수 없다. 따라서 $\lambda = -\alpha^2 (\leqq 0)$인 경우에만 의미가 있으므로

$$X'' + \alpha^2 X = 0, \ T'' + \alpha^2 c^2 T = 0$$

이고, 일반해는

$$X = c_1 \cos\alpha x + c_2 \sin\alpha x, \quad T = d_1 \cos c\alpha t + d_2 \sin c\alpha t$$

주어진 조건에서

$$u_x(0,t) = X'(0)T(t) = 0, \ T(t) \not\equiv 0 \text{이므로 } X'(0) = 0$$

$$u_x(l,t) = X'(l)T(t) = 0, \ T(t) \not\equiv 0 \text{이므로 } X'(l) = 0$$

$$u_t(x,0) = X(x)T'(0) = 0, \ X(x) \not\equiv 0 \text{이므로 } T'(0) = 0.$$

따라서 X와 T는 다음과 같이 된다.

(i) $X'' + \alpha^2 X = 0, \ X'(0) = X'(l) = 0$

일반해는

$$X = c_1 \cos\alpha x + c_2 \sin\alpha x$$

이고 미분하면

$$X' = -\alpha c_1 \sin\alpha x + \alpha c_2 \cos\alpha x.$$

$$X'(0) = 0 + \alpha c_2 = 0 \text{에서 } \alpha \neq 0 \text{이므로 } c_2 = 0.$$

$$X'(l) = -\alpha c_1 \sin\alpha l = 0 \text{에서 } \alpha c_1 \neq 0 \text{이므로 } \alpha l = n\pi, \ n \in N \cup \{0\}.$$

$\alpha = 0$이면 $X'' = 0$, 즉, $X(x) = k_1 x + k_2$이므로 $X'(0) = 0$에서 $k_1 = 0$, k_2는 임의의 상수. 만약 $k_2 = 1$, $c_1 = 1$로 선택하면 다음의 해를 얻는다.

$$X_0(x) = 1, \ X_n(x) = \cos\frac{n\pi x}{l}, \ n \in N$$

(ii) $T'' + \dfrac{n^2\pi^2 c^2}{l^2} T = 0, \ T'(0) = 0$

일반해는 $T = d_1 \cos\dfrac{n\pi ct}{l} + d_2 \sin\dfrac{n\pi ct}{l}$ 이므로 미분하면

$$T' = -\frac{n\pi c}{l} d_1 \sin\frac{n\pi ct}{l} + \frac{n\pi c}{l} d_2 \cos\frac{n\pi ct}{l}.$$

초기조건에서 $T'(0)=\frac{n\pi c}{l}d_2=0$이므로 $d_2=0$ $(n\in N)$. 따라서

$$T=d_1\cos\frac{n\pi ct}{l}.$$

$d_1=1$로 선택하면

$$T_n=\cos\frac{n\pi ct}{l}\,(n\in N\cup\{0\}).$$

그러므로 $u(x,0)=f(x)$을 제외한 모든 조건을 만족하는 해들의 수열

$$u_n(x,t)=X_nT_n=\cos\frac{n\pi x}{l}\cos\frac{n\pi ct}{l}\ \ (n\in N\cup\{0\})$$

을 얻는다. 이 함수들의 무한 일차결합으로 이루어진 급수해

$$u(x,t)=\frac{A_0}{2}+\sum_{n=1}^{\infty}A_n\cos\frac{n\pi x}{l}\cos\frac{n\pi ct}{l}$$

도 같은 성질을 가지므로 마지막 초기조건 $u(x,0)=f(x)$를 만족하도록 계수 A_n을 정하면 된다. 첫 번째 초기조건

$$u(x,0)=\frac{A_0}{2}+\sum_{n=1}^{\infty}A_n\cos\frac{n\pi x}{l}=f(x)$$

를 만족하는 계수는 함수 $f(x)$의 Fourier 코사인 급수의 계수이므로

$$A_n=\frac{2}{l}\int_0^l f(x)\cos\frac{n\pi x}{l}\,dx\ \ (n\in N\cup\{0\})$$

으로 선택하면 다음의 초기-경곗값문제의 해를 얻는다.

$$u(x,t)=\frac{A_0}{2}+\sum_{n=1}^{\infty}A_n\cos\frac{n\pi x}{l}\cos\frac{n\pi ct}{l}$$

$$\text{단, }A_n=\frac{2}{l}\int_0^l f(x)\cos\frac{n\pi x}{l}\,dx\ \ (n\in N\cup\{0\}).$$

<II> 파동방정식의 달랑베르의 해

파동방정식

$$u_{tt}=c^2u_{xx} \tag{1}$$

에 대하여 $u(x,t)=f(x+mt)$ 형태의 함수가 해가된다고 가정하면

$$u_{tt}=m^2f''(x+mt),\ u_{xx}=f''(x+mt)$$

이므로 방정식에 대입하면 $(m^2-c^2)f''(x+mt)=0$. $f''=0$이면 의미 없는 해가 되므로 $f''\neq 0$. 따라서 특성방정식은

$$m^2=c^2,\ m=\pm c(\neq 0)$$

이고, 구하는 해는

$$u=\phi(x+ct)+\psi(x-ct) \tag{2}$$

이 해를 **달랑베르해**(D'Alembert)라고 한다.

초기조건

$$I.C.\qquad u(x,0)=f(x),\ u_t(x,0)=g(x)\ \ (0<x<l)$$

을 만족할 조건은

$$u_t=c\phi'(x+ct)-c\psi'(x-ct)$$

이므로

$$u(x,0)=\phi(x)+\psi(x)=f(x) \tag{3}$$

$$u_t(x,0)=c\phi'(x)-c\psi'(x)=g(x). \tag{4}$$

(4)식에서 얻은 식

$$\phi'(x)-\psi'(x)=\frac{1}{c}g(x)$$

의 양변을 x에 관하여 적분하면

$$\phi(x)-\psi(x)=\frac{1}{c}\int_{x_0}^{x}g(s)ds+k(x_0),\quad k(x_0)=\phi(x_0)-\psi(x_0). \tag{5}$$

이 식과 (3)-(5), (3)+(5)에서

$$\phi(x)=\frac{1}{2}f(x)+\frac{1}{2c}\int_{x_0}^{x}g(s)ds+\frac{1}{2}k(x_0) \tag{6}$$

$$\psi(x)=\frac{1}{2}f(x)-\frac{1}{2c}\int_{x_0}^{x}g(s)ds-\frac{1}{2}k(x_0). \tag{7}$$

(6)식과 (7)식을 (2)식에 대입하면

$$u(x,t)=\frac{1}{2}f(x+ct)+\frac{1}{2c}\int_{x_0}^{x+ct}g(s)ds+\frac{1}{2}k(x_0)$$

$$+\frac{1}{2}f(x-ct)-\frac{1}{2c}\int_{x_0}^{x-ct}g(s)ds-\frac{1}{2}k(x_0)$$

$$=\frac{1}{2}\{f(x+ct)+f(x-ct)\}+\frac{1}{2c}\int_{x-ct}^{x+ct}g(s)ds\,. \tag{8}$$

만약 초기속도가 $u_t(x,0)=g(x)=0$이면 (8)에서

$$u(x,t)=\frac{1}{2}\{f(x+ct)+f(x-ct)\} \tag{9}$$

를 얻고, $u(x,0)=f(x)$이므로 초기조건을 만족한다.

연습문제 (7.4)

1. 다음 파동방정식의 초기-경곗값문제의 해를 구하여라.

$$\begin{aligned} &D.E. \quad u_{tt}(x,t)=c^2u_{xx}(x,t)\ (0<x<l,\ t>0)\\ &B.C. \quad u(0,t)=0,\ u(l,\ t)=0\ (t>0)\\ &I.C. \quad u(x,0)=f(x),\ u_t(x,0)=0\ (0<x<l) \end{aligned}$$

2. 다음 파동방정식의 초기-경곗값문제의 해를 구하여라.

$$\begin{aligned} &D.E. \quad u_{tt}(x,t)=c^2u_{xx}(x,t)\ (0<x<l,\ t>0)\\ &B.C. \quad u(0,t)=0,\ u(l,\ t)=0\ (t>0)\\ &I.C. \quad u(x,0)=0,\ u_t(x,0)=g(x)\ (0<x<l) \end{aligned}$$

7.5 열전도방정식의 해법

열전도체에서 각 지점의 시간 t에서의 온도를 측정하여 수학적으로 모형화하여 보면 열방정식(열전도방정식)이라고 불리는 편미분방정식이 된다. 이러한 방정식의 해법에 대하여 살펴보기로 한다.

<I> 1차원 열전도 방정식

x축 방향으로 흐르는 1차원 열전도체에서의 열의 흐름을 생각하여 본다.

선분 $0 \leqq x \leqq l$ 위에 있는 열전도체에 대하여 위치 x, 시간 t에서의 온도를 $u(x,t)$라고 하면 다음의 **열전도 방정식**(heat equation)

$$PDE \qquad \frac{\partial u}{\partial t} = c^2 \frac{\partial^2 u}{\partial x^2} \tag{1}$$

을 만족한다.

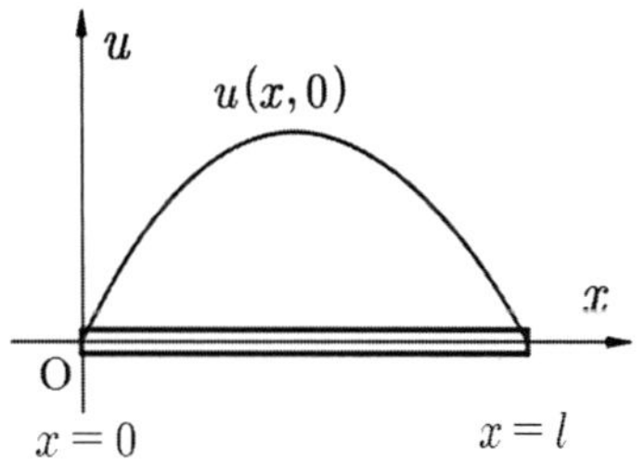

편미분방정식 (1)의 해 중에서 경계조건

$$B.C. \quad u(0,t) = 0, \ u(l, t) = 0 \ (t > 0)$$

및 초기조건

$$I.C. \quad u(x,0) = f(x) \ (0 \leqq x \leqq l)$$

를 만족하는 해를 구하여 보자.

변수분리형의 해를 $u(x,t) = X(x)T(t)$라고 하면, (1)식은

$$X(x)T'(t) = c^2 X''(x)T(t).$$

양변을 c^2XT로 나누면

$$\frac{T'}{c^2T} = \frac{X''}{X} = (-p^2).$$

그러므로 다음을 얻는다.

$$T' + c^2p^2T = 0 \tag{2}$$

$$X'' + p^2X = 0 \tag{3}$$

(2)의 해는

$$T = ke^{-c^2p^2t}$$

이고, (3)의 해는

$$X = A_1 \cos px + B_1 \sin px$$

이므로 (1)의 해는

$$u(x, t) = e^{-c^2p^2t}(A\cos px + B\sin px). \tag{4}$$

경계조건에서

$$u(0, t) = X(0)T(t) = e^{-c^2p^2t}A = 0. \quad \therefore A = 0$$

$$u(l, t) = X(l)T(t) = e^{-c^2p^2t}B\sin pl = 0 \text{에서 } B \neq 0.$$

$$\therefore \sin pl = 0, \quad p = \frac{n\pi}{l} \ (n \in N)$$

그러므로 (4)식은 다음의 형태가 된다.

$$u(x, t) = B\,e^{-(\frac{cn\pi}{l})^2 t} \sin \frac{n\pi x}{l}. \tag{5}$$

그런데 (5)식으로 주어지는 해는 초기조건을 만족하도록 할 수 없으므로, 무한급수

$$u(x, t) = \sum_{n=1}^{\infty} B_n e^{-\left(\frac{cn\pi}{l}\right)^2 t} \sin \frac{n\pi x}{l} \tag{6}$$

의 형태로 해를 구한다. 초기조건에서

$$u(x, 0) = \sum_{n=1}^{\infty} B_n \sin \frac{n\pi x}{l} = f(x)$$

이므로 계수 B_n은 $f(x)$의 Fourier 사인급수의 계수

$$B_n = \frac{2}{l}\int_0^l f(x) \sin \frac{n\pi x}{l}\, dx \tag{7}$$

로 선택하면 (6)식이 구하는 해이다.

예제 1

측면이 절연되어 있고, 양끝의 온도가 $0^o C$로 유지되며 길이가 ℓ인 열전도체에 대하여, 각 지점에서의 초기온도가

$$f(x) = \begin{cases} x & (0 < x \leqq \ell/2) \\ l - x & (\ell/2 < x < \ell) \end{cases}$$

일 때, 임의의 시간 t에서의 막대의 온도 $u(x, t)$를 구하여라.

풀이 구하는 온도 $u(x,t)$는 (6)식으로 주어지며, 초기조건에서

$$B_n = \frac{2}{\ell}\int_0^{\ell} f(x)\sin\frac{n\pi x}{\ell}\,dx$$

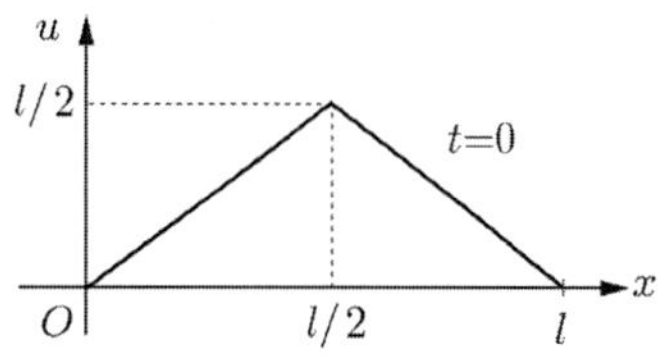

을 얻으므로 B_n을 구하면

$$B_n = \frac{2}{\ell}\int_0^{\ell} f(x)\sin\frac{n\pi x}{\ell}\,dx$$

$$= \frac{2}{\ell}\int_0^{\ell/2} x\sin\frac{n\pi x}{\ell}\,dx + \frac{2}{\ell}\int_{\ell/2}^{\ell}(\ell - x)\sin\frac{n\pi x}{\ell}\,dx$$

$$= \begin{cases} \dfrac{4\ell}{n^2\pi^2} & (n = 1,\ 5,\ 9,\ \cdots) \\ -\dfrac{4\ell}{n^2\pi^2} & (n = 3,\ 7,\ 11,\ \cdots) \\ 0 & (n\text{은 짝수}) \end{cases}$$

따라서 구하는 해 u는

$$u(x, t) = \frac{4\ell}{\pi^2}\left[\sin\frac{\pi x}{\ell}\exp\left\{-\left(\frac{c\pi}{\ell}\right)^2 t\right\} - \frac{1}{9}\sin\frac{3\pi x}{\ell}\exp\left\{-\left(\frac{3c\pi}{\ell}\right)^2 t\right\} + \cdots\right].$$

<II> 2차원 열전도 방정식

평면 모양의 열전도체에 대하여 위치 (x, y), 시간 t에서의 온도를 $u(x, y, t)$라고 하면 다음의 2차원 열전도 방정식(heat equation)은

$$PDE \quad \frac{\partial u}{\partial t} = c^2\left(\frac{\partial^2 u}{\partial x^2} + \frac{\partial^2 u}{\partial y^2}\right) \tag{1}$$

로 주어진다. 만약 열전도가 정상적(steady), 즉, 온도가 시간에 무관하면, $\dfrac{\partial u}{\partial t} = 0$이므로 (1)식은

$$\triangle u = \nabla^2 u = \frac{\partial^2 u}{\partial x^2} + \frac{\partial^2 u}{\partial y^2} = 0 \tag{2}$$

이 된다. 방정식 (2)는 2차원 **라플라스방정식**(Laplace equation)이라고 부르고, △를 라플라시안(Laplacian)으로 읽기도 한다.

라플라스방정식의 해 열전도가 xy-평면의 직사각형 영역 R에서 행해지고, R의 경계선 C에서의 온도 u에 대한 조건을 경계조건으로 하는 **디리클레문제(Dirichlet)**를 살펴보자. 온도 $u(x, y)$가 직사각형 영역 R의 경계선에서 그림과 같이 주어진다고 하고 시간 t에 관계없다고 하자. 변수분리형의 해 $u(x, y) = X(x)Y(y)$를 라플라스방정식에 대입하면

$$X''Y + XY'' = 0.$$

양변을 XY로 나누면

$$\frac{X''}{X} = -\frac{Y''}{Y} = -k^2\ (>0).$$

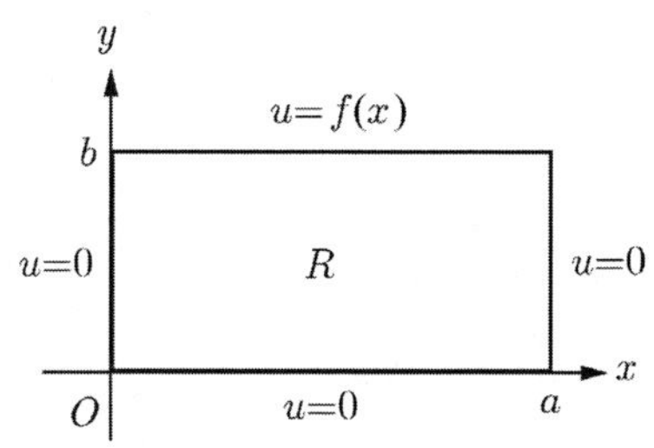

(i) $X'' + k^2 X = 0$, $X(0) = 0$, $X(a) = 0$의 일반해는

$$X = c_1 \cos kx + c_2 \sin kx.$$

경계조건에서

$$X(0) = c_1 = 0,\ X(a) = c_2 \sin ka = 0$$

$c_2 \neq 0$이어야 하므로

$$ka = n\pi. \quad \therefore k = \frac{n\pi}{a}\ (n \in N)$$

$c_2 = 1$로 선택하면

$$X(x) = \sin \frac{n\pi x}{a}.$$

(ii) $Y'' - k^2 Y = Y'' - \left(\frac{n\pi}{a}\right)^2 Y = 0$, $u(x, 0) = 0$, 즉, $Y(0) = 0$의 일반해는

$$Y = A_1 e^{\frac{n\pi}{a}y} + A_2 e^{-\frac{n\pi}{a}y}.$$

경계조건에서

$$Y(0) = A_1 + A_2 = 0. \ \therefore A_2 = -A_1$$

$$\therefore\ Y = A_1\left(e^{\frac{n\pi}{a}y} - e^{-\frac{n\pi}{a}y}\right) = 2A_1 \sinh\frac{n\pi y}{a}.$$

경계조건 $u(x, b) = f(x)$를 만족하는 해를 구하기 위하여 급수형으로 나타내어

$$u(x, y) = \sum_{n=1}^{\infty} u_n(x, y) = \sum_{n=1}^{\infty} A_n^* \sin\frac{n\pi x}{a} \sinh\frac{n\pi y}{a}$$

라고 하면

$$u(x, b) = \sum_{n=1}^{\infty}\left\{A_n^* \sinh\frac{n\pi b}{a}\right\}\sin\frac{n\pi x}{a} = f(x)\ .$$

$f(x)$의 푸리에사인급수의 계수 b_n은 $f(x)$의 주기가 $2a$ 이므로

$$b_n = A_n^* \sinh\frac{n\pi b}{a} = \frac{2}{a}\int_0^a f(x) \sin\frac{n\pi x}{a}\, dx$$

$$\therefore\ A_n^* = \frac{2}{a \sinh\frac{n\pi b}{a}}\int_0^a f(x) \sin\frac{n\pi x}{a}\, dx\ .$$

그러므로 주어진 라플라스방정식의 경곗값문제의 해는

$$u(x, y) = \sum_{n=1}^{\infty} A_n^* \sin\frac{n\pi x}{a} \sinh\frac{n\pi y}{a}$$

$$\text{단, } A_n^* = \frac{2}{a \sinh\frac{n\pi b}{a}}\int_0^a f(x) \sin\frac{n\pi x}{a}\, dx\ .$$

예제 2

다음 2차원 라플라스방정식의 해를 구하여라.

D.E. $u_{xx} + u_{yy} = 0\ (0 < x < 2,\ 0 < y < 2)$

B.C. $u(0, y) = u(2, y) = 0\ (0 < y < 2)$

$u(x, 0) = 0,\ u(x, 2) = 1\ (0 < x < 2)$

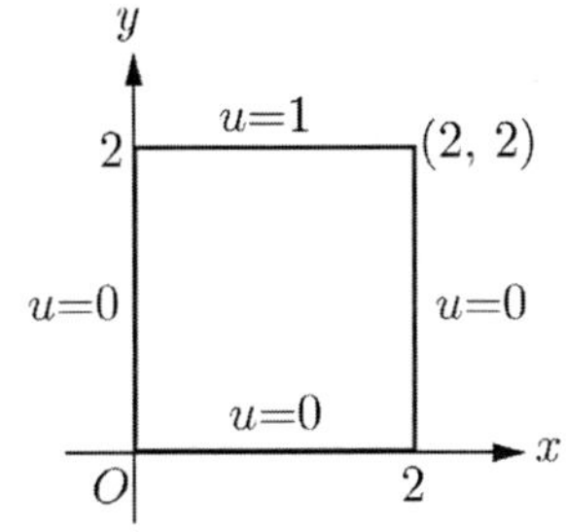

풀이 변수분리형의 함수 $u(x, y) = X(x)Y(y)$가 해가 된다고 하면

$$X''Y + XY'' = 0$$

양변을 XY로 나누면

$$\frac{X''}{X} = -\frac{Y''}{Y} = -k^2\ (>0)$$

이므로

$$X'' + k^2 X = 0,\quad Y'' - k^2 Y = 0.$$

첫 번째 경계조건에서

$$u(0, y) = X(0)Y(y) = 0,\ \ Y(y) \not\equiv 0 \text{이므로 } X(0) = 0.$$

두 번째 경계조건에서

$$u(2, y) = X(2)Y(y) = 0,\ \ Y(y) \not\equiv 0 \text{ 이므로 } X(2) = 0.$$

(i) $X'' + k^2 X = 0,\ X(0) = 0,\ X(2) = 0$의 일반해는

$$X = c_1 \cos kx + c_2 \sin kx$$

경계조건에서

$$X(0) = c_1 = 0,\ \ X(2) = c_2 \sin 2k = 0$$

$c_2 \neq 0$이어야 하므로

$$2k = n\pi.\ \ \therefore\ k = \frac{n\pi}{2}\ (n \in N).$$

$c_2 = 1$로 선택하면

$$X(x) = \sin\frac{n\pi x}{2}\ (n \in N).$$

(ii) $Y'' - k^2 Y = Y'' - \left(\frac{n\pi}{2}\right)^2 Y = 0,\ u(x, 0) = 0,$ 즉, $Y(0) = 0$의 일반해는

$$Y = A_1 e^{\frac{n\pi}{2}y} + A_2 e^{-\frac{n\pi}{2}y}.$$

경계조건에서

$$Y(0) = A_1 + A_2 = 0.\ \therefore A_2 = -A_1.$$

$$\therefore\ Y = A_1\left(e^{\frac{n\pi}{2}y} - e^{-\frac{n\pi}{2}y}\right) = 2A_1 \sinh\frac{n\pi y}{2}.$$

경계조건 $u(x, 2) = 1$를 만족하는 해를 구하기 위하여 급수형으로 나타내어

$$u(x, y) = \sum_{n=1}^{\infty} u_n(x, y) = \sum_{n=1}^{\infty} A_n^* \sin\frac{n\pi x}{2} \sinh\frac{n\pi y}{2}$$

라고 하면

$$u(x, 2) = \sum_{n=1}^{\infty} \{A_n^* \sinh n\pi\} \sin\frac{n\pi x}{2} = 1\ .$$

$f(x) = 1$의 Fourier 사인급수의 계수 b_n은 $f(x)$의 주기가 4 이므로

$$b_n = A_n^* \sinh n\pi = \frac{2}{2}\int_0^2 1\ \sin\frac{n\pi x}{2}\,dx$$

$$= \left[-\frac{2}{n\pi} \cos\frac{n\pi x}{2} \right]_0^2 = \frac{2}{n\pi}(1-\cos n\pi) .$$

$$\therefore A_n^* = \frac{2}{n\pi \sinh n\pi}(1-\cos n\pi) .$$

그러므로 주어진 2차원 라플라스방정식의 경곗값문제의 해는

$$u(x, y) = \sum_{n=1}^{\infty} \frac{2}{n\pi \sinh n\pi}(1-\cos n\pi) \sin\frac{n\pi x}{2} \sinh\frac{n\pi y}{2}$$

$$= \sum_{k=1}^{\infty} \frac{4}{(2k-1)\pi \sinh(2k-1)\pi} \sin\frac{(2k-1)\pi x}{2} \sinh\frac{(2k-1)\pi y}{2} .$$

<III> 라플라스변환 해법

편미분방정식은 양의 변수 하나에 관하여 라플라스변환을 취하여 풀 수 있다. 예를 들어, 양의 x와 t에 대한 파동방정식의 초기-경곗값문제

$$\begin{cases} D.E. \ \ u_{tt} = c^2 u_{xx} & (1) \\ B.C. \ \ u(0, t) = f(t), \ \lim_{x \to \infty} u(x, t) = 0 & (2) \\ I.C. \ \ u(x, 0) = 0, \ u_t(x, 0) = 0 & (3) \end{cases}$$

이 주어질 때, 라플라스변환을 이용하여 풀어보기로 한다.

각각 고정된 x값에 대하여, (1)의 양변을 t에 관하여 Laplace 변환을 취하면

$$L(u_{tt}) = s^2 L(u) - su(x, 0) - u_t(x, 0) = s^2 L(u) = s^2 U(x, s)$$

$$L(u_{xx}) = \int_0^{\infty} e^{-st} u_{xx}(x, t)\, dt = \frac{\partial^2}{\partial x^2} \int_0^{\infty} e^{-st} u(x, t)\, dt$$

$$= \frac{\partial^2}{\partial x^2} L\{u(x, t)\} = \frac{\partial^2}{\partial x^2} U(x, s) = U_{xx}$$

이므로 다음을 얻는다.

$$s^2 U = c^2 U_{xx} \ \text{ 또는 } \ U_{xx} - \frac{s^2}{c^2} U = 0 \tag{4}$$

(4)식은 x에 관한 상미분방정식이므로 특성근을 이용하면 해는

$$U(x, s) = A(s) e^{\frac{sx}{c}} + B(s) e^{-\frac{sx}{c}} . \tag{5}$$

경계조건 (2)로부터

$$U(0, s) = L\{u(0, t)\} = L\{f(t)\} = F(s)$$

$$\lim_{x \to \infty} U(x, s) = \lim_{x \to \infty} \int_0^\infty e^{-st} u(x, t)\, dt = \int_0^\infty e^{-st} \lim_{x \to \infty} u(x, t)\, dt$$

$$= \int_0^\infty e^{-st} \cdot 0\, dt = 0.$$

(5)식에서 $\lim_{x \to \infty} U(x, s) = 0$이 성립되려면 $A(s) = 0$이어야 한다. 그러므로

$$U(0, s) = B(s) e^0 = F(s)$$

로부터 $B(s) = F(s)$를 얻는다. 그러므로 $U(x, s) = F(s) e^{-\frac{sx}{c}}$. 이제 라플라스 역변환을 취하면 구하는 해는

$$u(x, t) = f\left(t - \frac{x}{c}\right) u\left(t - \frac{x}{c}\right).$$

연습문제 (7.5)

1. 다음 초기-경곗값문제의 해를 구하여라. (단, $u(x,t)$는 유계함수이다.)

$$\text{D.E.}\quad \frac{\partial u}{\partial t} = 3\frac{\partial^2 u}{\partial x^2}\ (0 < x < 1,\ t > 0)$$

$$\text{B.C}\quad u(0,t) = u(1,t) = 0$$

$$\text{I.C.}\quad u(x,0) = 3\sin 3\pi x + 8\sin 8\pi x$$

2. 다음 초기-경곗값문제의 해를 구하여라. (단, $u(x,t)$는 유계함수이다.)

$$\text{D.E.}\quad \frac{\partial u}{\partial t} = 3\frac{\partial^2 u}{\partial x^2}\ (0 < x < 3,\ t > 0)$$

$$\text{B.C}\quad u(0,t) = u(3,t) = 0$$

$$\text{I.C.}\quad u(x,0) = 2\sin 2\pi x + 3\sin 3\pi x - 7\sin 7\pi x$$

3. 다음 초기-경곗값문제의 해를 구하여라. (단, $u(x,t)$는 유계함수이다.)

$$\text{D.E.}\quad \frac{\partial u}{\partial t} = 9\frac{\partial^2 u}{\partial x^2}\ (0 < x < 3,\ t > 0)$$

$$\text{B.C}\quad u(0,t) = u(3,t) = 0$$

$$\text{I.C.}\quad u(x,0) = 5\sin 5\pi x + 6\sin 6\pi x - 9\sin 10\pi x$$

4. 다음 초기-경곗값문제의 해를 구하여라. (단, $u(x,t)$는 유계함수이다.)

$$\text{D.E.}\quad \frac{\partial u}{\partial t} = 9\frac{\partial^2 u}{\partial x^2}\ (0 < x < 3,\ t > 0)$$

$$\text{B.C}\quad u(0,t) = u(3,t) = 0\,(t > 0)$$

$$\text{I.C.}\quad u(x,0) = f(x)\ (0 < x < 3)$$

5. 다음 경곗값문제의 해를 구하여라.(노이만(Neumann)문제라고 부른다.)

$$\text{D.E.}\quad \nabla^2 u = 0\ (0 < x < \pi,\ 0 < y < \pi)$$

$$\text{B.C}\quad \begin{cases} u_x(0,y) = u_x(\pi,y) = 0\,(0 < y < \pi) \\ u(x,0) = 0,\ u(x,\pi) = f(x)\,(0 < x < \pi) \end{cases}$$

단, $f(x)$는 $\int_0^\pi f(x) = 0$을 만족하는 함수이다.

연습문제 풀이 및 해답

제1장 1계 상미분방정식

연습문제 (1.1)

1. (1) 3계2차 (2) $\sqrt{x^4y''}=-4x(y')^2+e^x$로 나타낸 다음에 양변을 제곱하면 $x^4y''=(-4x(y')^2+e^x)^2$이 되므로 2계 4차 (3) $x+y'=\sin^{-1}(x^3y^2+\cos x)$로 나타낼 수 있으므로 1계 1차 (4) 2계 1차

2. (1) $y'=c$이므로 $y'=\dfrac{y-1}{x}$ (2) $y'=2cx-1$ 에서 $c=\dfrac{y'+1}{2x}$,

   그러므로

$$y=cx^2-x+c=\frac{y'+1}{2x}x^2-x+\frac{y'+1}{2x}=\frac{x}{2}y'+\frac{1}{2x}y'-\frac{x}{2}+\frac{1}{2x}$$ (3) $2x+2yy'-2c=0$ 에서 $c=x+yy'$, 주어진 식에 대입하면 $x^2+y^2-2x(x+yy')=1$, 즉, $y^2-x^2-2xyy'=1$ (4) $y'=c_1+2c_2x,\ y''=2c_2$이므로 $c_2=\dfrac{1}{2}y'',\ c_1=y'-xy''$. 그러므로 $y=1+c_1x+c_2x^2$ $=1+(y'-xy'')x+\dfrac{1}{2}y''x^2$, 즉, $\dfrac{1}{2}x^2y''-xy'+y=1$.

3. (1) 곡선군은 $x^2+(y-a)^2=1$로 주어지므로 미분하면 $x+(y-a)y'=0$. $y-a=-\dfrac{x}{y'}$이므로

$$x^2+\left(-\frac{x}{y'}\right)^2=1,\ 즉,\ y'^2(x^2-1)=-x^2$$

   (2) $2y'=2x$, 즉, $y'=x$이므로 $2y=x^2$위의 임의의 점 $\left(a,\dfrac{1}{2}a^2\right)$에서의 접선의 방정식은 $y-\dfrac{1}{2}a^2=a(x-a)$이다. 양변을 미분하면 $y'=a$를 얻으므로 접선의 방정식에 대입하면 $y-\dfrac{1}{2}y'^2=y'(x-y')$, 즉, $y'^2-2xy'+2y=0$.

   (3) 점$(1,1)$을 지나는 직선의 기울기를 m이라고 하면 직선군은 $y-1=m(x-1)$로 나타난다. 미분하면 $y'=m$이 되므로 대입하면 미분방정식은 $y=y'(x-1)+1$이 된다.

   (4) $2y'=2x$, 즉, $y'=x$이므로 $2y=x^2$위의 임의의 점 $\left(a,\dfrac{1}{2}a^2\right)$에서의 법선의 방정식은

$y-\frac{1}{2}a^2=-\frac{1}{a}(x-a)$ 이다. 양변을 미분하면 $y'=-\frac{1}{a}$, 즉, $a=-\frac{1}{y'}$ 을 얻으므로 법선의 방정식에 대입하면 $y-\frac{1}{2y'^2}=y'\left(x+\frac{1}{y'^2}\right)$, 즉, $2yy'^2-2x(y')^3-2y'-1=0$.

(5) $y=x$ 의 기울기는 1 이므로 직교하는 직선의 기울기는 -1 이다. 따라서 곡선군은 $y=-x+c$ 로 표현된다. 미분하면 $y'=-1$.

연습문제 (1.2)

1. (1) 변수분리하면 $\frac{1}{y^2}dy=-\frac{1}{x}dx$ 이므로 적분하면 $-\frac{1}{y}=-\ln|x|+C$, 즉, $y=\frac{1}{\ln|x|-C}$. (2) 변수분리하면 $\frac{1}{y^2}dy=-\frac{1}{x^2}dx$ 이므로 적분하면 $-\frac{1}{y}=-\frac{1}{x}+C$, 즉, $y=\frac{x}{1-Cx}$. (3) 변수분리하면 $\frac{1}{y}dy=-adx$ 이므로 적분하면 $\ln|y|=-ax+c$, 즉, $y=Ce^{-ax}$. (4) 변수분리하면 $\frac{\cos y}{\sin y}dy=-adx$ 이므로 적분하면 $\ln|\sin y|=-ax+c$, 즉, $\sin y=Ce^{-ax}$. (5) 변수분리하면 $\frac{1}{y}dy=\frac{x^2}{1-x}dx=\left(-x-1+\frac{1}{1-x}\right)dx$ 이므로 적분하면 $\ln|y|=-\frac{1}{2}x^2-x+\ln|1-x|+c$, $y=Ce^{-\frac{1}{2}x^2-x}(1-x)$ (6) 변수분리하면

$\frac{1}{y(y-1)}dy=\frac{x^2}{1+x}dx=\left(x-1+\frac{1}{x+1}\right)dx$ 이므로 부분분수로 분해하고 적분하면

$$\int\left(\frac{1}{y-1}-\frac{1}{y}\right)dy=\frac{1}{2}x^2-x+\ln|x+1|+c$$

따라서 $\ln\left|\frac{y-1}{y}\right|=\frac{1}{2}x^2-x+\ln|x+1|+c$, $\left|\frac{y-1}{y}\right|=Ce^{\frac{1}{2}x^2-x}|x+1|$

(7) 변수를 분리하면 $\frac{1}{1+y^2}y'=-x^2$ 이므로 적분하면 $\tan^{-1}y=-\frac{1}{3}x^3+C$. 그러므로 $y=-tan\left(\frac{1}{3}x^3-C\right)$. (8) 변수를 분리하면 $\frac{y}{1+y^2}y'=-x$ 이므로 적분하면 $\frac{1}{2}\ln(1+y^2)=-\frac{1}{2}x^2+C$. 따라서 $1+y^2=Ce^{-x^2}$, 즉, $y^2=Ce^{-x^2}-1$.

2. (1) $y=ax^3$ 을 미분하면 $y'=3ax^2$ 이므로 $a=\frac{y'}{3x^2}$ 을 대입하면 주어진 곡선군의 미분방정식은 $y=\frac{y'}{3x^2}x^3$, 즉, $y'=\frac{3y}{x}$ 이다. 그러므로 직교곡선군의 미분방정식은 $y'=-\frac{x}{3y}$ 이다. 변수분리하면 $ydy=-\frac{x}{3}dx$ 이므로 적분하면 $\frac{1}{2}y^2=-\frac{1}{6}x^2+c$, 즉, $\frac{x^2}{6}+\frac{y^2}{2}=c$.

(2) $x^2-y^2=C$ 의 양변을 x 에 관하여 미분하면 $2x-2yy'=0$ 이므로 주어진 곡선군의 미분방정식은 $y'=\frac{x}{y}$. 그러므로 직교곡선군의 미분방정식은 $y'=-\frac{y}{x}$ 이다. 변수분리하면 $\frac{1}{y}dy=-\frac{1}{x}dx$ 이므로

적분하면 $\ln|y| =-\ln|x|+c$, 즉, $y=\dfrac{C}{x}$.

(3) $x^2+9y^2=C$의 양변을 x에 관하여 미분하면 $2x+18yy'=0$이므로 주어진 곡선군의 미분방정식은 $y'=-\dfrac{x}{9y}$. 그러므로 직교곡선군의 미분방정식은 $y'=\dfrac{9y}{x}$ 이다. 변수분리하면 $\dfrac{1}{y}dy=\dfrac{9}{x}dx$ 이므로 적분하면 $\ln|y|=9\ln|x|+c$, 즉, $y=Cx^9$. (4) $y=Ce^x$ 이므로 $y'=Ce^x$. $C=\dfrac{y'}{e^x}$ 를 대입하면 곡선군의 미분방정식은 $y=y'$. 그러므로 직교곡선군의 미분방정식은 $y'=-\dfrac{1}{y}$ 이다. $y'y=-1$ 이므로 적분하여 해를 구하면 $y^2=-2x+C$. (5) $\cos y=Ce^x$ 를 미분하면 $(\sin y)y'=Ce^x$ 이므로 대입하면 $(\sin y)y'=Ce^x=\cos y$. 그러므로 곡선군의 미방은 $y'=\dfrac{\cos y}{\sin y}$. 따라서 직교곡선군의 미분방정식은 $y'=-\dfrac{\sin y}{\cos y}$. 변수분리하면 $\dfrac{\cos y}{\sin y}y'=-1$. 적분하면 $\ln|\sin y|=-x+C$이므로 직교곡선군은 $\sin y=Ce^{-x}$. (6) $xy=C$를 미분하면 $y+xy'=0$ 이므로 곡선군의 미분방정식은 $y'=-\dfrac{y}{x}$. 따라서 직교곡선군의 미분방정식은 $y'=\dfrac{x}{y}$. 변수를 분리하면 $yy'=x$ 이므로 적분하여 $\dfrac{1}{2}y^2=\dfrac{1}{2}x^2+C'$, 즉, $y^2-x^2=C$.

3. (1) 접선영은 다음의 그림에서 $\overline{TM}$이다. $\dfrac{\overline{PM}}{\overline{TM}}=y'$ 에서 $\overline{TM}=\dfrac{\overline{PM}}{y'}=\dfrac{y}{y'}=k$이므로 변수분리하면 $\dfrac{1}{y}dy=\dfrac{1}{k}dx$. 적분하여 해를 구하면 $y=Ce^{\frac{1}{k}x}$.

(2) 법선영은 다음의 그림에서 $\overline{NM}$이다. $\dfrac{\overline{PM}}{\overline{NM}}=-\dfrac{1}{y'}$ 에서 $\overline{NM}=-y'\,\overline{PM}=-yy'=k$이므로 변수분리하면 $-yy'dy=kdx$. 적분하여 해를 구하면 $\dfrac{1}{2}y^2=-kx+C$.

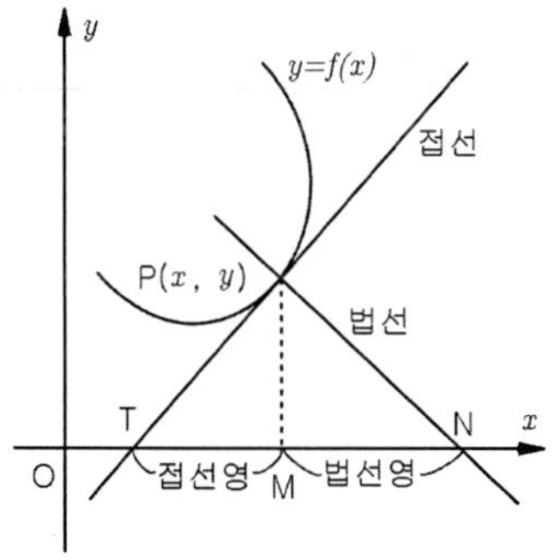

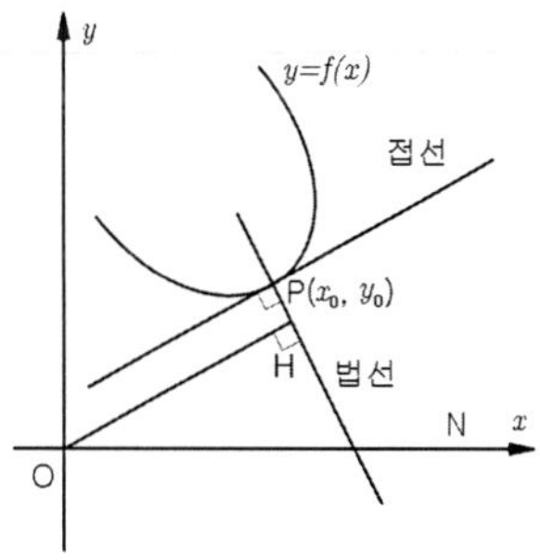

(3) 곡선위의 점 (x_0, y_0) 에서의 법선의 방정식은

$y-y_0=-\dfrac{1}{y_0'}(x-x_0)$, $x+y_0'y-y_0y_0'-x_0=0$

원점에서 이 법선에 내리린 수선의 길이가 y_0와 같으므로 $\dfrac{|x_0+y_0y_0'|}{\sqrt{1+(y_0')^2}}=y_0$가 된다. 임의의 점을 (x, y)라고 하면 $\dfrac{|x+yy'|}{\sqrt{1+(y')^2}}=y$이므로 양변을 제곱하여 정리하면 $x^2+2xyy'=y^2$이다. 동차형 방정식이므로 $y=ux$로 치환하면 $x^2+2xux(u'x+u)=u^2x^2$. 정리하여 변수분리하면 $\dfrac{2u}{u^2+1}du+\dfrac{1}{x}dx=0$. 적분하면 $\ln(u^2+1)+\ln|x|=c$. 간단히 하면 $x(u^2+1)=C$이므로 $u=\dfrac{y}{x}$를 대입하면 $x\left(\dfrac{y^2}{x^2}+1\right)=C$, 즉, $x(y^2+x^2)=Cx^2$. 따라서 구하는 곡선은 $x^2+y^2=Cx$와 같이 나타나는 원군이 된다.

연습문제 (1.3)

1. (1) $xdx+ydy=0$에서 $M=x, N=y$라고 하면 $\dfrac{\partial M}{\partial y}=0=\dfrac{\partial N}{\partial x}$이므로 완전미방이다. $\dfrac{\partial u}{\partial x}=x$, $\dfrac{\partial u}{\partial y}=y$에서 $u(x,y)=\dfrac{1}{2}x^2+k(y)$이므로 y에 관하여 편미분하면 $k'(y)=\dfrac{\partial u}{\partial y}=N=y$. 그러므로 $k(y)=\dfrac{1}{2}y^2+C$. $u(x,y)$는 하나의 함수만 선택하면 충분하므로 $C=0$을 선택하면 $u(x,y)=\dfrac{1}{2}x^2+\dfrac{1}{2}y^2$. 따라서 일반해는 $\dfrac{1}{2}x^2+\dfrac{1}{2}y^2=C$.

(2) $(2x+y)dx+(2y+x)dy=0$에서 $M=2x+y, N=2y+x$라고 하면 $\dfrac{\partial M}{\partial y}=1=\dfrac{\partial N}{\partial x}$이므로 완전미방이다. $\dfrac{\partial u}{\partial x}=2x+y$, $\dfrac{\partial u}{\partial y}=2y+x$에서 $u(x,y)=x^2+xy+k(y)$이므로 y에 관하여 편미분하면 $x+k'(y)=\dfrac{\partial u}{\partial y}=N=2y+x$. 그러므로 $k'(y)=2y$. 적분하면 $k(y)=y^2+C$. $C=0$으로 선택하면 $u(x,y)=x^2+xy+y^2$. 따라서 일반해는 $x^2+xy+y^2=C$.

(3) $(\sin x+y)dx+(\cos y+x)dy=0$를 정리하여 $\sin x\,dx+(ydx+xdy)+\cos y\,dy=0$으로 나타내고 전미분을 이용하면 $d(-\cos x)+d(xy)+d(\sin y)=0$, 즉, $d(-\cos x+xy+\sin y)=0$이므로 일반해는 $-\cos x+xy+\sin y=C$.

(4) $y\sin(xy)dx+x\sin(xy)dy=0$을 완전미분형태로 나타내면 $d\{-\cos(xy)\}=0$이므로 일반해는 $-\cos(xy)=C$.

(5) $(3x^2y^3+e^{x+y})dx+(3x^3y^2+e^{x+y})dy=0$을 $(3x^2y^3dx+3x^3y^2dy)+(e^{x+y}dx+e^{x+y}dy)=0$의 형태로 정리하고 완전미분형태를 이용하면 $d(x^3y^3)+d(e^{x+y})=0$이므로 일반해는 $x^3y^3+e^{x+y}=C$.

(6) $ydx+xdy+\dfrac{1}{1+x^2}dx=0$은 $d(xy)+d(\tan^{-1}x)=0$이므로 일반해는 $xy+\tan^{-1}x=C$.

2. (1) $M=3x^2-y, N=x$, $\dfrac{\partial M}{\partial y}=-1$, $\dfrac{\partial N}{\partial x}=1$, $\dfrac{1}{N}\left(\dfrac{\partial M}{\partial y}-\dfrac{\partial N}{\partial x}\right)=\dfrac{1}{x}(-1-1)=-\dfrac{2}{x}$ 이므로 $\lambda=e^{-\int\frac{2}{x}dx}=e^{-2\ln x}=e^{\ln\frac{1}{x^2}}=\dfrac{1}{x^2}$. 주어진 미분방정식의 양변에 $\dfrac{1}{x^2}$을 곱하고 정리하면

$\dfrac{(3x^2-y)dx+xdy}{x^2}=3dx+\dfrac{xdy-ydx}{x^2}=d(3x)+d\left(\dfrac{y}{x^2}\right)=d\left(3x+\dfrac{y}{x^2}\right)=0$

이므로 일반해는 $3x+\dfrac{y}{x^2}=C$, 즉, $y=Cx^2-3x^3$.

(2) $M=3x-3y$, $N=-x$, $\dfrac{\partial M}{\partial y}=-3$, $\dfrac{\partial N}{\partial x}=-1$, $\dfrac{1}{N}\left(\dfrac{\partial M}{\partial y}-\dfrac{\partial N}{\partial x}\right)=\dfrac{1}{-x}(-3-(-1))=\dfrac{2}{x}$ 이므로 $\lambda=e^{\int\frac{2}{x}dx}=e^{2\ln x}=e^{\ln x^2}=x^2$. 양변에 x^2을 곱하면 $(3x^3-3x^2y)dx-x^3dy=0$. 정리하면 $(3x^3-3x^2y)dx-x^3dy=3x^3dx-(3x^2ydx+x^3dy)=d\left(\dfrac{3}{4}x^4\right)-d(x^3y)=d\left(\dfrac{3}{4}x^4-x^3y\right)=0$

이므로 일반해는 $\dfrac{3}{4}x^4-x^3y=C$.

(3) $\dfrac{\partial M}{\partial y}=2x$, $\dfrac{\partial N}{\partial x}=-6x$, $\dfrac{1}{M}\left(\dfrac{\partial N}{\partial x}-\dfrac{\partial M}{\partial y}\right)=\dfrac{1}{2xy}(-6x-2x)=\dfrac{-4}{y}$ 이므로 $\lambda=e^{\int(-\frac{4}{y})dy}=e^{-4\ln y}=\dfrac{1}{y^4}$. 적분인자 $\dfrac{1}{y^4}$을 양변에 곱하면 $\dfrac{2xy}{y^4}dx+\dfrac{y^2-3x^2}{y^4}dy=0$으로 완전미분방정식이 된다. 전미분이 좌변이 되는 함수를 $u(x,y)$라고 하면 $\dfrac{\partial u}{\partial x}=\dfrac{2x}{y^3}$, $\dfrac{\partial u}{\partial y}=y^2-\dfrac{3x^2}{y^4}$. 그러므로 $u(x,y)=\dfrac{x^2}{y^3}+g(y)$. y에 관하여 편미분하면 $\dfrac{\partial u}{\partial y}=-3\dfrac{x^2}{y^4}+g'(y)=\dfrac{1}{y^2}-\dfrac{3x^2}{y^4}$에서 $g'(y)=\dfrac{1}{y^2}$, 즉, $g(y)=-\dfrac{1}{y}$. 그러므로 일반해는 $\dfrac{x^2}{y^3}-\dfrac{1}{y}=C$.

(4) $M=x^3+4x^2y^3$, $N=4x^3y^2+y^3$라고 하면 $\dfrac{\partial M}{\partial y}=12x^2y^2=\dfrac{\partial N}{\partial x}$이므로 완전미분방정식이다. 전미분이 주어진 미분방정식의 좌변과 같은 함수를 $u(x,y)$라고 하면 $\dfrac{\partial u}{\partial x}=M=x^3+4x^2y^3$이므로 y를 상수로 보고 양변을 x에 관하여 적분하면 $u(x,y)=\dfrac{1}{4}x^4+\dfrac{4}{3}x^3y^3+k(y)$의 형태가 된다. y에 관하여 편미분하면 $4x^3y^2+k'(y)=\dfrac{\partial u}{\partial y}=N=4x^3y^2+y^3$. 그러므로 $k'(y)=y^3$. $k(y)=\dfrac{1}{4}y^4+c$. 그런데 $u(x,y)$는 하나의 함수만 구하면 충분하므로 $c=0$으로 선택하면 $u(x,y)=\dfrac{1}{4}x^4+\dfrac{4}{3}x^3y^3+\dfrac{1}{4}y^4$이 된다. 그러므로 일반해는 $u(x,y)=\dfrac{1}{4}x^4+\dfrac{4}{3}x^3y^3+\dfrac{1}{4}y^4=C$.

(5) $\dfrac{\partial M}{\partial y}=\dfrac{2}{y}=\dfrac{\partial N}{\partial x}$이므로 완전미방이다. $\dfrac{\partial u}{\partial x}=x^3+2\ln y$, $\dfrac{\partial N}{\partial y}=\dfrac{2x}{y}$의 첫 번째식의 양변을 x에 관하여 적분하면 $u=\dfrac{1}{4}x^4+2x\ln y+g(y)$가 되므로 y에 관하여 편미분하면

$u_y=\dfrac{2x}{y}+g'(y)=\dfrac{2x}{y}$, 즉, $g(y)=0$. 그러므로 일반해는 $u=\dfrac{1}{4}x^4+2x\ln y=C$.

(6) $\dfrac{\partial M}{\partial y}=2x+1=\dfrac{\partial N}{\partial x}$이므로 완전미분방정식이다. 그러므로 일반해는

$$z(x,y)=\int_{y=\text{상수}}(x^4+2xy+y)dx$$
$$+\int\left[y^4+x^2+x-\frac{\partial}{\partial y}\int_{y=\text{상수}}(x^4+2xy+y)dx\right]dy=C$$

로 표현된다. 계산하면

$$z(x,y)=\frac{1}{5}x^5+x^2y+xy+\int[y^4+x^2+x-x^2-x]dy$$
$$=\frac{1}{5}x^5+x^2y+xy+\int y^4dy$$
$$=\frac{1}{5}x^5+x^2y+xy+\frac{1}{5}y^5=C$$

(7) 주어진 방정식을 $y^2dy+(2xydx-x^2dy)=0$으로 나타내고 y^2으로 나누면

$$dy+\frac{2xydx-x^2dy}{y^2}=d(y)+d\left(\frac{x^2}{y}\right)=d\left(y+\frac{x^2}{y}\right)=0$$

임을 알 수 있다. 그러므로 일반해는 $y+\dfrac{x^2}{y}=C$이다.

3. $(e^x+2\ln y)dx+\left(e^y+\dfrac{2x}{y}\right)dy=0$은 완전미방이므로 $\dfrac{\partial u}{\partial x}=e^x+2\ln y$. y를 상수로 보고 x에 관하여 적분하면 $u(x,y)=e^x+2x\ln y+k(y)$. y에 관하여 편미분하면 $\dfrac{2x}{y}+k'(y)=N=e^y+\dfrac{2x}{y}$. 그러므로 $k'(y)=e^y$. 따라서 $k(y)=e^y+C$. $C=0$으로 선택하면 $u(x,y)=e^x+2x\ln y+e^y$. 따라서 일반해는 $u(x,y)=e^x+2x\ln y+e^y=C$. 초기조건 $y(0)=1$을 대입하면 $e^0+0+e^1=C$. 그러므로 구하는 해는 $e^x+2x\ln y+e^y=1+e$.

4. $y'+xy=x$을 미분형으로 나타내면 $(xy-x)dx+dy=0$. $\dfrac{1}{N}\left(\dfrac{\partial M}{\partial y}-\dfrac{\partial N}{\partial x}\right)=\dfrac{1}{1}(x-0)=x$ 이므로 적분인자는 $\lambda(x)=e^{\frac{1}{2}x^2}$. 주어진 방정식 $y'+xy=x$의 양변에 적분인자 $e^{\frac{1}{2}x^2}$을 곱하면 $e^{\frac{1}{2}x^2}y'+xe^{\frac{1}{2}x^2}y=xe^{\frac{1}{2}x^2}$. 완전미분형을 이용하여 표현하면 $d\left(e^{\frac{1}{2}x^2}y\right)=xe^{\frac{1}{2}x^2}$. 양변을 적분하면 $e^{\frac{1}{2}x^2}y=\int xe^{\frac{1}{2}x^2}dx=e^{\frac{1}{2}x^2}+C$. 그러므로 일반해는 $y=1+Ce^{-\frac{1}{2}x^2}$.

연습문제 (1.4)

1. (1) 1계선형미분방정식이므로 위의 공식에 대입하면

$$y=e^{-\int p(x)dx}\left[\int e^{\int p(x)dx}r(x)dx+C\right]$$
$$=e^{-\int 2dx}\left[\int e^{\int 2dx}xdx+C\right]=e^{-2x}\left[\int e^{2x}xdx+C\right]$$
$$=e^{-2x}\left[\frac{1}{2}e^{2x}x-\int\frac{1}{2}e^{2x}dx+C\right]=e^{-2x}\left[\frac{1}{2}e^{2x}x-\frac{1}{4}e^{2x}+C\right]$$

$$= Ce^{-2x} + \frac{1}{2}x - \frac{1}{4}$$

(2) $y = e^{-\int 1dx}\left[\int e^{\int 1dx} x^2 dx + C\right] = e^{-x}\left[\int e^x x^2 dx + C\right]$

$$= e^{-x}\left[e^x x^2 - \int 2e^x x dx + C\right] = e^{-x}\left[e^x x^2 - 2\left(e^x x - \int e^x dx\right) + C\right]$$

$$= e^{-x}[e^x x^2 - 2e^x x + 2e^x + C]$$

(3) $(xy)' = x^3$과 같이 나타낼 수 있으므로 적분하면 $xy = \frac{1}{4}x^4 + C.$

(4) $1+x^2$을 나누면 일계선형방정식 $y' - \frac{x}{1+x^2}y = \frac{1}{1+x^2}$이 되므로 해는

$$y = e^{-\int \frac{-x}{1+x^2}dx}\left[\int e^{\int \frac{-x}{1+x^2}dx} \frac{1}{1+x^2}dx + C\right]]$$

$$= e^{\frac{1}{2}\ln(1+x^2)}\left[\int e^{-\frac{1}{2}\ln(1+x^2)} \frac{1}{1+x^2}dx + C\right]$$

$$= \sqrt{1+x^2}\left[\int \frac{1}{\sqrt{1+x^2}} \frac{1}{1+x^2}dx + C\right]$$

$$= \sqrt{1+x^2}\left[\int \frac{1}{\sqrt{1+\tan^2 u}} \frac{1}{1+\tan^2 u}\sec^2 u du + C\right] (x = \tan u \text{로 치환})$$

$$= \sqrt{1+x^2}\left[\int \frac{1}{\sec u} \frac{1}{\sec^2 u}\sec^2 u du + C\right]$$

$$= \sqrt{1+x^2}\left[\int \cos u\, du + C\right] = \sqrt{1+x^2}\,[\sin u + C]$$

$$= \sqrt{1+x^2}\left[\frac{x}{\sqrt{1+x^2}} + C\right] = C\sqrt{1+x^2} + x$$

(5) $(xy)' = (xy)^4$, 즉, $\frac{(xy)'}{(xy)^4} = 1$과 같이 나타난다. 그런데 y도 x의 함수이므로 $g(x) = xy$라고 하면

$\frac{\frac{d}{dx}g(x)}{[g(x)]^4} = 1$의 꼴이 되므로 적분하면 $\frac{1}{-4}(xy)^{-4+1} = x + C$, 즉, $-1 = 4(xy)^3(x+C)$.

(6) $y = e^{-\int \tan x\, dx}\left[\int e^{\int \tan x\, dx}\cos x dx + C\right] = e^{\ln \cos x}\left[\int e^{-\ln \cos x}\cos x dx + C\right]$

$$= \cos x\left[\int \frac{1}{\cos x}\cos x dx + C\right] = \cos x\,[x + C]$$

2. (1) 양변을 y^2으로 나누면 $\frac{x^2 y'}{y^2} - \frac{x}{y} = \ln x$이므로 $z = \frac{1}{y}$로 치환하면

$$-x^2 z' - xz = \ln x,\ \text{즉},\ z' + \frac{1}{x}z = -\frac{\ln x}{x^2}$$

와 같이 1계선형방정식이 된다. 그러므로 $\frac{1}{y} = z = e^{-\int \frac{1}{x}dx}\left[\int e^{\int \frac{1}{x}dx} \frac{-\ln x}{x^2}dx + C\right]$

$$= e^{-\ln x}\left[\int e^{\ln x}\frac{-\ln x}{x^2}dx + C\right] = \frac{1}{x}\left[\int \frac{-\ln x}{x}dx + C\right]$$

$$= \frac{1}{x}\left[-\frac{1}{2}(\ln x)^2 + C\right]$$

(2) $y' + y = xy^3$의 양변을 y^3으로 나누면 $\frac{y'}{y^3} + \frac{1}{y^2} = x$이므로 $z = \frac{1}{y^2}$로 치환하면

$-\frac{1}{2}z' + z = x$, 즉, $z' - 2z = -2x$와 같이 1계선형방정식이 된다. 그러므로

$$\frac{1}{y^2} = z = e^{-\int(-2)dx}\left[\int e^{\int(-2)dx}(-2x)dx + C\right]$$

$$= e^{2x}\left[\int e^{-2x}(-2x) + C\right] = e^{2x}\left[\int(-2)e^{-2x}x + C\right]$$

$$= e^{2x}\left[e^{-2x}x - \int e^{-2x} + C\right] = e^{2x}\left[e^{-2x}x + \frac{1}{2}e^{-2x} + C\right] = x + \frac{1}{2} + Ce^{2x}$$

(3) $xy' - y = y^2\ln x$의 양변을 y^2으로 나누면 $\frac{xy'}{y^2} - \frac{1}{y} = \ln x$이므로 $z = \frac{1}{y}$로 치환하면

$-xz' - z = \ln x$, 즉, $z' + \frac{1}{x}z = -\frac{\ln x}{x}$

와 같이 1계선형방정식이 된다. 그러므로

$$\frac{1}{y} = z = e^{-\int\frac{1}{x}dx}\left[\int e^{\int\frac{1}{x}dx}\left(-\frac{\ln x}{x}\right)dx + C\right] = e^{-\ln x}\left[\int e^{\ln x}\left(-\frac{\ln x}{x}\right)dx + C\right]$$

$$= \frac{1}{x}\left[\int x\left(-\frac{\ln x}{x}\right)dx + C\right] = \frac{1}{x}\left[-\int \ln x\,dx + C\right] = \frac{1}{x}\left[-\left(x\ln x - \int x\frac{1}{x}\,dx\right) + C\right]$$

$$= \frac{1}{x}\left[-x\ln x + x + C\right] = 1 - \ln x + \frac{C}{x}.$$

3. 양변에 e^y을 곱하면 $e^y y' + e^y = \cos(2x)$가 되므로 $z = e^y$으로 놓으면 $z' + z = \cos(2x)$와 같이 1계 선형방정식이 된다. 그러므로 해는

$$e^y = z = e^{-\int dx}\left[\int e^{\int dx}\cos(2x)dx + C\right] = e^{-x}\left[\int e^x\cos(2x)dx + C\right]$$

그런데

$$\int e^x\cos(2x)dx = e^x\cos(2x) - \int e^x[-2\sin(2x)]dx$$

$$= e^x\cos(2x) + 2\int e^x\sin(2x)\,dx = e^x\cos(2x) + 2\left[e^x\sin(2x) - \int e^x 2\cos(2x)dx\right]$$

$$= e^x\cos(2x) + 2e^x\sin(2x) - 4\int e^x\cos(2x)dx$$

이므로 마지막 적분을 좌변으로 이항하고 계산하면

$$\int e^x\cos(2x)dx = \frac{1}{5}\left[e^x\cos(2x) + 2e^x\sin(2x)\right] + C$$

를 얻는다. 그러므로 $e^y = z = e^{-x}\left[\int e^x\cos(2x)dx + C\right]$

$$= e^{-x}\left[\frac{1}{5}\{e^x\cos(2x) + 2e^x\sin(2x)\} + C\right]$$

$$=\frac{1}{5}\{\cos(2x)+2\sin(2x)\}+Ce^{-x}$$

4. $y=1+u$로 놓으면 $u'+\frac{2-3}{x}u+\frac{u^2}{x}=0$, 즉, $u'-\frac{1}{x}u+\frac{u^2}{x}=0$이므로 $v=\frac{1}{u}$로 치환하면 $-v'-\frac{1}{x}v+\frac{1}{x}=0$, 즉, $v'+\frac{1}{x}v=\frac{1}{x}$과 같이 1계선형방정식이 된다. 그러므로

$$\frac{1}{y-1}=\frac{1}{u}=v=e^{-\int\frac{1}{x}dx}\left[\int e^{\int\frac{1}{x}dx}\frac{1}{x}dx+C\right]=e^{-\ln x}\left[\int e^{\ln x}\frac{1}{x}dx+C\right]=\frac{1}{x}\left[\int dx+C\right]$$

$$=\frac{1}{x}[x+C]=\frac{C}{x}+1.$$

연습문제 (1.5)

1. (1) $\frac{dv}{dt}=g=9.8m/\sec^2$을 적분하면 $v=gt+c$가 된다. $t=0$ 일 때 $v=0$이므로 $0=0+c$에서 $c=0$을 얻는다. $\therefore v=gt=9.8t\ m/\sec^2$

(2) 시간 t 동안의 낙하거리를 $x\ m$라고 하면 $\frac{dx}{dt}=v=gt$이므로 적분하여 $x=\frac{1}{2}gt^2+c=4.9t^2+c$

$t=0$일 때, $x=0$이므로 $c=0$. 따라서 $x=4.9t^2$이다. 지면에서는 $x=40$이므로 $x=4.9t^2=40$, 즉, $t^2=\frac{40}{4.9}=\frac{400}{49}=\frac{20^2}{7^2}$. 그러므로 $t=\frac{20}{7}$ 초 후에 지면에 떨어진다.

2. $\frac{dv}{dt}=9.8$이므로 $v=9.8t+C_1$. $0=v(0)=C_1$이므로 $v=9.8t$. 적분하면 $x=4.9t^2+C_2$이므로 초기조건 $0=x(0)=C_2$로부터 $x=4.9t^2$. 그러므로 $490=x(t)=4.9t^2$에서 $t=10$(초).

3. $m\frac{dv}{dt}=w-kv$, $v(0)=0, w=mg=196$이므로 $m=20, k=20$. $20\frac{dv}{dt}+20v=196$, $\frac{dv}{dt}+v=9.8$. 적분하면 $v=C_1e^{-t}+9.8$이고 초기조건 $v(0)=C_1+9.8=0$에서 $C_1=-9.8$을 얻는다. 그러므로 $\frac{dx}{dt}=v=-9.8e^{-t}+9.8$. 적분하면 $x=9.8e^{-t}+9.8t+C_2$. 초기조건 $x(0)=9.8+C_2=0$로부터 $C_2=-9.8$. 그러므로 낙하거리는 $x=9.8e^{-t}+9.8t-9.8$.

4. t분 후의 이 물체의 온도를 $T(t)$도라고 하면 $\frac{dT}{dt}=k(T-20)$, $T(10)=40$, $T(20)=30$ 변수분리형 방정식이므로 변수를 분리한 후에 적분하면 $\ln(T-20)=kt+\ln C$. 정리하면 $T=20+Ce^{kt}$. 주어진 조건을 대입하면

$T(10)=20+Ce^{10k}=40$에서 $Ce^{10k}=20$

$T(20)=20+Ce^{20k}=30$에서 $Ce^{20k}=10$

위의 두 식을 연립하여 풀면 $e^{10k}=\frac{1}{2}$. 따라서 $k=-\frac{1}{10}\ln 2$이고 첫 번째식에 대입하면 $C=40$을 얻는다. 그러므로 $T(t)=20+40e^{-\frac{1}{10}(\ln 2)t}$. 따라서 $T(0)=20+40e^{-\frac{1}{10}(\ln 2)\cdot 0}=60$.

5. $L\frac{dI}{dt}+RI=E(t)$에 $L=0.1, R=5, E(t)=10$를 대입하면 $0.1\frac{dI}{dt}+5I=10$이므로 $\frac{dI}{dt}+50I=100$.

변수분리하면 $\frac{dI}{-50I+100}=dt$이므로 적분하면 $-\frac{1}{50}\ln|-50I+100|=t+c$, 즉, $I=2+Ce^{-50t}$.

제2장 고계 상미분방정식

연습문제 (2.1)

1. (1) $y_1=e^x\cos x$의 도함수는 $y_1{}'=e^x\cos x-e^x\sin x=e^x(\cos x-\sin x)$이므로

$y_1{}''=e^x(\cos x-\sin x)+e^x(-\sin x-\cos x)=-2e^x\sin x$

$y_1{}''-2y_1{}'+2y_1=-2e^x\sin x-2e^x(\cos x-\sin x)+2e^x\cos x=0$

이 된다. 그러므로 $y_1=e^x\cos x$은 주어진 방정식의 해이다. 마찬가지로 $y_2=e^x\sin x$의 도함수는

$y_2{}'=e^x\sin x+e^x\cos x=e^x(\sin x+\cos x)$이므로

$y_2{}''=e^x(\sin x+\cos x)+e^x(\cos x-\sin x)=2e^x\cos x$

$y_2{}''-2y_2{}'+2y_2=2e^x\cos x-2e^x(\sin x+\cos x)+2e^{2x}\sin x=0$

이 된다. 그러므로 $y_2=e^x\sin x$도 주어진 방정식의 해이다. 그리고 론스키행렬식은

$$W(y_1,y_2)=\begin{vmatrix} e^x\cos x & e^x\sin x \\ e^x(\cos x-\sin x) & e^x(\sin x+\cos x)\end{vmatrix}$$

$$=e^{2x}(\sin x\cos x+\cos^2 x-\cos x\sin x+\sin^2 x)=e^{2x}\not\equiv 0$$

이므로 $e^{2x}\cos x$와 $e^{2x}\sin x$는 일차독립인 해이다.(참고로 $e^{2x}\sin x/e^{2x}\cos x=\tan x\not\equiv$ 상수이므로 일차독립이다.)

(2) 일반해는 $y=C_1e^x\cos x+C_2e^x\sin x=e^x(C_1\cos x+C_2\sin x)$.

2. (1) $W(x^2,x^3)=\begin{vmatrix} x^2 & x^3 \\ 2x & 3x^2\end{vmatrix}=x^4\not\equiv 0$이므로 일차독립이다.

(2) $W(\cos x,\sin x)=\begin{vmatrix} \cos x & \sin x \\ -\sin x & \cos x\end{vmatrix}=\cos^2 x+\sin^2 x=1\not\equiv 0$이므로 일차독립이다.

(3) $-3(1-x)+1(3-3x)\equiv 0$을 만족하는 상수 $-3\neq 0$이 존재하므로 일차종속이다.

(4) $W(e^x,\cos 2x)=\begin{vmatrix} e^x & \cos 2x \\ e^x & -2\sin 2x\end{vmatrix}=-2e^x\sin 2x-e^x\cos 2x\not\equiv 0$이므로 일차독립이다.

(5) $W(e^{ax},e^{bx})=\begin{vmatrix} e^{ax} & e^{bx} \\ ae^{ax} & be^{bx}\end{vmatrix}=(b-a)e^{(a+b)x}\not\equiv 0$이므로 일차독립이다.

(6) $\frac{\sin(2x)}{\sin x}=\frac{2\sin x\cos x}{\sin x}=2\cos x$는 상수함수가 아니므로 일차독립이다.

3. 어떤 함수 $f(x)$가 존재하여 두 집합이 같게 된다고 가정하자. 함수 $y=1$과 $y=x$가 왼쪽의 집합의 원소이므로 $1\equiv c_3f(x)$인 상수 c_3과 $x=c_4f(x)$인 상수 c_4가 존재한다. 그러면 $c_3\neq 0$을 만족하므로

$x \equiv c_4 f(x) \equiv c_4\left(\frac{1}{c_3}\right) \equiv \frac{c_4}{c_3}$ 가 성립한다. 일차함수 $y=x$는 상수함수가 아니므로 모순이다.

4. $y=xu$라고 하면 $y'=u+xu'$, $y''=u'+u'+xu''=2u'+xu''$ 이므로 주어진 방정식에 대입하면 $x^2y''-xy'+y=x^2(2u'+xu'')-x(u+xu')+xu=x^2u'+x^3u''=0$.

$u'=v$로 치환하면 $v+xv'=0$, 즉, $\frac{dv}{v}+\frac{dx}{x}=0$이므로 적분하면 $\ln v+\ln x=\ln C_1$, 즉, $C_1=vx=u'x$가 된다. 따라서 $u'=\frac{C_1}{x}$이 되므로 다시 적분하면 $u=C_1\ln x+C_2$. 따라서 $y=xu$ $=C_1x\ln x+C_2x$가 되고 $C_1=1, C_2=0$으로 선택하면 또 하나의 해 $y=x\ln x$를 얻는다. 그런데 $W(x, x\ln x)=\begin{vmatrix} x & x\ln x \\ 1 & \ln x+1 \end{vmatrix}=x\ln x+x-x\ln x=x\neq 0$ 이므로 이 두 해는 일차독립이다. 따라서 일반해는 $y=C_1x+C_2x\ln x$.

5. $y=x$는 주어진 미분방정식에 대응되는 제차방정식 $x^2y''+xy'-y=0$의 한 해이다. 이 제차방정식의 또 다른 해를 $y=xu$라고 하면 $y'=u+xu'$, $y''=2u'+xu''$ 이 되므로 주어진 방정식에 대입하면

$$\begin{array}{r|l} -1 & y=xu \\ +x & y'=u+xu' \\ +x^2 & y''=2u'+xu'' \\ \hline \end{array}$$

$$x^2y''+xy'-y=x^2(2u'+xu'')+x(u+xu')-xu=x^3u''+3x^2u'=0$$

즉, $x^3u''+3x^2u'=0$이 되므로 양변을 x^2으로 나누면 $xu''+3u'=0$. 이것은 $v=u'$에 대한 변수분리형방정식 $\frac{dv}{v}+\frac{3dx}{x}=0$이 되므로 적분하면 $u'=v=\frac{C_1}{x^3}$을 얻는다. 다시 적분하면 $u=-\frac{C_1}{2x^2}+C_2$가 된다. 해의 기저를 구하기 위해서는 함수 u를 하나만 선택하면 되므로 $C_1=-2, C_2=0$으로 선택하여 $u=\frac{1}{x^2}$을 얻는다. 따라서 $y_1=x$, $y_2=xu=\frac{1}{x}$이 해의 기저가 된다.

그러므로 제차차방정식의 일반해는 $y_h=C_1x+\frac{C_2}{x}$. 특수해의 형태를 $y_p=Ax^2+Bx+C$의 꼴로 선택하고 주어진 방정식에 대입하면

$x^2y_p''+xy_p'-y_p=2Ax^2+2Ax^2+Bx-Ax^2-Bx-C=3x^2$

을 얻으므로 $3A=3, -C=0$가 된다. 따라서 $y_p=x^2$으로 선택하면 주어진 비제차 선형미분방정식의 일반해는 $y=y_h+y_p=C_1x+\frac{C_2}{x}+x^2$이 된다.

연습문제 (2.2)

1. (1) 특성방정식은 $\lambda^2-7\lambda+12=(\lambda-3)(\lambda-4)=0$, 특성근은 $\lambda=3, 4$이므로
$y=c_1e^{3x}+c_2e^{4x}$

(2) 특성방정식은 $\lambda^2-2\lambda+2=0$, 특성근은 $\lambda=1\pm i$이므로

$y = e^x(A\cos x + B\sin x)$

(3) 특성방정식은 $\lambda^3 - 6\lambda^2 + 12\lambda - 8 = (\lambda-2)^3 = 0$, 특성근은 $\lambda = 2$(3중근)이므로

$y = (c_1 + c_2x + c_3x^2)e^{2x}$

(4) 특성방정식은 $\lambda^4 - 2\lambda^3 - \lambda^2 + 2\lambda = \lambda(\lambda+1)(\lambda-1)(\lambda-2) = 0$, 특성근은 $\lambda = 0, -1, 1, 2$이므로

$y = c_1 + c_2e^{-x} + c_3e^x + c_4e^{2x}$

(5) 특성방정식은 $\lambda^4 - 4\lambda^3 - 5\lambda^2 + 36\lambda - 36 = (\lambda-2)^2(\lambda-3)(\lambda+3) = 0$, 특성근은 λ=2, 2, 3, -3이므로 $y = (c_1 + c_2x)e^{2x} + c_3e^{3x} + c_4e^{-3x}$

(6) 특성방정식은 $\lambda^4 + 4\lambda^3 + 8\lambda^2 + 8\lambda + 4 = (\lambda^2 + 2\lambda + 2)^2 = 0$, 특성근은 $\lambda = -1 \pm i$(중근)이므로

$y = e^{-x}[(c_1 + c_2x)\cos x + (c_3 + c_4x)\sin x]$

2. (1) $y = x^m$이 해가 된다고 하면 보조방정식은

$m(m-1)(m-2) - 3m(m-1) + 6m - 6 = 0$, 즉, $(m-1)(m-2)(m-3) = 0$

이므로 특성근은 $m = 1, 2, 3$. 그러므로 일반해는 $y = c_1x + c_2x^2 + c_3x^3$이다.

(2) $y = x^m$이 해라고 하면

$x^m[m(m-1)(m-2) + 2m(m-1) - 6m] = 0$, 즉, $m(m+2)(m-3) = 0$

이므로 특성근은 $m = 0, -2, 3$이다. 그러므로 일반해는 $y = c_1 + c_2x^{-2} + c_3x^3$

3. (1) 특성방정식은 $\lambda^3 + 6\lambda^2 + 10\lambda = \lambda(\lambda^2 + 6\lambda + 10) = 0$, 특성근은 $\lambda = 0, -3 \pm i$이므로

$y = c_1 + e^{-3x}(c_2\cos x + c_3\sin x)$

(2) 특성방정식은 $\lambda^4 - 1 = (\lambda^2 - 1)(\lambda^2 + 1) = 0$, 특성근은 $\lambda = \pm 1,\ \pm i$이므로

$y = c_1e^x + c_2e^{-x} + c_3\cos x + c_4\sin x$

4. 시간 t에서의 원점에서 질량까지의 거리를 x라고 하면

$m\dfrac{d^2x}{dt^2} = -kx\ (k>0)$, 즉, $\dfrac{d^2x}{dt^2} + \dfrac{k}{m}x = 0\ (k>0)$

특성방정식은 $\lambda^2 + \dfrac{k}{m} = 0$, 특성근은 $\lambda = \pm\sqrt{\dfrac{k}{m}}\,i$이므로 일반해는

$x(t) = A\cos\sqrt{\dfrac{k}{m}}\,t + B\sin\sqrt{\dfrac{k}{m}}\,t$

$x(0) = x_0$이므로 $A = x_0$. $x'(0) = 0$이므로

$x'(t) = -\sqrt{\dfrac{k}{m}}A\sin\sqrt{\dfrac{k}{m}}\,t + \sqrt{\dfrac{k}{m}}B\cos\sqrt{\dfrac{k}{m}}\,t$

에서 $B = 0$. 그러므로 구하는 해는 $x(t) = x_0\cos\sqrt{\dfrac{k}{m}}\,t$.

연습문제 (2.3)

1. 제차방정식 $xy' - 2y = 0$을 변수분리하면 $\dfrac{dy}{y} - \dfrac{2dx}{x} = 0$이므로 적분하여 $\ln y - 2\ln x = \ln c$, 즉, $y_h = cx^2$을 얻는다. 매개변수변화법을 적용하기 위하여 $y_p = ux^2$이 해가 된다고 하고 방정식에 대입

하면

$$\begin{array}{r|l} -1 & y_p = ux^2 \\ +x & y_p{}' = u'x^2 + 2ux \\ \hline \end{array}$$

$$xy_p{}' - 2y_p = u'x^3 + 2ux^2 - 2ux^2 = u'x^3 = 3x$$

즉, $u' = \dfrac{3}{x^2}$ 을 얻는다. 적분하면 $u = -\dfrac{3}{x}$ 이므로 특수해는 $y_p = ux^2 = \left(-\dfrac{3}{x}\right)x^2 = -3x$. 따라서 일반해는 $y = y_h + y_p = cx^2 - 3x$.

2. 주어진 방정식에 대한 제차방정식 $x^2y'' - xy' + y = 0$의 하나의 특수해는 $y = x$ 이므로 $y = ux$가 해가 된다고 가정하고 방정식에 대입하면

$$\begin{array}{r|l} +1 & y = ux \\ -x & y' = u'x + u \\ +x^2 & y'' = u''x + 2u' \\ \hline \end{array}$$

$$x^2y'' - xy' + y = x^3u'' + x^2u' = x^3$$

즉, $xu'' + u' = x$을 얻는다. 이것은 $(xu')' = x$ 이므로 적분하여 $xu' = \dfrac{1}{2}x^2 + c_1$, 즉, $u' = \dfrac{1}{2}x + \dfrac{c_1}{x}$ 을 얻고, 다시 적분하여 $u = \dfrac{1}{4}x^2 + c_1 \ln x + c_2$를 얻는다. 그러므로 일반해는 $y = \dfrac{1}{4}x^3 + c_1x^2 \ln x + c_2x$ 이다.

3. 주어진 방정식에 대한 제차방정식 $y'' - \dfrac{1}{x}y' + \dfrac{1}{x^2}y = 0$의 하나의 특수해는 $y = x$ 이므로 $y = ux$가 해가 된다고 가정하고 방정식에 대입하면

$$\begin{array}{r|l} +\dfrac{1}{x^2} & y = ux \\ -\dfrac{1}{x} & y' = u'x + u \\ +1 & y'' = u''x + 2u' \\ \hline \end{array}$$

$$y'' - \frac{1}{x}y' + \frac{1}{x^2}y = u''x + u' = x^2$$

를 얻는다. 이것은 $(xu')' = x^2$이므로 적분하여 $xu' = \dfrac{1}{3}x^3 + c_1$, 즉, $u' = \dfrac{1}{3}x^2 + \dfrac{c_1}{x}$ 을 얻고, 다시 적분하여 $u = \dfrac{1}{9}x^3 + c_1 \ln x + c_2$를 얻는다. 그러므로 일반해는 $y = \dfrac{1}{9}x^4 + c_1 x \ln x + c_2x$ 이다.

4. (1) 특성방정식이 $\lambda^2 - 5\lambda + 4 = (\lambda - 1)(\lambda - 4) = 0$이므로 특성근은 $\lambda = 1, 4$. 따라서 여함수는 $y_h = c_1e^x + c_2e^{4x}$. 특수해를 $y_p = Ax^2 + Bx + C$라고 놓고 방정식에 대입하면
$4Ax^2 + (4B - 10A)x + (4C - 5B + 2A) = x^2 + x + 1$을 얻는다. 계수를 비교하면
$4A = 1, 4B - 10A = 1, 4C - 5B + 2A = 1$ 이므로 $A = \dfrac{1}{4}$, $B = \dfrac{7}{8}$, $C = \dfrac{39}{32}$. 그러므로 일반해는

$y = c_1 e^x + c_2 e^{4x} + \frac{1}{4}x^2 + \frac{7}{8}x + \frac{39}{32}$.

(2) 특성방정식이 $\lambda^2 - 3\lambda + 2 = (\lambda - 1)(\lambda - 2) = 0$이므로 특성근은 $\lambda = 1, 2$. 따라서 여함수는 $y_h = c_1 e^x + c_2 e^{2x}$. 특수해를 $y_p = Ae^{4x}$라고 놓고 방정식에 대입하면

$(16A - 12A + 2A)e^{4x} = 9e^{4x}$, 즉, $A = \frac{3}{2}$을 얻는다. 그러므로 일반해는 $y = c_1 e^x + c_2 e^{2x} + \frac{3}{2}e^{4x}$.

5. (1) $y_p = ue^x$가 해가 된다고 하자. 미분하면 $y'_p = u'e^x + ue^x$, $y_p'' = u''e^x + 2u'e^x + ue^x$ 이므로

$y_p'' - 2y_p' + y_p = u''e^x = e^x$. 즉, $u'' = 1$. 그러므로 $u = \frac{1}{2}x^2 + c_1 x + c_2$.

따라서 일반해는 $y = \left(\frac{1}{2}x^2 + c_1 x + c_2\right)e^x$.

(2) 여함수는 $y_h = c_1 \cos 2x + c_2 \sin 2x$ 이므로 $y = u\cos 2x + v\sin 2x$가 해가 된다고 가정하자. 미분하면

$y' = u'\cos 2x - 2u\sin 2x + v'\sin 2x + 2v\cos 2x$

이므로 $u'\cos 2x + v'\sin 2x = 0$이라고 가정한다. 다시 미분하면

$y'' = -2u'\sin 2x - 4u\cos 2x + 2v'\cos 2x - 4v\sin 2x$

이므로 주어진 식에 대입하면 다음을 얻는다.

$-2u'\sin 2x + 2v'\cos 2x = \sin 2x$

그러므로 위에서 가정한 식과 함께 다음의 연립방정식을 얻는다.

$$\begin{cases} u'\cos 2x + v'\sin 2x = 0 \\ -2u'\sin 2x + 2v'\cos 2x = \sin 2x \end{cases}$$

크라메르공식에 의하여

$$u' = \frac{\begin{vmatrix} 0 & \sin 2x \\ \sin 2x & 2\cos 2x \end{vmatrix}}{\begin{vmatrix} \cos 2x & \sin 2x \\ -2\sin 2x & 2\cos 2x \end{vmatrix}} = -\frac{1}{2}\sin^2 2x = -\frac{1}{2}\left(\frac{1-\cos 4x}{2}\right)$$

$$v' = \frac{\begin{vmatrix} \cos 2x & 0 \\ -2\sin 2x & \sin 2x \end{vmatrix}}{\begin{vmatrix} \cos 2x & \sin 2x \\ -2\sin 2x & 2\cos 2x \end{vmatrix}} = \frac{1}{2}\cos 2x \sin 2x = \frac{1}{4}\sin 4x$$

가 되므로 적분하면 $u = -\frac{1}{4}x + \frac{1}{16}\sin 4x + c_1$, $v = -\frac{1}{16}\cos 4x + c_2$이다. 그러므로

$$y = u\cos 2x + v\sin 2x = \left(-\frac{1}{4}x + \frac{1}{16}\sin 4x + c_1\right)\cos 2x + \left(-\frac{1}{16}\cos 4x + c_2\right)\sin 2x$$

$$= c_1\cos 2x + c_2\sin 2x - \frac{1}{4}x\cos 2x + \frac{1}{16}\sin 4x\cos 2x - \frac{1}{16}\cos 4x\sin 2x$$

$$= c_1\cos 2x + c_2\sin 2x - \frac{1}{4}x\cos 2x + \frac{1}{16}\sin(4x - 2x)$$

$$= c_1\cos 2x + c_2\sin 2x - \frac{1}{4}x\cos 2x + \frac{1}{16}\sin 2x$$

6. (1) $3e^x$에 대응되는 특성근은 1이고 2중근이므로 $y_p = Ax^2 e^x$

(2) $x + 1$에 대응되는 특성근은 0이고 3중근이므로 $y_p = x^3(Ax + B)$

(3) $\sin 3x$에 대응되는 특성근은 $\pm 3i$이고 2중근이므로 $y_p = x^2(A\cos 3x + B\sin 3x)$

(4) $e^x \sin(3x)$에 대응되는 특성근은 $1 \pm 3i$이고 2중근이므로 $y_p = x^2 e^x (A\cos 3x + B\sin 3x)$

(5) $x^2 + \cos 2x$에 대응되는 특성근은 0과 $\pm 2i$이고 3중근이므로

$$y_p = x^3(Ax^2 + Bx + C + D\cos 2x + E\sin 2x)$$

(6) $3e^x - e^{2x}\sin(2x)$에 대응되는 특성근은 1과 $2 \pm 2i$이고 2중근이므로

$$y_p = x^2(Ae^x + Be^{2x}\cos 2x + Ce^{2x}\sin 2x)$$

7. (1) $y_p = Ax + B$를 대입하면 $-2Ax - (A+2B) = 4x$를 얻으므로 계수를 비교하면 $-2A = 4$, 즉, $A = -2$, $-(A+2B) = 0$, 즉, $B = 1$이 된다. 그러므로 특수해는 $y_p = -2x + 1$.

(2) 비제차항 e^x의 지수 1이 특성방정식의 단근이므로 특수해는 $y_p = Axe^x$의 형태이다.

$y_p' = Ae^x + Axe^x$, $y_p'' = 2Ae^x + Axe^x$

를 주어진 방정식에 대입하면

$2Ae^x + Axe^x - 3(Ae^x + Axe^x) + 2Axe^x = e^x$, 즉, $-Ae^x = e^x$

가 되므로 $A = -1$이다. 그러므로 특수해는 $y_p = -xe^x$.

연습문제 (2.4)

1. (1) $(D^2 - D + 1)y = y'' - y' + y = 0$

(2) $(D^2 - 1)^2 y = (D^4 - 2D^2 + 1)y = y^{(4)} - 2y'' + y = 0$

(3) $(D^2+1)^3 y = (D^6 + 3D^4 + 3D^2 + 1)y = y^{(6)} + 3y^{(4)} + 3y'' + y = 0$

(4) $(D-2)^2(D^2+1)^3 y = (D^2 - 4D + 4)(D^6 + 3D^4 + 3D^2 + 1)y$

$= (D^8 + 3D^6 + 3D^4 + D^2 - 4D^7 - 12D^5 - 12D^3 - 4D + 4D^6 + 12D^4 + 12D^2 + 4)y$

$= (D^8 - 4D^7 + 7D^6 - 12D^5 + 15D^4 - 12D^3 + 13D^2 - 4D + 4)y$

$= y^{(8)} - 4y^{(7)} + 7y^{(6)} - 12y^{(5)} + 15y^{(4)} - 12y^{(3)} + 13y'' - 4y' + 4 = x^3$

2. (1) $D^2 - D - 2 = 0$의 특성근은 $D = -1, 2$이므로 일반해는 $y = c_1 e^{-x} + c_2 e^{2x}$.

(2) 특성방정식은 $(D^2 - 1)^2 = 0$이고 특성근은 $D = -1$(중근), 1(중근)이므로 일반해는 $y = (c_1 + c_2 x)e^{-x} + (c_3 + c_4 x)e^x$.

(3) 특성방정식 $(D^2 - 2D + 5)^3 = 0$의 해는 $D = 1 \pm 2i$(3중근)이므로 일반해는 $y = e^x\{(c_1 + c_2 x + c_3 x^2)\cos 2x + (c_4 + c_5 x + c_6 x^2)\sin 2x\}$

(4) 방정식 $(D-1)^3(D-2)^2(D^2+1)^3 = 0$의 특성근은 $D = 1$(3중근), 2(중근), $\pm i$(3중근)이므로 일반해는

$y = (c_1 + c_2 x + c_3 x^2)e^x + (c_4 + c_5 x)e^{2x} + (c_6 + c_7 x + c_8 x^2)\cos x + (c_9 + c_{10} x + c_{11} x^2)\sin x$

3. (1) 특성방정식은 $D^2 - 2D + 1 = (D-1)^2 = 0$이고 특성근은 $D = 1$(중근)이므로 여함수는 $y_h = (c_1 + c_2 x)e^x$이다. 특수해를 구하기 위하여 전개하면

$$\frac{1}{(D-1)^2} = \left(\frac{1}{1-D}\right)^2 = (1 + D + D^2 + \cdots)^2 = 1 + 2D + 3D^2 + 4D^3 + \cdots$$

이므로 특수해는

$$y_p = \frac{1}{(D-1)^2}(x^2+1) = (1+2D+3D^2)(x^2+1) = x^2+4x+7$$

그러므로 일반해는 $y = (c_1+c_2x)e^x + x^2+4x+7$.

(2) $D^3-6D^2+11D-6=0$에 $D=1$을 대입하면 해가 되므로 $(D-1)(D-2)(D-3)=0$과 같이 인수분해된다. 따라서 여함수는 $y_h = c_1e^x + c_2e^{2x} + c_3e^{3x}$이다. 그리고

$$\frac{1}{(D-1)(D-2)(D-3)} = \frac{1}{(-1)(1-D)(-2)(1-\frac{D}{2})(-3)(1-\frac{D}{3})}$$

$$= \frac{1}{-6}\frac{1}{1-D}\frac{1}{1-\frac{D}{2}}\frac{1}{1-\frac{D}{3}}$$

$$= \frac{1}{-6}(1+D+D^2+\cdots)(1+\frac{D}{2}+\frac{D^2}{4}+\cdots)(1+\frac{D}{3}+\frac{D^2}{3}+\cdots)$$

$$= -\frac{1}{6}(1+\frac{11}{6}D+\cdots)$$

이므로 특수해는 $y_p = -\frac{1}{6}(1+\frac{11}{6}D)(x+2) = -\frac{1}{6}(x+2+\frac{11}{6})$이다. 따라서 일반해는

$$y = c_1e^x + c_2e^{2x} + c_3e^{3x} - \frac{1}{6}x - \frac{23}{36}.$$

4. (1) $y_p = ax^2+bx+c$를 대입하면 $ax^2+(b-4a)x+c-2b+2a = x^2+1$이 되므로 $a=1,\ b-4a=0,$ $c-2b+2a=1$을 얻는다. $a=1, b=4, c=7$이므로 $y_p = x^2+4x+7$.

(2) $y_p = ax+b$를 대입하면 $-6(ax+b)+11a = x+2$가 되므로 $-6a=1,\ -6b+11a=2$ 를 얻는다. $a=-\frac{1}{6}, b=-\frac{23}{36}$ 이므로 $y_p = -\frac{1}{6}x - \frac{23}{36}$.

5. (1) $\frac{1}{D^2-7D+6} = \frac{1}{(D-1)(D-6)} = \frac{1}{5}\left(\frac{1}{D-6} - \frac{1}{D-1}\right)$이므로

$$y_p = \frac{1}{5}\left(\frac{1}{D-6} - \frac{1}{D-1}\right)e^{3x} = \frac{1}{5}\left(\frac{1}{3-6} - \frac{1}{3-1}\right)e^{3x} = -\frac{1}{6}e^{3x}$$

(2) $\frac{1}{(D-3)(D+4)} = \frac{1}{7}\left(\frac{1}{D-3} - \frac{1}{D+4}\right)$이므로

$$y_p = \frac{1}{7}\left(\frac{1}{D-3} - \frac{1}{D+4}\right)x^2 = \frac{1}{7}\left[e^{3x}\int x^2e^{-3x}dx - e^{-4x}\int x^2e^{4x}dx\right]$$

$$= \frac{1}{7}\left[e^{3x}(-\frac{1}{3}e^{-3x}x^2 - \frac{2}{9}e^{-3x}x - \frac{2}{27}e^{-3x}) - e^{-4x}(\frac{1}{4}e^{4x}x^2 - \frac{1}{8}e^{4xx}x + \frac{1}{32}e^{4x})\right]$$

$$= \frac{1}{7}\left[-\frac{1}{3}x^2 - \frac{2}{9}x - \frac{2}{27} - (\frac{1}{4}x^2 - \frac{1}{8}x + \frac{1}{32})\right]$$

$$= \frac{1}{7}\left[-\frac{7}{12}x^2 - \frac{7}{72}x - \frac{91}{864}\right] = -\frac{1}{12}x^2 - \frac{1}{72}x - \frac{13}{864}$$

6. (1) $y'' + y = \cos x$이므로 $y'' + y = 0$의 일반해는 $y_h = c_1\cos x + c_2\sin x$.

그러므로 특수해는 $y_p = Ax\cos x + Bx\sin x$. $y_p' = (A+Bx)\cos x + (B-Ax)\sin x$

$y_p{}'' = (2B - Ax)\cos x + (-2A - Bx)\sin x$ 이므로 $y_p{}'' + y_p = \cos x$ 에 대입하면

$2B\cos x - 2A\sin x = \cos x$ 이므로 $A = 0,\ B = \dfrac{1}{2}$. 따라서 구하는 특수해는 $y_p = \dfrac{x\sin x}{2}$.

(2) $(D^2+4)(y_1 + iy_2) = x(\cos x + i\sin x) = xe^{ix}$ 라고 하면 $(D^2+4)y_2 = x\sin x$ 이므로 y_2가 구하는 특수해이다.

$$y_1 + iy_2 = \frac{1}{D^2+4}(xe^{ix}) = e^{ix}\frac{1}{(D+i)^2+4}(x) = e^{ix}\frac{1}{D^2+2iD+3}(x)$$

$$= e^{ix}\frac{1}{(D+3i)(D-i)}(x) = \frac{1}{3i}e^{ix}\frac{1}{\left(1+\dfrac{D}{3i}\right)}\frac{1}{(-i)\left(1-\dfrac{D}{i}\right)}(x)$$

$$= \frac{1}{3}e^{ix}\left\{1 - \frac{D}{3i} + \cdots\right\}\left\{1 + \frac{D}{i} + \cdots\right\}(x) = \frac{1}{3}e^{ix}\left(1 + \frac{2}{3i}D + \cdots\right)x$$

$$= \frac{1}{3}e^{ix}(x + \frac{2}{3i}) = \frac{1}{3}(\cos x + i\sin x)(x - \frac{2i}{3})$$

$$= \frac{1}{3}\left[x\cos x + \frac{2}{3}\sin x + i\left(x\sin x - \frac{2}{3}\cos x\right)\right]$$

따라서 구하는 특수해는 $y_p = y_2 = \dfrac{1}{3}\left(x\sin x - \dfrac{2}{3}\cos x\right)$

(3) $y_p = \dfrac{1}{(D-1)(D-3)}(e^x\cos 2x) = e^x\dfrac{1}{D(D-2)}(\cos 2x)$

$$= e^x D(D+2)\frac{1}{D^2(D^2-4)}(\cos 2x) = e^x D(D+2)\frac{1}{(-4)(-4-4)}(\cos 2x)$$

$$= \frac{1}{32}e^x D(D+2)(\cos 2x) = \frac{1}{32}e^x(D^2+2D)(\cos 2x) = \frac{1}{32}e^x(-4+2D)(\cos 2x)$$

$$= \frac{1}{32}e^x(-4\cos 2x - 4\sin 2x) = -\frac{1}{8}e^x(\cos 2x + \sin 2x)$$

(4) $y_p = \dfrac{1}{D^2-4}(2e^{3x} + \sin x) = \dfrac{1}{D^2-4}(2e^{3x}) + \dfrac{1}{D^2-4}(\sin x)$

$$= \frac{2}{3^2-4}e^{3x} + \frac{1}{-1-4}\sin x = \frac{2}{5}e^{3x} - \frac{1}{5}\sin x$$

제3장 연립미분방정식과 수치해법

연습문제 (3.1)

1. ②식에서 $y = Dz$를 얻으므로 ①식에 대입하면 $D^2z + z = 0$. 따라서 $z = A\cos x + B\sin x$. 이 해를 ②식에 대입하면 $y = Dz = D(A\cos x + B\sin x) = -A\sin x + B\cos x$
2. ③식에서 $z = (D+1)y - 1$을 얻으므로 ④식에 대입하면 $y + (D-1)\{(D+1)y - 1\} = 2$, 즉 $D^2y = 1$.

따라서 $y=c_1+c_2x+\frac{1}{2}x^2$.이 해를 ③식에 대입하면

$z=(D+1)y-1=(D+1)(c_1+c_2x+\frac{1}{2}x^2)-1$

$=c_2+x+c_1+c_2x+\frac{1}{2}x^2-1$

$=c_1+c_2(1+x)+\frac{1}{2}x^2+x-1.$

3. ⑥식에서 $y=\frac{1}{4}(D+1)z$를 얻으므로 ⑤식에 대입하면

$\frac{1}{4}(D-3)(D+1)z+z=0$, 즉, $\left[\frac{1}{4}(D-3)(D+1)+1\right]z=0.$

정리하면 $(D^2-2D+1)z=0$, 즉, $(D-1)^2z=0$이므로 $z=(c_1+c_2x)e^x$. 이 해를 ⑥식에 대입하면

$y=\frac{1}{4}(D+1)z=\frac{1}{4}(Dz+z)$

$=\frac{1}{4}(c_2e^x+(c_1+c_2x)e^x+(c_1+c_2x)e^x)$

$=\frac{1}{4}(2c_1+c_2+2c_2x)e^x.$

4. ⑦$+D$(⑧) 로부터 $[D(D-1)+(D+1)]y=x+2x=3x$를 얻으므로 정리하면 $(D^2+1)y=3x$가 된다. 그러므로

$y=c_1\cos x+c_2\sin x+\frac{1}{D^2+1}(3x)=c_1\cos x+c_2\sin x+3x.$

이 해 y를 ⑧식에 대입하면

$z=x^2-(D-1)y=x^2-(D-1)(c_1\cos x+c_2\sin x+3x)$

$=x^2-(-c_1\sin x+c_2\cos x+3-c_1\cos x-c_2\sin x-3x)$

$=x^2+c_1\sin x-c_2\cos x-3+c_1\cos x+c_2\sin x+3x$

$=(c_1-c_2)\cos x+(c_1+c_2)\sin x+x^2+3x-3$

5. $(D+4)$(⑨)$-D$(⑩) 에서 $[-(D+4)(3D-2)+5D^2]z=1$, $(D^2-5D+4)z=\frac{1}{2}$. 인수분해하면

$(D-1)(D-4)z=\frac{1}{2}$이므로 해를 구하면 $z=c_1e^x+c_2e^{4x}+\frac{1}{8}$. 이 해$z$를 ⑨식에 대입하면

$Dy=(3D-2)(c_1e^x+c_2e^{4x}+\frac{1}{8})$

$=3(c_1e^x+4c_2e^{4x})-2(c_1e^x+c_2e^{4x}+\frac{1}{8})$

$=c_1e^x+10c_2e^{4x}-\frac{1}{4}$

적분하면 $y=c_1e^x+\frac{5}{2}c_2e^{4x}-\frac{1}{4}x+c_3$를 얻고, 지금까지 구한 해 y와 z를 ⑩식에 대입하면

$$(D+4)y-5Dz=(D+4)\left[c_1e^x+\frac{5}{2}c_2e^{4x}-\frac{1}{4}x+c_3\right]-5D\left[c_1e^x+c_2e^{4x}+\frac{1}{8}\right]$$
$$=c_1e^x+10c_2e^{4x}-\frac{1}{4}+4c_1e^x+10c_2e^{4x}-x+4c_3-5c_1e^x-20c_2e^{4x}$$
$$=-\frac{1}{4}-x+4c_3=-x$$

이므로 $c_3=\frac{1}{16}$. 그러므로 구하는 해는 $y=c_1e^x+\frac{5}{2}c_2e^{4x}-\frac{1}{4}x+\frac{1}{16}$, $z=c_1e^x+c_2e^{4x}+\frac{1}{8}$.

6. $3D$(⑪) $-(D^2+4)$(⑫)에서 $[-9D^2-(D^2+4)^2]z=0$. 정리하면 $(D^2+1)(D^2+16)z=0$이므로 해를 구하면

$z=c_1\cos x+c_2\sin x+c_3\cos 4x+c_4\sin 4x$.

이 해를 ⑫식에 대입하면

$$3Dy=-(D^2+4)(c_1\cos x+c_2\sin x+c_3\cos 4x+c_4\sin 4x)$$
$$=-c_1(-1+4)\cos x-c_2(-1+4)\sin x-c_3(-16+4)\cos 4x-c_4(-16+4)\sin 4x$$
$$=-3c_1\cos x-3c_2\sin x+12c_3\cos 4x+12c_4\sin 4x$$

양변에 3을 나누고 적분하면

$y=-c_1\sin x+c_2\cos x+c_3\sin 4x-c_4\cos 4x+c_5$

구한 해 y, z를 ⑪식에 대입하면

$$\begin{aligned}(D^2+4)y-3Dz &= c_1\sin x-c_2\cos x-16c_3\sin 4x+16c_4\cos 4x\\ &\quad -4c_1\sin x+4c_2\cos x+4c_3\sin 4x-4c_4\cos 4x+4c_5\\ &\quad -3(-c_1\sin x+c_2\cos x-4c_3\sin 4x+4c_4\cos 4x)\\ &=4c_5=1\end{aligned}$$

에서 $c_5=\frac{1}{4}$. 따라서 구하는 해는 $y=-c_1\sin x+c_2\cos x+c_3\sin 4x-c_4\cos 4x+\frac{1}{4}$

$z=c_1\cos x+c_2\sin x+c_3\cos 4x+c_4\sin 4x$

연습문제 (3.2)

1. (1) ①에서 $y_2=y_1'$. ②에 대입하면 $y_1''+3y_1=0$. 그러므로 $y_1=c_1\cos\sqrt{3}x+c_2\sin\sqrt{3}x$. 이 해를 다시 ①식에 대입하면 $y_2=y_1'=-\sqrt{3}c_1\sin\sqrt{3}x+\sqrt{3}c_2\cos\sqrt{3}x$.

(2) $y_1=\dfrac{\begin{vmatrix}e^t & 2\\ e^{-t} & D\end{vmatrix}}{\begin{vmatrix}D+1 & 2\\ 1 & D\end{vmatrix}}=\dfrac{e^t-2e^{-t}}{D^2+D-2}$ 이므로 여함수는 $y_{1h}=c_1e^t+c_2e^{-2t}$이고 특수해는

$$y_{1p}=\frac{e^t}{(D-1)(D+2)}-\frac{2e^{-t}}{(D-1)(D+2)}=\frac{1}{D-1}\frac{e^t}{(D+2)}-\frac{2e^{-t}}{(-1-1)(-1+2)}$$
$$=\frac{1}{D-1}\frac{e^t}{(1+2)}-\frac{2e^{-t}}{(-1-1)(-1+2)}=\frac{1}{D-1}\frac{e^t}{3}+e^{-t}$$

$$=\frac{e^t}{3}\frac{1}{D+1-1}(1)+e^{-t}=\frac{e^t}{3}t+e^{-t}$$

그러므로 $y_1=c_1e^t+c_2e^{-2t}+\dfrac{te^t}{3}+e^{-t}$. y_1을 ③식에 대입하면

$$2y_2=e^t-(D+1)y_1=e^t-(D+1)(c_1e^t+c_2e^{-2t}+\frac{1}{3}te^t+e^{-t})$$

$$=e^t-(c_1e^t-2c_2e^{-2t}+\frac{1}{3}e^t+\frac{1}{3}te^t-e^{-t})-(c_1e^t+c_2e^{-2t}+\frac{1}{3}te^t+e^{-t})$$

$$=-2c_1e^t+c_2e^{-2t}+\frac{2}{3}e^t-\frac{2}{3}te^t$$

그러므로 $y_2=-c_1e^t+\dfrac{1}{2}c_2e^{-2t}+\dfrac{1}{3}e^t-\dfrac{1}{3}te^t$.

2. 고유방정식이 $\begin{vmatrix}1-\lambda & 3\\ 4 & 2-\lambda\end{vmatrix}=\lambda^2-3\lambda-10=0$이므로 고유값은 $\lambda=5,-2$.

$\lambda=5$에 대응되는 고유벡터는

$\begin{pmatrix}1-5 & 3\\ 4 & 2-5\end{pmatrix}\begin{pmatrix}x_1\\ x_2\end{pmatrix}=\begin{pmatrix}0\\ 0\end{pmatrix}$, 즉, $-4x_1+3x_2=0$.

하나만 선택하면 되므로 $\lambda=5$에 대응되는 고유벡터는 $\begin{pmatrix}3\\ 4\end{pmatrix}$.

$\lambda=-2$에 대응되는 고유벡터는 $\begin{pmatrix}1-(-2) & 3\\ 2 & 2-(-2)\end{pmatrix}\begin{pmatrix}x_1\\ x_2\end{pmatrix}=\begin{pmatrix}0\\ 0\end{pmatrix}$, 즉, $x_1+x_2=0$

하나만 선택하면 되므로 $\lambda=-2$에 대응되는 고유벡터는 $\begin{pmatrix}1\\ -1\end{pmatrix}$. 따라서 대각화하는 정칙행렬은 $P=\begin{pmatrix}3 & 1\\ 4 & -1\end{pmatrix}$이고 $P^{-1}AP=D=\begin{pmatrix}5 & 0\\ 0 & -2\end{pmatrix}$. 그러므로 $Y=PZ$로 치환하면 $Z'=DZ=\begin{pmatrix}5 & 0\\ 0 & -2\end{pmatrix}\begin{pmatrix}z_1\\ z_2\end{pmatrix}$가 된다. 성분으로 나타내면 $z_1'=5z_1$, $z_2'=-2z_2$이므로 해를 구하면 $z_1=c_1e^{5x}$, $z_2=c_2e^{-2x}$. 따라서 구하는 해는 $Y=PZ=\begin{pmatrix}3 & 1\\ 4 & -1\end{pmatrix}\begin{pmatrix}c_1e^{5x}\\ c_2e^{-2x}\end{pmatrix}=\begin{pmatrix}3c_1e^{5x}+c_2e^{-2x}\\ 4c_1e^{5x}-c_2e^{-2x}\end{pmatrix}$.

3. 고유방정식이 $\begin{vmatrix}1-\lambda & 3\\ 2 & 2-\lambda\end{vmatrix}=\lambda^2-3\lambda-4=0$이므로 고유값은 $\lambda=4,-1$. $\lambda=4$에 대응되는 고유벡터는

$\begin{pmatrix}1-4 & 3\\ 2 & 2-4\end{pmatrix}\begin{pmatrix}x_1\\ x_2\end{pmatrix}=\begin{pmatrix}0\\ 0\end{pmatrix}$, 즉, $-x_1+x_2=0$

에서 $\begin{pmatrix}x_1\\ x_2\end{pmatrix}=\begin{pmatrix}x_1\\ x_1\end{pmatrix}=x_1\begin{pmatrix}1\\ 1\end{pmatrix}$. 하나만 선택하면 되므로 $\lambda=4$에 대응되는 고유벡터는 $\begin{pmatrix}1\\ 1\end{pmatrix}$.

$\lambda=-1$에 대응되는 고유벡터는 $\begin{pmatrix}1-(-1) & 3\\ 2 & 2-(-1)\end{pmatrix}\begin{pmatrix}x_1\\ x_2\end{pmatrix}=\begin{pmatrix}0\\ 0\end{pmatrix}$, 즉, $2x_1+3x_2=0$

에서 $\begin{pmatrix}x_1\\ x_2\end{pmatrix}=\begin{pmatrix}x_1\\ -\frac{2}{3}x_1\end{pmatrix}=x_1\begin{pmatrix}1\\ -\frac{2}{3}\end{pmatrix}=\frac{1}{3}x_1\begin{pmatrix}3\\ -2\end{pmatrix}$. 하나만 선택하면 되므로 $\lambda=-1$에 대응되는 고유벡터는 $\begin{pmatrix}3\\ -2\end{pmatrix}$. 따라서 대각화하는 정칙행렬은 $P=\begin{pmatrix}1 & 3\\ 1 & -2\end{pmatrix}$이고 $P^{-1}AP=D=\begin{pmatrix}4 & 0\\ 0 & -1\end{pmatrix}$. 그러므로 $Y=PZ$

로 치환하면 $Z' = DZ = \begin{pmatrix} 4 & 0 \\ 0 & -1 \end{pmatrix}\begin{pmatrix} z_1 \\ z_2 \end{pmatrix}$가 된다. 성분으로 나타내면 $z_1' = 4z_1$, $z_2' = -z_2$이므로 해를 구하면 $z_1 = c_1 e^{4x}$, $z_2 = c_2 e^{-x}$. 따라서 구하는 해는 $Y = PZ = \begin{pmatrix} 1 & 3 \\ 1 & -2 \end{pmatrix}\begin{pmatrix} c_1 e^{4x} \\ c_2 e^{-x} \end{pmatrix} = \begin{pmatrix} c_1 e^{4x} + 3c_2 e^{-x} \\ c_1 e^{4x} - 2c_2 e^{-x} \end{pmatrix}$

4. $\lambda = 1$에 대한 고유벡터는 $\begin{pmatrix} 1-1 & 2 \\ 0 & 1-1 \end{pmatrix}\begin{pmatrix} x_1 \\ x_2 \end{pmatrix} = \begin{pmatrix} 0 \\ 0 \end{pmatrix}$, 즉, $2x_2 = 0$에서 $x_2 = 0$이므로 모든 고유벡터가 $x_1\begin{pmatrix} 1 \\ 0 \end{pmatrix}$ (단, $x_1 \neq 0$)의 형태가 된다. $\lambda = 1$은 중근이지만 일차독립인 고유벡터가 하나만 생기므로 행렬 A는 대각화 가능하지 않다. 따라서 대각화해법으로는 풀기가 곤란하다는 것을 알 수 있다. 그런데 방정식 ⑧에서 $Dz = z$, 즉, $z = c_1 e^x$을 얻으므로 ⑦식에 대입하면 $(D-1)y = 2c_1 e^x$가 된다. 이 방정식의 특수해는 $y_p = \frac{1}{D-1}(2c_1 e^x) = 2c_1 e^x \frac{1}{D+1-1}(1) = 2c_1 e^x \frac{1}{D}(1) = 2c_1 x e^x$이므로 구하는 해는 $y = y_h + y_p = c_2 e^x + 2c_1 x e^x$ 그리고 $z = c_1 e^x$ 이다.
5. (1) ⑨식에서 $y_2 = y_1'$을 구하여 ⑩식에 대입하면 $y_1'' - 4y_1 = 0$이므로 $y_1 = c_1 e^{2x} + c_2 e^{-2x}$. 이 해를 ⑨식에 대입하면 $y_2 = y_1' = (c_1 e^{2x} + c_2 e^{-2x})' = 2c_1 e^{2x} - 2c_2 e^{-2x}$.

   (2) ⑪식에서 $y_1 = c_1 e^{3x}$, ⑫식에서 $y_2 = c_2 e^{7x}$를 얻는다.

연습문제 (3.3)

1. 주어진 미분방정식의 비제차항에 포함된 e^{-3t}의 지수계수 -3은 고유값이 아니므로 특수해 Y_p는 다음과 같은 형태임을 짐작할 수 있다.

   $Y_p = Ve^{-3t}$ (V는 벡터계수)

   이 식을 주어진 방정식에 대입하면

   $-3Ve^{-3t} = Y_p' = AVe^{-3t} + \begin{pmatrix} -6 \\ 2 \end{pmatrix}e^{-3t}$, 즉, $(A+3I)V = -\begin{pmatrix} -6 \\ 2 \end{pmatrix} = \begin{pmatrix} 6 \\ -2 \end{pmatrix}$

   -3은 A의 고유값이 아니므로 $\det(A+3I) = \det[\begin{pmatrix} 3 & 1 \\ 1 & 3 \end{pmatrix} + 3\begin{pmatrix} 1 & 0 \\ 0 & 1 \end{pmatrix}] = \begin{vmatrix} 6 & 1 \\ 1 & 6 \end{vmatrix} \neq 0$이다. 그러므로 크레이머(Cramer) 공식에 의하여 다음과 같이 V를 구할 수 있다.

   $v_1 = \dfrac{\begin{vmatrix} 6 & 1 \\ -2 & 6 \end{vmatrix}}{\begin{vmatrix} 6 & 1 \\ 1 & 6 \end{vmatrix}} = \dfrac{38}{35}$, $v_2 = \dfrac{\begin{vmatrix} 6 & 6 \\ 1 & -2 \end{vmatrix}}{\begin{vmatrix} 6 & 1 \\ 1 & 6 \end{vmatrix}} = -\dfrac{18}{35}$ 그러므로 구하는 특수해는 $Y_p = \begin{pmatrix} \frac{38}{35} \\ -\frac{18}{35} \end{pmatrix}e^{-3t}$이다.

2. $Y' = AY$, $A = \begin{pmatrix} 4 & 1 \\ -1 & 2 \end{pmatrix}$이므로 계수행렬의 특성다항식은 $\begin{vmatrix} 4-\lambda & 1 \\ -1 & 2-\lambda \end{vmatrix} = \lambda^2 - 6\lambda + 9 = (\lambda-3)^2 = 0$

   그러므로 고윳값은 $\lambda = 3$(중근)이다. 고유벡터는

   $\begin{pmatrix} 4-3 & 1 \\ -1 & 2-3 \end{pmatrix}\begin{pmatrix} x_1 \\ x_2 \end{pmatrix} = \begin{pmatrix} 0 \\ 0 \end{pmatrix}$, 즉, $x_1 + x_2 = 0$에서 $X = \begin{pmatrix} 1 \\ -1 \end{pmatrix}$

   더 이상의 일차독립인 고유벡터는 없으므로 벡터계수법으로 해를 구한다. 하나의 해는 $Y_1 = \begin{pmatrix} 1 \\ -1 \end{pmatrix}e^{3t}$

이다. 일차독립인 다른 해를 $Y_2 = \begin{pmatrix} 1 \\ -1 \end{pmatrix} te^{3t} + Ue^{3t}$ 라고 놓고 방정식에 대입하면 다음을 얻는다.

$\begin{pmatrix} 4-3 & 1 \\ -1 & 2-3 \end{pmatrix}\begin{pmatrix} u_1 \\ u_2 \end{pmatrix} = \begin{pmatrix} 1 \\ -1 \end{pmatrix}$, 즉, $\begin{cases} u_1 + u_2 = 1 \\ -u_1 - u_2 = -1 \end{cases}$

$u_1 = 0$으로 선택하면 $u_2 = 1$이므로 구하는 일반해는

$Y = c_1 Y_1 + c_2 Y_2 = c_1 \begin{pmatrix} 1 \\ -1 \end{pmatrix} e^{3t} + c_2 \left[\begin{pmatrix} 1 \\ -1 \end{pmatrix} te^{3t} + \begin{pmatrix} 0 \\ 1 \end{pmatrix} e^{3t} \right]$

3. 특성다항식이 $\begin{vmatrix} 1-\lambda & 1 \\ -1 & 3-\lambda \end{vmatrix} = \lambda^2 - 4\lambda + 3 + 1 = (\lambda - 2)^2 = 0$이므로 $\lambda = 2$(중근). $\lambda = 2$의 고유벡터는 $\begin{pmatrix} 1-2 & 1 \\ -1 & 3-2 \end{pmatrix}\begin{pmatrix} x_1 \\ x_2 \end{pmatrix} = \begin{pmatrix} 0 \\ 0 \end{pmatrix}$에서 $-x_1 + x_2 = 0$이므로 $X = \begin{pmatrix} 1 \\ 1 \end{pmatrix}$. 따라서 하나의 해는 $Y_1 = \begin{pmatrix} 1 \\ 1 \end{pmatrix} e^{2t}$. 다른 해를 $Y_2 = \begin{pmatrix} 1 \\ 1 \end{pmatrix} te^{2t} + Ue^{2t}$라고 놓고 방정식에 대입하면

$\begin{pmatrix} 1 \\ 1 \end{pmatrix} e^{2t} + 2\begin{pmatrix} 1 \\ 1 \end{pmatrix} te^{2t} + 2Ue^{2t} = \begin{pmatrix} 1 & 1 \\ -1 & 3 \end{pmatrix}\left[\begin{pmatrix} 1 \\ 1 \end{pmatrix} te^{2t} + Ue^{2t} \right] = \begin{pmatrix} 2 \\ 2 \end{pmatrix} te^{2t} + AUe^{2t}$.

그러므로 $(A - 2I)U = X$, 즉, $\begin{pmatrix} 1-2 & 1 \\ -1 & 3-2 \end{pmatrix} U = \begin{pmatrix} 1 \\ 1 \end{pmatrix}$

$U = \begin{pmatrix} u_1 \\ u_2 \end{pmatrix}$라고 놓으면 $-u_1 + u_2 = 1$이 되므로 $U = \begin{pmatrix} 0 \\ 1 \end{pmatrix}$로 선택할 수 있다. 그러므로 해는

$Y = c_1 Y_1 + c_2 Y_2 = c_1 \begin{pmatrix} 1 \\ 1 \end{pmatrix} e^{2t} + c_2 \left[\begin{pmatrix} 1 \\ 1 \end{pmatrix} t + \begin{pmatrix} 0 \\ 1 \end{pmatrix} \right] e^{2t}$

4. $y' = y_1$이라고 하면 $y'' = y_1'$이므로 $y'' + 2y' + 10y = 0$은 연립방정식

$\begin{cases} y' = y_1 \\ y_1' = y'' = -2y' - 10y = -2y_1 - 10y \end{cases}$, 즉, $\begin{pmatrix} y' \\ y_1' \end{pmatrix} = \begin{pmatrix} 0 & 1 \\ -10 & -2 \end{pmatrix}\begin{pmatrix} y \\ y_1 \end{pmatrix}$이 된다. 특성다항식이

$\begin{vmatrix} 0-\lambda & 1 \\ -10 & -2-\lambda \end{vmatrix} = \lambda^2 + 2\lambda + 10 = 0$이므로 고유값은 $\lambda = -1 \pm 3i$이다. 고유값 λ에 대한 고유벡터는

$\begin{pmatrix} 0-\lambda & 1 \\ -10 & -2-\lambda \end{pmatrix}\begin{pmatrix} x_1 \\ x_2 \end{pmatrix} = \begin{pmatrix} 0 \\ 0 \end{pmatrix}$, 즉, $\begin{cases} -\lambda x_1 + x_2 = 0 \\ -10x_1 - (2+\lambda)x_2 = 0 \end{cases}$

에서 $x_2 = \lambda x_1$을 두 번째 식에 대입하면

$-10x_1 - (2+\lambda)(\lambda x_1) = -(\lambda^2 + 2\lambda + 10)x_1 = 0$

을 얻으므로 $x_1 = 1$로 선택하면 $x_2 = \lambda$. 따라서 연립방정식의 일반해는

$Y = \begin{pmatrix} y \\ y_1 \end{pmatrix} = c_1 \begin{pmatrix} 1 \\ -1+3i \end{pmatrix} e^{(-1+3i)t} + c_2 \begin{pmatrix} 1 \\ -1-3i \end{pmatrix} e^{(-1-3i)t}$

그러므로 주어진 미분방정식의 일반해는

$y = c_1 e^{(-1+3i)t} + c_2 e^{(-1-3i)t}$

이 해는 모든 복소수 c_1, c_2에 대해서도 해가 되므로 실수해를 구하기 위하여

$c_1 = c_2 = \dfrac{1}{2}$, 그리고 $c_1 = \dfrac{1}{2i}, c_2 = -\dfrac{1}{2i}$

로 각각 선택하면 $e^{-t}\cos 3t$, $e^{-t}\sin 3t$ 를 얻으므로 주어진 방정식의 실수함수로 된 일반해는 다음과 같다. $y = e^{-t}(c_1 \cos 3t + c_2 \sin 3t)$ 참고로, 이 일반해는 주어진 2계방정식을 특성근을 이용하여 푼 결

과와 같다는 것을 알 수 있다.

연습문제 (3.4)

1. (1) $y_1 = y_0 + hf_0 = 1 + 0.1[(1+0)1] = 1.1$　　(2) $k_1 = hf_0 = 0.1[(1+0)1] = 0.1$

$k_2 = hf\left(x_0 + \frac{h}{2}, y_0 + \frac{k_1}{2}\right) = 0.1\left[(1+0.05)\left(1 + \frac{0.1}{2}\right)\right] = 0.1(1.05^2) = 0.11025$

그러므로 $y_1 = y_0 + k_2 = 1 + 0.11025 = 1.11025$ (참값 1.11071).

2. $y_1^* = y_0 + \frac{h}{2}[(1+x_0)y_0 + (1+x_0)y_1] = 1 + \frac{0.1}{2}[(1+0)\times 1 + 1.1\times 1.1] = 1.1105$

3. $\begin{cases} y' = z, & y(0) = 1 \\ z' = -y, & z(0) = 2 \end{cases}$, 즉, $\begin{cases} y' = f(x, y, z) \\ z' = g(x, y, z) \end{cases}$

$y_1 = y_0 + hf(x_0, y_0, z_0) = y_0 + hz_0 = 1 + 0.1(2) = 1.2$

$z_1 = z_0 + hf(x_0, y_0, z_0) = 2 + 0.1(-y_0) = 2 + 0.1(-1) = 1.9$

$y_2 = y_1 + hf(x_1, y_1, z_1) = y_1 + hz_1 = 1.2 + 0.1(1.9) = 1.39$

4. $x_0 = 1,\ x_1 = 1.25,\ x_2 = 1.5,\ x_3 = 1.75,\ x_4 = 2$

$y_0 = 1,\ y_1 = \frac{1}{1.25} = \frac{8}{10},\ y_2 = \frac{1}{1.5} = \frac{2}{3},\ y_3 = \frac{1}{1.75} = \frac{4}{7},\ y_4 = \frac{1}{2}$

$\int_1^2 \frac{1}{x}dx = \frac{h}{2}[(y_0 + y_4) + 2(y_1 + y_2 + y_3)] = \frac{0.25}{2}\left[(1 + \frac{1}{2}) + 2(\frac{8}{10} + \frac{2}{3} + \frac{4}{7})\right]$

$= 0.69702$(참값$= 0.69315$)

5. $\begin{cases} y' = z,\ y_0 = 1 \\ z' = y,\ z_0 = 2 \end{cases}$

$y_1 = y_0 + hz_0 = 1 + 0.1\times 2 = 1.2,\quad z_1 = z_0 + hy_0 = 2 + 0.1\times 1 = 2.1$

$\therefore y_2 = y_1 + hz_1 = 1.2 + 0.1\times 2.1 = 1.41$

6. (1) $y' = z, z' = x - y + 2z, y(0) = 1, z(0) = 2$이므로

$\hat{y_1} = y_0 + hz_0 = 1 + 0.1\times 2 = 1.2$

$\hat{z_1} = z_0 + h(x_0 - y_0 + 2z_0) = 2 + 0.1(0 - 1 + 2\times 2) = 2.3$

(2) $\hat{y_1} = 1.2,\ \hat{z_1} = 2.3,\ y_1 = y_0 + \frac{h}{2}(z_0 + \hat{z_1}) = 1 + \frac{0.1}{2}(2 + 2.3) = 1.215$

$z_1 = z_0 + \frac{h}{2}[(x_0 - y_0 + 2z_0) + (x_1 - \hat{y_1} + 2\hat{z_1})]$

$= 2 + \frac{0.1}{2}[(0 - 1 + 4) + (0.1 - 1.2 + 2\times 2.3)] = 2.325$

$\hat{y_2} = y_1 + \frac{h}{2}z_1 = 1.215 + \frac{0.1}{2}(2.325) = 1.33125$

$\hat{z_2} = z_1 + \frac{h}{2}(x_1 - y_1 + 2\hat{z_1}) = 2.325 + \frac{0.1}{2}(0.1 - 1.215 + 2\times 2.325) = 2.50175$

$\therefore y_2 = y_1 + \frac{h}{2}(z_1 + \hat{z_2}) = 1.125 + \frac{0.1}{2}(2.325 + 2.50175) = 1.4563375$

제4장 라플라스(Laplace) 변환

연습문제 (4.1)

1. $n=1$일 때 $\mathcal{L}(t)=\dfrac{1}{s^2}=\dfrac{1!}{s^2}$ 이므로 성립한다.

$n=k$일 때 $\mathcal{L}(t^k)=\dfrac{k!}{s^{k+1}}$ 이 성립한다고 가정하자. 그러면

$$\mathcal{L}(t^{k+1})=\mathcal{L}(t\cdot t^k)=-\frac{d}{ds}\left(\frac{k!}{s^{k+1}}\right)=-\frac{-k!(k+1)s^k}{s^{2(k+1)}}=\frac{(k+1)!}{s^{k+2}}.$$

2. (1) $A(s)=\dfrac{2!}{s^3}$

(2) $B(s)=\mathcal{L}(e^{2t}t^5)=\mathcal{L}(t^5)(s-2)=\dfrac{5!}{(s-2)^6}$

(3) $C(s)=\mathcal{L}(t^2+t+1)=\dfrac{2!}{s^3}+\dfrac{1}{s^2}+\dfrac{1}{s}$

(4) $D(s)=\mathcal{L}(e^{-t}(t^4-2t^2+3))=\mathcal{L}(t^4-2t^2+3)(s+1)=\dfrac{4!}{(s+1)^5}-\dfrac{2\cdot(2!)}{(s+1)^3}+\dfrac{3}{s+1}$

(5) $E(s)=\mathcal{L}(e^{3t}(t^{2n}+t^{2n-2}+\cdots+t^2+1))=\mathcal{L}(t^{2n}+t^{2n-2}+\cdots+t^2+1)(s-3)$

$$=\frac{(2n)!}{(s-3)^{2n+1}}+\frac{(2n-2)!}{(s-3)^{2n-1}}+\cdots+\frac{2!}{(s-3)^3}+\frac{1}{s-3}.$$

(6) $F(s)=\mathcal{L}(a_nt^n+a_{n-1}t^{n-1}+\cdots+a_1t+a_0)$

$$=a_n\cdot\frac{n!}{s^{n+1}}+a_{n-1}\cdot\frac{(n-1)!}{s^n}+\cdots+a_1\cdot\frac{1}{s^2}+a_0\cdot\frac{1}{s}$$

3. (1) $\mathcal{L}(te^{2t})=\mathcal{L}(t)(s-2)=\left[\dfrac{1}{s^2}\right]_{s\to s-2}=\dfrac{1}{(s-2)^2}$

(2) $\mathcal{L}(t^ne^{-4t})=\mathcal{L}(t^n)(s+4)=\left[\dfrac{n!}{s^{n+1}}\right]_{s\to s+4}=\dfrac{n!}{(s+4)^{n+1}}$

(3) $\mathcal{L}(e^{at}\sin^2wt)=\mathcal{L}(\sin^2wt)(s-a)=\mathcal{L}(\dfrac{1-\cos2t}{2})(s-a)$

$$=(\mathcal{L}(\frac{1}{2})-\frac{1}{2}\mathcal{L}(\cos2t))(s-a)$$

$$=\left[\frac{1}{2s}-\frac{1}{2}\frac{s}{s^2+4}\right]_{s\to s-a}=\frac{1}{2(s-a)}-\frac{1}{2}\frac{s-a}{(s-a)^2+4}$$

(4) $\mathcal{L}(e^{at}\cos^2wt)=\mathcal{L}(\cos^2wt)(s-a)=\mathcal{L}(\dfrac{1+\cos2t}{2})(s-a)$

$$=(\mathcal{L}(\frac{1}{2})+\frac{1}{2}\mathcal{L}(\cos2t))(s-a)$$

$$=\left[\frac{1}{2s}+\frac{1}{2}\frac{s}{s^2+4}\right]_{s\to s-a}=\frac{1}{2(s-a)}+\frac{1}{2}\frac{s-a}{(s-a)^2+4}$$

(5) $\mathcal{L}(t^2\sin wt)=(-1)^2\frac{d^2}{ds^2}\mathcal{L}(\sin wt)=\frac{d^2}{ds^2}\frac{w}{s^2+w^2}=\frac{d}{ds}\left(\frac{-2ws}{(s^2+w^2)^2}\right)$

$=\frac{-2w(s^2+w^2)^2-(-2ws)2(s^2+w^2)(2s)}{(s^2+w^2)^4}=\frac{-2w(s^2+w^2)+8ws^2}{(s^2+w^2)^3}=\frac{6ws^2-2w^3}{(s^2+w^2)^3}$

(6) $\mathcal{L}(t^2\cos wt)=(-1)^2\frac{d^2}{ds^2}\mathcal{L}(\cos wt)=\frac{d^2}{ds^2}\frac{s}{s^2+w^2}=\frac{d}{ds}\left(\frac{s^2+w^2-s(2s)}{(s^2+w^2)^2}\right)$

$=\frac{d}{ds}\left(\frac{w^2-s^2}{(s^2+w^2)^2}\right)=\frac{(-2s)(s^2+w^2)^2-(w^2-s^2)2(s^2+w^2)(2s)}{(s^2+w^2)^4}$

$=\frac{(-2s)(s^2+w^2)-4s(w^2-s^2)}{(s^2+w^2)^3}=\frac{2s^3-6sw^2}{(s^2+w^2)^3}$

(7) $\mathcal{L}(1-(1+at)e^{-at})=\mathcal{L}(1)-\mathcal{L}(e^{-at})-a\mathcal{L}(te^{-at})=\frac{1}{s}-\frac{1}{s+a}-a\mathcal{L}(t)(s+a)$

$=\frac{1}{s}-\frac{1}{s+a}-\frac{a}{(s+a)^2}=\frac{(s+a)^2-s(s+a)-as}{s(s+a)^2}=\frac{a^2}{s(s+a)^2}$

(8) $\mathcal{L}\left(\frac{\sin wt}{t}\right)=\int_s^\infty \mathcal{L}(\sin wt)(u)du=\int_s^\infty \frac{w}{u^2+w^2}du=\left[\tan^{-1}\frac{u}{w}\right]_s^\infty=\frac{\pi}{2}-\tan^{-1}\frac{s}{w}$

연습문제 (4.2)

1. 양변에 라플라스변환을 취하면

$s^2Y-3+sY-6Y=\frac{3}{s}$, 즉, $(s^2+s-6)Y=3+\frac{3}{s}=3\frac{s+1}{s}$

Y에 관하여 풀어서 부분분수형태로 만들면

$Y=3\frac{s+1}{s(s^2+s-6)}=3\frac{s+1}{s(s-2)(s+3)}=\frac{A_1}{s}+\frac{A_2}{s-2}+\frac{A_3}{s+3}$

상수 A_1, A_2, A_3를 구하기 위하여 통분하여 비교하면

$3s+3=A_1(s-2)(s+3)+A_2s(s+3)+A_3s(s-2)$

$s=0$, $s=2$, $s=-3$을 대입하면 $A_1=-\frac{1}{2}$, $A_2=\frac{9}{10}$, $A_3=-\frac{2}{5}$이므로 위의 식에 대입하여 역변환을 취하면 $y(t)=L^{-1}(Y)=-\frac{1}{2}+\frac{9}{10}e^{2t}-\frac{2}{5}e^{-3t}$.

2. 양변에 라플라스변환을 취하면

$s^2Y-1+3sY-4Y=\frac{1}{s-1}$, 즉, $(s^2+3s-4)Y=1+\frac{1}{s-1}=\frac{s}{s-1}$

Y에 관하여 풀어서 부분분수형태로 만들면

$Y=\frac{s}{(s-1)(s^2+3s-4)}=\frac{s}{(s-1)^2(s+4)}=\frac{A_1}{(s-1)^2}+\frac{A_2}{s-1}+\frac{A_3}{s+4}$

상수 A_1, A_2, A_3를 구하기 위하여 통분하여 비교하면

$s=A_1(s+4)+A_2(s-1)(s+4)+A_3(s-1)^2$

$s=1,\ s=-4,\ s=0$을 대입하면

$$\begin{cases} 1=5A_1 \\ -4=25A_3 \\ 0=4A_1-4A_2+A_3 \end{cases}$$

에서 $A_1=\frac{1}{5},\ A_2=\frac{4}{25},\ A_3=-\frac{4}{25}$를 얻으므로 위의 식에 대입하여 역변환을 취하면

$$y(t)=L^{-1}(Y)=\frac{1}{5}te^t+\frac{4}{25}e^t-\frac{4}{25}e^{-4t}.$$

3. 양변에 라플라스변환을 취하면

$$s^2Y-s+Y=\frac{2}{s},\ \text{즉, } (s^2+1)Y=s+\frac{2}{s}=\frac{s^2+2}{s}$$

Y에 관하여 풀어서 부분분수형태로 만들면

$$Y=\frac{s^2+2}{s(s^2+1)}=\frac{A_1s+A_2}{s^2+1}+\frac{A_3}{s}$$

상수 $A_1,\ A_2,\ A_3$를 구하기 위하여 양변에 분모의 최소공배수 $s(s^2+1)$를 곱하면

$$s^2+2=(A_1s+A_2)s+A_3(s^2+1)=(A_1+A_3)s^2+A_2s+A_3$$

$A_1+A_3=1,\ A_2=0,\ A_3=2$이므로 $A_1=-1$. 그러므로 $Y=\frac{-s}{s^2+1}+\frac{2}{s}$.

역변환을 취하면$y(t)=L^{-1}(Y)=-\cos t+2$.

4. 양변에 라플라스변환을 취하면

$$s^2Y-1+Y=\frac{s}{s^2+1},\ \text{즉, } (s^2+1)Y=1+\frac{s}{s^2+1}$$

Y에 관하여 풀면

$$Y=\frac{s}{(s^2+1)^2}+\frac{1}{s^2+1}$$

그런데 $-\frac{d}{ds}(\frac{1}{s^2+1})=\frac{2s}{(s^2+1)^2}$이고, $L(\sin t)=\frac{1}{s^2+1}$이므로

$$L^{-1}(\frac{2s}{(s^2+1)^2})=L^{-1}[-\frac{d}{ds}(\frac{1}{s^2+1})]=t\sin t$$

그러므로 구하는 해는

$$y(t)=L^{-1}(Y)=L^{-1}\left(\frac{s}{(s^2+1)^2}\right)+L^{-1}\left(\frac{1}{s^2+1}\right)=t\sin t+\sin t$$

5. 양변에 라플라스변환을 취하면

$$s^2Y-s+2+2(sY-1)+Y=\frac{2}{s^2+4},\ \text{즉, } (s^2+2s+1)Y=s+\frac{2}{s^2+4}=\frac{s^3+4s+2}{s^2+4}$$

Y에 관하여 풀면

$$Y=\frac{s^3+4s+2}{(s+1)^2(s^2+4)}=\frac{A_1}{s+1}+\frac{A_2}{(s+1)^2}+\frac{A_3s+A_4}{s^2+4}$$

양변에 분모의 최소공배수 $(s+1)^2(s^2+4)$를 곱하면

$s^3+4s+2=A_1(s+1)(s^2+4)+A_2(s^2+4)+(A_3s+A_4)(s+1)^2$

$=(A_1+A_3)s^3+(A_1+A_2+2A_3+A_4)s^2+(4A_1+A_3+2A_4)s+(4A_1+4A_2+A_4)$

양변의 계수를 비교하면 다음의 연립방정식을 얻는다.

$A_1+A_3=1,\ A_1+A_2+2A_3+A_4=0,\ 4A_1+A_3+2A_4=4,\ 4A_1+4A_2+A_4=2$

연립하여 풀면, $A_1=\frac{29}{25},\ A_2=-\frac{3}{5},\ A_3=-\frac{4}{25},\ A_4=-\frac{6}{25}$ 이므로 대입하면

$Y=\frac{29/25}{s+1}-\frac{3/5}{(s+1)^2}+\frac{-4/25s-6/25}{s^2+4}=\frac{29/25}{s+1}-\frac{3}{5}\frac{1}{(s+1)^2}-\frac{4/25s}{s^2+4}-\frac{6/25}{s^2+4}.$

역변환을 취하면 다음의 해를 얻는다.

$y(t)=\frac{29}{25}e^{-t}-\frac{3}{5}te^{-t}-\frac{4}{25}\cos 2t-\frac{3}{25}\sin 2t.$

6. (1) 양변에 라플라스 변환을 취하고 초기값을 대입하면

$s^2Y-1-4Y=\frac{3}{s}$, 즉, $Y=\frac{1+\frac{3}{s}}{s^2-4}=\frac{s+3}{s(s+2)(s-2)}$

이므로 부분분수로 분해하면 다음의 형태가 된다.

$Y=\frac{s+3}{s(s+2)(s-2)}=\frac{A}{s}+\frac{B}{s+2}+\frac{C}{s-2}$

양변에 분모의 최소공배수를 곱하면

$s+3=A(s+2)(s-2)+Bs(s-2)+Cs(s+2)$

이 된다. $s=0,-2,2$를 대입하면 $A=-\frac{3}{4},\ B=\frac{1}{8},\ C=\frac{5}{8}$ 이므로

$Y=\frac{-3/4}{s}+\frac{1/8}{s+2}+\frac{5/8}{s-2}$

이다. 역변환을 취하면 $y=-\frac{3}{4}+\frac{1}{8}e^{-2t}+\frac{5}{8}e^{2t}.$

(2) 양변에 라플라스 변환을 취하고 초기값을 대입하면

$s^2Y-1-4sY+3Y=0$, 즉, $Y=\frac{1}{s^2-4s+3}=\frac{1}{(s-1)(s-3)}=\frac{-1/2}{s-1}+\frac{1/2}{s-3}$

이므로 역변환을 취하면 $y=-\frac{1}{2}e^t+\frac{1}{2}e^{3t}.$

7. (1) $\frac{s+5}{s^2+2s+5}=\frac{s+1}{(s+1)^2+4}+\frac{4}{(s+1)^2+4}$ 이므로 $y(t)=e^{-t}\cos 2t+2e^{-t}\sin 2t.$

(2) $\frac{s+a^2}{s(s^2+a^2)}=\frac{1}{s^2+a^2}+\frac{a^2}{s(s^2+a^2)}=\frac{1}{s^2+a^2}+\frac{1}{s}-\frac{s}{s^2+a^2}$ 이므로 역변환을 취하면

$y(t)=\frac{1}{a}\sin at+1-\cos at$

(3) $\frac{s+1}{s(s^2+s-6)}=\frac{A}{s}+\frac{B}{s+3}+\frac{C}{s-2}=\frac{-1/6}{s}+\frac{-2/15}{s+3}+\frac{3/10}{s-2}$ 와 같이 부분분수로 분해되므로

$y(t)=-\frac{1}{6}-\frac{2}{15}e^{-3t}+\frac{3}{10}e^{2t}.$

(4) $\dfrac{s+2}{(s-1)^2s^3}=\dfrac{3}{(s-1)^2}+\dfrac{-8}{s-1}+\dfrac{8}{s}+\dfrac{5}{s^2}+\dfrac{2}{s^3}$와 같이 부분분수로 분해되므로 역변환을 구하면

$y(t)=3te^t-8e^t+8+5t+t^2$.

8. (1) 양변에 라플라스변환을 취하고 초기값을 대입하면

$$s^2Y-1-2as\,Y+a^2Y=\frac{a^3}{s^2},\ \text{즉, } Y=\frac{\dfrac{s^2+a^3}{s^2}}{s^2-2as+a^2}=\frac{s^2+a^3}{s^2(s-a)^2}$$

이 분수식은 $\dfrac{s^2+a^3}{s^2(s-a)^2}=\dfrac{s^2}{s^2(s-a)^2}+\dfrac{a^3}{s^2(s-a)^2}=\dfrac{1}{(s-a)^2}+\dfrac{a^3}{s^2(s-a)^2}$와 같이 나타난다. 그런데

$$\frac{a^3}{s^2(s-a)^2}=\frac{A}{s}+\frac{B}{s^2}+\frac{C}{s-a}+\frac{D}{(s-a)^2}=\frac{As(s-a)^2+B(s-a)^2+Cs^2(s-a)+Ds^2}{s^2(s-a)^2}$$

이므로 계수를 비교하면 $A+C=0,\ -2aA+B-aC+D=0,\ a^2A-2aB=0,\ a^2B=a^3$이므로 계수를 구하면 $B=a, A=2, C=-2, D=a$가 된다. 따라서

$$Y=\frac{1}{(s-a)^2}+\frac{a^3}{s^2(s-a)^2}=\frac{1}{(s-a)^2}+\frac{2}{s}+\frac{a}{s^2}+\frac{-2}{s-a}+\frac{a}{(s-a)^2}$$

그러므로 구하는 해는 $y=te^{at}+2+at-2e^{at}+ate^{at}$이므로 $y=(a+1)te^{at}+2+at-2e^{at}$.

(2) 양변에 라플라스변환을 취하고 초기값을 대입하면

$$s^2Y+Y=\frac{s}{s^2+4},\ \text{즉, } Y=\frac{s}{(s^2+1)(s^2+4)}=\frac{1}{3}\left(\frac{s}{s^2+1}-\frac{s}{s^2+4}\right)$$

역변환을 취하면 $y=\dfrac{1}{3}(\cos t-\cos 2t)$.

9. 양변에 라플라스변환을 취하고 초기값을 대입하면

$$\begin{cases} sX-1-Y=\dfrac{1}{s-1} \\ sY+X=\dfrac{1}{s} \end{cases},\ \text{즉, } \begin{cases} sX-Y=1+\dfrac{1}{s-1} & \cdots ① \\ X+sY=\dfrac{1}{s} & \cdots ② \end{cases}$$

①$\times s+$②에서 $(s^2+1)X=s+\dfrac{s}{s-1}+\dfrac{1}{s}$을 얻으므로

$$\begin{aligned} X&=\frac{s}{s^2+1}+\frac{s}{(s-1)(s^2+1)}+\frac{1}{s(s^2+1)} \\ &=\frac{s}{s^2+1}+\frac{1}{2}\left(\frac{1}{s-1}-\frac{s-1}{s^2+1}\right)+\frac{1}{s}-\frac{s}{s^2+1} \\ &=\frac{s}{s^2+1}+\frac{1}{2}\left(\frac{1}{s-1}-\frac{s}{s^2+1}+\frac{1}{s^2+1}\right)+\frac{1}{s}-\frac{s}{s^2+1} \\ &=\frac{1}{2}\frac{1}{s-1}-\frac{1}{2}\frac{s}{s^2+1}+\frac{1}{2}\frac{1}{s^2+1}+\frac{1}{s} \end{aligned}$$

역변환을 취하면 $x(t)=\dfrac{1}{2}e^t-\dfrac{1}{2}\cos t+\dfrac{1}{2}\sin t+1$.

①$-$②$\times s$에서 $-(s^2+1)Y=\dfrac{1}{s-1}$을 얻는다. 그러므로

$$Y=\frac{-1}{(s-1)(s^2+1)}=\frac{A}{s-1}+\frac{Bs+C}{s^2+1}=\frac{A(s^2+1)+(s-1)(Bs+C)}{(s-1)(s^2+1)}.$$

계수를 비교하면 $A+B=0,\ C-B=0,\ A-C=-1$ 에서 $A=-\frac{1}{2}, B=\frac{1}{2}, C=\frac{1}{2}$ 을 얻으므로

$$Y=\frac{-1}{(s-1)(s^2+1)}=\frac{-1/2}{s-1}+\frac{1/2s+1/2}{s^2+1}=\frac{-1/2}{s-1}+\frac{1/2s}{s^2+1}+\frac{1/2}{s^2+1}$$

따라서 $y(t)=-\frac{1}{2}e^t+\frac{1}{2}\cos t+\frac{1}{2}\sin t.$

10. (1) $\mathcal{L}(ty'')=-\frac{d}{ds}\mathcal{L}(y'')=-\frac{d}{ds}(s^2Y-sy_0-sy_0')=-(2sY+s^2\frac{dY}{ds}-y_0)$ 이므로

$$\mathcal{L}(ty''+y'+ty)=-(2sY+s^2\frac{dY}{ds}-y_0)+sY-y_0-\frac{dY}{ds}=-(s^2+1)\frac{dY}{ds}-sY=0.$$

따라서 구하는 방정식은 $(s^2+1)\frac{dY}{ds}+sY=0.$

(2) 변수분리하면 $\frac{dY}{Y}+\frac{s}{s^2+1}=0$ 이므로 적분하면 $Y=\frac{C}{\sqrt{s^2+1}}$. 이것을 $\frac{1}{s}$ 의 멱급수로 나타내면, 이항전개공식에 의하여,

$$Y=\frac{C}{\sqrt{s^2+1}}=C\frac{1}{s\sqrt{1+\frac{1}{s^2}}}=C\frac{1}{s}(1+\frac{1}{s^2})^{-\frac{1}{2}}$$

$$=\frac{C}{s}\left(1+(-\frac{1}{2})\frac{1}{s^2}+\frac{(-\frac{1}{2})(-\frac{1}{2}-1)\left(\frac{1}{s^2}\right)^2}{2!}+\cdots+\frac{(-\frac{1}{2})(-\frac{1}{2}-1)\cdots(-\frac{1}{2}-n+1)\left(\frac{1}{s^2}\right)^n}{n!}+\cdots\right)$$

$$=\frac{C}{s}\left(1-\frac{1}{2}\frac{1}{s^2}+\frac{1\cdot 3}{2^2\cdot 2!}\frac{1}{s^4}+\cdots+\frac{(-1)^n 1\cdot 3\cdot\cdots\cdot(2n-1)}{2^n\cdot n!}\frac{1}{s^{2n}}+\cdots\right)$$

$$=C\left(\frac{1}{s}-\frac{1}{2}\frac{1}{s^3}+\frac{1\cdot 3}{2^2\cdot 2!}\frac{1}{s^5}+\cdots+\frac{(-1)^n 1\cdot 3\cdot\cdots\cdot(2n-1)}{2^n\cdot n!}\frac{1}{s^{2n+1}}+\cdots\right)$$

와 같이 되므로 역변환을 구하면

$$y(t)=C\left(1-\frac{1}{2^1}\frac{t^2}{2!}+\frac{1\cdot 3}{2^2\cdot 2!}\frac{t^4}{4!}+\cdots+\frac{(-1)^n 1\cdot 3\cdot\cdots\cdot(2n-1)}{2^n\cdot n!}\frac{t^{2n}}{(2n)!}+\cdots\right)$$

연습문제 (4.3)

1. $L\{f(t-1)u(t-1)\}=e^{-s}F(s),\ L\{f(t-2)u(t-2)\}=e^{-2s}F(s)$

$F(s)=\frac{1}{s}-\frac{2}{s+1}+\frac{3}{s+2}$ 에서 $f(t)=1-2e^{-t}+3e^{-2t}$

$L^{-1}\{e^{-s}F(s)\}=f(t-1)u(t-1)=[1-2e^{-(t-1)}+3e^{-2(t-1)}]u(t-1)$

$$L^{-1}\{e^{-2s}F(s)\}=f(t-2)u(t-2)=[1-2e^{-(t-2)}+3e^{-2(t-2)}]u(t-2)$$

그러므로

$$\begin{aligned} y&=f(t-1)u(t-1)-f(t-2)u(t-2)\\ &=[1-2e^{-(t-1)}+3e^{-2(t-1)}]u(t-1)-[1-2e^{-(t-2)}+3e^{-2(t-2)}]u(t-2)\\ &=\begin{cases}0 & (0<t<1)\\ 1-2e^{-(t-1)}+3e^{-2(t-1)} & (1<t<2)\\ -2e^{-(t-1)}+3e^{-2(t-1)}+2e^{-(t-2)}-3e^{-2(t-2)} & (t>2)\end{cases}\end{aligned}$$

2. 양변에 라플라스변환을 취하면

$$s^2Y+3sY+2Y=\frac{e^{-s}}{s}-\frac{e^{-2s}}{s}$$

$$Y=\frac{1}{s^2+3s+2}(\frac{e^{-s}}{s}-\frac{e^{-2s}}{s})=[\frac{1/2}{s}-\frac{1}{s+1}+\frac{1/2}{s+2}](e^{-s}-e^{-2s})$$

$F(s)=\frac{1/2}{s}-\frac{1}{s+1}+\frac{1/2}{s+2}$의 역변환은 $f(t)=\frac{1}{2}-e^{-t}+\frac{1}{2}e^{-2t}$이므로 역변환을 취하면

$$\begin{aligned} y(t)&=L^{-1}\{F(s)e^{-s}-F(s)e^{-2s}\}\ \ (\text{단}, F(s)=\frac{1/2}{s}-\frac{1}{s+1}+\frac{1/2}{s+2})\\ &=f(t-1)u(t-1)-f(t-2)u(t-2)\\ &=\begin{cases}0 & (0<t<1)\\ \frac{1}{2}-e^{-(t-1)}+\frac{1}{2}e^{-2(t-1)} & (1<t<2)\\ -e^{-(t-1)}+\frac{1}{2}e^{-2(t-1)}+e^{-(t-2)}-\frac{1}{2}e^{-2(t-2)} & (t>2)\end{cases}\end{aligned}$$

3. 주기 a인 주기함수이므로

$$\begin{aligned} L(f)&=\frac{1}{1-e^{-as}}\int_0^a e^{-st}atdt=\frac{1}{1-e^{-as}}\left\{[-\frac{1}{s}e^{-st}at]_0^a-\int_0^a(-\frac{1}{s})e^{-st}adt\right\}\\ &=\frac{1}{1-e^{-as}}\left\{-\frac{a^2}{s}e^{-as}-\frac{a}{s^2}\left[e^{-st}\right]_0^a\right\}=\frac{1}{1-e^{-as}}\left\{-\frac{a^2}{s}e^{-as}-\frac{a}{s^2}(e^{-as}-1)\right\}\\ &=-\frac{a^2e^{-as}}{s(1-e^{-as})}+\frac{a}{s^2}\end{aligned}$$

4. 주기가 π인 주기함수이므로

$$\begin{aligned} L(f)&=\frac{1}{1-e^{-\pi s}}\int_0^\pi e^{-st}(3\sin t)dt=\frac{3}{1-e^{-\pi s}}\left[\frac{e^{-st}}{1+s^2}(-s\sin t-\cos t)\right]_0^\pi\\ &=\frac{3}{1-e^{-\pi s}}[\frac{e^{-\pi s}}{1+s^2}+\frac{1}{1+s^2}]=\frac{3}{1+s^2}\frac{1+e^{-\pi s}}{1-e^{-\pi s}}\\ &=\frac{3}{1+s^2}\frac{e^{\pi s/2}+e^{-\pi s/2}}{e^{\pi s/2}-e^{-\pi s/2}}=\frac{3}{1+s^2}\coth\frac{\pi s}{2}\end{aligned}$$

5. (1) $\mathcal{L}(f)=\int_0^\infty e^{-st}f(t)dt=\int_a^b e^{-st}dt=\left[-\frac{1}{s}e^{-st}\right]_a^b=\frac{e^{-as}-e^{-bs}}{s}$

(2) $\mathcal{L}(\frac{1}{\epsilon}f)=\frac{e^{-as}-e^{-bs}}{\epsilon s}=\frac{1}{s}\frac{e^{-as}-e^{-(a+\epsilon)s}}{\epsilon}=\frac{e^{-as}}{s}\frac{1-e^{-\epsilon s}}{\epsilon}$이므로

$$\lim_{\epsilon\to0}\mathcal{L}\left(\frac{1}{\epsilon}f\right)=\lim_{\epsilon\to0}\frac{e^{-as}}{s}\frac{1-e^{-\epsilon s}}{\epsilon}=\frac{e^{-as}}{s}\lim_{\epsilon\to0}\frac{1-e^{-\epsilon s}}{\epsilon}=\frac{e^{-as}}{s}\lim_{\epsilon\to0}\frac{se^{-\epsilon s}}{1}=e^{-as}$$

6. $\mathcal{L}^{-1}\left(\frac{e^{-as}}{s^n}\right)=\left\{\mathcal{L}^{-1}\left(\frac{1}{s^n}\right)\right\}(t-a)u(t-a)=\frac{(t-a)^{n-1}}{(n-1)!}u(t-a).$

7. 주기가 $2a$인 주기함수이므로

$$\begin{aligned}\mathcal{L}(f)&=\frac{1}{1-e^{-2as}}\int_0^{2a}e^{-st}f(t)dt=\frac{1}{1-e^{-2as}}\left\{\int_0^a e^{-st}tdt+\int_a^{2a}e^{-st}(a-t)dt\right\}\\&=\frac{1}{1-e^{-2as}}\left\{\int_0^a e^{-st}tdt+\int_0^a e^{-s(a+u)}(-u)du\right\}\ (a-t=-u\text{로 치환})\\&=\frac{1}{1-e^{-2as}}\left\{\int_0^a e^{-st}tdt-e^{-as}\int_0^a e^{-su}u\,du\right\}\\&=\frac{1}{1-e^{-2as}}\left\{\int_0^a e^{-st}tdt-e^{-as}\int_0^a e^{-st}t\,dt\right\}\\&=\frac{1-e^{-as}}{1-e^{-2as}}\left\{\int_0^a e^{-st}tdt\right\}=\frac{1}{1+e^{-as}}\left\{\int_0^a e^{-st}tdt\right\}\end{aligned}$$

그런데

$$\begin{aligned}\int_0^a e^{-st}tdt&=\left[-\frac{1}{s}e^{-st}t\right]_0^a-\int_0^a\left(-\frac{1}{s}e^{-st}\right)dt=-\frac{a}{s}e^{-as}-\frac{1}{s^2}\left[e^{-st}\right]_0^a\\&=-\frac{a}{s}e^{-as}-\frac{1}{s^2}\left[e^{-as}-1\right]=-\frac{a}{s}e^{-as}-\frac{1}{s^2}e^{-as}+\frac{1}{s^2}\end{aligned}$$

이므로

$$\mathcal{L}(f)=\frac{1}{1+e^{-as}}\left\{\int_0^a e^{-st}tdt\right\}=\frac{1}{1+e^{-as}}\left(-\frac{a}{s}e^{-as}-\frac{1}{s^2}e^{-as}+\frac{1}{s^2}\right)$$

8. $$\begin{aligned}\mathcal{L}(f')&=\int_0^\infty e^{-st}f'(t)dt=\int_0^a e^{-st}f'(t)dt+\int_a^\infty e^{-st}f'(t)dt\\&=\left[f(t)e^{-st}\right]_0^a-\int_0^a f(t)(-s)e^{-st}dt+\left[f(t)e^{-st}\right]_a^\infty-\int_a^\infty f(t)(-s)e^{-st}dt\\&=e^{-as}f(a-)-f(0)+s\int_0^a f(t)e^{-st}dt-f(a+)e^{-as}+s\int_a^\infty f(t)e^{-st}dt\\&=e^{-as}f(a-)-f(a+)e^{-as}-f(0)+s\int_0^\infty f(t)e^{-st}dt\\&=sF(s)+e^{-as}[f(a-)-f(a+)]-f(0)\end{aligned}$$

연습문제 (4.4)

1. $F(s)=\frac{a}{s^2}$, $G(s)=\frac{1}{s-a}$ 라고 하면 $f(t)=at,\ g(t)=e^{at}$이므로

$$h(t)=(f*g)(t)=\int_0^t f(t-u)g(u)du$$

$$=a\int_0^t (t-u)e^{au}\,du = a\left\{\left[\frac{1}{a}(t-u)e^{au}\right]_0^t - \int_0^t \frac{1}{a}(-1)e^{au}\,du\right\}$$

$$=-t+\frac{1}{a}[e^{au}]_0^t = \frac{1}{a}e^{at}-t-\frac{1}{a} = \frac{1}{a}(e^{at}-at-1)$$

2. $L^{-1}\left\{\dfrac{1}{s^2+a^2}\right\}=\dfrac{1}{a}\sin at$이므로 합성곱의 정리에 의하여

$$L^{-1}\left\{\frac{1}{(s^2+a^2)^2}\right\}=L^{-1}\left\{\frac{1}{s^2+a^2}\cdot\frac{1}{s^2+a^2}\right\}=L^{-1}\left\{\frac{1}{s^2+a^2}\right\}*L^{-1}\left\{\frac{1}{s^2+a^2}\right\}$$

$$=\left\{\frac{1}{a}\sin at\right\}*\left\{\frac{1}{a}\sin at\right\}=\frac{1}{a^2}\{\sin at\}*\{\sin at\}$$

$$\frac{1}{a^2}\{\sin at\}*\{\sin at\}=\frac{1}{a^2}\int_0^t \sin au\cdot\sin a(t-u)\,du$$

$$=\frac{1}{2a^2}\int_0^t [\cos\{au-a(t-u)\}-\cos\{au+a(t-u)\}]du$$

$$=\frac{1}{2a^2}\int_0^t [\cos\{2au-at\}-\cos\{at\}]du$$

$$=\frac{1}{2a^2}\left[\frac{1}{2a}\sin\{2au-at\}-u\cos\{at\}\right]_0^t$$

$$=\frac{1}{2a^2}\left[\frac{1}{2a}\{\sin at-\sin(-at)\}-t\cos\{at\}\right]$$

$$=\frac{1}{2a^2}\left[\frac{1}{2a}\{2\sin at\}-t\cos at\right]$$

$$=\frac{1}{2a^3}(\sin at-at\cos at)$$

3. (1) $\mathcal{L}^{-1}\left(\dfrac{1}{s(s-a)}\right)=\mathcal{L}^{-1}\left(\dfrac{1}{s}\right)\mathcal{L}^{-1}\left(\dfrac{1}{s-a}\right)=1*e^{at}$

(2) $\mathcal{L}^{-1}\left(\dfrac{1}{s^2(s-a)}\right)=\mathcal{L}^{-1}\left(\dfrac{1}{s^2}\right)\mathcal{L}^{-1}\left(\dfrac{1}{s-a}\right)=t*e^{at}$

(3) $\mathcal{L}^{-1}\left(\dfrac{1}{(s-a)(s-b)}\right)=\mathcal{L}^{-1}\left(\dfrac{1}{s-a}\right)\mathcal{L}^{-1}\left(\dfrac{1}{s-b}\right)=e^{at}*e^{bt}$

(4) $\mathcal{L}^{-1}\left(\dfrac{1}{(s-a)^2(s-b)^2}\right)=\mathcal{L}^{-1}\left(\dfrac{1}{(s-a)^2}\right)\mathcal{L}^{-1}\left(\dfrac{1}{(s-b)^2}\right)=(te^{at})*(te^{bt})$

(5) $\mathcal{L}^{-1}\left(\dfrac{s^2}{(s^2+a^2)^2}\right)=\mathcal{L}^{-1}\left(\dfrac{s}{s^2+a^2}\right)\mathcal{L}^{-1}\left(\dfrac{s}{s^2+a^2}\right)=(\cos at)*(\cos at)$

(6) $\mathcal{L}^{-1}\left(\dfrac{s+1}{s^2(s^2+a^2)^2}\right)=\mathcal{L}^{-1}\left(\dfrac{s}{s^2(s^2+a^2)^2}+\dfrac{1}{s^2(s^2+a^2)^2}\right)$

$$=\mathcal{L}^{-1}\left(\frac{1}{s(s^2+a^2)^2}+\frac{1}{s^2(s^2+a^2)^2}\right)$$

$$=\mathcal{L}^{-1}\left(\frac{1}{s}\frac{1}{s^2+a^2}\frac{1}{s^2+a^2}+\frac{1}{s^2}\frac{1}{s^2+a^2}\frac{1}{s^2+a^2}\right)$$

$$= \mathcal{L}^{-1}\left(\frac{1}{s}\frac{1}{s^2+a^2}\frac{1}{s^2+a^2}\right)+\mathcal{L}^{-1}\left(\frac{1}{s^2}\frac{1}{s^2+a^2}\frac{1}{s^2+a^2}\right)$$
$$= \mathcal{L}^{-1}\left(\frac{1}{s}\right)*\mathcal{L}^{-1}\left(\frac{1}{s^2+a^2}\frac{1}{s^2+a^2}\right)+\mathcal{L}^{-1}\left(\frac{1}{s^2}\right)*\mathcal{L}^{-1}\left(\frac{1}{s^2+a^2}\frac{1}{s^2+a^2}\right)$$
$$=1*\left(\frac{1}{a}\sin at*\frac{1}{a}\sin at\right)+t*\left(\frac{1}{a}\sin at*\frac{1}{a}\sin at\right)$$
$$=\frac{1}{a^2}(1+t)*(\sin at*\sin at)$$

4. (1) $y(t)=1+\int_0^t y(u)du=1+(1*y)$ 의 양변에 라플라스변환을 취하면

$$Y=\frac{1}{s}+\frac{1}{s}Y,\text{ 즉, } Y=\frac{1/s}{1-(1/s)}=\frac{1}{s-1}$$

이므로 $y(t)=e^t$.

(2) $y(t)=t+\int_0^t y(t-u)du=t+(1*y)$ 의 양변에 라플라스변환을 취하면

$$Y=\frac{1}{s^2}+\frac{1}{s}Y,\text{ 즉, } Y=\frac{1/s^2}{1-(1/s)}=\frac{1}{s(s-1)}=\frac{1}{s-1}-\frac{1}{s}$$

이므로 $y(t)=e^t-1$.

(3) $y(t)=1-\int_0^t (t-u)y(u)du=1-(t*y)$ 의 양변에 라플라스변환을 취하면

$$Y=\frac{1}{s}-\frac{1}{s^2}Y,\text{ 즉, } Y=\frac{1/s}{1+(1/s^2)}=\frac{s}{s^2+1}$$

이므로 $y(t)=\cos t$.

(4) $y(t)=1-\frac{1}{2}\int_0^t (t-u)^2y(u)du=1-\frac{1}{2}(t^2*y)$ 의 양변에 라플라스변환을 취하면

$$Y=\frac{1}{s}-\frac{1}{s^3}Y,\text{ 즉, } Y=\frac{1/s}{1+(1/s^3)}=\frac{s^2}{s^3+1}.$$

그런데

$$\frac{s^2}{s^3+1}=\frac{s^2}{(s+1)(s^2-s+1)}=\frac{A}{s+1}+\frac{Bs+C}{s^2-s+1}=\frac{A(s^2-s+1)+(Bs+C)(s+1)}{(s+1)(s^2-s+1)}$$

의 계수를 비교하면 $A+B=1, -A+B+C=0, A+C=0$ 에서 $A=\frac{1}{3}, B=\frac{2}{3}, C=-\frac{1}{3}$ 이므로

$$\frac{s^2}{s^3+1}=\frac{1}{3}\frac{1}{s+1}+\frac{1}{3}\frac{2s-1}{s^2-s+1}=\frac{1}{3}\frac{1}{s+1}+\frac{2}{3}\frac{s-\frac{1}{2}}{s^2-s+1}$$
$$=\frac{1}{3}\frac{1}{s+1}+\frac{2}{3}\frac{s-\frac{1}{2}}{(s-\frac{1}{2})^2+\left(\frac{\sqrt{3}}{2}\right)^2}$$

따라서 역변환을 구하면 $y(t)=\frac{1}{3}e^{-t}+\frac{2}{3}e^{\frac{1}{2}t}\cos\frac{\sqrt{3}}{2}t$.

5. 양변에 라플라스변환을 취하고 $\mathcal{L}(y) = Y$로 나타내면

$$Y(s) = \frac{a}{s^2} + Y(s)\frac{1}{s^2+1}, \text{즉, } Y(s)\frac{s^2}{s^2+1} = \frac{a}{s^2}$$

Y에 관하여 풀면 $Y = \frac{a(s^2+1)}{s^4} = a\left(\frac{1}{s^2} + \frac{1}{s^4}\right)$이므로 역변환을 취하면 $y(t) = a\left(t + \frac{1}{6}t^3\right)$

6. $y(t) = 5te^{-t} + e^{-t}\int_0^t e^{\tau}y(\tau)\,d\tau = 5te^{-t} + \int_0^t e^{-(t-\tau)}y(\tau)\,d\tau = 5te^{-t} + e^{-t} * y$

이므로 양변에 라플라스변환을 취하면

$$Y = \frac{5}{(s+1)^2} + \frac{1}{s+1}Y, \text{ 즉, } Y\left(1 - \frac{1}{s+1}\right) = \frac{5}{(s+1)^2}$$

Y에 관하여 풀면

$$Y = \frac{5}{(s+1)^2} \cdot \frac{s+1}{s} = \frac{5}{s(s+1)} = 5\left(\frac{1}{s} - \frac{1}{s+1}\right)$$

이므로 역변환을 취하면 $y(t) = 5(1 - e^{-t})$.

7. $e^{v-t} = e^{-(t-v)}$이므로 우변의 적분은 $f(t)$와 e^{-t}의 합성곱이다. 그러므로 양변에 라플라스변환을 취하면 $F(s) = \frac{4}{s^3} + F(s)\frac{1}{s+1}$, 즉, $Y\left(1 - \frac{1}{s+1}\right) = \frac{4}{s^3}$

Y에 관하여 풀면

$$Y = \frac{4}{s^3} \cdot \frac{s+1}{s} = \frac{4}{s^3} + \frac{4}{s^4}$$

이므로 역변환을 취하면 $y(t) = 2t^2 + \frac{2}{3}t^3$.

제5장 멱급수와 멱급수해법

연습문제 (5.1)

1. 특성방정식은 $D - 1 = 0$이고 특성근은 $D = 1$이므로 구하는 일반해는 $y = Ce^x$이다. 한편 멱급수 $y = \sum_{n=0}^{\infty} a_n x^n$이 $y' - y = 0$의 해가 된다고 하고 방정식에 대입하면

$$\begin{array}{r|l} -1 & y = \sum_{n=0}^{\infty} a_n x^n \\ 1 & y' = \sum_{n=1}^{\infty} n a_n x^{n-1} = \sum_{n=0}^{\infty} (n+1)a_{n+1}x^n \end{array}$$

$$y' - y = \sum_{n=0}^{\infty} \left[(n+1)a_{n+1} - a_n\right]x^n = 0$$

모든 계수가 0이 되어야 하므로 다음의 점화식을 얻는다.

$(n+1)a_{n+1}-a_n=0$, 즉, $a_{n+1}=\dfrac{1}{n+1}a_n$, $n=0,1,2,\cdots$.

그러므로

$$a_{n+1}=\frac{1}{n+1}a_n=\frac{1}{(n+1)(n)}a_{n-1}=\cdots=\frac{1}{(n+1)(n)\cdots\cdot 2\cdot 1}a_0=\frac{1}{(n+1)!}a_0$$

따라서 구하는 멱급수해는 $y=\sum_{n=0}^{\infty}a_nx^n=\sum_{n=0}^{\infty}\dfrac{x^n}{n!}=e^x$가 되어 위의 결과와 같다.

2.

$$\begin{array}{r|l} +2x & y=\sum_{n=0}^{\infty}a_nx^n \\ +1 & y'=\sum_{n=1}^{\infty}na_nx^{n-1}=\sum_{n=0}^{\infty}(n+1)a_{n+1}x^n \end{array}$$

$$y'+2xy=\sum_{n=0}^{\infty}(n+1)a_{n+1}x^n+2x\sum_{n=0}^{\infty}a_nx^n=0$$

양변의 멱급수에서 계수를 비교하면 다음과 같다.

상수항; $1a_1=0$, 즉, $a_1=0$

x^1항 ; $2a_2+2a_0=0$, 즉, $a_2=-a_0$

x^2항 ; $3a_3+2a_1=0$, 즉, $a_3=-\dfrac{2}{3}a_1=-\dfrac{2}{3}\cdot 0=0$

x^3항 ; $4a_4+2a_2=0$, 즉, $a_4=-\dfrac{2}{4}a_2=-\dfrac{1}{2}(-a_0)=\dfrac{1}{2!}a_0$

x^4항 ; $5a_5+2a_3=0$, 즉, $a_5=-\dfrac{2}{5}a_3=0$

x^5항 ; $6a_6+2a_4=0$, 즉, $a_6=-\dfrac{2}{6}a_4=-\dfrac{1}{3}\cdot\dfrac{1}{2!}a_0=-\dfrac{1}{3!}a_0$

………………

x^{2k-1}항 ; $2ka_{2k}+2a_{2k-2}=0$, 즉,

$$a_{2k}=-\frac{2}{2k}a_{2k-2}=-\frac{1}{k}\cdot(-1)^{k-1}\frac{1}{(k-1)!}a_0=(-1)^k\frac{1}{k!}a_0$$

x^{2k}항 ; $a_{2k+1}=0$

그러므로 구하는 해는

$$y=a_0\left(1-x^2+\frac{1}{2!}x^4-\frac{1}{3!}x^6+\cdots+(-1)^k\frac{1}{k!}x^{2k}+\cdots\right)$$

3. $h(x)=1-x^2$, $p(x)=-2x$, $q(x)=2$는 모두 $x=0$에서 해석적이고 $h(0)\neq 0$을 만족하므로 $x=0$ 근방($|x|<1$)에서 해석적인 급수해 $y=\sum_{n=0}^{\infty}a_nx^n$을 갖는다. 방정식에 대입하면

$$\begin{array}{r|l} +2 & y=\sum_{n=0}^{\infty}a_nx^n \\ -2x & y'=\sum_{n=1}^{\infty}na_nx^{n-1}=\sum_{n=0}^{\infty}(n+1)a_{n+1}x^n \\ 1-x^2 & y''=\sum_{n=2}^{\infty}n(n-1)a_nx^{n-2}=\sum_{n=0}^{\infty}(n+1)(n+2)a_{n+2}x^n \end{array}$$

$$(1-x^2)y''-2xy'+2y=\sum_{n=0}^{\infty}\left[\{-n(n-1)-2n+2\}a_n+(n+1)(n+2)a_{n+2}\right]x^n=0$$

점화관계식은

$$a_{n+2}=\frac{n-1}{n+1}a_n\,(n=0,1,2,\cdots)$$

$n=0$일 때 $a_2=-a_0$, $n=1$일 때 $a_3=0$, $\therefore a_5=a_7=\cdots=0$

$n=2$일 때 $a_4=\frac{1}{3}a_2=-\frac{1}{3}a_0$, $n=4$일 때 $a_6=\frac{3}{5}a_4=-\frac{1}{5}a_0$

일반적으로, $a_{2n}=-\frac{1}{2n-1}a_0, \cdots$

그러므로 구하는 일반해는

$$y=a_0\left\{1-x^2-\frac{1}{3}x^4-\cdots-\frac{1}{2n-1}x^{2n}-\cdots\right\}+a_1x$$

4. 멱급수해를 가지므로 $y=\sum_{n=0}^{\infty}a_nx^n$이 해가 된다고 가정하고

$$y'=\sum_{n=1}^{\infty}na_nx^{n-1},\quad y''=\sum_{n=2}^{\infty}n(n-1)a_nx^{n-2}=\sum_{n=0}^{\infty}(n+2)(n+1)a_{n+2}x^n$$

을 대입하면 $y''-xy'+2y=\sum_{n=0}^{\infty}\left[(n+2)(n+1)a_{n+2}-na_n+2a_n\right]x^n=2.$

상수항을 비교하면 $2a_2+2a_0=2$, 즉, $a_2=1-a_0$이다. $n=1,2,3,\cdots$에 대하여 다음 점화식을 얻는다.

$(n+2)(n+1)a_{n+2}-(n-2)a_n=0$, 즉, $a_{n+2}=\frac{n-2}{(n+2)(n+1)}a_n$

$n=2$일 때 $a_4=0$이므로 $a_4=a_6=a_8=\cdots=a_{2n}=\cdots=0\,(n\geq 2)$

$n=1$이면 $a_3=\frac{-1}{3\cdot 2}a_1=-\frac{1}{3!}a_1$

$n=3$이면 $a_5=\frac{1}{5\cdot 4}a_3=\frac{1}{5\cdot 4}\left(-\frac{1}{3!}\right)a_1=-\frac{1}{5!}a_1$

$n=5$이면 $a_7=\frac{3}{7\cdot 6}a_5=-\frac{3}{7!}a_1$

$n=7$이면 $a_9=\frac{5}{9\cdot 8}a_7=-\frac{5\cdot 3}{9!}a_1$

$n=2m-1$이면 $a_{2m+1}=\frac{2m-3}{(2m+1)(2m)}a_{2m-1}=-\frac{3\cdot 5\cdot\,\cdots\,\cdot(2m-3)}{(2m+1)!}a_1\,(m\geq 1)$

그러므로 구하는 해는

$$y=a_0+(1-a_0)x^2+a_1\left(x-\frac{1}{3!}x^3-\frac{1}{5!}x^5-\frac{3}{7!}x^7-\cdots-\frac{2m-3}{(2m+1)!}x^{2m+1}-\cdots\right)$$
$$=x^2+a_0(1-x^2)+a_1\left(x-\frac{1}{3!}x^3-\frac{1}{5!}x^5-\frac{3}{7!}x^7-\cdots-\frac{2m-3}{(2m+1)!}x^{2m+1}-\cdots\right)$$

5. $x-2=v$로 치환하면 $x=v+2$이므로 주어진 미분방정식은

$$\frac{d^2y}{dv^2}+(v+1)\frac{dy}{dv}+y=0$$

$y=\sum_{n=0}^{\infty}a_nv^n$이 해라고 가정하고 위의 방정식에 대입하면

$$\begin{array}{r|l} +1 & y=\sum_{n=0}^{\infty}a_nv^n \\ +(v+1) & y'=\sum_{n=1}^{\infty}na_nv^{n-1}=\sum_{n=0}^{\infty}(n+1)a_{n+1}v^n \\ +1 & y''=\sum_{n=2}^{\infty}n(n-1)a_nv^{n-2}=\sum_{n=0}^{\infty}(n+1)(n+2)a_{n+2}v^n \end{array}$$

$$\frac{d^2y}{dv^2}+(v+1)\frac{dy}{dv}+y=\sum_{n=0}^{\infty}\{(n+1)(n+2)a_{n+2}+(n+1)a_{n+1}+(n+1)a_n\}v^n=0$$

점화관계식 $(n+1)(n+2)a_{n+2}+(n+1)a_{n+1}+(n+1)a_n=0$에서

$$a_{n+2}=-\frac{1}{n+2}(a_n+a_{n+1})$$

$$a_2=-\frac{1}{2}(a_0+a_1),\ a_3=-\frac{1}{3}(a_1+a_2)=\frac{1}{6}(a_0-a_1)$$

$$a_4=-\frac{1}{4}(a_2+a_3)=\frac{1}{12}(a_0+2a_1),\ \cdots$$

$v=x-2$이므로 구하는 일반해는 다음과 같다.

$$y=a_0\left\{1-\frac{1}{2}(x-2)^2+\frac{1}{6}(x-2)^3+\frac{1}{12}(x-2)^4-\frac{1}{20}(x-2)^5-\frac{1}{180}(x-2)^6+\cdots\right\}$$
$$+a_1\left\{(x-2)-\frac{1}{2}(x-2)^2-\frac{1}{6}(x-2)^3+\frac{1}{6}(x-2)^4-\frac{1}{36}(x-2)^6+\cdots\right\}$$

6. $x-1=v$로 놓으면 $\frac{dy}{dx}=\frac{dy}{dv}$이므로 주어진 방정식은 $(v+1)\frac{dy}{dv}=v+1+y$가 된다. 멱급수해 $y=\sum_{n=0}^{\infty}a_nv^n,\ y'=\sum_{n=1}^{\infty}na_nv^{n-1}=\sum_{n=0}^{\infty}(n+1)a_{n+1}v^n$을 대입하면

$$(v+1)\frac{dy}{dv}-y=(v+1)\sum_{n=1}^{\infty}na_nv^{n-1}-\sum_{n=0}^{\infty}a_nv^n$$
$$=\sum_{n=1}^{\infty}na_nv^n+\sum_{n=1}^{\infty}na_nv^{n-1}-\sum_{n=0}^{\infty}a_nv^n=\sum_{n=0}^{\infty}na_nv^n+\sum_{n=0}^{\infty}(n+1)a_{n+1}v^n-\sum_{n=0}^{\infty}a_nv^n$$
$$=\sum_{n=0}^{\infty}\left[(n-1)a_n+(n+1)a_{n+1}\right]v^n=v+1$$

$n=0$이면 $-a_0+a_1=1$에서 $a_1=a_0+1$

$n=1$이면 $0+2a_2=1$에서 $a_2=\dfrac{1}{2}$

$n \geqq 2$이면 $a_{n+1}=-\dfrac{n-1}{n+1}a_n$

$n=2$이면 $a_3=-\dfrac{1}{3}a_2=-\dfrac{1}{3}\cdot\dfrac{1}{2}=-\dfrac{1}{3!}$

$n=3$이면 $a_4=-\dfrac{2}{4}a_3=\left(-\dfrac{2}{4}\right)\left(-\dfrac{1}{3!}\right)=\dfrac{2}{4!}$

$n=4$이면 $a_5=-\dfrac{3}{5}a_4=-\dfrac{2\cdot 3}{5!}$

그러므로

$$\begin{aligned} y &= a_0+(a_0+1)v+\frac{1}{2}v^2+\left(-\frac{1}{3!}\right)v^3+\left(\frac{2}{4!}\right)v^4+\cdots+(-1)^n\left(-\frac{(n-2)!}{n!}\right)v^n+\cdots \\ &= a_0+(a_0+1)(x-1)+\frac{1}{2}(x-1)^2-\frac{1}{3!}(x-1)^3+\frac{2}{4!}(x-1)^4-\frac{3!}{5!}(x-1)^5 \\ &\quad +\cdots+(-1)^n\frac{(n-2)!}{n!}(x-1)^n+\cdots \quad (n \geqq 3) \end{aligned}$$

7. 비제차항 e^x를 멱급수로 전개하면 $e^x=\displaystyle\sum_{n=0}^{\infty}\frac{1}{n!}x^n$이 된다. $y=\displaystyle\sum_{n=0}^{\infty}a_nx^n$이 해가 된다고 가정하고 도함수를 구하여 대입하면

$$\begin{array}{r|l} +1 & y=\sum_{n=0}^{\infty}a_nx^n \\ +1 & y'=\sum_{n=1}^{\infty}na_nx^{n-1}=\sum_{n=0}^{\infty}(n+1)a_{n+1}x^n \end{array}$$

$$y'+y=\sum_{n=0}^{\infty}(n+1)a_{n+1}x^n+\sum_{n=0}^{\infty}a_nx^n=2\sum_{n=0}^{\infty}\frac{1}{n!}x^n.$$

양변의 멱급수에서 계수를 비교하면 다음과 같다.

상수항; $1a_1+a_0=2$, 즉, $a_1=-a_0+2$

x^1항 ; $2a_2+a_1=2$, 즉, $a_2=-\dfrac{1}{2}a_1+1=\dfrac{1}{2}a_0$

x^2항 ; $3a_3+a_2=\dfrac{2}{2!}$, 즉, $a_3=-\dfrac{1}{3}a_2+\dfrac{2}{3!}=-\dfrac{1}{3!}a_0+\dfrac{2}{3!}$

x^3항 ; $4a_4+a_3=\dfrac{2}{3!}$, 즉, $a_4=-\dfrac{1}{4}a_3+\dfrac{2}{4!}=\dfrac{1}{4!}a_0-\dfrac{2}{4!}+\dfrac{2}{4!}=\dfrac{2}{4!}a_0$

x^4항 ; $5a_5+a_4=\dfrac{2}{4!}$, 즉, $a_5=-\dfrac{1}{5}a_4+\dfrac{2}{5!}=-\dfrac{1}{5!}a_0+\dfrac{2}{5!}$

x^5항 ; $6a_6+a_5=\dfrac{2}{5!}$, 즉, $a_6=-\dfrac{1}{6}a_5+\dfrac{2}{6!}=\dfrac{1}{6!}a_0-\dfrac{2}{6!}+\dfrac{2}{6!}=\dfrac{2}{6!}a_0$

………………

x^{2k-1}항 ; $2ka_{2k}+a_{2k-1}=\dfrac{2}{(2k-1)!}$, 즉, $a_{2k}=-\dfrac{1}{2k}a_{2k-1}+\dfrac{2}{(2k)!}=\dfrac{2}{(2k)!}a_0$

x^{2k}항 ; $(2k+1)a_{2k+1}+a_{2k}=\dfrac{2}{(2k)!}$, 즉,

$$a_{2k+1}=-\frac{1}{2k+1}a_{2k}+\frac{2}{(2k+1)!}=-\frac{1}{(2k+1)!}a_0+\frac{2}{(2k+1)!}.$$

그러므로 구하는 해는

$$y=a_0\left(1-x+\frac{1}{2!}x^2-\frac{1}{(3!)}x^3+\cdots+(-1)^k\frac{1}{(k!)}x^k+\cdots\right)$$

$$+2x+\frac{2}{3!}x^3+\frac{2}{5!}x^5+\cdots+\frac{2}{(2k+1)!}x^{2k+1}+\cdots.$$

연습문제 (5.2)

1. (1) 주어진 방정식의 모든 계수는 $x=0$에서 해석적이고 $1+x^2\neq 0$이므로 $y=\sum_{n=0}^{\infty}a_nx^n$과 같은 형태의 멱급수해를 갖는다.

$$\begin{array}{r|l} -1 & y=\sum_{n=0}^{\infty}a_nx^n \\ +x & y'=\sum_{n=0}^{\infty}na_nx^{n-1} \\ +(1+x^2) & y''=\sum_{n=0}^{\infty}(n)(n-1)a_nx^{n-2} \\ \hline \end{array}$$

$$\begin{aligned}(1+x^2)y''+xy'-y &=\sum_{n=0}^{\infty}\{n(n-1)+n-1\}a_nx^n+\sum_{n=0}^{\infty}n(n-1)a_nx^{n-2}\\ &=\sum_{n=0}^{\infty}\{n^2-1\}a_nx^n+\sum_{n=0}^{\infty}(n+2)(n+1)a_{n+2}x^n\\ &=\sum_{n=0}^{\infty}\{(n^2-1)a_n+(n+1)(n+2)a_{n+2}\}x^n=0\end{aligned}$$

점화식은 $(n+1)(n+2)a_{n+2}+(n^2-1)a_n=0$, 즉, $a_{n+2}=-\dfrac{n-1}{n+2}a_n\ (n\geqq 0)$. 특히 $n=1$이면 $a_3=0$이므로 $a_3=a_5=a_7=\cdots=0$. 한편 $n=2k-2$가 짝수이면

$$\begin{aligned}a_{2k}&=-\frac{2k-3}{2k}a_{2k-2}=\frac{(2k-3)(2k-5)}{2k(2k-2)}a_{2k-4}\\ &=(-1)^k\frac{1\cdot 3\cdot 5\cdot\ \cdots\ \cdot(2k-3)}{2^k k!}a_0\ (k\geqq 2)\end{aligned}$$

그러므로 일반해는

$$y=a_0\left(1+\frac{1}{2}x^2+\sum_{k=2}^{\infty}(-1)^{k+1}\frac{1\cdot 3\cdot 5\cdot\ \cdots\ \cdot(2k-3)}{2^k k!}x^{2k}\right)+a_1x$$

$$= a_0\left(1+\frac{1}{2}x^2-\frac{1}{8}x^4+\frac{1}{16}x^6-\frac{5}{128}x^8+\cdots\right)+a_1x.$$

이 멱급수에 비판정법을 적용하면

$$\lim_{n\to\infty}\left|\frac{a_{2n+2}x^{2n+2}}{a_{2n}x^{2n}}\right| = x^2\lim_{n\to\infty}\left|\frac{2n-1}{2n+2}\right| = x^2$$

이므로 $x^2 < 1$에서 수렴하고 $x^2 > 1$에서 발산한다. 실제로 주어진 미분방정식을

$$y''+\frac{x}{1+x^2}y'-\frac{1}{1+x^2}y=0$$

으로 변형하면 계수함수 $\frac{x}{1+x^2}$, $\frac{1}{1+x^2}$는 $x=0$에서 해석적이므로 멱급수로 전개할 수 있고 이 멱급수의 수렴반경은 1이 되므로 위에서 얻은 해는 수렴반경이 1이 된다는 것을 알 수 있다.

(2) $y''-\frac{x}{x(x-1)}y'+\frac{1}{x(x-1)}y=y''-\frac{x/(x-1)}{x}y'+\frac{1/(x-1)}{x}y=0$으로 나타내면 계수함수 $f_1(x)=\frac{x}{x-1}$, $f_2(x)=\frac{1}{x-1}$이 $x=0$에서 해석적이므로 $y=\sum_{n=0}^{\infty}a_nx^{n+r}$과 같은 형태의 해를 갖는다. 대입하면

$$\begin{array}{r|l} 1 & y=\sum_{n=0}^{\infty}a_nx^{n+r} \\ -x & y'=\sum_{n=0}^{\infty}(n+r)a_nx^{n+r-1} \\ +(x^2-x) & y''=\sum_{n=0}^{\infty}(n+r)(n+r-1)a_nx^{n-2} \\ \hline \end{array}$$

$$\begin{aligned}(x^2-x)y''-xy'+y &= \sum_{n=0}^{\infty}\{(n+r)(n+r-1)-(n+r)+1)\}a_nx^{n+r}-\sum_{n=0}^{\infty}\{(n+r)(n+r-1)\}a_nx^{n+r-1} \\ &=-r(r-1)a_0x^{r-1}+\sum_{n=0}^{\infty}\left\{(n+r-1)^2a_n-(n+r+1)(n+r)a_{n+1}\right\}x^{n+r}=0\end{aligned}$$

그러므로 결정방정식은 $f(r)=r(r-1)=0$이고 근은 $r=0, 1$이다.

(i) $r=1$에 대한 해

점화관계식은 $n^2a_n-(n+2)(n+1)a_{n+1}=0\ (n\geqq 0)$에서 $a_{n+1}=\frac{n^2}{(n+1)(n+2)}a_n\ (n\geqq 0)$.

$n=0$이면 $a_1=0$이므로 $a_1=a_2=a_3=\cdots=0$. 따라서 구하는 해는 $y_1=a_0x$.

(ii) $r=0$에 대한 해

점화관계식은 $(n-1)^2a_n-(n+1)na_{n+1}=0\ (n\geqq 0)$ 그리고 $a_{n+1}=\frac{(n-1)^2}{n(n+1)}a_n\ (n\geqq 1)$.

$n=0$이면 $a_0-0a_1=0$이므로 $a_0=0$

$n=1$이면 $0a_1-2a_2=0$이므로 $a_2=0$

$n \geq 1$이면 $a_{n+1} = \dfrac{(n-1)^2}{n(n+1)} a_n \ (n \geq 1)$이므로 $a_2 = a_3 = \cdots = 0$.

그러므로 구하는 해는 $y = a_1 x$이다.

그러나 이 해 $y = a_1 x$는 위에서 구한 해 $y_1 = a_0 x$와 일차종속이므로 해의 기저를 구하기 위해서는 일차독립인 다른 해가 필요하다. 다른 해는 다음과 같이 매개변수변화법을 이용하여 구한다.

$y = xu(x)$가 해가 된다고 가정하고 $y' = u + xu'$, $y'' = 2u' + xu''$ 등을 주어진 방정식에 대입하면

$(x^2 - x)(2u' + xu'') - x(u + u'x) + xu = (x^3 - x^2)u'' + \{2(x^2 - x) - x^2\}u' = 0$

이므로 양변을 x로 나누면 $(x^2 - x)u'' + \{x - 2\}u' = 0$이다. $u' = v$로 치환하고 변수분리하면

$\dfrac{v'}{v} + \dfrac{x-2}{x(x-1)} = \dfrac{v'}{v} + \left(\dfrac{2}{x} - \dfrac{1}{x-1}\right) = 0$

이므로 적분하면 $\ln v + 2\ln x - \ln(x-1) = \ln c$, $u' = v = c\dfrac{x-1}{x^2}$이 되므로 한 번 더 적분하면

$u = c\left(\ln x + \dfrac{1}{x}\right)$이 된다. 그러므로 $y_2 = x\left(\ln x + \dfrac{1}{x}\right) = x\ln x + 1$($c = 1$로 선택). 이것은 $y_1 = x$와 일차독립인 해이므로 일반해는 $y = c_1 y_1 + c_2 y_2 = c_1 x + c_2(x\ln x + 1)$.

2. (1) $x = 0$은 정칙특이점이므로, $y = \sum_{n=0}^{\infty} a_n x^{n+r}$꼴의 멱급수해를 갖는다.

$$\begin{array}{r|l} +1 & y = \sum_{n=0}^{\infty} a_n x^{n+r} \\ +4 & y' = \sum_{n=0}^{\infty} (n+r) a_n x^{n+r-1} \\ +4x & y'' = \sum_{n=0}^{\infty} (n+r)(n+r-1) a_n x^{n+r-2} \\ \hline \end{array}$$

$$\begin{aligned} 4xy'' + 4y' + y &= \sum_{n=0}^{\infty} \{4(n+r)(n+r-1) + 4(n+r)\} a_n x^{n+r-1} + \sum_{n=0}^{\infty} a_n x^{n+r} \\ &= \sum_{n=0}^{\infty} \{4(n+r)(n+r-1+1)\} a_n x^{n+r-1} + \sum_{n=0}^{\infty} a_n x^{n+r} \\ &= 4\sum_{n=0}^{\infty} (n+r)^2 a_n x^{n+r-1} + \sum_{n=0}^{\infty} a_n x^{n+r} \\ &= 4r^2 a_0 x^{r-1} + \sum_{n=0}^{\infty} \left[4(n+r+1)^2 a_{n+1} + a_n\right] x^{n+r} = 0 \end{aligned}$$

결정방정식은 $r^2 = 0$이므로 $r = 0$(중근)이고 점화관계식은 다음과 같다.

$a_{n+1} = -\dfrac{1}{4(n+r+1)^2} a_n \ (n \geq 0)$

$n = 0$이면 $a_1 = -\dfrac{1}{4(r+1)^2} a_0$

$n=1$이면 $a_2=\dfrac{-1}{4(r+2)^2}\left(\dfrac{-1}{4(r+1)^2}a_0\right)=\dfrac{1}{4^2(r+1)^2(r+2)^2}a_0$

$n=2$이면 $a_3=\dfrac{-1}{4(r+3)^2}a_2=\dfrac{-1}{4^3(r+1)^2(r+2)^2(r+3)^2}a_0,\ \cdots$

이 계수들을 대입한 해를 $\bar{y}$라고 하면

$\bar{y}=a_0x^r\left[1-\dfrac{1}{4(r+1)^2}x+\dfrac{1}{4^2(r+1)^2(r+2)^2}x^2-\cdots\right]$

$\bar{y}$를 주어진 미분방정식에 대입하면

$4x\bar{y}''+4\bar{y}'+\bar{y}=4r^2a_0x^{r-1}$.

결정방정식의 근 $r=0$이 중근이므로 또 하나의 해는 $\left.\dfrac{\partial\bar{y}}{\partial r}\right|_{r=0}$ 이다.

$$\left.\frac{\partial\bar{y}}{\partial r}\right|_{r=0}=a_0x^r\ln x\left[1-\frac{1}{4(r+1)^2}x+\frac{1}{4^2(r+1)^2(r+2)^2}x^2-\cdots\right]$$
$$+a_0x^r\left[-\frac{x}{4}(-2)(r+1)^{-3}+\frac{x^2}{4^2}[(-2)(r+1)^{-3}(r+2)^{-3}(2r+3)]-\cdots\right]$$

이다. 따라서 일반해는

$$y=c_1\bar{y}|_{r=0}+c_2\left.\frac{\partial\bar{y}}{\partial r}\right|_{r=0}=c_1\left[1-\frac{1}{4}x+\frac{1}{4^2\cdot(1\cdot2)^2}x^2-\cdots\right]$$
$$+c_2x^r\ln x\left[1-\frac{1}{4\cdot1^2}x+\frac{1}{4^2\cdot(1\cdot2)^2}x^2-\cdots\right]$$
$$+c_2\left[-\frac{x}{4}(-2)(1)^{-3}+\frac{x^2}{4^2}[(-2)(1)^{-3}(2)^{-3}(0+3)]-\cdots\right]$$

(2) $y''+\dfrac{1}{x}y'-\dfrac{x}{x^2}y=0$으로 나타낼 수 있고 $f_1(x)=1, f_2(x)=-x$는 모두 $x=0$에서 해석적이므로 $y=\sum\limits_{n=0}^{\infty}a_nx^{n+r}$의 형태의 해를 갖는다.

$$\begin{array}{r|l} -1 & y=\sum\limits_{n=0}^{\infty}a_nx^{n+r} \\ +1 & y'=\sum\limits_{n=0}^{\infty}(n+r)a_nx^{n+r-1} \\ +x & y''=\sum\limits_{n=0}^{\infty}(n+r)(n+r-1)a_nx^{n+r-2} \end{array}$$

$$xy''+y'-y$$
$$=\sum_{n=0}^{\infty}\{(n+r)(n+r-1)+(n+r)\}a_nx^{n+r-1}-\sum_{n=0}^{\infty}a_nx^{n+r}$$
$$=r^2a_0x^{r-1}+\sum_{n=0}^{\infty}\{(n+r+1)^2a_{n+1}-a_n\}x^{n+r}=0$$

결정방정식은 $r^2=0$이므로 $r=0$(중근)이고 점화관계식은 다음과 같다.

$$a_{n+1}=\frac{1}{(n+r+1)^2}a_n\,(n\geq 0)$$

(1)과 같은 방법으로 풀면 다음의 해를 얻는다.

$$y=\sum_{n=0}^{\infty}\frac{x^n}{(n!)^2}(c_1+c_2\ln x)-2c_2\sum_{n=0}^{\infty}\frac{1}{(n!)^2}\left(\sum_{k=1}^{n}\frac{1}{k}\right)x^n$$

3. $y=\sum_{n=0}^{\infty}a_nx^{n+r}$, $y'=\sum_{n=0}^{\infty}(n+r)a_nx^{n-1}$과 $y''=\sum_{n=0}^{\infty}(n+r)(n+r-1)a_nx^{n-2}$와 같은 형태의 특수해를 갖는다고 가정하고 주어진 방정식에 대입하면

$$r(4-r)a_0x^{r-1}+\sum_{n=1}^{\infty}\left[(n+r)(4-n-r)a_n+(n+r)(n+r-3)a_{n-1}\right]x^{n+r-1}=\frac{3}{x^2}$$

을 얻는다. 따라서 $r(4-r)a_0x^{r-1}=\frac{3}{x^2}$이 성립하여야 한다. 그러므로 $r=-1, a_0=-\frac{3}{5}$이다.

다른 항의 계수는 0이 되어야 하므로 점화관계식 $a_n=\frac{n-4}{n-5}a_{n-1}\,(n\geq 1)$을 얻는다. 따라서

$$a_1=\frac{3}{4}a_0,\ a_2=\frac{1}{2}a_0,\ a_3=\frac{1}{4}a_0,\ a_4=a_5=a_6=\cdots=0.$$

그러므로 구하는 특수해는 $y_p=-\frac{3}{5}x^{-1}(1+\frac{3}{4}x+\frac{1}{2}x^2+\frac{1}{4}x^3)$이다.

연습문제 (5.5)

1. (i) $\lambda<0$인 경우에, $\lambda=-\alpha^2\,(\alpha>0)$로 놓으면 $y''-\alpha^2y=0$이므로 일반해는 $y=c_1e^{\alpha x}+c_2e^{-\alpha x}$. 1계도함수는 $y'=\alpha c_1e^{\alpha x}-\alpha c_2e^{-\alpha x}$이므로 경계조건으로부터

$$\begin{cases}y(0)=c_1+c_2=0\\ y'(\pi)=\alpha c_1e^{\pi\alpha}-\alpha c_2e^{-\pi\alpha}=0\end{cases}$$

그러므로 $c_1=c_2=0$. 그러면 $y=0$이므로 $\lambda<0$은 고유값이 될 수 없다.

(ii) $\lambda=0$인 경우에는 $y''=0$이므로 일반해는 $y=c_1x+c_2$. $y'=c_1$이므로 경계조건에서

$$\begin{cases}y(0)=c_2=0\\ y'(\pi)=c_1=0\end{cases}$$

그러므로 $c_1=c_2=0$. 그러면 $y=0$이므로 $\lambda=0$은 고유값이 될 수 없다.

(iii) $\lambda=\alpha^2\,(\alpha>0)$인 경우에는 $y''+\alpha^2y=0$이므로 일반해는 $y=c_1\cos\alpha x+c_2\sin\alpha x$. 1계도함수는 $y'=-\alpha c_1\sin\alpha x+\alpha c_2\cos\alpha x$이므로 경계조건에서

$$\begin{cases}y(0)=c_1=0\\ y'(\pi)=-\alpha c_1\sin\pi\alpha+\alpha c_2\cos\pi\alpha=0\end{cases}$$

첫 번째 식에서 $c_1=0$이므로 두 번째 식에서 $\alpha c_2\cos\pi\alpha=0$. $c_2=0$이면 자명해 $y=0$이 되므로 $c_2\neq 0$이다. 그러므로

$$\cos\pi\alpha=0,\ 즉,\ \alpha=\frac{2n-1}{2},\ n\in N$$

따라서 고유값은

$\lambda_n = \alpha_n^2 = \dfrac{(2n-1)^2}{4},\ n \in N$
구하는 고유함수는

$y_n(x) = c_2 \sin\left\{\dfrac{2n-1}{2}x\right\},\ n \in N,\ 0 \leqq x \leqq \pi.(c_2 \neq 0)$

2. (i) $\lambda < 0$인 경우에 $\lambda = -\alpha^2\ (\alpha > 0)$로 놓으면 $y'' - \alpha^2 y = 0$이므로 $y = c_1 e^{\alpha x} + c_2 e^{-\alpha x}$. 이 해의 1계 도함수는 $y' = \alpha c_1 e^{\alpha x} - \alpha c_2 e^{-\alpha x}$이므로 경계조건으로부터

$$\begin{cases} y(0) = c_1 + c_2 = 0 \\ y'(L) = \alpha c_1 e^{L\alpha} - \alpha c_2 e^{-L\alpha} = 0 \end{cases}$$

그러므로 $c_1 = c_2 = 0$. 그러면 $y = 0$이므로 $\lambda < 0$은 고유값이 될 수 없다.

(ii) $\lambda = 0$인 경우에는 $y'' = 0$이므로 일반해는 $y = c_1 x + c_2$. $y' = c_1$이므로 경계조건에서

$$\begin{cases} y(0) = c_1 + c_2 = 0 \\ y'(\pi) = -\alpha c_2 e^{-L\alpha} = 0 \end{cases}$$

그러므로 $c_1 = c_2 = 0$. 그러면 $y = 0$이므로 $\lambda = 0$은 고유값이 될 수 없다.

(iii) $\lambda = \alpha^2\ (\alpha > 0)$인 경우에 $y'' + \alpha^2 y = 0$이므로 일반해는 $y = c_1 \cos\alpha x + c_2 \sin\alpha x$. 1계도함수는 $y' = -\alpha c_1 \sin\alpha x + \alpha c_2 \cos\alpha x$이므로 경계조건에서

$$\begin{cases} y(0) = c_1 = 0 \\ y'(L) = -\alpha c_1 \sin L\alpha + \alpha c_2 \cos L\alpha = 0 \end{cases}$$

첫 번째 식에서 $c_1 = 0$이므로 두 번째 식에서 $\alpha c_2 \cos L\alpha = 0$. $c_2 = 0$이면 자명해 $y = 0$이 되므로 $c_2 \neq 0$이다. 그러므로

$\cos L\alpha = 0$, 즉, $L\alpha = \dfrac{2n-1}{2}\pi,\ n \in N$

따라서 고유값은

$\lambda_n = \alpha_n^2 = \dfrac{(2n-1)^2}{4}\dfrac{\pi^2}{L^2},\ n \in N$

구하는 고유함수는

$y_n(x) = c_2 \sin\left\{\dfrac{2n-1}{2L}\pi x\right\},\ n \in N,\ 0 \leqq x \leqq L.(c_2 \neq 0)$

3. $m \neq n$이면 $\displaystyle\int_{-\pi}^{\pi} \cos mx \cos nx\,dx = \frac{1}{2}\int_{-\pi}^{\pi} \cos(m+n)x\,dx + \frac{1}{2}\int_{-\pi}^{\pi} \cos(m-n)x\,dx = 0$. 그러므로 $\{\cos nx : n \in N\}$는 $[-\pi, \pi]$에서 직교함수족이 된다. 크기를 구하면

$$\|y_m\|^2 = \int_{-\pi}^{\pi} \cos^2 mx\,dx = \int_{-\pi}^{\pi} \frac{1+\cos 2mx}{2}\,dx = \left[\frac{x}{2} + \frac{\sin 2mx}{4m}\right]_{-\pi}^{\pi} = \pi.$$

따라서 구하는 정규직교함수족은 $\left\{\dfrac{\cos nx}{\sqrt{\pi}} : n \in N\right\}$이다.

4. 모든 자연수 $m \in N$에 대하여 $y = \cos mx$이므로 $y' = -m \sin mx$, $y'' = -m^2 \cos mx$가 된다. 그러므로 $y = \cos mx$는 쉬투름-리우빌 문제 $y'' + m^2 y = 0$을 만족한다. 또한 $m = 0$인 경우에 $y = 1$이고 $y'' = 0$이므로 $\lambda = 0$인 쉬투름-리우빌 문제 $y'' = 0$을 만족한다.

제6장 푸리에급수

연습문제 (6.1)

1. $x=0$과 $x=1$에서만 불연속이다. 그리고 $x=0$과 $x=1$에서의 좌•우방극한이 존재하므로 PWC이다.

도함수 $f'(x)=\begin{cases}1 & (x<0)\\ 0 & (0<x<1)\\ 2x & (x>1)\end{cases}$은 PWC이므로 $f(x)$는 PWS이다.

2. (1) $f_+'(0)=\lim\limits_{h\to 0+}\dfrac{f(0+h)-f(0)}{h}=\lim\limits_{h\to 0+}\dfrac{e^{\sin h}-1}{h}=\lim\limits_{h\to 0+}\dfrac{e^{\sin h}\cos h}{1}=1$

$f'(0+)=\lim\limits_{h\to 0+}f'(0+h)=\lim\limits_{h\to 0+}e^{\sinh}\cosh=1$

(2) $f_-'(0)=\lim\limits_{h\to 0-}\dfrac{f(0+h)-f(0)}{h}=\lim\limits_{h\to 0-}\dfrac{e^{-\sin h}-1}{h}=\lim\limits_{h\to 0-}\dfrac{-(\cos h)e^{-\sin h}}{1}=-1$

$f'(0-)=\lim\limits_{h\to 0-}f'(0+h)=\lim\limits_{h\to 0+}(-e^{-\sin h}\cos h)=-1$

(3) $f_+'(0)=1,\ f_-'(0)=-1$로 다르므로 존재하지 않는다.

3. 최대정수값 함수(가우스함수) $f(x)=[x]$는 구간 $[0,5]$에서 $x=1,2,3,4,5$에서만 불연속이고 다른 점에서는 연속이다. 따라서 $g(x)=f(2x)=[2x]$는 $[0,5]$에서 $x=\dfrac{1}{2},\ 1,\ \dfrac{3}{2},\ 2,\dfrac{5}{2},\ 3,\ \dfrac{7}{2},4,\ \dfrac{9}{2},\ 5$의 10개의 점에서만 불연속이고 다른 점에서는 연속이다. 그리고 도함수 $g'(x)$는 불연속인 점을 제외하고는 $g'(x)=0$이므로 PWC이다. 따라서 $g(x)=[2x]$는 PWS이다.

4. $x=0$에서 함수 $f(x)$는 연속이 아니므로 이 푸리에 급수는 $\dfrac{1}{2}[f(0+)+f(0-)]=\dfrac{1}{2}$에 수렴한다. 따라서 다음이 성립한다.

$\dfrac{1}{2}=\dfrac{1}{3}+\dfrac{1}{\pi^2}\left(\dfrac{1}{1^2}+\dfrac{1}{2^2}+\dfrac{1}{3^2}+\cdots\right)\ \therefore\ \dfrac{1}{1^2}+\dfrac{1}{2^2}+\dfrac{1}{3^2}+\cdots=\dfrac{\pi^2}{6}.$

5. $\sum\limits_{n=1}^{\infty}\dfrac{1}{n^2}$은 수렴하는 양항급수이므로

$\dfrac{\pi^2}{6}=\sum\limits_{n=1}^{\infty}\dfrac{1}{n^2}=\sum\limits_{n=1}^{\infty}\dfrac{1}{(2n)^2}+\sum\limits_{n=1}^{\infty}\dfrac{1}{(2n-1)^2}=\dfrac{1}{4}\sum\limits_{n=1}^{\infty}\dfrac{1}{n^2}+\sum\limits_{n=1}^{\infty}\dfrac{1}{(2n-1)^2}$

이다. 그런데 $\dfrac{\pi^2}{6}=\sum\limits_{n=1}^{\infty}\dfrac{1}{n^2}$이므로 $\sum\limits_{n=1}^{\infty}\dfrac{1}{(2n-1)^2}=\dfrac{\pi^2}{6}-\dfrac{1}{4}\sum\limits_{n=1}^{\infty}\dfrac{1}{n^2}=\dfrac{\pi^2}{6}\left(1-\dfrac{1}{4}\right)=\dfrac{\pi^2}{8}.$

6. 푸리에계수를 구하는데 필요한 부정적분형태를 먼저 계산하여 보면 다음과 같다.

$$\int xe^{imx}dx=\frac{1}{im}e^{imx}x-\int\left(\frac{1}{im}e^{imx}\right)dx=\frac{1}{im}e^{imx}x+\frac{1}{m^2}e^{imx}+C$$

$$=-\frac{i}{m}x(\cos mx+i\sin mx)+\frac{1}{m^2}(\cos mx+i\sin mx)+C$$

그러므로

$$\int x\cos mx dx = \frac{1}{m}x\sin mx + \frac{1}{m^2}\cos mx + C$$

$$\int x\sin mx dx = -\frac{1}{m}x\cos mx + \frac{1}{m^2}\sin mx + C$$

$$\int x^2 e^{imx}dx = \frac{1}{im}e^{imx}x^2 - \int\left(\frac{1}{im}e^{imx}(2x)\right)dx = \frac{1}{im}e^{imx}x^2 + \frac{2i}{m}\int(e^{imx}x)dx$$

$$= \frac{1}{im}e^{imx}x^2 + \frac{2i}{m}\left[\frac{1}{im}xe^{imx} + \frac{1}{m^2}e^{imx}\right] + C$$

$$= -\frac{i}{m}e^{imx}x^2 + \left[\frac{2}{m^2}xe^{imx} + \frac{2i}{m^3}e^{imx}\right] + C$$

$$= -\frac{i}{m}x^2(\cos mx + i\sin mx) + \frac{2}{m^2}x(\cos mx + i\sin mx)$$

$$+ \frac{2i}{m^3}(\cos mx + i\sin mx) + C$$

그러므로

$$\int x^2\cos mx dx = \frac{1}{m}x^2\sin mx + \frac{2x}{m^2}\cos mx - \frac{2}{m^3}\sin mx + C$$

$$\int x^2\sin mx dx = -\frac{1}{m}x^2\cos mx + \frac{2x}{m^2}\sin mx + \frac{2}{m^3}\cos mx + C$$

$$a_0 = \frac{1}{\pi}\int_{-\pi}^{\pi} f(x)dx = \frac{1}{\pi}\int_{-\pi}^{0} xdx + \frac{1}{\pi}\int_0^{\pi} x^2 dx = \frac{1}{\pi}\left[\frac{1}{2}x^2\right]_{-\pi}^0 + \frac{1}{\pi}\left[\frac{1}{3}x^3\right]_0^{\pi} = -\frac{\pi}{2} + \frac{\pi^2}{3}$$

$$a_n = \frac{1}{\pi}\int_{-\pi}^{\pi} f(x)\cos nx dx = \frac{1}{\pi}\int_{-\pi}^{0} x\cos nx dx + \frac{1}{\pi}\int_0^{\pi} x^2\cos nx dx$$

$$= \frac{1}{\pi}\left[\frac{1}{n}x\sin nx + \frac{1}{n^2}\cos nx\right]_{-\pi}^0 + \frac{1}{\pi}\left[\frac{1}{n}x^2\sin nx + \frac{2x}{n^2}\cos nx - \frac{2}{n^3}\sin nx\right]_0^{\pi}$$

$$= \frac{1}{\pi}\left[\frac{1}{n^2}(1-\cos n\pi)\right] + \frac{1}{\pi}\left[\frac{2\pi}{n^2}\cos n\pi\right] = \frac{1}{\pi n^2}[1-\cos n\pi + 2\pi\cos n\pi]$$

$$b_n = \frac{1}{\pi}\int_{-\pi}^{\pi} f(x)\sin nx dx = \frac{1}{\pi}\int_{-\pi}^{0} x\sin nx dx + \frac{1}{\pi}\int_0^{\pi} x^2\sin nx dx$$

$$= \frac{1}{\pi}\left[-\frac{1}{n}x\cos nx + \frac{1}{n^2}\sin nx\right]_{-\pi}^0 + \frac{1}{\pi}\left[-\frac{1}{n}x^2\cos nx + \frac{2x}{n^2}\sin nx + \frac{2}{n^3}\cos nx\right]_0^{\pi}$$

$$= \frac{1}{\pi}\left[-\frac{1}{n}\pi\cos n\pi\right] + \frac{1}{\pi}\left[-\frac{1}{n}\pi^2\cos n\pi + \frac{2}{n^3}(\cos n\pi - 1)\right]$$

$$= \frac{1}{\pi n}\left[-\pi\cos n\pi - \pi^2\cos n\pi + \frac{2}{n^2}(\cos n\pi - 1)\right]$$

그러므로 푸리에급수는

$$f(x) \sim \frac{1}{2}\left(-\frac{\pi}{2} + \frac{\pi^2}{3}\right) + \sum_{n=1}^{\infty}\frac{1}{\pi n^2}[1-\cos n\pi + 2\pi\cos n\pi]\cos nx$$

$$+ \sum_{n=1}^{\infty}\frac{1}{\pi n}\left[-\pi\cos n\pi - \pi^2\cos n\pi + \frac{2}{n^2}(\cos n\pi - 1)\right]\sin nx$$

7. 6번과 같이 계산하여 다음을 얻는다.

$$\int x^2 \cos mx dx = \frac{1}{m} x^2 \sin mx + \frac{2x}{m^2} \cos mx - \frac{2}{m^3} \sin mx + C$$

$$\int x^2 \sin mx dx = -\frac{1}{m} x^2 \cos mx + \frac{2x}{m^2} \sin mx + \frac{2}{m^3} \cos mx + C$$

$$a_0 = \frac{1}{\pi} \int_{-\pi}^{\pi} f(x) dx = \frac{2}{\pi} \int_0^{\pi} x^2 dx = \frac{2}{\pi} \left[\frac{1}{3} x^3 \right]_0^{\pi} = \frac{2\pi^2}{3}$$

$$a_n = \frac{1}{\pi} \int_{-\pi}^{\pi} f(x) \cos nx dx = \frac{2}{\pi} \int_0^{\pi} x^2 \cos nx dx$$

$$= \frac{2}{\pi} \left[\frac{1}{n} x^2 \sin nx + \frac{2x}{n^2} \cos nx - \frac{2}{n^3} \sin nx \right]_0^{\pi}$$

$$= \frac{2}{\pi} \left[\frac{2\pi}{n^2} \cos n\pi \right] = \frac{4}{n^2} \cos n\pi$$

$$b_n = \frac{1}{\pi} \int_{-\pi}^{\pi} f(x) \sin nx dx = 0 (\because f(x) \sin nx \text{는 기함수})$$

그러므로 푸리에급수는

$$f(x) \sim \frac{\pi^2}{3} + \sum_{n=1}^{\infty} \left(\frac{4(-1)^n}{n^2} \right) \cos nx.$$

이 푸리에 급수는 $x=0$일 때 $f(0)=0$으로 수렴하므로 급수에 $x=0$을 대입하면

$$\frac{\pi^2}{3} + \sum_{n=1}^{\infty} \left(\frac{4(-1)^n}{n^2} \right) = 0, \text{ 즉, } \frac{\pi^2}{3} = 4 \sum_{n=1}^{\infty} \frac{(-1)^{n-1}}{n^2}.$$

그러므로 $\sum_{n=1}^{\infty} (-1)^{n-1} \frac{1}{n^2} = \frac{\pi^2}{12}$.

8. $f(0-) \neq f(0+)$이므로 푸리에 급수는 $x=0$에서 $\frac{f(0-)+f(0+)}{2} = 0$으로 수렴한다.

9. $f(x)$는 우함수이므로 $b_n = 0 (n=1, 2, 3, \cdots)$

$$a_0 = \frac{1}{\pi} \int_{-\pi}^{\pi} f(x) dx = \frac{2}{\pi} \int_0^{\pi} \left(\frac{\pi}{2} - x \right) dx = \frac{2}{\pi} \left[\frac{\pi}{2} x - \frac{1}{2} x^2 \right]_0^{\pi} = 0$$

$$a_n = \frac{1}{\pi} \int_{-\pi}^{\pi} f(x) \cos nx dx = \frac{2}{\pi} \int_0^{\pi} \left(\frac{\pi}{2} - x \right) \cos nx dx$$

$$= \frac{2}{\pi} \left\{ \left[\frac{1}{n} \left(\frac{\pi}{2} - x \right) \sin nx \right]_0^{\pi} - \int_0^{\pi} \frac{1}{n} (-1) \sin nx dx \right\}$$

$$= \frac{2}{\pi} \left[-\frac{1}{n^2} \cos nx \right]_0^{\pi} = \frac{2}{\pi n^2} (1 - \cos n\pi) = \frac{2}{\pi n^2} (1 - (-1)^n)$$

그러므로 $f(x) \sim \frac{4}{\pi} \cos x + \frac{4}{9\pi} \cos 3x + \frac{4}{25\pi} \cos 5x + \cdots = \frac{4}{\pi} \sum_{n=1}^{\infty} \frac{\cos(2n-1)x}{(2n-1)^2}$.

10. $f(x)$는 기함수이므로 $a_n = 0$이다.

$$b_n = \frac{1}{2} \int_{-2}^{2} x \sin \frac{n\pi x}{2} dx = \int_0^2 x \sin \frac{n\pi x}{2} dx$$

$$= \left[-\frac{2}{n\pi}x\cos\frac{n\pi x}{2}\right]_0^2 - \int_0^2\left(-\frac{2}{n\pi}\right)\cos\frac{n\pi x}{2}dx$$

$$= \left[-\frac{4}{n\pi}\cos n\pi\right] + \frac{4}{n^2\pi^2}\left[\sin\frac{n\pi x}{2}\right]_0^2 = -\frac{4}{n\pi}\cos n\pi$$

그러므로 $f(x) \sim \sum_{n=1}^{\infty}(-1)^{n+1}\frac{4}{n\pi}\sin\frac{n\pi x}{2}$.

연습문제 (6.2)

1. $\left|\frac{(-1)^{n+1}}{4n^2-1}\cos 2nx\right| \leqq \frac{1}{4n^2-1}$ 이고 $\sum_{n=1}^{\infty}\frac{1}{4n^2-1}$ 은 적분판정법에 의하여 수렴하므로 바이어스트라스 M 판정법에 의하여 급수 $\sum_{n=1}^{\infty}\frac{(-1)^{n+1}}{4n^2-1}\cos 2nx$는 균등수렴한다. 따라서 주어진 푸리에 급수도 균등수렴한다.

2. $\left|\frac{1}{(2n-1)^2}\cos(2n-1)x\right| \leqq \frac{1}{(2n-1)^2}$ 이고 $\sum_{n=1}^{\infty}\frac{1}{(2n-1)^2}$ 은 적분판정법에 의하여 수렴하므로 바이어스트라스 M-판정법에 의하여 $\sum_{n=1}^{\infty}\frac{1}{(2n-1)^2}\cos(2n-1)x$는 균등수렴한다.

3. $f(x)$의 푸리에급수 전개식의 각 항이 연속함수이고 푸리에 급수가 수렴하므로 항별로 적분할 수 있다. 따라서

$$\int_0^x t\,dt \sim 2\sum_{n=1}^{\infty}\int_0^x\frac{(-1)^{n-1}\sin nt}{n}dt = 2\sum_{n=1}^{\infty}\left[\frac{(-1)^{n-1}\cos nt}{n^2}\right]_0^x = 2\sum_{n=1}^{\infty}\frac{(-1)^n(1-\cos nx)}{n^2}$$

그런데 $\int_0^x t\,dt = \frac{x^2}{2}$ 이므로 $\frac{x^2}{4} = \sum_{n=1}^{\infty}\frac{(-1)^n(1-\cos nx)}{n^2} = \frac{\pi^2}{12} - \sum_{n=1}^{\infty}\frac{(-1)^{n+1}\cos nx}{n^2}$.

4. (1) 구간 $[0,x]$에서 급수를 적분하면

$$\frac{1}{2}x^2 = \frac{4}{\pi}\left(-\frac{2}{\pi}\cos\frac{\pi x}{2} + \frac{1}{2}\cdot\frac{2}{2\pi}\cos\frac{2\pi x}{2} - \frac{1}{3}\cdot\frac{2}{3\pi}\cos\frac{3\pi x}{2} + \cdots\right)$$

$$= -\frac{8}{\pi^2}\left(\cos\frac{\pi x}{2} - \frac{1}{2^2}\cos\frac{2\pi x}{2} + \frac{1}{3^2}\cos\frac{3\pi x}{2} - \cdots\right) + c$$

양변에 2를 곱하면

$$x^2 = -\frac{16}{\pi^2}\left(\cos\frac{\pi x}{2} - \frac{1}{2^2}\cos\frac{2\pi x}{2} + \frac{1}{3^2}\cos\frac{3\pi x}{2} - \cdots\right) + 2c$$

양변에 $x=0$을 대입하면 $2c = \frac{16}{\pi^2}\left(1 - \frac{1}{2^2} + \frac{1}{3^2} - \cdots\right)$ 그러므로

$$x^2 = -\frac{16}{\pi^2}\left(\cos\frac{\pi x}{2} - \frac{1}{2^2}\cos\frac{2\pi x}{2} + \frac{1}{3^2}\cos\frac{3\pi x}{2} - \cdots\right) + \frac{16}{\pi^2}\left(1 - \frac{1}{2^2} + \frac{1}{3^2} - \cdots\right).$$

(2) 2c는 x^2의 푸리에 급수에서 상수항 $\frac{a_0}{2} = \frac{2}{4}\int_0^2 x^2dx = \frac{4}{3}$ 와 같으므로

$\frac{4}{3} = \frac{16}{\pi^2}(1 - \frac{1}{2^2} + \frac{1}{3^2} - \cdots)$, 즉, $\sum_{n=1}^{\infty} \frac{(-1)^{n-1}}{n^2} = \frac{4}{3} \times \frac{\pi^2}{16} = \frac{\pi^2}{12}$.

5. $|u_n(x)| \leqq M_n$이고 $\sum_{n=1}^{\infty} M_n$이 수렴하므로 $\sum_{n=1}^{\infty} u_n(x)$는 구간 $[a,b]$에서 절대수렴한다.

$$\left|\sum_{k=1}^{n} u_k(x) - \sum_{k=1}^{\infty} u_k(x)\right| = |r_n(x)| = \left|\sum_{k=n+1}^{\infty} u_k(x)\right| \leqq \sum_{k=n+1}^{\infty} |u_k(x)| \leqq \sum_{k=n+1}^{\infty} M_k$$

가 성립하고 $\sum_{n=1}^{\infty} M_n$이 수렴하므로 $\forall \epsilon > 0\ \exists n_0\ s.t.\ n \geqq n_0 \Rightarrow \sum_{k=n+1}^{\infty} M_k < \epsilon$ 이 성립한다. 따라서 $\forall \epsilon > 0\ \exists n_0\ s.t.\ n \geqq n_0,\ \forall x \in [a,b] \Rightarrow |r_n(x)| \leqq \sum_{k=n+1}^{\infty} M_k < \epsilon$이 성립하므로 구간 $[a,b]$에서 $\sum_{n=1}^{\infty} u_n(x)$는 균등수렴한다.

6. 무한급수 $\sum_{n=1}^{\infty} u_n'(x)$가 균등수렴하고, 그 각 항이 연속함수이므로 $\phi(x) = \sum_{n=1}^{\infty} u_n'(x)$도 연속함수이다. 또한, $\sum_{n=1}^{\infty} u_n'(x)$가 균등수렴하므로, 임의의 $x \in [a,b]$에 대하여

$\int_{x_0}^{x} \phi(x)dx = \sum_{n=1}^{\infty} \int_{x_0}^{x} u_n'(x) = \sum_{n=1}^{\infty} \{u_n(x) - u_n(x_0)\}$가 성립한다. 따라서 $\sum_{n=1}^{\infty} \{u_n(x) - u_n(x_0)\}$은 수렴한다. 그러므로

$$s(x) = \sum_{n=1}^{\infty} u_n(x) = \sum_{n=1}^{\infty} \{u_n(x) - u_n(x_0) + u_n(x_0)\} = \sum_{n=1}^{\infty} \{u_n(x) - u_n(x_0)\} + \sum_{n=1}^{\infty} u_n(x_0)$$

도 수렴한다. 그러므로 $\int_{x_0}^{x} \phi(x)dx = \sum_{n=1}^{\infty} \{u_n(x) - u_n(x_0)\} = s(x) - s(x_0)$. 이 식의 양변을 미분하면 $\phi(x) = s'(x)$이므로 $s'(x) = \phi(x) = \sum_{n=1}^{\infty} u_n'(x)$.

7. 모든 자연수 i에 대하여 $u_i(x) = \int_a^x f_i(t)dt$라고 하자. 그러면 $u_i'(x) = f_i(x)$이고 무한급수 $\sum_{n=1}^{\infty} f_i(x)$가 균등수렴하므로 $\sum_{i=1}^{\infty} u_i'(x)$도 균등수렴하고 각각의 함수 $u_i'(x) = f_i(x)$도 연속인 함수이다. 그리고 $\sum_{i=1}^{\infty} u_i(a) = 0$으로 수렴하므로 위의 문제에 의하여

$$\frac{d}{dx}\sum_{i=1}^{\infty} u_i(x) = \sum_{i=1}^{\infty} \frac{d}{dx} u_i(x) = \sum_{i=1}^{\infty} f_i(x)$$

가 된다. 그런데 $\frac{d}{dx}\sum_{i=1}^{\infty} u_i(x) = \frac{d}{dx}\sum_{i=1}^{\infty} \int_a^x f_i(t)dt$이므로

$$\frac{d}{dx}\sum_{i=1}^{\infty} \int_a^x f_i(t)dt = \sum_{i=1}^{\infty} u_i(x) = s(x)$$

이다. 그러므로 $\sum_{i=1}^{\infty}\int_a^x f_i(t)dt=\int_a^x s(t)dx=\int_a^x\sum_{i=1}^{\infty}f_i(t)dt$, 즉,

$\int_a^x\sum_{i=1}^{\infty}f_i(t)dt=\sum_{i=1}^{\infty}\int_a^x f_i(t)dt.$

(별해) 무한급수 $\sum_{n=1}^{\infty}f_i(x)$가 균등수렴하고, 그 각 항이 연속이므로 $s(x)=\sum_{n=1}^{\infty}f_i(x)$도 연속함수이다. 따라서 $\int_a^x s(t)dt$가 존재한다. 한편 $\sum_{n=1}^{\infty}f_i(x)$가 균등수렴하므로

$\forall\epsilon>0\ \exists n_0\ s.t.\ n\geqq n_0,\ \forall x\in[a,b]\Rightarrow\left|\sum_{i=1}^{n}f_i(x)-s(x)\right|<\frac{1}{b-a}\epsilon.$

그러므로 모든 자연수 $n\geqq n_0$에 대하여

$\left|\sum_{i=1}^{n}\int_a^x f_i(t)-\int_a^x s(t)dt\right|=\left|\int_a^x\left(\sum_{i=1}^{n}f_i(t)-s(t)\right)dt\right|$

$\leqq\int_a^x\left|\sum_{i=1}^{n}f_i(t)-s(t)\right|dt<\int_a^x\frac{1}{b-a}\epsilon dt=\frac{|x-a|}{b-a}\epsilon\leqq\epsilon$

이 성립한다. 그러므로 $\sum_{i=1}^{\infty}\int_a^x f_i(t)=\int_a^x s(t)dt=\int_a^x\sum_{i=1}^{\infty}f_i(t).$

연습문제 (6.3)

1. $A(\alpha)=\frac{1}{\pi}\int_{-\infty}^{\infty}f(t)\cos\alpha tdt=\frac{1}{\pi}\int_{-c}^{c}\cos\alpha t\,dt=\left[\frac{\sin\alpha t}{\pi\alpha}\right]_{-c}^{c}=\frac{2\sin(\alpha c)}{\pi\alpha}$

   $B(\alpha)=\frac{1}{\pi}\int_{-\infty}^{\infty}f(t)\sin\alpha tdt=\frac{1}{\pi}\int_{-c}^{c}\sin\alpha t\,dt=0$

   이므로 (5)식에 대입하면

   $f(x)=\frac{2}{\pi}\int_0^{\infty}\frac{\sin(\alpha c)\cos\alpha x}{\alpha}d\alpha$

2. $f(x)$는 기함수이고, 절대적분가능하며, PWS이고 $A(\alpha)=0$이므로

   $f(x)\sim\int_0^{\infty}B(\alpha)\sin\alpha x\,d\alpha$

   $B(\alpha)=\frac{2}{\pi}\int_0^{\infty}f(t)\sin\alpha t\,dt=\frac{2}{\pi}\int_0^{\pi}c\sin\alpha t\,dt=\frac{2c}{\pi}\cdot\frac{1}{\alpha}[-\cos\alpha t]_0^{\pi}=\frac{2c}{\pi\alpha}(1-\cos\alpha\pi)$

   $\therefore f(x)\sim\frac{2c}{\pi}\int_0^{\infty}\frac{1-\cos\alpha\pi}{\alpha}\sin\alpha x\,d\alpha$

3. (1) $A(\alpha)=\frac{2}{\pi}\int_0^{\infty}e^{-t}\cos\alpha tdt=\frac{2}{\pi}\left[-\frac{-\alpha\sin\alpha t+\cos\alpha t}{1+\alpha^2}\right]_0^{\infty}=\frac{2}{\pi(1+\alpha^2)}$이므로

   $f(x)=\frac{2}{\pi}\int_0^{\infty}\frac{\cos\alpha x}{1+\alpha^2}d\alpha$

(2) $B(\alpha)=\dfrac{2}{\pi}\displaystyle\int_0^\infty e^{-t}\sin\alpha t dt=\dfrac{2\alpha}{\pi(1+\alpha^2)}$ 이므로 $f(x)=\dfrac{2}{\pi}\displaystyle\int_0^\infty \dfrac{\alpha\sin\alpha x}{1+\alpha^2}d\alpha$

(3) $A(\alpha)=\dfrac{1}{\pi}\displaystyle\int_0^\infty e^{-t}\cos\alpha t dt=\dfrac{1}{\pi(1+\alpha^2)}$, $B(\alpha)=\dfrac{1}{\pi}\displaystyle\int_0^\infty e^{-t}\sin\alpha t dt=\dfrac{\alpha}{\pi(1+\alpha^2)}$ 이므로

$$f(x)\sim\int_0^\infty \frac{1}{\pi}\left[\frac{\cos\alpha x}{1+\alpha^2}+\frac{\alpha\sin\alpha x}{1+\alpha^2}\right]d\alpha=\frac{1}{\pi}\int_0^\infty \frac{\cos\alpha x+\alpha\sin\alpha x}{1+\alpha^2}d\alpha.$$

4.(1) $f(x)$의 푸리에적분은 $f(x)\sim\displaystyle\int_0^\infty [A(\alpha)\cos\alpha x+B(\alpha)\sin\alpha x]d\alpha$ 이고

$$A(\alpha)=\frac{1}{\pi}\int_{-\infty}^\infty f(t)\cos\alpha t dt=\frac{1}{\pi}\int_{-\infty}^0 0\cdot\cos\alpha t dt+\frac{1}{\pi}\int_0^1 t\cos\alpha t dt+\frac{1}{\pi}\int_1^\infty 0\cdot\cos\alpha t dt$$

$$=\frac{1}{\pi}\left[\frac{1}{\alpha^2}\cos\alpha t+\frac{t}{\alpha}\sin\alpha t\right]_0^1=\frac{1}{\pi}\left(\frac{\cos\alpha+\alpha\sin\alpha-1}{\alpha^2}\right)$$

$$B(\alpha)=\frac{1}{\pi}\int_{-\infty}^\infty f(t)\sin\alpha t dt=\frac{1}{\pi}\int_{-\infty}^0 0\cdot\sin\alpha t dt+\frac{1}{\pi}\int_0^1 t\sin\alpha t dt+\frac{1}{\pi}\int_1^\infty 0\cdot\sin\alpha t dt$$

$$=\frac{1}{\pi}\left[\frac{1}{\alpha^2}\sin\alpha t-\frac{t}{\alpha}\cos\alpha t\right]_0^1=\frac{1}{\pi}\left(\frac{\sin\alpha-\alpha\cos\alpha}{\alpha^2}\right)$$

$$f(x)\sim\frac{1}{\pi}\int_0^\infty\left[\frac{\cos\alpha+\alpha\sin\alpha-1}{\alpha^2}\cos\alpha x+\frac{\sin\alpha-\alpha\cos\alpha}{\alpha^2}\sin\alpha x\right]d\alpha$$

$$=\frac{1}{\pi}\int_0^\infty\frac{\cos\alpha(1-x)+\alpha\sin\alpha(1-x)-\cos\alpha x}{\alpha^2}d\alpha$$

(2) $x=1$이면 $\displaystyle\int_0^\infty\frac{\cos\alpha}{\alpha^2}d\alpha$는 이상적분가능하지 않으므로 $x=1$에서 적분은 수렴하지 않는다.

5.(1) $A(\alpha)=\dfrac{1}{\pi}\displaystyle\int_{-\infty}^\infty f(t)\cos\alpha t dt=\dfrac{1}{\pi}\int_0^2 1\cdot\cos\alpha t dt=\dfrac{1}{\pi}\left[\dfrac{\sin\alpha t}{\alpha}\right]_0^2=\dfrac{\sin 2\alpha}{\pi\alpha}$

$B(\alpha)=\dfrac{1}{\pi}\displaystyle\int_{-\infty}^\infty f(t)\sin\alpha t dt=\dfrac{1}{\pi}\int_0^2 1\cdot\sin\alpha t dt=\dfrac{1}{\pi}\left[-\dfrac{\cos\alpha t}{\alpha}\right]_0^2=\dfrac{1-\cos 2\alpha}{\pi\alpha}$ 이므로

$$f(x)\sim\frac{1}{\pi}\int_0^\infty\left(\frac{\sin 2\alpha}{\alpha}\cos\alpha x-\frac{\cos 2\alpha-1}{\alpha}\sin\alpha x\right)d\alpha$$

$$=\frac{1}{\pi}\int_0^\infty\frac{1}{\alpha}(\sin\alpha(2-x)+\sin\alpha x)d\alpha$$

(2) $f(1)=\dfrac{1}{\pi}\displaystyle\int_0^\infty\dfrac{1}{\alpha}(\sin\alpha+\sin\alpha)d\alpha=\dfrac{2}{\pi}\int_0^\infty\dfrac{\sin\alpha}{\alpha}d\alpha=1$ 이므로 $\displaystyle\int_0^\infty\dfrac{\sin\alpha}{\alpha}d\alpha=\dfrac{\pi}{2}$.

연습문제 (6.4)

1. $f(x)$의 푸리에 코사인 변환은

$$F_c(\alpha)=\int_0^\infty f(t)\cos\alpha t\,dt$$

라고 하면

$$f(x)=\frac{2}{\pi}\int_0^\infty F_c(\alpha)\cos\alpha x\,d\alpha=\frac{2}{\pi}\int_0^\pi 3\cdot\cos\alpha x\,d\alpha=\frac{6}{\pi}\left[\frac{1}{x}\sin\alpha x\right]_0^\pi=\frac{6}{\pi x}\sin\pi x.$$

2. $F_s(\alpha)=\int_0^\infty f(t)\sin\alpha t\,dt=\int_0^L 1\cdot\sin\alpha t\,dt=[-\frac{1}{\alpha}\cos\alpha t]_0^L=\frac{1}{\alpha}(1-\cos\alpha L)$이므로

$$f(x)=\frac{2}{\pi}\int_0^\infty F_s(\alpha)\ \sin\alpha x\,d\alpha=\frac{2}{\pi}\int_0^\infty\frac{1-\cos\alpha L}{\alpha}\ \sin\alpha x\,d\alpha$$

3. 정의식 (1), (3)에 대입하면

$$F_c(\alpha)=\int_0^\infty f(t)\cos\alpha t\,dt=\int_0^\omega k\cos\alpha t\,dt=\frac{k}{\alpha}\,[\sin\alpha t]_0^\omega=k\left\{\frac{\sin\alpha\omega}{\alpha}\right\}$$

$$F_s(\alpha)=\int_0^\infty f(t)\sin\alpha t\,dt=\int_0^\omega k\sin\alpha t\,dt=-\frac{k}{\alpha}\,[\cos\alpha t]_0^\omega=k\left\{\frac{1-\cos\alpha\omega}{\alpha}\right\}$$

4. (1) $F_c(\alpha)=\int_0^\infty f(t)\cos\alpha t\,dt=\begin{cases}k-\alpha & (0\leqq\alpha\leqq 1)\\ 0 & (\alpha>1)\end{cases}$ 이므로

$$f(x)=\frac{2}{\pi}\int_0^\infty F_c(\alpha)\cos\alpha x\,d\alpha=\frac{2}{\pi}\int_0^1(k-\alpha)\cos\alpha x\,d\alpha=\frac{2(k-1)x\sin x+2(1-\cos x)}{\pi x^2}$$

(2) $F_s(\alpha)=\int_0^\infty f(t)\sin\alpha t\,dt=\begin{cases}k-\alpha & (0\leqq\alpha\leqq 1)\\ 0 & (\alpha>1)\end{cases}$ 이므로

$$f(x)=\frac{2}{\pi}\int_0^\infty F_s(\alpha)\sin\alpha x\,d\alpha=\frac{2}{\pi}\int_0^1(k-\alpha)\sin\alpha x\,d\alpha=\frac{2(1-k)x\cos x+2(kx-\sin x)}{\pi x^2}.$$

5. 문제 4(1)에서 $k=1$로 선택하면

$$F_c(\alpha)=\int_0^\infty f(x)\cos\alpha x\,dx=\int_0^\infty\frac{2(1-\cos x)}{\pi x^2}\cos\alpha x\,dx=\begin{cases}1-\alpha & (0\leqq\alpha\leqq 1)\\ 0 & (\alpha>1)\end{cases}$$

이 식에 $\alpha\to 0+$일 때의 극한을 취하면 $\int_0^\infty\frac{2(1-\cos x)}{\pi x^2}dx=1$을 얻는다. 따라서

$$\int_0^\infty\frac{4\sin^2\frac{x}{2}}{\pi x^2}dx=\int_0^\infty\frac{2(1-\cos x)}{\pi x^2}dx=1$$

이 된다. 첫 번째 적분에서 $\frac{x}{2}=u$로 치환하면 $dx=2du$이므로

$$1=\int_0^\infty\frac{4\sin^2\frac{x}{2}}{\pi x^2}dx=\int_0^\infty\frac{4\sin^2 u}{\pi 4u^2}(2du)=\frac{2}{\pi}\int_0^\infty\frac{\sin^2 u}{u^2}du,\ \text{즉,}\ \int_0^\infty\frac{\sin^2 u}{u^2}du=\frac{\pi}{2}.$$

6. $F_c(\alpha)=\int_0^\infty f(t)\cos\alpha t\,dt=\int_0^\infty e^{-t}\cos\alpha t\,dt=\frac{1}{1+\alpha^2}.$

7. $e^{-x}=\frac{2}{\pi}\int_0^\infty F_c(\alpha)\cos\alpha x d\alpha=\frac{2}{\pi}\int_0^\infty\frac{\cos\alpha x}{1+\alpha^2}d\alpha.\ \therefore\int_0^\infty\frac{\cos\alpha x}{1+\alpha^2}d\alpha=\frac{\pi}{2}e^{-x}.(x\geqq 0)$

8. $f(x)=\frac{2}{\pi}\int_0^\infty F_s(\alpha)\sin\alpha x d\alpha=\frac{2}{\pi}\left[\int_0^1 1\cdot\sin\alpha x d\alpha+\int_1^2 2\sin\alpha x d\alpha\right]$

$$=\frac{2}{\pi}\left[\frac{1+\cos x-2\cos 2x}{x}\right].$$

9. $\alpha=0$이면 $\hat{f}(0)=\int_{-\infty}^{\infty} f(t)dt=\int_{-k}^{k} dt=2k$가 되고, $\alpha\neq 0$이면

$$\hat{f}(\alpha)=\int_{-\infty}^{\infty} f(t)e^{-i\alpha t}dt=\int_{-k}^{k} e^{-i\alpha t}dt=\left[-\frac{e^{-i\alpha t}}{i\alpha}\right]_{-k}^{k}=\frac{e^{i\alpha k}-e^{-i\alpha k}}{i\alpha}=\frac{2\sin(k\alpha)}{\alpha}.$$

10. $(f*f)(x)=\int_{-\infty}^{\infty} f(t)f(x-t)dt=e^{-\frac{1}{2}x^2}$으로 나타낼 수 있다. $\widehat{e^{-kx^2}}(\alpha)=\sqrt{\frac{\pi}{k}}\,e^{-\frac{\alpha^2}{4k}}$이므로

$(f*f)(x)=e^{-\frac{1}{2}x^2}$의 양변에 푸리에 변환을 취하면

$\{F(\alpha)\}^2=F(\alpha)\cdot F(\alpha)=F(f*f)(\alpha)=\sqrt{2\pi}\,e^{-\frac{\alpha^2}{2}}$.

그러므로 $F(\alpha)=\sqrt[4]{2\pi}\,e^{-\frac{\alpha^2}{4}}$. 따라서

$$f(x)=F^{-1}(F(\alpha))=F^{-1}\left(\sqrt[4]{2\pi}\,e^{-\frac{\alpha^2}{4}}\right)=\sqrt[4]{2\pi}\,F^{-1}\left(e^{-\frac{\alpha^2}{4}}\right)=\frac{\sqrt[4]{2\pi}}{\sqrt{\pi}}e^{-x^2}=\frac{\sqrt[4]{2}}{\sqrt[4]{\pi}}e^{-x^2}.$$

제7장 편미분방정식

연습문제 (7.1)

1. (1) $u_x=2xy^3+f(x)$이므로 $u=x^2y^3+\int f(x)dx+g(y)$

(2) $u_y=4ye^x+3y^2+f(x)$이므로 $u=2y^2e^x+y^3+yf(x)+g(x)$.

2. (1) $u_y=2x^3y+f(y)$이므로 $u=x^3y^2+\int f(y)dy+g(x)$

$u_y(0,y)=0^3y+f(y)=6y^2$에서 $f(y)=6y^2$

$u(x,1)=x^3+\left[\int 6y^2dy\right](1)+g(x)=\cos x$에서 $g(x)=\cos x-x^3-[2y^3+C](y=1)$

$\therefore\ u=x^3y^2+2y^3+C+\cos x-x^3-[2+C]=x^3y^2+2y^3-2+\cos x-x^3$.

(2) $u_x=3x^2y^2+f(x)$이므로 $u_x(x,0)=3x^20^2+f(x)=3x^2$에서 $f(x)=3x^2$. 그러므로

$u=x^3y^2+x^3+g(y)$. $u(1,y)=1^3y^2+1^3+g(y)=\cos y$이므로 $g(y)=\cos y-y^2-1$.

$\therefore\ u=x^3y^2+x^3+\cos y-y^2-1$.

3. $u(x,y)=X(x)Y(y)$가 해가 된다고 가정하고 대입하면 $X'Y=2XY'$, 즉, $\frac{X'}{2X}=\frac{Y'}{Y}$가 된다. 좌변은 y에 독립적이고 우변은 x에 독립적인 함수이므로 상수가 되어야 한다. 따라서

$\frac{X'}{2X}=\frac{Y'}{Y}=\lambda$, 즉, $X'-2\lambda X=0,\ Y'-\lambda Y=0$.

해를 구하면 $X=C_1e^{2\lambda x}$, $Y=C_2e^{\lambda y}$이므로 구하는 해는 $u(x,y)=X(x)Y(y)=Ce^{2\lambda x}e^{\lambda y}$.

경계조건에서 $u(0,y)=Ce^{2\lambda\cdot 0}e^{\lambda y}=3e^{-4y}$이므로 $C=3,\ \lambda=-4$. 그러므로

$u(x,y)=3e^{-8x}e^{-4y}$.

4. (1) 특성방정식: $b^2-4b+3=0$, 특성근: $b=1,3$. 그러므로 $u=f(x)e^y+g(x)e^{3y}$

(2) $u=e^{ax+by}$가 해 $\Leftrightarrow a^2+b^2+9=0$ 이므로 $b=\pm i\sqrt{a^2+9}$. 그러므로

$u=c_1e^{ax+i\sqrt{a^2+9}\,y}+c_2e^{ax-i\sqrt{a^2+9}\,y}$

이 해의 실수함수형태의 해는 $u=e^{ax}\left[k_1\cos\sqrt{a^2+9}\,y+k_2\sin\sqrt{a^2+9}\,y\right]$이다.

(3) $u=e^{ax+by}$가 해가 될 필요충분조건은 $a^2+b^2-2b+1=a^2+(b-1)^2=0$ 이므로 $b=1\pm ai$. 그러므로 $u=c_1e^{ax+(1-ai)y}+c_2e^{ax+(1+ai)y}=e^y\left[c_1e^{a(x-iy)}+c_2e^{a(x+iy)}\right]$

따라서 일반해는 $u=e^y[f(x-iy)+g(x+iy)]$.

(4) $u=e^{ax+by}$가 해가 될 필요충분조건은 $a^2-2ab+b^2-2b+2a+1=(a-b+1)^2=0$이므로 $b=a+1$(중근). 그러므로

$u=c_1e^{ax+(a+1)y}+c_2xe^{ax+(a+1)y}=e^y\left[c_1e^{a(x+y)}+c_2xe^{a(x+y)}\right]$

따라서 일반해는 $u=e^y[f(x+y)+xg(x+y)]$.

연습문제 (7.2)

1. 특성방정식은 $\dfrac{dx}{p}=\dfrac{dy}{q}$, $dz=0$. $\dfrac{dx}{p}=\dfrac{dy}{q}$의 양변을 적분하면 $qx-py=c_1$, 즉, $u=f(x,y,z)=qx-py=a$. $dz=0$의 양변을 적분하면 $z=c_2$, 즉, $v=g(x,y,z)=z=c_2$. f와 g는 일차독립이므로 구하는 일반해는 $\phi(z,qx-py)=0$ 또는 $z=u(qx-py)$ ($u(t)$는 임의의 미분가능한 함수)

2. (1) 특성방정식 $\dfrac{dx}{x}=\dfrac{dy}{y}=\dfrac{dz}{xz}$ 을 풀어서 $\ln y=\ln x+\ln c_1$과 $\ln z=x+\ln c_2$를 얻으므로 $\dfrac{y}{x}=c_1$, $ze^{-x}=c_2$. 따라서 구하는 해는 $f(\dfrac{y}{x},ze^{-x})=0$.

(2) 특성방정식 $\dfrac{dx}{-x}=\dfrac{dy}{y}=\dfrac{dz}{z}$ 을 풀어서 $\ln y=-\ln x+\ln c_1$, $\ln z=\ln y+\ln c_2$를 얻으므로 $xy=c_1$, $\dfrac{z}{y}=c_2$. 따라서 구하는 해는 $f(xy,\dfrac{z}{y})=0$.

3. (1) 보조방정식 $m^2-2m-3=(m-3)(m+1)=0$에서 $m=-1,3$을 얻으므로 구하는 해는 $u(x,y)=\phi_1(y-x)+\phi_2(y+3x)$

(2) 보조방정식$m^2+6m+5=(m+1)(m+5)=0$에서 $m=-1,-5$을 얻으므로 구하는 해는 $u(x,y)=\phi_1(y-x)+\phi_2(y-5x)$

(3) 보조방정식$m^2+a^2=0$에서 $m=\pm ai$을 얻으므로 구하는 해는
$u(x,y)=\phi_1(y-aix)+\phi_2(y+aix)$

(4) 보조방정식$m^2-2m+5=0$에서 $m=1\pm 2i$ 을 얻으므로 구하는 해는
$u(x,y)=\phi_1(y+(1-2i)x)+\phi_2(y+(1-2i)x)$

(5) 보조방정식은 $m^2-3m-4=(m-4)(m+1)=0$이므로 특성근은 $m=-1,4$. 일반해는 $z=\phi_1(y-x)+\phi_2(y+4x)$.

(6) 보조방정식은 $(m-3)^2(m+6)=0$이므로 특성근은 $m=3$(중근), -6. 일반해는

$z=\phi_1(y+3x)+x\phi_2(y+3x)+\phi_3(y-6x)$

4. $(2D_x+3D_y+4)z=w$ 로 치환하면 다음과 같다.

$(2D_x+3D_y+4)w=0$ (1)

특성방정식은 $\dfrac{dx}{2}=\dfrac{dy}{3}=\dfrac{dw}{-4w}$

이므로 $2y-3x=c_1,\ \ln w=-\dfrac{4}{3}y+\ln c_2$에서 $we^{\frac{4}{3}y}=c_2$. 그러므로 (1)의 일반해는

$w=e^{-\frac{4}{3}y}\phi_1(2y-3x)$ (2)

이 식을 치환한 식에 대입하면

$(2D_x+3D_y+4)z=e^{-\frac{4}{3}y}\phi_1(2y-3x)$, 즉, $(2D_x+3D_y)z=-4z+e^{-\frac{4}{3}y}\phi_1(2y-3x)$ (3)

가 된다. 이 방정식의 특성방정식은

$$\frac{dx}{2}=\frac{dy}{3}=\frac{dz}{-4z+e^{-\frac{4}{3}y}\phi_1(2y-3x)}$$

첫 번째 등식 $\dfrac{dx}{2}=\dfrac{dy}{3}$에서 $2y-3x=c_1$을 얻고, 두 번째 등식은

$$\frac{dy}{3}=\frac{dz}{-4z+e^{-\frac{4}{3}y}\phi_1(2y-3x)},\ 즉,\ \frac{dz}{dy}+\frac{4}{3}z=\frac{1}{3}e^{-\frac{4}{3}y}\phi_1(c_1)$$

이므로 양변에 적분인자 $I=e^{\frac{4}{3}y}$를 곱하면

$$e^{\frac{4}{3}y}\frac{dz}{dy}+\frac{4}{3}ze^{\frac{4}{3}y}=\frac{1}{3}\phi_1(c_1),\ 즉,\ \frac{d}{dy}\left\{ze^{\frac{4}{3}y}\right\}=\frac{1}{3}\phi_1(c_1)$$

적분하면

$$ze^{\frac{4}{3}y}=\frac{1}{3}y\phi_1(c_1)+c_2,\ 즉,\ ze^{\frac{4}{3}y}-\frac{1}{3}y\phi_1(c_1)=c_2$$

따라서 (3)의 독립인 두 개의 해

$$u=2y-3x=c_1,\ v=z-\frac{1}{3}ye^{-\frac{4}{3}y}\phi_1(2y-3x)=0\ (\because c_1=2y-3x)$$

를 얻는다. 그러므로 주어진 방정식의 일반해는

$$\phi(u,v)=\phi\left(2y-3x,\ z-\frac{1}{3}ye^{-\frac{4}{3}y}\phi_1(2y-3x)\right)=0$$

또는

$$z-\frac{1}{3}ye^{-\frac{4}{3}y}\phi_1(2y-3x)=\phi_2(2y-3x)\ 또는\ z=\frac{1}{3}ye^{-\frac{4}{3}y}\phi_1(2y-3x)+\phi_2(2y-3x)$$

또는

$$z=ye^{-\frac{4}{3}y}\phi_1^*(2y-3x)+\phi_2(2y-3x).$$

연습문제 (7.3)

1. 여함수는 $z_h = \phi(y+5x)$ 이다. 특성방정식은 $\dfrac{dx}{1} = \dfrac{dy}{-5} = \dfrac{dz}{ye^x}$ 이므로

$\dfrac{dx}{1} = \dfrac{dy}{-5}$ 에서 $y+5x=c$

$\dfrac{dx}{1} = \dfrac{dz}{ye^x} = \dfrac{dz}{(c-5x)e^x}$ 에서 $z = \int (c-5x)e^x\,dx$

그런데 $z = \int (c-5x)e^x\,dx = (c-5x)e^x - \int (-5)e^x\,dx = (c-5x)e^x + 5e^x$ 이므로

$z_p = (c-5x)e^x + 5e^x = ye^x + 5e^x$

그러므로 일반해는

$z = z_h + z_p = \phi(y+5x) + e^x(y+5)$

2. (1) 특성방정식 $\dfrac{dx}{1} = \dfrac{dy}{2} = \dfrac{du}{x}$ 에서 $2x-y=c_1$, $xdx = du$ 에서 $u - \dfrac{1}{2}x^2 = c_2$. 그러므로 일반해는

$\phi(2x-y, u-\dfrac{1}{2}x^2) = 0.$

(2) 특성방정식 $\dfrac{dx}{1} = \dfrac{dy}{2} = \dfrac{du}{y}$ 에서 $2x-y=c_1$, $\dfrac{y}{2}dy = du$ 에서 $u - \dfrac{1}{4}y^2 = c_2$. 그러므로 일반해는

$\phi(2x-y, u-\dfrac{1}{4}y^2) = 0.$

3. (1) $u_p = \dfrac{1}{D_x^2 - D_y^2}12y^2 = \dfrac{12}{(-D_y^2)\left[1 - \dfrac{D_x^2}{D_y^2}\right]}y^2 = -\dfrac{12}{D_y^2}y^2 = -\dfrac{12}{12}y^4 = -y^4.$

$\therefore u = \phi_1(y+x) + \phi_2(y-x) - y^4$

(2) $u_p = \dfrac{1}{D_x^2 - 4D_y^2}e^{2x+y} = \dfrac{1}{D_x - 2D_y}\left[\dfrac{1}{D_x + 2D_y}e^{2x+y}\right] = \dfrac{1}{D_x - 2D_y}\left[\dfrac{1}{2+2\cdot 1}e^{2x+y}\right]$

$= \dfrac{1/4}{D_x - 2D_y}[e^{2x+y}] = \dfrac{1}{4}xe^{2x+y}$. 그러므로 $u = \phi_1(y+2x) + \phi_2(y-2x) + \dfrac{1}{4}xe^{2x+y}$.

(3) $u_p = \dfrac{1}{D_x^2 + D_y^2}10e^{2x+y} = \dfrac{1}{2^2+1^2}10e^{2x+y} = 2e^{2x+y}$.

여함수는 $(D_x^2 + D_y^2)u = 0$ 에서 $u_h = \phi_1(y+ix) + \phi_2(y-ix)$.

구하는 일반해는 $u = \phi_1(y+ix) + \phi_2(y-ix) + 2e^{2x+y}$

(4) $u_p = \dfrac{1}{D_x^2 + D_y^2}e^{3x+5y} = \dfrac{1}{3^2+5^2}e^{3x+5y} = \dfrac{1}{34}e^{3x+5y}$.

여함수는 $(D_x^2 + D_y^2)u = 0$ 에서 $u_h = \phi_1(y+ix) + \phi_2(y-ix)$.

구하는 일반해는 $u = \phi_1(y+ix) + \phi_2(y-ix) + \dfrac{1}{34}e^{3x+5y}$

4. (1) $z_p = \frac{1}{(2-2\cdot 3)(2+4\cdot 3)}(2x+3y) = -\frac{1}{56}(2x+3y)$

$z = \phi_1(y+2x) + \phi_2(y-4x) - \frac{1}{56}(2x+3y)$

(2) $(D_x - D_y)z = \frac{1}{D_x + 2D_y} e^x(y+1) = e^x(y-2+1) = e^x(y-1)$

$z = \frac{1}{D_x - D_y} e^x(y-1) = e^x(y+1-1) = e^x y$

$z = \phi_1(y+x) + \phi_2(y-2x) + e^x y$

5. (1) 여함수 $z_h = \phi_1(y) + \phi_2(y+2x)$

특수해 $z_p = \frac{1}{D_x^2 - 2D_x D_y} e^{2x+3y} = \frac{1}{2^2 - 2\cdot 2\cdot 3} e^{2x+3y} = -\frac{1}{8} e^{2x+3y}$

$z = \phi_1(y) + \phi_2(y+2x) - \frac{1}{8} e^{2x+3y}$

(2) 여함수 $z_h = \phi_1(y-2x) + \phi_2(y+3x)$

특수해 $z_p = \frac{1}{D_x^2 - D_x D_y - 6D_y^2} \sin(x+2y)$

$= \frac{1}{-1+2+24} \sin(x+2y) = \frac{1}{25} \sin(x+2y)$

$z_h = \phi_1(y-2x) + \phi_2(y+3x) + \frac{1}{25} \sin(x+2y)$

(3) 여함수 $z_h = \phi_1(y-2x) + \phi_2(y+3x)$

특수해 $z_p = Ae^{2x}\cos 2y + Be^{2x}\sin 2y = e^{2x}(A\cos 2y + B\sin 2y)$ 라고 놓으면

$D_x z_p = 2e^{2x}(A\cos 2y + B\sin 2y),\ D_x^2 z_p = 4e^{2x}(A\cos 2y + B\sin 2y)$

$D_x D_y z_p = D_y[D_x z] = 4e^{2x}[-A\sin 2y + B\cos 2y],\ D_y^2 z_p = -4e^{2x}(A\cos 2y + B\sin 2y)$

$\therefore (D_x^2 - D_x D_y - 6D_y^2)z = 4e^{2x}(A\cos 2y + B\sin 2y) - 4e^{2x}[-A\sin 2y + B\cos 2y]$

$+ 24e^{2x}(A\cos 2y + B\sin 2y)$

$= 4e^{2x}[(A-B+6A)\cos 2y + (B+A+6B)\sin 2y] = e^{2x}\cos 2y$

$4(A-B+6A) = 1,\ 4(B+A+6B) = 0,\ A = \frac{7}{200},\ B = -\frac{1}{200}$

$z = \phi_1(y-2x) + \phi_2(y+3x) + e^{2x}(\frac{7}{200}\cos 2y - \frac{1}{200}\sin 2y)$

연습문제 (7.4)

1. 변수분리형의 해를 $u(x,t) = X(x)T(t)$ 라고 하면

$XT'' = c^2 X'' T$ 또는 $\frac{X''}{X} = \frac{T''}{c^2 T}$

이 식의 좌변과 우변은 서로 t와 x에 대하여 상수이므로 좌변과 우변은 모두 상수함수가 된다. 즉,

$$\frac{X''}{X}=\frac{T''}{c^2T}=\lambda$$

$\lambda>0$인 경우에 해는 $X=c_1e^{-\sqrt{\lambda}x}+c_2e^{\sqrt{\lambda}x}$, $T=c_1e^{-c\sqrt{\lambda}t}+c_2e^{c\sqrt{\lambda}t}$이다. 경계조건에서 $u(0,t)=0$, $u(l,t)=0$이므로

$u(0,t)=X(0)T(t)=(c_1+c_2)T(t)=0$

$u(l,t)=X(l)T(t)=(c_1e^{-\sqrt{\lambda}l}+c_2e^{\sqrt{\lambda}l})T(t)=0.$

$T\not\equiv 0$이므로 $c_1+c_2=0$, $c_1e^{-\sqrt{\lambda}l}+c_2e^{\sqrt{\lambda}l}=0$. 따라서 $c_1=c_2=0$이므로 $u(x,t)\equiv 0$이 되어 초기조건 $u(x,0)=f(x)$를 만족할 수 없으므로 의미가 없는 해가 된다.

$\lambda=0$인 경우에 해는 $X=b_1x+b_2$, $T=b_3t+b_4$, $u(x,t)=(b_1x+b_2)(b_3t+b_4)$이다. 따라서 경계조건을 이용하면 위와 마찬가지로 $b_1=b_2=0$이 되어 초기조건 $u(x,0)=f(x)$를 만족할 수 없는 해가 된다.

$\lambda=-\alpha^2(\alpha>0)$인 경우에는

$X''+\alpha^2X=0,\ T''+\alpha^2c^2T=0$

이고, 일반해는

$X=c_1\cos\alpha x+c_2\sin\alpha x,\quad T=d_1\cos c\alpha t+d_2\sin c\alpha t$

경계조건에서

$u(0,t)=X(0)T(t)=0,\ T(t)\not\equiv 0$이므로 $X(0)=0$

$u(l,t)=X(l)T(t)=0,\ T(t)\not\equiv 0$이므로 $X(l)=0$

따라서 $c_1=0$, $c_1\cos\alpha l+c_2\sin\alpha l=0$. $c_2=0$이면 의미가 없으므로 $\sin\alpha l=0$이 되어야 한다. 그러므로 $\alpha l=n\pi$, 즉, $\alpha=\frac{n\pi}{l}(n\in N)$. 따라서 $X_n(x)=\sin\frac{n\pi x}{l}$, $n\in N$. 한편 초기조건에서

$u_t(x,0)=X(x)T'(0)=0$, $X(x)\not\equiv 0$이므로 $T'(0)=0$

그러므로 $T'(0)=-c\alpha d_1\sin c\alpha 0+c\alpha d_2\cos c\alpha 0=c\alpha d_2=0$ 이고 $c\alpha\neq 0$이므로 $d_2=0$. 따라서

$T_n(t)=\cos\frac{cn\pi t}{l}$을 얻는다. 즉,

$$u_n(x,t)=X_nT_n=\sin\frac{n\pi x}{l}\cos\frac{cn\pi t}{l}\ (n\in N).$$

각각의 함수 $u_n(x,t)$는 초기조건 $u(x,0)=f(x)$를 제외한 나머지의 세 조건을 만족하므로

$$u(x,t)=\sum_{n=1}^{\infty}u_n(x,y)=\sum_{n=1}^{\infty}A_n\sin\frac{n\pi x}{l}\cos\frac{cn\pi t}{l}$$

도 나머지의 세 조건을 만족한다. 따라서 이 급수가 $u(x,0)=f(x)$를 만족하도록 계수 A_n을 선택하면 된다. 그런데

$$u(x,0)=\sum_{n=1}^{\infty}A_n\sin\frac{n\pi x}{l}=f(x)$$

를 만족하는 계수는 함수 $f(x)$의 푸리에사인급수의 계수이므로

$$A_n=\frac{2}{l}\int_0^l f(x)\sin\frac{n\pi x}{l}dx\ (n\in N)$$

으로 선택하면 다음의 해를 얻는다.

$$u(x,t)=\sum_{n=1}^{\infty}A_n\cos\frac{n\pi x}{l}\cos\frac{cn\pi t}{l}$$

단, $A_n=\dfrac{2}{l}\displaystyle\int_0^l f(x)\sin\frac{n\pi x}{l}dx\ (n\in N)$

2. 변수분리형의 해를 $u(x,t)=X(x)T(t)$라고 하면

$XT''=c^2X''T$ 또는 $\dfrac{X''}{X}=\dfrac{T''}{c^2T}$

이 식의 좌변과 우변은 서로 t와 x에 대하여 상수이므로 좌변과 우변은 모두 상수함수가 된다. 즉,

$$\frac{X''}{X}=\frac{T''}{c^2T}=\lambda$$

$\lambda>0$인 경우에 해는 $X=c_1e^{-\sqrt{\lambda}x}+c_2e^{\sqrt{\lambda}x}$, $T=c_1e^{-c\sqrt{\lambda}t}+c_2e^{c\sqrt{\lambda}t}$이다. 경계조건에서

$u(0,t)=0,\ u(l,t)=0$이므로

$u(0,t)=X(0)T(t)=(c_1+c_2)T(t)=0$

$u(l,t)=X(l)T(t)=(c_1e^{-\sqrt{\lambda}l}+c_2e^{\sqrt{\lambda}l})T(t)=0.$

$T\not\equiv 0$이므로 $c_1+c_2=0,\ c_1e^{-\sqrt{\lambda}l}+c_2e^{\sqrt{\lambda}l}=0$. 따라서 $c_1=c_2=0$이므로 $u(x,t)\equiv 0$이 되어 초기조건 $u(x,0)=f(x)$를 만족할 수 없으므로 의미가 없는 해가 된다.

$\lambda=0$인 경우에 해는 $X=b_1x+b_2$, $T=b_3t+b_4$, $u(x,t)=(b_1x+b_2)(b_3t+b_4)$이다. 따라서 경계조건을 이용하면 위와 마찬가지로 $b_1=b_2=0$이 되어 초기조건 $u(x,0)=f(x)$를 만족할 수 없는 해가 된다.

$\lambda=-\alpha^2(\alpha>0)$인 경우에는

$X''+\alpha^2X=0,\ T''+\alpha^2c^2T=0$

이고, 일반해는

$X=c_1\cos\alpha x+c_2\sin\alpha x,\quad T=d_1\cos c\alpha t+d_2\sin c\alpha t$

경계조건에서

$u(0,t)=X(0)T(t)=0,\ T(t)\not\equiv 0$이므로 $X(0)=0$

$u(l,t)=X(l)T(t)=0,\ T(t)\not\equiv 0$이므로 $X(l)=0$

따라서 $c_1=0,\ c_1\cos\alpha l+c_2\sin\alpha l=0$. $c_2=0$이면 의미가 없으므로 $\sin\alpha l=0$이 되어야 한다. 그러므로 $\alpha l=n\pi$, 즉, $\alpha=\dfrac{n\pi}{l}(n\in N)$. 따라서 $X_n(x)=\sin\dfrac{n\pi x}{l}$, $n\in N$. 한편 초기조건에서

$u(x,0)=X(x)T(0)=0,\ X(x)\not\equiv 0$이므로 $T(0)=0$

그러므로 $T(0)=d_1\cos c\alpha 0+d_2\sin c\alpha 0=d_1=0$. 따라서 $T_n(t)=\sin\dfrac{cn\pi t}{l}$를 얻는다. 즉,

$$u_n(x,t)=X_nT_n=\sin\frac{n\pi x}{l}\sin\frac{cn\pi t}{l}\ (n\in N).$$

각각의 함수 $u_n(x,t)$는 초기조건 $u_t(x,0)=g(x)$를 제외한 나머지의 세 조건을 만족하므로

$$u(x,t)=\sum_{n=1}^{\infty}u_n(x,y)=\sum_{n=1}^{\infty}A_n\sin\frac{n\pi x}{l}\sin\frac{cn\pi t}{l}$$

도 나머지의 세 조건을 만족한다. 따라서 이 급수가 $u(x,0)=g(x)$를 만족하도록 계수 A_n을 선택하면 된다. 그런데

$$u_t(x,0)=\sum_{n=1}^{\infty}\frac{cn\pi}{l}A_n\sin\frac{n\pi x}{l}\cos\frac{cn\pi 0}{l}=g(x)$$

를 만족하는 계수 $\frac{cn\pi}{l}A_n$는 함수 $g(x)$의 푸리에사인급수의 계수이므로

$$\frac{cn\pi}{l}A_n=\frac{2}{l}\int_0^l g(x)\sin\frac{n\pi x}{l}dx\ (n\in N)$$

으로 선택하면 다음의 해를 얻는다.

$$u(x,t)=\sum_{n=1}^{\infty}A_n\cos\frac{n\pi x}{l}\cos\frac{cn\pi t}{l}$$

단, $A_n=\frac{2}{cn\pi}\int_0^l f(x)\sin\frac{n\pi x}{l}dx\ (n\in N)$.

연습문제 (7.5)

1. $u(x,t)=X(x)T(t)$라고 하면 $XT'=3X''T$, $\frac{X''}{X}=\frac{T'}{3T}=-a^2\,(a>0)$이므로

$X''+a^2X=0,\ T'+3a^2T=0$

해는 $X=A_1\cos ax+B_1\sin ax,\ T=C_1e^{-3a^2t}$이므로

$u(x,t)=C_1e^{-3a^2t}(A_1\cos ax+B_1\sin ax)$.

$u(0,t)=C_1e^{-3a^2t}(A_1)=0$이므로 $A_1=0$. 따라서 $u(x,t)=Ce^{-3a^2t}\sin ax$.

$u(1,t)=Ce^{-3a^2t}\sin a=0$이므로 $\sin a=0$. 따라서 $a=n\pi\,(n\in N)$.

따라서 구하는 해는

$u(x,t)=Ce^{-3n^2\pi^2t}\sin n\pi x$.

초기조건을 만족하는 해를 구하기 위하여

$$u(x,t)=\sum_{n=1}^{\infty}B_ne^{-3n^2\pi^2t}\sin n\pi x$$

라고 놓으면

$$u(x,0)=\sum_{n=1}^{\infty}B_ne^{-3n^2\pi^2\cdot 0}\sin n\pi x=\sum_{n=1}^{\infty}B_n\sin n\pi x=3\sin 3\pi x+8\sin 8\pi x.$$

따라서 $n=3,8,\ B_3=3,\ B_8=8,\ B_n=0\,(n\neq 3,8)$으로 선택하면 해는

$u(x,t)=3e^{-27\pi^2t}\sin 3\pi x+8e^{-192\pi^2t}\sin 8\pi x$.

2. $u(x,t)=X(x)T(t)$라고 하면 $XT'=3X''T$, $\frac{X''}{X}=\frac{T'}{3T}=-a^2\,(a>0)$이므로

$X''+a^2X=0,\ T'+3a^2T=0$

해는 $X=A_1\cos ax+B_1\sin ax,\ T=C_1e^{-3a^2t}$이므로

$u(x,t) = C_1 e^{-3a^2 t}(A_1 \cos ax + B_1 \sin ax)$.

$u(0,t) = C_1 e^{-3a^2 t}(A_1) = 0$이므로 $A_1 = 0$. 따라서 $u(x,t) = Ce^{-3a^2 t}\sin ax$.

$u(3,t) = Ce^{-3a^2 t}\sin 3a = 0$이므로 $\sin 3a = 0$. 따라서 $a = \frac{1}{3}n\pi\,(n \in N)$.

따라서 구하는 해는

$$u(x,t) = Ce^{-3\left(\frac{n\pi}{3}\right)^2 t}\sin\frac{n\pi}{3}x = Ce^{-\frac{n^2\pi^2}{3}t}\sin\frac{n\pi}{3}x.$$

초기조건을 만족하는 해를 구하기 위하여

$$u(x,t) = \sum_{n=1}^{\infty} B_n e^{-\frac{n^2\pi^2}{3}t}\sin\frac{n\pi}{3}x$$

라고 놓으면

$$u(x,0) = \sum_{n=1}^{\infty} B_n e^{-\frac{n^2\pi^2}{3}\cdot 0}\sin\frac{n\pi x}{3} = \sum_{n=1}^{\infty} B_n \sin\frac{n\pi x}{3} = 2\sin 2\pi x + 3\sin 3\pi x - 7\sin 7\pi x.$$

따라서 $n = 6, 9, 21,\ B_6 = 2,\ B_9 = 3,\ B_{21} = -7,\ B_n = 0\,(n \neq 6, 9, 21)$으로 선택하면 해는

$$u(x,t) = 2e^{-12\pi^2 t}\sin 2\pi x + 3e^{-27\pi^2 t}\sin 3\pi x - 7e^{-147\pi^2 t}\sin 7\pi x.$$

3. $u(x,t) = X(x)T(t)$라고 하면 $XT' = 9X''T,\ \frac{X''}{X} = \frac{T'}{9T} = -a^2\,(a > 0)$이므로

$X'' + a^2 X = 0,\ T' + 9a^2 T = 0$

해는 $X = A_1 \cos ax + B_1 \sin ax,\ T = C_1 e^{-9a^2 t}$이므로

$u(x,t) = C_1 e^{-9a^2 t}(A_1 \cos ax + B_1 \sin ax)$.

$u(0,t) = C_1 e^{-9a^2 t}(A_1) = 0$이므로 $A_1 = 0$. 따라서 $u(x,t) = Ce^{-9a^2 t}\sin ax$.

$u(3,t) = Ce^{-9a^2 t}\sin 3a = 0$이므로 $\sin 3a = 0$. 따라서 $3a = n\pi$, 즉, $a = \frac{n\pi}{3}\,(n \in N)$.

따라서 구하는 해는

$$u(x,t) = Ce^{-9\frac{n^2\pi^2}{9}a^2 t}\sin\frac{n\pi x}{3} = Ce^{-n^2\pi^2 t}\sin\frac{n\pi x}{3}.$$

초기조건을 만족하는 해를 구하기 위하여

$$u(x,t) = \sum_{n=1}^{\infty} B_n e^{-n^2\pi^2 t}\sin\frac{n\pi x}{3}$$

라고 놓으면

$$u(x,0) = \sum_{n=1}^{\infty} B_n e^{-n^2\pi^2\cdot 0}\sin\frac{n\pi x}{3} = \sum_{n=1}^{\infty} B_n \sin\frac{n\pi x}{3} = 5\sin 5\pi x + 6\sin 6\pi x - 9\sin 10\pi x.$$

따라서 $n = 15, 18, 30,\ B_5 = 5,\ B_6 = 6,\ B_{10} = -9,\ B_n = 0\,(n \neq 5, 6, 10)$ 으로 선택하면 해는

$$u(x,0) = 5e^{-225\pi^2}\sin 5\pi x + 6e^{-324\pi^2}\sin 6\pi x - 9e^{-900\pi^2}\sin 10\pi x.$$

4. 주어진 문제는 3번문제와 초기조건을 제외하고는 동일하므로 경계조건을 만족하는 해는

$$u(x,t) = \sum_{n=1}^{\infty} B_n e^{-n^2\pi^2 t}\sin\frac{n\pi x}{3}$$

이다. 초기조건을 대입하면 $u(x,0)=\sum_{n=1}^{\infty}B_n\sin\frac{n\pi x}{3}=f(x)$ 이므로 B_n은 $f(x)$의 푸리에사인급수의 계수이다. 따라서 $B_n=\frac{2}{3}\int_0^3 f(x)\sin\frac{n\pi x}{3}dx$.

5. $u(x,y)=X(x)Y(y)$가 해가된다고 하면 $X''Y+XY''=0$. $\frac{X''}{X}=-\frac{Y''}{Y}=-a^2(a>0)$에서

$X''+a^2X=0,\ Y''-a^2Y=0.$

$X=c_1\cos ax+c_2\sin ax,\ Y=d_1e^{ay}+d_2e^{-ay}$이므로

$u=(c_1\cos ax+c_2\sin ax)(d_1e^{ay}+d_2e^{-ay})$

$u_x=(-ac_1\sin ax+ac_2\cos ax)(d_1e^{ay}+d_2e^{-ay})$

$u_x(0,y)=(ac_2)(d_1e^{ay}+d_2e^{-ay})=0$에서 $Y\neq0, a\neq0$이므로 $c_2=0$

$u_x(\pi,y)=(-ac_1\sin a\pi)(d_1e^{ay}+d_2e^{-ay})=0$에서 $ac_1\neq0$이므로 $a=n(n\in N)$

$\therefore u(x,y)=c_1\cos nx(d_1e^{ny}+d_2e^{-ny})$

$u(x,0)=c_1\cos nx(d_1+d_2)=0$에서 $c_1\cos nx\neq0$이므로 $d_2=-d_1$

$\therefore u(x,y)=c_1\cos nx(2d_1)(e^{ny}-e^{-ny})=2c_1d_1\cos nx\sinh ny$

경계조건 $u(x,\pi)=1$을 만족하는 해를 구하기 위하여

$$u(x,y)=\sum_{n=1}^{\infty}e_n\cos nx\sinh ny$$

가 해가 된다고 하면

$$u(x,\pi)=\sum_{n=1}^{\infty}e_n\cos nx\sinh n\pi=0+\sum_{n=1}^{\infty}e_n\cos nx\sinh n\pi=f(x)$$

이므로 $e_n\sinh(n\pi)$는 $f(x)$의 푸리에 코사인급수의 계수가 된다. 따라서

$$e_0=\frac{2}{\pi}\int_0^{\pi}f(x)=0,\ e_n\sinh(n\pi)=\frac{2}{\pi}\int_0^{\pi}f(x)\cos nx dx$$

그러므로

$$e_0=0,\ e_n=\frac{2}{\pi\sinh(n\pi)}\int_0^{\pi}f(x)\cos nx\,dx\ (n=1,2,3,\cdots).$$

결국 구하는 해는

$$u(x,y)=\sum_{n=1}^{\infty}\frac{2\int_0^{\pi}f(x)\cos nx\,dx}{\pi\sinh(n\pi)}\cos nx\sinh ny.$$

참고문헌

[1] 강부현 : 응용미분방정식, 교우사 2014.

[2] 이장우 : 미분방정식, 청문사 1996.

찾아보기

ㅁ

ㅂ

ㅅ

■ 저자 약력 ■

강 부 현

서경대학교 교양학부 교수

실용 미분방정식

초판발행 2019년 1월 15일

지은이 강부현
펴낸이 오판근
펴낸곳 (주) 교우
주 소 서울시 동대문구 약령시로 8 교우빌딩 2층 (주)교우
전 화 02-925-2861 / **팩 스** 02-925-2860, **편집부** 02-925-2825
홈페이지&북스토어 www.kyowoo.co.kr / 이메일 kyowoo@kyowoo.co.kr

등 록 1994년 3월 24일 제1994-000013호
ISBN 979-11-251-0265-6 (93410)

Published by Kyowoo Co., Ltd. Printed in Korea

(주) 교우는 보다 혁신적이고 참신한 도서를 다양하게 기획하고 있습니다.
책으로 펴내고자 하는 아이디어나 원고는 메일로 보내주세요.
(주) 교우는 전과정을 책임지고 최선을 다하겠습니다.

값 27,000원

교우미디어는 (주) 교우의 Imprint 사입니다.
수학정원·과학정원은 (주) 교우의 새로운 브랜드명입니다.

잘못된 책은 구입하신 서점에서 교환해 드립니다.